2차대전의 마이너리그

2차대전의 마이너리그 폴란드, 핀란드, 이탈리아 in WW2

2015년 6월 30일 초판 1쇄 발행
2023년 12월 30일 초판 4쇄 발행

지 은 이 한종수
일러스트 굽시니스트
편   집 홍성완, 정성학
표   지 심형훈
마 케 팅 이수빈
펴 낸 이 원종우
펴 낸 곳 ㈜블루픽
          주소 경기도 과천시 뒷골로26, 2층
          전화 02-6447-9000 **팩스** 02-6447-9009 **메일** edit@bluepic.kr **웹** bluepic.kr
책   값 15,000원
I S B N 978-89-6052-345-6 03390

2차대전의 마이너리그

글 **한종수**
삽화 굽시니스트

길찾기

차례

Rzeczpospolita Polska

[만화] **WW2 이전 폴란드의 고난사**

그 나라 폴란드

대전 전의 상황

대전의 시작과 폴란드의 몰락

폴란드 망명군 시대

동과 서의 폴란드군

Suomen tasavalta

[만화] WW2 이전 핀란드의 추억
핀란드라는 나라
핀란드의 독립 여정

겨울 전쟁

계속 전쟁

Regno d'Italia

[만화] WW2 이전 이탈리아의 영광
무솔리니의 이탈리아
대전 전의 이탈리아

전쟁 첫해: 1940년의 '평행전쟁'

전쟁 둘째 해: 1941년. 독일에 의지하는 이탈리아

전쟁 세 번째 해: 용두사미의 해 1942년

전쟁 네 번째 해: 1943년 상반기. 전쟁은 이탈리아로

무솔리니의 실각과 이탈리아 항복

이탈리아의 분열과 무솔리니의 죽음

이탈리아의 비극

권하는 말

우리는 2차 세계대전에 대한 많은 역사적인 사실들을 여러가지 경로로 많이 접해왔다. 하지만 이러한 큰 전쟁은 미국, 독일, 소련 같은 강대국들 간의 충돌이 전부인 것으로만 인식되어왔다. 하지만 강대국들 사이에서 희생된 약소국들도 많았다. 이렇게 희생된 약소국들이 있었기 때문에 역사가 완성된 것이다. 이 책은 그런 조연들을 주연으로 끌어 올리려는 시도가 강하게 보인다.

양 대전의 강대국이었던 미,독,소의 이야기는 작금의 한반도를 중심으로 야기되고 있는 상황을 고려할 때 결코 다른 나라의 흥미 있는 얘기꺼리만은 아니다. 심각한 고민을 해볼 좋은 기회라 생각된다. 특히 해군에 오래 몸담고 있었던 나에게는 대중에 거의 알려지지 않은 이탈리아 해군 특공대 활약상이나 핀란드 해군 활동상에 대한 이야기가 소개된다는 사실에 더욱 흥미를 느꼈다.

전쟁사를 연구하는 분들과 국방, 안보에 관심 있는 분들의 일독을 권한다.

김달윤

前해군본부 감찰실장 · 준장

전쟁사에 관한 책이 많이 나오지도 않지만 그나마 나오는 책도 중요한 전투, 유명한 장군에 대한 내용만 편중되어 있었습니다. 지금의 세계를 만든 2차 세계대전에 대한 다양한 시각이 필요한데, 강대국이 아닌 나라의 입장에서 전쟁을 바라 본 책이 나와 무척 반가웠습니다. 사실 우리나라도 비슷한 입장이라고 생각되기에 무척 귀중한 책이라 생각됩니다. 강호제현들의 많은 호응과 함께, 후속작도 나왔으면 하는 바램입니다.

하도형

국방대학교 안전보장대학원 안보정책학부 교수

들어가며 - 용전분투, 어리석음, 현명함을 겸비한 용기에 관하여

인류 역사상 가장 큰 전쟁은 누가 뭐라고 해도 제2차 세계대전이다. 5천만이 넘는 희생자, 아메리카를 제외한 전 대륙이 전쟁터가 된 거대한 규모도 그렇지만 전쟁이 끝난 지 70년이 가까이 되어가는 지금도 대부분의 세계가 대전의 그림자에서 그리 멀리 벗어나 있지 않다는 사실은 이를 증명하고도 남는다.

이 거대한 드라마의 주역은 독일과 소련 두 나라였고, 미국과 영국, 일본이 이에 버금가는 위치에 있다. 그들은 선악과 승패를 떠나 믿어지지 않을 만큼 엄청난 힘을 과시했다. 수천만에 이르는 병력 동원과 수천km가 넘는 원정은 물론, 수십만이 쓰러지는 전투까지 수도 없이 치러냈다. 마치 헤비급 복서들의 난타전을 떠올리게 하는 그 나라들의 힘은 경이롭기까지 하다.

하지만 동서고금을 막론하고 세상에는 메이저리그만 존재하지는 않는다. 마이너리그에 속한 나라들은 어떻게 싸우고 어떻게 생존했을까? 이 책은 바로 그런 이야기를 다루고 있다.

위에 언급한 다섯 나라를 제외하고 사단급 이상의 병력을 동원해 싸운 나라만 뽑아도 프랑스, 중국, 이탈리아, 벨기에, 네덜란드, 노르웨이, 핀란드, 유고슬라비아, 그리스, 캐나다, 호주, 뉴질랜드, 태국, 남아공, 불가리아, 루마니아, 헝가리, 체코, 슬로바키아, 인도, 알제리, 모로코, 스페인, 몽골, 폴란드, 브라질, 필리핀, 리비아 등 28개국이나 된다. 여기에 당시는 독일의 일부였던 오스트리아, 일본의 괴뢰였던 만주국이나 잠시 독일 덕분에 독립했던 크로아티아, 소련에 반대하여 독일군에 입대하여 싸운 작은 나라들, 영국 식민지였던 동아프리카나 서아프리카 부대를 포함시키면 더 많아진다. 2차 대전의 규모가 얼마나 컸는지 잘 보여주는 수치가 아닐 수 없다.

그 중에 가장 흥미로운 존재는 이 책의 주인공인 이탈리아와 폴란드 그리고 핀란드 세 나라였다. 물론 어떤 분은 '이탈리아는 메이저리그에 속해야 하는 것이 아닌가?'라는 의문을 가질 수도 있다. 하지만 이탈리아는 겉으로는 독일, 일본과 어깨를 나란히 하는 추축국의 세 거두였지만 실상은 너무나 초라했다. 무솔리니는 히틀러의 찬란한 성공에 눈이 멀어 전쟁준비가 전혀 되어 있지 않은 자신의 나라를 전쟁에 몰아넣어 천박한 파국을 맞고 말았다. 식민지는 물론이고 본토까지 전부 외국의 전쟁터로 내주고, 2년 동안이기는 하지만 남북으로 두 개의 정부가 세워지는 '분단국가'가 되고 말았으며, 무솔리니 자신도 군중들의 비웃음 속에 비참한 죽음을 당하고 말았다.

2차 대전의 첫 포화를 맞아야 했던 폴란드는 한 달 만에 국토 전부를 잃었지만 망명정부와 군을 조직해서 6년 내내 유럽의 모든 전선에서 훌륭하게 싸웠다. 하지만 외교 면에서는 결코 현명하게 행동하지 못했기에 2차 대전에서 가장 큰 피해를 입은 나라가 되고 말았다.

핀란드 역시 2차 대전에서 누구 못지않은 희생을 치렀지만 위의 두 나라와 아주 대조적인 전쟁을 치른 나라였다. 비록 거대한 데다 탐욕스럽기까지 한 이웃나라 때문에 원하지 않았던 전쟁에 끌려들었지만, 가장 용감하게 싸웠고 가장 현명하게 전쟁에서 벗어났다.

물론 이탈리아나 폴란드는 핀란드보다는 규모가 훨씬 크기에 핀란드처럼 행동하기 어렵다는 반론도 충분한 설득력을 지니고 있지만, 두 나라가 현명하지 못했다는 사실을 뒤집을 수는 없다. 조금 단순화하면 폴란드는 용감했지만 현명하지 않았고, 핀란드는 용감하면서도 현명했지만 이탈리아는 용감하지도 현명하지도 못했다고 결론내릴 수 있겠다.

전쟁이 끝난 지 70년 이상 지났지만 우리는 그들보다도 2차 대전의 영향을 가장 많이 받고 있는 나라이기 때문에 그들을 평가할 자격이 있을까? 민족의 비극인 분단이 바로 이 전쟁 때문에 일어났고, 독도 문제와 함께 일본과 가장 충돌하고 있는 사건이 바로 2차 대전 때 일어났던 위안부 문제 아닌가? 위안부 문제보다 덜 알려져 있지는 않지만, 남태평양의 수많은 전투에 끌려가 희생된 한국인들의 숫자도 엄청나다. 하지만 우리는 그저 희생자였을 뿐 우리나라의 이름으로 총을 들고 제대로 싸워보지 못했기에 인류 역사 최대의 사건이자 우리 민족에 가장 큰 영향을 미친 전쟁에 아무런 역할을 하지 못한 사실은 지울 수 없는 부끄러움이 아닐 수 없다.

어쨌든 이 세 나라의 이야기는 우리에게 많은 교훈을 준다. 우리나라도 전 세계 규모에서 보면 결코 작은 나라가 아니지만, 이웃나라들은 모두 거인들이다. 그래서 우리나라는 유럽의 폴란드나 이탈리아와 비슷한 위치에 놓여 있다고 볼 수 있을 것이다. 그런 점에서 볼 때, 우리는 세 나라가 남긴 교훈을 잘 배우고 우리 것으로 만들어야 할 것이다. 이 책이 그런 의미에서 조그만 도움이 된다면 더 바랄 것이 없다.

폴란드

Rzeczpospolita Polska

WW2 이전 폴란드의 고난사

지엔 도브리(Dzień dobry: 안녕하세요)!
두 유 노우 김치?
두 유 노우 강남 스타일?

안녕하쇼.

ㅇㅇ. 앎.

원, 역시 폴란드는
한많은 역사라는 점에서
한국과 통하는 점이 많군요!

흠

나라가 망해보기도 하고,
이웃 강대국에 대대로 분할당하기도 하고 ㅠㅠ

그런 흑역사 말고
폴란드가 잘 나가던 시절
강대한 역사를 좀
주목해 주시죠!

에이, 한때는
잘 나가던 시절이
없던 나라도 있나.

우리나라도
고구려 때는
아주 그냥~

그런 유라시아 끄트머리에
세계사에서 찾기도 힘든
역사가 아니라,
폴란드의 전성기는
유럽의 주무대를
배경으로 한다구요.

WW2 이전 폴란드의 고난사

나라가 힘이 없을 때는
사방에서 다구리 맞기에 좋은 자리다.

복수는
달콤하여라!

꾸엑?!

17세기 말부터 허약한 왕권 아래
귀족들의 다툼과 잦은 외침으로
나라가 흔들거리더니

힘을 합쳐
외세에
맞섭시다~

누구
좋으라고!

결국 1795년 프로이센과 오스트리아, 러시아의 삼국분할로
폴란드는 완전히 멸망하고 만다

헤헤
ㅈㅅ~

오스트리아!!
배은망덕 쩌네!!

Galicia

Mazovia

Belarus

Poland
960~
1795

1791년 유럽 최초의
헌법까지 만드는 등,
근대화 노력을 했지만
부족했던 걸까…

어디까지나
귀족들의
정치놀음이지
농민들은
별 상관
없거든요?

나폴레옹 전쟁 때 잠시 바르샤바 공국으로
독립하기도 했지만

승리하는 방법을
알려주마!

비바
랑펠로!

쿵

나폴레옹이 패망하고, 러시아가 프로이센 몫의
폴란드 영토까지 다 양보받으면서
러시아의 압제 아래에 놓인다.

설레발 ㄴㄴ

19세기의 민족주의와 민주주의의
흐름을 타고 몇 차례 봉기도
해 봤지만-

폴란드
독립 만세!

1863년 봉기는
러시아와 프로이센의
강력한 무력 앞에 짓밟힌다.

BOOM!

이 시기에 많은 폴란드인들이
미국 등 외국으로 이주,
프랑스에서는 쇼팽, 퀴리 부인 등의 인재들이
활동하며 폴란드의 국위를 선양한다.

모스크바에
핵폭탄을-

프랑스가 폴란드와 역사적으로 친했죠.
프랑스 왕가에서 왕을 꿔오기도 하고,
나폴레옹과 힘을 합치기도 하고.
폴란드 독립운동가들도 죄다
파리에 몰려와 있었죠.

독일 등 뒤에
우리 친구가 있다는 건
참 좋은 일이지.

하지만 저 프랑스도
러시아와 동맹국이야…
폴란드 독립을 위해
러시아와 독일이
다 망하는 세계대전이
터져 줘야 할 텐데…

과연 폴란드를 위해 터져 줄 1차 세계대전의 향방은!?

그 나라 폴란드

2차 대전의 시작 시점을 일본의 중국침략으로 보는 주장도 많지만, 1939년 9월 1일 독일군의 폴란드 침공으로 2차 대전이 시작되었다는 주장이 아직은 주류이다.

많은 이들은 1939년 9월 독일과 소련에 정복된 폴란드는 그때부터 무대에서 사라졌다고 알고 있고, 기껏해야 아우슈비츠 수용소나 바르샤바 봉기 정도만 기억한다. 하지만 폴란드는 2차 대전이라는 거대한 드라마에서 주역이라고 하기는 어려워도 상당한 비중을 차지한 조연이었다. 2차 세계대전은 그 규모도 규모지만 유럽의 동서남북에서 모두 전투가 벌어졌다는 사실에 주목한다면, 폴란드가 유럽의 모든 전선에 참가한 유일한 연합국이라는 점이 잘 알려지지 않았다는 것과, 그렇게 피를 흘렸으면서도 철저하게 연합군에 배신당했다는 사실을 아는 사람은 많지 않다. 여기서 장대한 비극이었던 폴란드의 참전기에 대해 이야기를 해보고자 한다.

또한 폴란드는 두 얼굴을 지닌 나라이기도 한데, 정작 세계인에게 잘 알려진 얼굴은 독일과 러시아 사이에서 시달리고 짓밟히는 약자의 모습이다. 우리나라에서는 폴란드의 그런 모습이 강대국에 시달린 우리의 모습과 동일시되는 경우가 많았다. 그래서 우리나라 어린이들의 필독서로 퀴리 부인의 전기가 포함된 것이다.

물론 그 모습도 사실이지만 그것이 전부는 아니다. 폴란드는 100% 아무 잘못이 없었던 피해자만은 아니었다. 이 나라도 남들이 약해지면 주저하지 않고 패권을 추구했다. 이 책을 통해 여러 각도에서 폴란드를, 특히 2차 대전 당시의 폴란드를 살펴보고자 한다.

대전 전의 상황

20세기 초

폴란드는 한때 유럽에서 프랑스 다음으로 인구가 많았고, 변방의 러시아보다 더 대국이었다. 몽골과 오스만 제국 등 유럽 대륙을 노리는 강대국들과 전쟁을 치러 낸 유럽의 방패였다는 자부심도 품은 나라였다. 하지만 귀족들의 내분으로 국력이 약해진 끝에 결국 프로이센과 오스트리아 합스부르크 왕조, 러시아 제국의 팽창으로 세 차례에 걸쳐 분할되어 지도에서 사라지고 말았다. 그 중 가장 큰 몫을 가진 나라는 수도 바르샤바를 차지한 러시아였다. 당연히 폴란드 민족주의자들의 주적은 러시아가 되었다. 1차 세계대전 발발로 독일과 오스트리아 제국이 러시아 제국과 전면전에 돌입하자 폴란드 민족주의자들에게 이 전쟁은 그야말로 절호의 기회로 다가왔다. 그 중 대표적인 인물이 피우수트스키였다. 그를 빼놓고 폴란드 현대사를 이야기할 수는 없다.

폴란드의 크롬웰이자 마리우스, 피우수트스키

유제프 피우수트스키(Józef Piłsudski)는 1867년 12월 5일 지금의 리투아니아 영토인 잘라바스(Zalavas)에서 태어났다. 귀족인 피우수트스키 가문은 대대로 이 지역 장원의 지주였으며 그가 태어날 당시 잘라바스는 러시아 제국의 영토였다. 잘라바스는 원래 폴란드-리투아니아 연방의 일원인 리투아니아 대공국의 영토였지만, 18세기 말 러시아 제국, 오스트리아 제국, 그리고 프로이센 왕국에 의해 이루어진 폴란드 분할 이후 러시아 제국에 편입되었다. 하지만 피우수트스키의 가문은 대대로 폴란드에 대한 애국심을 품고 있었으며, 러시아 제국에 편입된 후에도 자신을 폴란드인이라 여겼다. 어머니 마리아 빌레비츠(Maria Billewicz, 결혼 전 이름)는 아들에게 러시아 제국에 대한 증오심을 불어넣었는데, 그럴만한 이유가 있었다. 러시아는 폴란드 귀족들이 1863년 1월 봉기를 일으키자 폴란드 귀족들에 대해 매우 무자비한 정책을 폈고, 당시 유제프와 이름이 같았던 아버지가 러시아의 지배에 저항하는 이 봉기에 참여했기 때문이다. 이 봉기에는 많은 폴란드인이 참여했지만 강력한 지도자가 없어 실패하고 말았는데, 이 봉기에 참여한 귀족 중에는 후에 소련군 원수이자 폴란드 인민공화국 국방장관에 오르는 로코솝스키 원수의 조상도 있었다.

러시아는 1월 봉기가 발생하기 전, 크림 전쟁에서 대패한 여파로 국가개혁에 나서 폴란드에도 개혁의 일환으로 고급 교육의 기회, 그리고 반대파의 석방 등 약간의 자유화 정책을 펼치고 있었는데, 1월 봉기를 진압한 후에는 폴란드 귀족의 무력화와 농민들의 지지를 확보하기 위한 목적으로 농노해방까지 단행하여 계획대로 폴란드 귀족의 세력을 크게 약화시키는 데 성공했다. 결국, 피우수트스키 가문도 이렇게 몰락했다.

피우수트스키는 빌뉴스에 있는 러시아식 고등학교에 다녔다. 그 시절에는 사실 재능 있는 학생으로 평가받지는 못했다. 역사상의 우연은 많지만, 훗날 피우수트스키의 평생 숙적이 되는 펠릭스 제르진스키(Feliks Dzerzhinsky 1877. 9 ~ 1926. 7)가 1년 후배로 같은 학교에 다녔다는 우연은 마치 숙명처럼 느껴진다. 같은 폴란드 귀족 출신인 제르진스키는 볼셰비키가 되어 비밀경찰 체카(Cheka, KGB의 전신)를 창설한다. 그럼에도 훗날 피우수트스키는 제르진스키를 '거짓말할 줄 몰랐던 친구'라고 회상했다. 제르진스키는 잔인성으로도 유명했지만, 사실 청렴한 사생활로도 이름이 높았다. 러시아의 압제 아래에서도 피우수트스키와 형제들은 어머니에게 폴란드어와 문학, 그리고 역사를 배웠다.

1885년, 피우수트스키는 하르코프 대학교 의대에 입학했다. 재미있게도, 혁명가들이 혁명에 뛰어들기 전의 직업 중 상당수가 교사 또는 의사였다. 체 게바라가 의사였다는 사실은 너무나 유명하고, 중국의 손문, 필리핀의 호세 리살, 칠레의 아옌데, 프랑스 혁명의 순교자 마라, 프란츠 파농 등도 원래 직업은 의사였다. 루쉰은 센다이 의대 중퇴생이었다. 피우수트스키도 졸업은 못했지만 이런 전통을 충실히 '계승'하고 있는 셈인데, 나중에는 교사도 하게 된다. 참고로 베트남의 국부 호찌민과 그의 오른팔 보 응웬 지압, 중국 혁명의 아버지 모택동은 청년 시절 교사였고, 동학농민운동으로 유명한 우리나라의 녹두장군 전봉준은 훈장 출신이었다. 그 곳에서 피우수트스키는 나로드니키의 일파인 나로드나야 볼랴(Narodnaya Volya, 러시아어로 '인민의 의지')에 가입하였다. 그러다가 1886년에 학생 운동을 그만두고 타르투 대학교에 입학하려 하였으나 정치적인 이유로 거부되었다. 당시 알렉산드르 3세 암살 모의로 체포되었던 레닌의 형 알렉세이 울리야노프(레닌의 원래 성이 울리야노프)를 포함한 공모자들이 나로드나야 볼랴 소속이었고, 형 브로니스와프가 그들과 가까웠기 때문이었다. 알렉세이와 동지들은 사형당했으며, 이는 레닌이 혁명가의 길을 가게 되는 이유 중 하나가 된다.

피우수트스키는 '비교적 관대한' 처분을 받아 5년 유배형으로 시베리아에 유배되었다. 그는 유배지로 수송되기까지 몇 주간 이르쿠츠크의 형무소에서 복역하였으며, 이후 레나(Lena) 강 유역의 키렌스크(Kirensk) 등지에서 유배 생활과 강제노역을 하였다. 유배지의 환경은 대단히 열악해서 배고픔을 참지 못한 유형수들이 봉기를 일으켜 관리들과 충돌하는 과정에서 피우수트스키는 이빨 두 개를 잃었다. 겨울의 유배지는 영하 40도까지 떨어졌고, 피우수투스키는 건강이 극도로 나빠져 거의 죽을 지경이 되었다. 결국, 1888년 피우수투스키는 요양을 위해 6개월간의 복역 중지 결정을 받았다.

유형기간 동안 피우수트스키는 시베리아로 추방된 많은 폴란드인을 만났다. 이들 가운데는 1863년 1월 봉기의 지도자였던 브로니스와프 슈바르체(Bronisław Szwarce)도 있었다. 피우수트스키는 모국어인 폴란드어를 비롯하여 프랑스어, 독일어, 리투아니아어, 러시아어에 능통하였으며, 나중에는 영어도 배웠을 정도로 다양한 언어를 구사할 수 있었기 때문에 그 지역의 아이들을 상대로 수학과 언어를 가르치는 가정교사로서 생계를 유지할 수 있었다.

1892년 형기를 마친 피우수트스키는 오늘날 리투아니아의 실라레 지역인 아도마바스 마노르에 살게 되었다. 다음 해, 피우수트스키는 폴란드 사회당에 입당하였고 리투아니아 지부 설립을 도왔다. 피우수트스키는 당에서 극좌적 성향을 보였으나, 당의 공식 입장인 국제주의와는 달리 민족주의적인 성향도 함께 보였다.

1894년, 피우수트스키는 지하신문이자 당 기관지인 『로보트니크』(폴란드어로 '노동자')를 발행하였고, 이 신문의 주필이자 발행인 겸 편집인이기도 했다. 다음 해 폴란드 사회당의 지도자가 된 피우수트스키는 당 강령을 수정하여 폴란드 독립을 당의 중요 목표로 설정했다. 1899년 7월, 어느 개신교 교회에서 폴란드 토목기사와 이혼한 미모의 마리아 유슈키에비치와 결혼한 후 우치로 옮겨 『로보트니크』의 편집과 인쇄를 계속했다. 다음 해, 러시아 당국에 비밀 인쇄소가 발각되어 피우수트스키는 다시 바르샤바 인근의 형무소에 수감되었다. 1901년 5월에 피우수트스키는 정신병을 완벽하게 연기하여 상트페테르부르크의 병원으로 옮겨졌으며, 빈 틈을 타 탈옥에 성공했다. 그 뒤 오스트리아 령 폴란드인 크라코프로 피신했지만 1902년 4월, 당의 조직임무를 위해 러시아령 폴란드로 돌아왔다.

러일전쟁이 발발한 1904년, 피우수트스키는 런던, 뉴욕, 샌프란시스코, 밴쿠버, 호놀룰루를 거치는 머나먼 여정 끝에 도쿄를 방문해서 일본의 폴란드 독립 지지를 요청했다. 피우수트스키는 그 대가로 일본에 러시아군 내의 폴란드인을 통한 정보 제공과 러시아군 포로 중 폴란드인을 선발하여 러시아와 싸울 폴란드 군단의 창설을 약속했다. 사실 일본은 피우수트스키와 먼 나라가 아니었다. 왜냐하면, 형 브로니스와프가 훗날 일본에서 일본 여자와 결혼하여 문화인류학자이자 아이누 연구가가 되었기 때문이다. 하지만 피우수트스키의 일본 방문은 결국 실패했다. 일본은 당시 유럽의 복잡한 정세에 휘말리고 싶지 않았기에 선전선동과 후방교란 등에 대한 비용으로 2만 파운드의 금전만 지원했기 때문이다. 일본이 발을 뺀 이유는 독립운동에서 라이벌이었던 로만 드모프스키가 그보다 먼저 도쿄에 도착해서 일본인들에게 피우수트스키의 계획이 불가능하다고 떠벌리고 다닌 탓이기도 했다. 피우수트스키와 드모프스키는 상호 견해 차이를 인정할 수밖에 없었다. 하지만 피우수트스키는 도쿄 방문으로 일본에 대해 좋은 인상을 품게 되었고, 이는 1928년, 피우수트스키 자신이 독재자로 군림하던 폴란드에서 러일 전쟁에서 공을 세운 일본군 장교 51명에 대한 훈장수여로 이어지게 된다. 폴란드에 대해 동질감을 가지고 있는 우리나라 사람들에게는 '확 깨는' 일이지만 말이다.

피우수트스키는 비밀리에 러시아령 폴란드로 돌아와 러시아 제국 곳곳에서 널리 퍼지고 있던 혁명운동을 이끌었고, 러시아에 대항하는 저항 운동을 목적으로 하는 준군사조직인 폴란드 사회당 전투단을 창립했다. 첫 무력시위로 1904년 10월 28일 바르샤바에 주둔하고 있던 코사크 기병대를 기습하였고, 11월 13일 공식적으로 러시아에 대한 교전을 선언하였다. 초기에는 정탐 활동에 주력하였지만, 1905년에는 러시아 정치인을 암살하는 활동을 시작하였다.

1905년 1차 러시아 혁명 시기에 피우수트스키는 폴란드 부흥 운동의 지도자가 되었다. 12월 22일, 피우수트스키는 폴란드 사회당을 통해 폴란드 내 모든 노동자의 총파업을 지시하였고 무려 40만 명의 노동자가 파업에 참가했다. 러시아는 두 달이 지나서야 겨우 파업을 막을 수 있을 정도였다. 상황이 이렇게까지 악화되자 러시아 제국은 유화 정책의 일환으로 초대 러시아 두마(의회)의 구성을 선포하고 총선에 들어갔다. 드모프스키의 민족민주당이 두마 총선을 지지하고 두마 선거에 참여하여 34석의 의석을 얻은 것과는 달리 폴란드 사회당은 선거 자체를 거부하였다. 피우수트스키는 두마 체제에 편입하는 것으로는 폴란드의 독립을 달성할 수 없으며 오직 혁명적 봉기만이 독립을 쟁취할 수 있다고 여겼다. 피우수트스키는 드모프스키가 '낡은 정책'에 매달리고 있다고 비판하면서 폴란드-리투아니아 사회민주주의 연방을 건설하는 것을 목표로 하는 '젊은 정책'을 내세웠다.

피우수트스키와 동지들은 독립을 이룰 때까지 러시아 제국에 대해 혁명적 저항을 계속해야 한다는 '혁명 강령'을 지지했다. 머지않아 유럽에 큰 전쟁이 날 것이라고 본 피우수트스키는 오스트리아로 망명해 장차 폴란드군의 핵심이 될 군사조직 육성을 시작해 1906년에는 오스트리아 참모본부의 지원 아래 크라코프에 설립한 군사학교를 통해 800여명의 정예 대원을 양성했다. 이 대원들은 그해에만 336명의 러시아 관리를 암살했다. '군사 행동 연합'이란 이름의 이 준군사조직은 1908년 2천여 명으로 늘어났다. 브와디스와프 시콜스키(Władysław Sikorski), 마리안 쿠겔(Marian Kukiel), 카지미에슈 소슨코프스키(Kazimierz Sosnkowski) 3명이 조직의 부지도자를 맡았다. 이 3명은 폴란드 현대사에서 기억해야 할 인물들이다.

1908년 9월 26~27일 군사 행동 연합은 바르샤바에서 상트페테르부르크로 세금을 운반하던 우편 열차를 기습했다. 당시 빼앗은 금액은 200,812루블로, 피우스트스키는 군자금을 확보할 수 있었다. 이 기습에는 피우수트스키 자신을 포함, 20명의 대원이 참여(16명은 남자, 4명은 여자)했다. 장소는 빌뉴스 근방의 베즈다니(Bezdany)였다. 군사 행동 연합이 보기에 그 돈은 폴란드인들의 고혈이었으므로 당연히 자신들의 몫이었다. 당시 200,812루블은 오늘날 금액으로 환산하면 얼마나 될까? 금본위제도를 통해 계산하면 이 금액은 약 141.75kg의 금에 해당된다. 지금의 500만 달러에 가까운 가치라고 할 수 있다. 이는 당시 동유럽에서 기록적인 거금이었다. 또한, 이 습격은 동유럽에서 벌어졌던 여러 기차 습격 중 가장 성공적이고, 가장 큰 액수를 탈취한 기차 습격으로 기록되었다. 볼셰비키들도 열차와 은행 강도로 활동자금을 만들었고, 스탈린도 직접 참여한 적이 있었다. 참고로 볼셰비키들은 그 행위를 '징발'이라고 불렀다.

피우수트스키는 준군사조직을 적극 저항 연맹(폴란드어: Związek Walki Czynnej, ZWC)으로 재편하였다. 적극 저항 연맹 조직원들은 훗날 폴란드군 장교단의 주력을 이루게 된다. 1912년에는 총포협회(이 조직은 사실상 폴란드의 사관학교였다)가 탄생했고, 이 조직은 2년 후 1만 2천여 명으로 성장하였다. 1909년 폴란드 사회당은 피우수트스키의 주장을 당의 주요 강령으로 채택하여, 피우수트스키는 폴란드 사회당의 확고한 지도자로 자리 잡게 되었다.

1914년 피우수트스키는 파리에서 "이제 나라의 운명을 결정짓는 것은 무력뿐이다."라고 외치면서 이렇게 예언했다. "폴란드의 독립 문제는 러시아가 오스트리아와 독일에 패배하고 독일이 프랑스와 영국에 항복할 때만 확실하게 해결될 것이다. 이런 상황을 만드는 것이 우리의 임무이다." 놀랍게도 4년 후 피우수트스키의 예언대로 전쟁은 끝났다. 폴란드의 독립을 주도한 집단은 오스트리아 제국 군대에 몸담았던 폴란드 장교들이었다. 폴란드인 장교들은 1차 대전이 터지자 폴란드가 독립할 수 있는 절호의 기회가 왔다고 판단하고 치밀한 전략을 세웠다. 여담이지만 폴란드 출신 첫 교황 요한 바오로 2세의 아버지 카롤 보이티와(Karol Wojitiya: 부자는 이름이 같았다)도 오스트리아 제국군의 하사관이었다.

세계대전이 터지자 이들의 첫 번째 타도 대상은 당연히 러시아 제국이었다.

형식상 오스트리아 제국군의 일부가 된 폴란드군 소속 3개 여단은 러시아에 대항해서 싸웠고, 러시아 제국을 무너뜨리는 데 큰 공을 세웠다. 특히 1915년 6월, 우크라이나 남부 로키트나에서 피우수트스키의 폴란드 기병대가 러시아군에 돌격하여 큰 승리를 거두었다.

인력 부족을 겪던 독일과 오스트리아는 폴란드 부대를 동부전선에 배치하면 독일 사단들이 서부로 이동할 수 있으리라 여기고 1916년 11월 5일 폴란드의 독립 선언을 허용했다. 피우수트스키는 새로 창설된 폴란드 국가평의회의 군사 분야 책임자로 임명되었고, 폴란드군은 주권국가 폴란드 소속이 되었다. 하지만 독일 정부는 폴란드군이 "독일과 오스트리아군에 충성을 맹세해야 한다."고 주장하면서도, 폴란드에 대한 장래 보증은 꺼려했다. 그 사이 결국 러시아는 불리한 전세와 볼셰비키 혁명으로 사실상 항복을 선언하고 먼저 나가떨어졌다.

그러나 이미 개전 초부터 피우수트스키 등 폴란드 지도자들은 은밀하게 영국과 프랑스에 접촉해 폴란드인들은 오직 러시아하고만 싸우지 영국, 프랑스하고는 싸울 뜻이 없다고 밝혔으니, 독일 및 오스트리아와도 거리를 두려는 것은 당연했다. 1917년 피우수트스키를 비롯한 폴란드인 장교들은 독일, 오스트리아에 대한 충성 서약을 거부하여 마그데부르크의 감옥에 투옥되었다. 수감된 폴란드 장교들은 폴란드를 분할한 세 나라에 맞선 상징적 존재가 되어 폴란드인들에게 엄청난 존경을 받았다. 결국, 독일이 항복을 선언한 1918년 11월 11일 폴란드는 독립을 선언했다. 독립 폴란드를 이끈 주역은 당연히 세 나라에 맞선 투쟁에 앞장선 장교들이었다. 폴란드인들은 1차 세계대전에서 양 진영에 모두 참전하였고, 200만이나 되는 희생을 치르고 얻은 독립의 환희에 들떠 있었다. 하지만 20년 후, 더 큰 전쟁이 폴란드에서 시작되어 희생자도 몇 배에 이르게 될 것임을 그 당시엔 알 도리가 없었다.

독일이 서부전선에서 무너진 뒤 석방된 피우수트스키는 1918년 11월 10일 독립 영웅의 자격으로 열차를 타고 해방된 바르샤바에 돌아왔다. 그로부터 4일 뒤, 피우수트스키는 만장일치로 국가수반이자 군 최고사령관으로 추대되었다. 피우수트스키는 바르샤바에 도착한 뒤, 폴란드를 점령하고 있는 독일군의 안전한 철수를 위해 노력했다. 그리고 얼마 후 독일령 폴란드에 살던 폴란드인들은 자신들을 탄압하는 독일인들에 맞서 반란을 일으켰다. 비엘코폴스카(그로스폴렌)와 포모제(폼메른)가 폴란드의 품으로 돌아왔고, 실롱스크(슐레지엔)도 3번에 걸친 봉기 끝에 폴란드 땅이 되었다. 폴란드는 남동부 지방에서도 우크라이나인들과 양쪽에서 25,000여 명의 희생자가 나온 전쟁을 치렀다. 피우수트스키는 이후 영국과 프랑스의 지원을 받아 소련과의 전쟁을 시작하고 키예프까지 점령했는데, 이 전쟁의 경과는 뒤에서 바로 다루도록 하겠다.

피우수트스키는 사회주의자였고, 레닌이 이끄는 볼셰비키와 공동의 적으로 러시아 황제를 두기도 했었다. 그런데 왜 이렇게 바로 적이 되었을까? 앞서 이야기했듯이 피우수트스키는 레닌의 형과 잘 아는 사이였고, 한때 오스트리아령 폴란드에서 같이 살기도 했었으며 같은 카페에서 커피를 마시기도 했고, 볼셰비키는 총포 연맹의 도움을 받기도 했다. 어쨌든 양쪽 다 러시아 황제를 증오했기에 적의 적은 친구라는 말처럼 동지가 된 것일 뿐이었다. 인물은 인물을 알아보는 법인데, 둘은 상대방이 자신처럼 선천적인 강인함을 지닌 타고난 리더라는 사실을 알아챘다. 그래서 두 사람은 권력을 장악하자 서로를 무시한 것이다. 레닌에게 피우수트스키는 사회주의자가 아니라 제국주의 프랑스와 영국의 대리인에 불과했고, 피우수트스키 처지에서는 레닌은 새로운 짜르(러시아 황제)에 불과했던 것이다.

소련과의 전쟁 후 민주적 헌법이 채택되고 새 총선이 실시된 뒤 피우수트스키는 22년 12월 14일 선임 대통령이며 친구인 가브리엘 나루토비치에게 정권을 이양했지만, 나루토비치는 이틀 후 암살당했다. 그 후 또 다른 동료인 스타니스와프 뵈치에호프스키가 차기 대통령에 뽑혔고 피우수트스키는 참모총장에 임명되었다. 그러나 우파 정부가 권력을 잡자 23년 5월 29일 참모총장직에서 물러나 두 번째 아내인 알렉산드라 슈체르빈스카 및 두 딸과 함께 바르샤바 근처의 술레유베크로 은퇴했다. 피우수트스키는 점차 의회 체제에 환멸을 느끼기 시작했고, 지속되는 불황에도 무능력한 정부를 보면서 결국, 26년 5월 12일, 자신을 추종하는 부대를 이끌고 바르샤바 시내를 행진하여 사실상의 쿠데타를 일으켰다. 무솔리니의 로마 진군을 흉내낸 것이리라. 결국, 뵈치에호프스키 정부는 이틀 후 총사퇴했다. 5월 31일, 의회는 피우수트스키를 대통령에 선출했으나 피우수트스키가 거절했고, 대통령직은 피우수트스키의 친구인 이그

나치 모시치츠키에게로 돌아갔다. 하지만 피우수트스키가 사실상의 실권자였으며, 죽을 때까지 국방장관 자리에 있었다. 특히 외교정책 분야에서 강력한 막후 영향력을 발휘했다.

극소수를 제외한 옛 사회당 동료들은 피우수트스키를 떠나 중도좌파 연합에 가담했고, 이 중도좌파 연합은 30년 여름 그의 독재를 타도하기 위해 대중운동을 시작했다. 피우수트스키의 대응은 강력했다. 정계를 '정화'하기 위해 18개 정당의 당수를 체포하여 브제시치 요새에 투옥했다. 이들은 얼마 후 모두 풀려났고 정당도 해산되지 않았지만 폴란드 정치는 피우수트스키의 부하들에게 장악되었다. 이들 가운데 가장 유명한 유제프 베츠크 대령은 피우수트스키가 국방장관이었을 때 비서실장을 지낸 인물로, 30년 12월 외무차관, 32년 11월에는 외무장관이 되었다. 33년 1월 30일, 히틀러가 집권한 독일은 베르사유 조약을 노골적으로 위반하며 공공연히 재무장을 시작했다. 피우수트스키는 21년부터 폴란드의 동맹국이었던 프랑스가 독일에 대항해 폴란드와 공동 군사행동을 할 것인지의 여부를 알아보기 위해 옛 부관 예지 포토츠키 백작을 파리로 밀파했다. 프랑스가 부정적인 반응을 보이자 피우수트스키는 34년 1월 24일 히틀러가 제안한 10년 기한의 '독일-폴란드 불가침 조약'을 받아들였다.

독일과 조약을 체결한 폴란드의 의도에 아무런 의혹도 없음을 보여주기 위해 베츠크가 2월에 모스크바로 갔고, 기존 '소련-폴란드 불가침 조약'은 45년 12월 31일까지 기한이 연장되었다. 나중에 히틀러는 소련에 대항하기 위한 '독일-폴란드 동맹'를 다시 제안했지만 피우수트스키는 이 제안에 관심을 기울이지 않았고 히틀러와의 만남도 거절했다. 피우수트스키는 불가피할 때 폴란드가 싸울 수 있는 준비를 해야 한다고 생각하며 시간을 벌려고 했다. 베츠크에게 이 마지막 가르침을 준 직후인 35년 5월 12일, 피우수트스키는 공교롭게도 9년 전 자신이 쿠데타를 일으킨 날과 같은 날에 간암으로 세상을 떠났다. 한 때는 극좌파에 속했던 인물이 유사 파시즘 체제의 독재자로서 죽은 것이다.

피우수트스키의 시신은 폴란드의 위대한 왕들이 묻혀 있는 크라코프의 바벨 대성당 지하실에 안장되었다. 피우수트스키는 격렬하고 낭만적인 혁명가이자 정식 군사훈련을 받지 않았음에도 위대한 군인이었으며, 보기 드문 대담함과 의지, 유럽 정치에 대한 뛰어난 통찰력을 지닌 걸출한 인물이었다. 그러나 현대국가를 통치할 준비는 되어 있지 않았던 어쩔 수 없는 19세기 인물이기도 했다. 그래서 피우수트스키는 미숙한 경제와 영웅적으로 싸울 준비가 되어있지만 전술과 장비는 구시대적인 군대를 폴란드에 남겼다. 폴란드는 이 때문에 비극을 맞이하고 말았다. 폴란드 패망 당시 폴란드군 사령관 에드바르트 리츠-시미그위(Edward Rydz-Smigly)가 피우수트스키의 최측근이었다는 사실이 잘 증명해주고 있다.

폴란드 독립 과정에서 피우수트스키의 공로가 워낙 크긴 했지만, 말년의 독재와 폴란드 패망에 대한 책임론 때문에 그에 대한 평가는 아직도 폴란드 내에서 분분하다. 그럼에도 현재 바르샤바의 가장 큰 광장에 피우수트스키의 이름이 붙어 있고, 그가 집무하던 벨베데르 궁 앞에 동상이 있다. 건국 90주년 기념 지폐에 피우수트스키의 얼굴이 새겨지고 폴란드의 거의 모든 도시에 그의 이름이 붙은 거리가 있을 정도로 폴란드 현대사에서 그의 위치는 확고하다.

소련-폴란드 전쟁

나폴레옹 시절 바르샤바 대공국이란 이름으로 잠시 절반의 독립을 누렸을 뿐 100년 이상 독일, 러시아, 오스트리아에 분할되어 지배당했던 폴란드는 1차 대전 후 진정한 새 출발을 하게 되었다. 하지만 신생 폴란드는 그동안 억눌렸던 민족주의가 폭발하면서 패권주의라는 잘못된 길로 나아가게 된다. 오랫동안 폴란드는 발트 해 연안과 체코슬로바키아 일부, 그리고 서부 우크라이나와 서부 벨라루스는 자기 영토라고 주장해 왔기에 이 지역들을 차지할 기회를 노리고 있었던 것이다. 폴란드는 1차 대전이 끝나고 기존의 세력들이 재편되면서 발생한 공백 기간을 틈타 팽창의 기회를 잡았는데, 1919년 당시 11만 명에 불과했던 폴란드군은 다음 해에는 60만에 달하게 되었다. 특히 폴란드계 미국인 지원병과 서부전선에서 연합군의 포로로 잡혔던 병사들로 구성된 할러 부대는 큰 힘이 되었다.

러시아가 혁명으로 아수라장이 되자, 20년 4월 25일, 피우수트스키가 직접 지휘하는 폴란드군은 우크라이나로 진격했고, 5월 7일에 키예프를 점령했다. 당시 폴란드는 피우수트스키를 중심으로 폴린드-우크라이나 연방(가능하면 리투아니아 까지)을 구성하자는 세력과 폴란드인만의 민족국가를 구성하자는 소 폴란드 세력이 대립하고 있었다. 피우수트스키는 우크라이나를 러시아에서 분리해야만 폴란드의 안전이 보장된다고 확신했기에 이 전쟁을 일으켰다. 신생국으로서는 대단한 모험이기도 했지만 붉은 러시아를 용납할 수 없었던 서구열강들의 지원이 있었기에 가능한 전쟁이기도 했다. 어쨌든 폴란드로서는 러시아 제국이 무너지고 새로 생긴 소련이 내전과 서방 열강의 간섭전쟁으로 정신이 없을 때 자신들의 영토적 야심을 달성해 보겠다는 계획을 실천에 옮기게 된 것이다. 피우수트스키는 우크라이나인들에게 이렇게 말했다. "폴란드군은 우크라이나인들의 합법적인 정부가 자신들의 영토를 통제할 능력을 되찾을 때까지 키예프에 가능한 한 장기간 주둔할 것이다."

피우수트스키는 우크라이나인들을 얕본 것이고 따라서 우크라이나인에게 피우수트스키는 또 다른 정복자였을 뿐이었다. 우크라이나인은 볼셰비키만큼이나 폴란드인들도 싫어했다. 당시 우크라이나인들은 폴란드군과 소련군 양쪽 모두와 싸웠는데, 제2차 대전에서도 우크라이나 저항조직은 독일과 소련 모두를 상대로 싸우게 된다. 이렇게되자 승승장구하던 폴란드군은 우크라이나의 저항에 부딪혀 고전한다. 폴란드는 러시아 제국과 오스트리아 제국의 지배를 받을 때에도 우크라이나 서부와 벨라루스 서부에서는 상당한 자치를 누리며 지배자로 군림했는데, 이때 폴란드 지주들이 특히 우크라이나의 소작인들에게 가혹하게 대했었기에 우크라이나인과 벨라루스인들은 다시 폴란드의 지배하에 들어가기를 거부하며 저항했다.

그 틈을 타 소련군이 폴란드군을 밀어내기 시작했고, 결국 6월 폴란드군은 키예프에서 물러났다. '가능한 장기간'은 한 달 만에 끝나게 된 것이다. 7월에도 대규모 전투가 있었지만 결국 패배하여 더 멀리 밀려났다. 7월 14일에는 빌뉴스가 점령당했고 8월 2일에는 소련군이 바르샤바에서 60마일 지점까지 이르러 폴란드는 아예 독립하자마자 멸망당할 위기에 처하게 되었다.

폴란드 총리 그라프스키는 영국과 프랑스에 지원을 호소했다. 7월 10일 두 나라는 1919년 12월 8일 당시 경계선 기준으로 휴전을 제안했다. 이는 남서쪽으로는 카르파티아 산맥까지, 프셰미실은 폴란드가 차지하되 동부 갈리치아는 양보하는 제안이었다. 다음날 영국 외무장관 커즌 경이 소련 정부에 이와 유사한 제안을 했는데, 이후 이 경계선은 커즌 선으로 불리게 되었다. 그러나 폴란드와 소련 둘 다 연합군의 제안을 받아들이지 않았다. 사실 커즌 선은 영국 정부의 단순한 제안에 불과했지만, 두고두고 두 나라가 싸우게 되는 '뜨거운 감자'가 된다. 게다가 프랑스는 군대만 보내지 않았을 뿐 이미 전쟁에 깊숙이 개입한 상태였다. 20년 후 프랑스군 최고사령관이 되는 베이강 장군을 비롯한 군사고문단이 폴란드에 와 있었고, 그들 중에는 젊은 샤를 드골도 있었다.

이때 기적이 일어났다. 8월 15일, 피우수트스키가 직접 지휘한 2만 돌격대가 방심한데다가 긴 전투와 행군에 지친 소련군을 기습하여 대승을 거둔 것이다. 성모승천 대축일이기도 한 이날은 폴란드 '국군의 날'이 된다. 이를 폴란드에서는 비스와 강의 기적이라고 부른다. 이때 스탈린은 독자적으로 군사행동을 하다가 패배의 빌미를 제공한 책임을 지고 군사 활동에서 물러나게 된다. 스탈린은 이 굴욕을 잊지 않았고 훗날 폴란드는 큰 대가를 치르게 된다. 여세를 몰아 폴란드군은 10월 중순에는 벨라루스 수도 민스크 부근까지 진격했지만, 전쟁은

1922년 당시 폴란드 공화국의 영역

교착 상태에 빠졌고 양 군은 둘 다 기진맥진해 있었다. 두 나라의 경제도 더는 전쟁을 지원할 여력이 없었다.

그럼에도 폴란드는 역사적으로 폴란드 영토라면서 전략적 요충지인 리투아니아의 빌뉴스를 다시 점령했다. 이로써 폴란드와 리투아니아의 오래된 갈등이 다시 시작되었다. 이후 소련은 평화협정을 제의하였으며, 폴란드 역시 국제연맹의 압력도 있어 협상에 응한다. 10월 12일, 라트비아의 리가에서 협정이 체결되었다. 힘겹지만 마지막 승리를 거둔 폴란드는 커즌 선 동쪽 우크라이나 서부와 벨라루스 서부의 약 13만 5,000㎢의 땅을 차지하게 되었다. 물론 지역 주민의 의사는 전혀 반영되지 않았다.

이 전쟁은 우리에게 많이 알려지지는 않았지만, 이후 유럽 역사에 큰 영향을 미치게 되는데, 폴란드와 소련 양쪽 모두 대규모 기병대를 투입하여 많은 전과를 올렸기 때문이다. 이 전쟁은 사실상 기병대가 주력으로 활약한 마지막 전쟁이기도 했다. 1차 대전에서 앨런비와 로렌스가 팔레스타인에서 펼친 기병 작전이 마지막 대규모 기병작전이라고 하는 역사가들이 있는데, 이는 또 다른 의미의 '서구 중심주의'가 아닐까? 하지만 옛날부터 창기병이 유명했던 폴란드는 이 전쟁에서의 경험으로 인해 계속해서 많은 기병대를 유지하는 시대착오적 정책을 고수하여 39년 9월의 침략을 막아낼 수 없게 된다. 물론 기병대가 그 책임을 모두 져야 한다는 의미는 아니다.

역사적으로 커즌 선 동부는 폴란드 영토이긴 했지만, 지주 귀족들은 폴란드어를, 농민들은 벨라루스어나 우크라이나어를 쓰고 있어서 계급갈등이 민족갈등으로 격화되기 쉬운 지역이었다. 이러한 갈등은 훗날 독일이 이 지역을 점령한 뒤 폴란드 레지스탕스를 견제할 목적으로 우크라이나 군사조직을 지원해 서로 죽고 죽이는 살육전을 벌이게 만든 단초가 된다. 어쨌든 영국과 프랑스는 전통적인 동맹국이었던 러시아를 잃은 이상 꿩 대신 닭이라고 폴란드를 동방의 동맹국으로 삼아 독일을 견제할 수밖에 없게 되었다.

피우수트스키의 독재와 소수민족 차별

독립과정은 물론, 소련과의 전쟁으로 영웅이 된 피우수트스키는 1926년에 독재자가 된 뒤로 철저한 반공 노선을 걷는 사실상의 유사 파시즘 체제를 수립했다. 피우수트스키는 폴란드 민족주의의 전통인 반러시아 정서를 이용하여 반소 친독 외교를 펼치는데 이 노선은 피우수트스키의 사후에도 계속된다. 피우수트스키의 독재에 반대하는 세력 - 대부분 그와 함께 러시아를 상대로 싸웠던 동지들 - 은 폴란드인의 전통적 망명지인 프랑스로 망명했다. 이렇게 옛 동지들은 피우수트스키를 떠났고 대신 부하들, 특히 대령급들이 그를 보좌했다. 그래서 사람들은 피우수트스키의 정권을 '대령정권'이라고 불렀다. 폴란드의 국부에게 실례겠지만, 어찌 보면 옛 동지들을 숙청하고 홍위병과 사인방을 전면에 내세운 모택동이나 허삼수, 허화평, 권정달 같은 영관급들을 중용했던 전두환을 연상하게 한다.

　사실 폴란드는 건국 당시부터 소수민족에 관용적이지 않아, 소수민족들은 폴란드인들의 패권주의에 반감을 품고 있었다. 피우수트스키의 독재가 확립되자 폴란드어 강요, 폴란드인 위주의 토지 정책, 소수민족의 공직 제한 등 소수민족에 대한 차별은 더욱 심해졌다. 개구리가 된 폴란드인들은 올챙이 시절을 기억하지 못했던 것이다. 말년의 피우수트스키는 여러 면에서 로마의 영웅이었던 가이우스 마리우스와 영국의 올리버 크롬웰을 연상시킨다. 로마의 마리우스는 평민 출신으로 눈부신 전공을 세웠으며 시민군이었던 로마군을 직업군인화하는 개혁을 성공시켰다. 일곱 차례나 집정관을 지냈지만, 말년의 독재와 숙청은 마리우스의 오점으로 남았다. 더구나 마리우스의 사후 정적 술라는 마리우스의 숙청을 몇 배로 보복하여 로마는 피에 물들었다.

　영국 내전(청교도 혁명)에 있어서, 크롬웰이 없었다면 의회파는 왕당파에 승리하기 어려웠을 것이다. 크롬웰은 군사적 천재이자 영웅이었고 한 때는 인기가 하늘을 찔렀다. 하지만 의회를 해산하고 혼자서 철권통치한 5년 동안 크롬웰의 인기는 바닥까지 떨어졌다. 암살 시도가 끊이지 않았고, '독재자' '반역자' '악마' 등의 욕지거리가 런던 뒷골목마다 넘쳐흘렀다. 아일랜드에서는 크롬웰을 자기 민족을 무참히 학살한 원수로 여겼고, 스코틀랜드에서는 자신들의 왕(찰스 1세)을 죄 없이 죽인 악당으로 취급했다. 자신이 정성 들여 키운 군대 말고는 누구도 믿을 수 없게 된 크롬웰은 깊은 우울증에 시달렸고, 결국, 말라리아에 길려 59세로 숨을 거두었다. 크롬웰의 시신은 훗날 파헤쳐져 토막이 나고 말았다.

이렇게 세 영웅은 입지전적인 삶과 전쟁영웅으로서의 대중적 인기, 그리고 마지막으로 말년의 독재와 사후의 파탄까지 공유했던 것이다.

독일과의 불가침 조약

33년 국가사회주의독일노동자당(나치스)이 정권을 잡자 히틀러는 놀랍게도 먼저 폴란드와의 우호정책을 시도했고, 실제 다음 해 1월 26일, 10년 기한의 독일-폴란드 불가침 조약을 체결했다. 어떻게 이런 결과가 나올 수 있었을까? 지금 보면 놀랍지만, 당시 피우수트스키는 히틀러에 대해 호감을 품고 있었다. 히틀러는 적어도 '교적상'으로는 같은 가톨릭 신자였고, 프로이센인이 아닌 오스트리아인이었다. 오스트리아가 폴란드인에 대해 관용적이었던 덕에 피우수트스키는 독립을 위한 기반을 마련할 수 있었다. 그래서 히틀러도 폴란드를 두렵게 하는 독일의 정치적 전통과는 거리가 먼 인물이라고 본 것이 당연했다.

반면, 독일인의 입장에서 보면 폴란드는 바이마르 공화국 시절에 잦은 국경 침범과 월권으로 독일인의 감정을 자극했다. 그래서 누구나 히틀러가 집권하면 그의 첫 번째 목표는 폴란드가 될 것이라고 생각했다. 하지만 히틀러는 모든 예상을 뒤집어 버렸다. 히틀러가 폴란드와 조약을 맺은 이유는 무엇일까? 물론 대부분의 독일 국민에게 이 조약은 받아들이기 힘든 것이었고, 히틀러의 인기도 떨어졌다. 하지만 히틀러에게 이 조약은 장기적으로 엄청난 이익을 안겨 주었다. 누가 보아도 가장 먼저 공격해야 될 적과 불가침 조약을 맺은 '합리적인' 집권자라는 인상을 유럽인에 주었던 것이다. 이로 인해 히틀러는 유럽 정복에 필요한 5년간의 시간을 벌 수 있었다.

체코슬로바키아 분할

독일은 38년 초, 오스트리아를 합병하고 연이어 독일인이 많이 사는 체코슬로바키아의 주데텐란트를 요구했다. 이런 독일의 야욕에 대해 폴란드의 태도는 어떠했을까? 체코슬로바키아에 대해 영국과 프랑스가 방관한다면 체코슬로바키아와 손을 잡고, 프랑스만 개입한다면 중립을 지키며 사태를 살펴보고, 영국도 개입한다면 자신들도 독일 포위망에 가세한다는 입장이었다. 폴란드는 이런 기회주의적 태도가 아니라 체코슬로바키아와 손잡고 독일에 대항하면서 영국과 프랑스를 끌어들였어야 했다.

38년, 독일이 영국과 프랑스의 유화 정책을 기회로 뮌헨 협정을 맺고 결국, 체코슬로바키아가 9월 20일 이에 굴복하자 주데텐란트를 병합했다. 곧이어 불법적으로 체코를 집어삼키고, 슬로바키아를 자신들의 보호 하에 독립시킨다. 슬로바키아의 일부는 헝가리로 넘어갔다. 상황이 이렇게 돌아가자 중유럽의

1938년 뮌헨 협정과 그 이후 체코슬로바키아 분할

패권을 잡으려는 폴란드는 이에 편승하는 근시안적이고 치명적인 정책을 선택하고 만다. 폴란드는 바로 9월 21일, 체코슬로바키아 정부에 24시간 내에 슬로바키아의 체스키 테신(Cesky Tesin)을 넘기라는 최후통첩을 보내고 곧 이 땅을 병합함으로 독일의 팽창주의에서 떨어진 이삭을 주웠다. 체스키 테신은 이전부터 폴란드와 체코슬로바키아의 영유권 분쟁이 있었던 곳으로, 면적은 작았지만 인구의 40% 이상이 폴란드계인 지방이었고, 탄광을 중심으로 폴란드의 산업지대와 밀접한 상호관계에 있었다.

이렇게 폴란드는 다음 해에 자기들이 당할 차례라는 것도 모른 채 독일의 전리품 잔치에 끼어들어 체코 땅 일부를 탈취한 것이다. 당시 폴란드의 약탈행위는 인근 유럽 국가들에 매우 안 좋은 인상을 주었다. 처칠도 자신의 회고록에서 폴란드의 어리석음을 강도 높게 비판했다. 그래서 "폴란드는 강대국의 지배를 받을 때는 용감하게 저항하지만 조금 여유가 생기면 안 좋은 모습을 보여준다"

는 평가를 받게 되었는데, 대표적인 인물이 《중국의 붉은 별》로 유명한 에드거 스노우였다. 그는 옛 제국의 영토를 되찾으려는 폴란드 지도자들의 꿈을 '망상'이라고 통렬하게 비판했다.

이때 폴란드 역사가들은 독일이 과거 폴란드의 위성국가였던 프로이센에서 탄생한 나라라고 주장하기도 했고, 동프로이센 전체가 폴란드의 봉토였다고 말하기까지 했다. 또한 포메른 지방 전체가 10-12세기 폴란드 피아스트 왕조의 일부였다는 주장도 서슴지 않았다. 실제로 프로이센은 봉토까지는 아니더라도 한때 속국이긴 했다. 옛 프로이센은 13년 전쟁(1453~1466) 이후 폴란드에 충성을 맹세했던 '나라'였다. 프로이센이 폴란드로부터 사실상 독립한 것은 17세기 중반 제1차 북방전쟁 때로, 이후 프로이센은 폴란드로부터 독립하고 100년 정도 후에는 아예 폴란드를 분할할 정도로 강국이 되었다. 게다가 독일 제2제국의 모체가 프로이센이었으니, 민족주의적 성향이 강한 폴란드 역사가들의 그런 주장도 어찌 보면 당연했다. 하지만 폴란드 말대로 동프로이센 전체가 '봉토'였던 것은 아니었다. 어쨌든 사실 여부를 떠나 실력이 전혀 뒷받침 되지 못한 이런 국수주의적 발언은 독일 군부를 자극하고 악명 높은 독일의 선전장관 요제프 괴벨스에게 선전거리를 제공하는 어리석은 행동이었다. 실제로 반히틀러 감정을 가지고 전쟁을 원하지 않던 장군들조차도 폴란드는 반드시 손을 봐 줘야 하는 버릇없는 아이 같은 존재라고 생각하고 있었다. 그중 일부는 젝트 장군처럼 극단적으로 폴란드의 존재 자체를 말살해야 한다고 생각할 정도였고, 만슈타인 장군처럼 폴란드는 러시아보다는 덜 위험한 인접국이므로 완충국으로 존속시키되 적당히 손을 봐줘서 국경 정도는 조정해 두는 편이 낫다고 생각하는 장군들도 많았다.

설상가상으로 폴란드는 빌뉴스 문제로 같은 가톨릭 국가인 리투아니아와도 사이가 좋지 않아서 국경을 맞대고 있는 나라 중 우호적인 국가가 오로지 루마니아뿐이었다. 건국 직전 강대국들 사이에서 보여주었던 절묘한 외교술은 더 이상 찾아볼 수가 없었다. 물론 외교의 기본이 아무리 '원교근공'이라지만 폴란드는 너무 지나쳤다. 아마 피우수트스키와 함께 싸웠던 동지들이 망명하고 '대령'들이 실권을 장악하면서 생긴 공백이 이런 결과를 낳았을 것이다.

단치히(그단스크)와 민족 문제

단치히 인구의 90% 이상이 독일인이었기에 독일로서는 당연히 이 항구도시가 자기 것이라고 주장할 수 있었다. 연합국은 내륙국인 폴란드에 항구를 주기 위해 단치히를 자유도시라는 이름으로 폴란드에 주었고, 이 때문에 독일은 동프로이센과 본토가 분리되어 버렸다.

2차 대전의 직접적 원인이 된 이 도시는 2차 대전 40년 뒤 다시 한 번 세계사의 중심이 된다. 대전 후 폴란드인의 도시가 되어 그단스크라는 이름으로 바뀐 이 항구에 레닌 조선소가 건설되었다. 이 조선소에서 일하는 전기공 가운데 한 명이 바로 레흐 바웬사였다. 80년 레닌 조선소의 파업으로 시작된 자유노조의 투쟁은 결국, 동유럽 공산주의의 붕괴를 가져오게 된다. 지금 폴란드라는 나라에 대해 인터넷으로 검색해 보면 인구의 95% 이상이 폴란드인이라는 결과가 나오지만, 39년에는 전혀 그렇지 않았다. 폴란드인은 68%에 불과했고, 독일인과 벨라루스인, 우크라이나인 그리고 유대인들이 나머지를 차지했다.

대전전야 그리고 독소불가침 조약

피 한 방울 안 흘리고 영토를 크게 넓힌 나치 독일의 다음 목표는 국제연맹이 관리하고 있는 자유도시 단치히와 폴란드 회랑이었다. 특히 단치히는 1차대전 후 빼앗겨 버린 영토여서 히틀러는 단치히의 독일인 해방을 구실로 독일국민의 애국심을 자극했다. 노벨 문학상 수상자인 귄터 그라스의 대표작이자 영화화되기도 한 「양철북」에 이런 정서가 잘 묘사되어 있다.

39년 초, 히틀러는 군사력에 의한 폴란드 문제의 해결이라는 비밀명령을 내린 후 독일 정부는 폴란드에 자유도시 단치히의 독일 귀속 요구와 폴란드 회랑을 통과하는 동 프로이센과 독일 본토를 연결하는 도로 건설에 대한 치외법권을 강력하게 요구했다. 폴란드 침공은 이미 4월 3일부로 준비 명령이 내려진 상태였다. 히틀러는 폴란드가 독일의 요구에 순응하리라 생각했지만, 그 예상은 보기 좋게 빗나갔다. 폴란드의 대답은 거절이었다. 독일의 확장 정책에 위기감을 느낀 영국과 프랑스는 3월 30일에 폴란드에 대해 군사원조를 보증하고 폴란드 정부에 대한 지지를 표명했다.

폴란드는 이를 믿고 독일에 고자세로 나왔지만 히틀러는 영국과 프랑스가 전쟁에 개입하진 않으리라고 생각했다. 4월 28일, 독일은 34년에 체결되었던 독일-폴란드 불가침조약과 35년에 체결된 런던 해군 군축조약(독일이 영국 해군 규모의 33%까지 확대하는 것을 허용한 조약)을 파기했다. 19년부터 39년에 이르는 시기에 영국의 기본적인 외교정책은 당근과 채찍을 번갈아 사용하여 대전의 재발을 막는 것이었다. 채찍은 39년 봄에 실시한 폴란드에 대한 군사원조로, 이는 독일이 폴란드와 루마니아를 공격하는 것을 막기 위한 것이었다. 동시에 총리 체임벌린과 외무상이던 헬리팩스는 뮌헨 회담으로 히틀러에게 당근을 주었다. 하지만 결과는 체코슬로바키아의 해체였다.

하지만 영국은 어쩔 수 없이 폴란드와 손을 잡긴 했어도 프랑스와는 달리 별다른 유대관계가 없었다. 18세기부터 많은 폴란드인들이 같은 가톨릭 국가라는 이유로 프랑스에 망명했었다. 쇼팽이나 퀴리 부인 같은 유명한 인물도 많았고, 조국의 독립을 위해 나폴레옹 군대에 참가한 폴란드 군인들도 많았다. 심지어 나폴레옹은 마리아 발레프스카라는 폴란드 애인을 두고 아이를 낳기까지 했고, 나폴레옹의 이름은 폴란드 국가에 나오기까지 한다. 이에 비해 영국과의 관계는 내세울 게 없었고, 대부분의 영국인이 보기에 폴란드는 권위적 지배의 독재국가에 불과했다. 그래서 영국인들은 처음부터 폴란드인들을 위해 피를 흘릴 생각이 별로 없었다. 그나마 영화 「지옥의 묵시록」의 원작 「어둠의 심연」을 쓴 조셉 콘라드가 영국에 망명한 폴란드인 중 가장 유명했을 정도였다. 프랑스는 독일이 소련에 접근하고 있다는 정보를 입수하고 폴란드에 소련 접근을 권유했다. 하지만 폴란드의 외무장관 유제프 베츠크의 대답은 이러했다. "어떤 방식으로든 우리 영토의 일부를 외국 군대가 이용하는 문제를 토론할 수는 없다. 그것은 우리 원칙의 문제다. 우리는 소련과 맺은 군사협정이 없으며 군사협정을 맺고 싶지도 않다."

폴란드군 총사령관 리츠-시미그위 원수는 차가운 어조로 이렇게 말했다. "우리는 독일과의 관계에선 자유를 잃어버릴 위험에 처하게 된다. 그러나 러시아인과 붙으면 영혼을 잃어버리게 된다." 어느 역사학자는 이런 폴란드의 태도를 '장엄한 고집'이라고 불렀는데, 혹독한 대가를 치르게 된다. 폴란드는 소련이 공짜로 도와 줄 리는 없으니 그 대가로 영토를 요구할 것이 확실하다고 믿었다. 하지만 영국과 프랑스 역시 소련과의 교섭에서 성의 있는 태도를 보이지 않아 소련의 믿음을 사지 못하는 큰 잘못을 저질렀다. 4월에는 소련이 두 나라에 동맹을 제안했지만 거절하기도 했고, 8월에는 믿기 어려운 일이지만 특사들이 그 급박한 시기에 항공기가 아닌 배를 이용하는 바람에 소련까지 가는 데 사흘이나 걸렸다고 한다. 더구나 특사들의 직급도 낮았다. 결국, 두 나라는 독일이 소련에 접근할 시간을 허용해 버리고 말았다.

결국, 모스크바에서 독일과 소련 간 비밀회담이 이어졌고, 8월 22일에는 전 세계를 놀라게 한 독-소 불가침 조약이 체결되었다. 이 조약은 두 나라 외상의 이름을 따 리벤트로프-몰로토프 조약이라고도 한다. 몰로토프는 30년 가까운 스탈린 집권기간 내내 고위직에 계속 머물렀던 극소수의 인물 중 하나였다. 당연히 철저한 스탈린 추종자였는데, 이름조차도 강철이란 뜻의 스탈린과 맞추기 위해 망치라는 의미의 러시아어 '몰로트'를 의인화한 몰로토프로 바꾸었을 정도였다. 두 나라는 폴란드 분할에 합의하고, 독일은 발트 3국의 소련 병합을 승인하면서, 핀란드를 소련의 영향권 내에 두는 것도 묵인했다. 대신 소련은 석유를 비롯한 전략물자를 독일에 공급해 주었으며 독일은 서쪽에서 행동의 자유를 얻었다. 독일의 폴란드 공격은 8월 26일 오전 4시로 결정되었다.

극한의 위기감을 느낀 베츠크는 체임벌린과 헬리팩스 경을 만났다. 39년 8월 25일, 폴란드는 프랑스와의 군사동맹을 보완함과 동시에 영국과 상호 원조 조약을 체결했다. 이 조약은 영국이 폴란드의 독립을 지켜주는 의무를 포함하고 있었다. 거기에다 유일한 동맹국인 이탈리아가 참전을 거부하자 히틀러는 예정된 공격을 일단 단념하고 공격개시일을 9월 1일로 연기했다. 그 사이 독일은 8월 26일에 영국과 프랑스의 군사개입을 우려해 양국과 교섭을 시작했지만 이젠 두 나라가 더 이상 히틀러를 믿지 않았다. 그럼에도 히틀러는 독일이 폴란드를 공격하더라도 폴란드의 서방 동맹국이 독일에 대해 선전포고할 가능성은 거의 없다고 확신했다. 설사 선전포고하더라도 폴란드 국경선에 대한 확약이 없기 때문에 폴란드를 정복한 후 교섭을 통해 독일에 유리한 방향으로 이끌어 올 수 있다고 생각했다.

역시는 히틀러와 폴란드 둘 다 영국과 프랑스를 잘못 판단하고 있었다는 것을 증명하고 있다. 결국, 네 나라 모두 정도의 차이만 있을 뿐 자기들 편하게 생각해 버렸고 이에 따른 역사의 징벌을 피할 수 없었다. 그 사이에 독일군의 월경과 기습, 파괴공작이 조금씩 일어났으며 독일 정찰기가 폴란드 영공을 침범하는 일이 증가했다. 누가 봐도 전쟁이 터질 가능성이 더욱 높아졌다. 8월 29일, 독일은 폴란드에 회랑을 넘기라는 최후통첩을 보냈지만 폴란드는 이를 묵살하였다. 리벤트로프는 협상은 사실상 끝났다고 선언했고 폴란드군은 전쟁에 대비하기 시작했다. 8월 30일, 폴란드 해군은 구축함을 영국으로 출항시켰다. 압도적인 독일 해군에 의해 좁은 발트해에 갇힌 채 격침당하지 않게 하기 위한 조치였다. 구축함의 이름은 부르자(Burza, 폴란드어로 폭풍우), 브위스카비차(Błyskawica, 폴란드어로 번개), 그롬(Grom, 폴란드어로 천둥)이었다. 이 중 브위스카비차는 지금도 그단스크 항에 전시되어 있다.

이날 리츠–시미그위 원수는 폴란드군에 전시동원령을 내렸다. 그러나 프랑스는 이 동원령을 철회하라고 폴란드 정부에 압력을 가했다. 프랑스는 놀랍게도 그때까지 외교적인 해결이 가능하리라고 기대했기에 폴란드 정부의 동원령을 못마땅하게 생각했던 것이다. 39년 8월 31일, 히틀러는 전쟁을 다음 날 아침 4시 45분에 시작하라는 명령을 내렸다. 이 시점에서 폴란드군은 병력 동원을 70% 정도밖에 달성하지 못한 상태로, 많은 부대는 아직 부대 형태도 갖추지 못한 상태에서 방어 위치로 이동하던 중이었다.

대전의 시작과 폴란드의 몰락

방어계획

폴란드는 국토 대부분이 평야지대라 이렇다 할 천연 장애물도 없고 원래 길었던 독일과의 국경선은 자신들도 일조한 체코슬로바키아의 해체로 인해 더 길어져 방어해야 할 국경이 무려 1,900㎞에 이르렀다. 결국 전 국토가 마치 늑대 같은 독일의 입에 물려있는 형세였다. 이런 상황이니 효과적인 방어는 어차피 불가능했지만, 폴란드가 세운 방어 계획은 암호명 '서쪽(Zachód)'으로 명명되었다. 국경에 6개 군을 배치하고 후방의 3개 전략 예비대를 동원해 반격에 나선다는 내용이었다. 폴란드에서 가장 가치가 있던 천연자원 및 산업시설 그리고 인구가 많은 지역이 서부 국경 부근 실롱스크 지방에 집중되어 있었기 때문에 폴란드의 방어계획은 이들 지역의 보호가 최우선이었다. 폴란드 처지에서는 어쩔 수 없어 보였다. 하지만 프랑스 장군 베이강은 이 계획을 비현실적이라 생각하고 강폭이 넓어 자연적인 요충인 비스와 강과 산 강의 후방에 주력을 배치하라고 조언했다. 폴란드 장군 중 몇 명은 프랑스의 조언을 매우 유효한 전략이라고 지지했으나 받아들여지지 않았다. 어쨌든 이런 폴란드의 태도가 독일의 일을 더욱 쉽게 만들어주었다.

베이강의 안이 받아들여지지 않은 이유에는 세 가지 '비군사적' 배경이 있었다. 첫 번째는 120여 년 만에 찾은 조국의 국토를 한 치도 빼앗길 수 없다는 국민적 감정이었고, 두 번째는 소련과의 전쟁에서 승리했다는 역사적 사실에 근거한 과도한 자신감이었다. 세 번째로는 피우수트스키를 받든 '대령 정권'이라고 불린 정치군인들이 정치적 고려를 우선했기 때문이었다. 특히 폴란드의 많은 정치가들은 독일이 요구하는 땅에서 폴란드군이 철수한다면, 영국 및 프랑스는 뮌헨 협정처럼 폴란드 국토 일부를 팔아먹는 조약을 독일과 체결할지도 모른다는 의구심을 품고 있었다.

이런 내부적 문제에다 폴란드는 적과 친구의 의도도 제대로 알지 못했다. 독일이 침공하더라도 옛 독일제국령인 폴란드 회랑과 실롱스크 일부, 단치히 정도만 차지하고 만족하리라 생각했지 폴란드 국가 자체를 파괴하는 것이 히틀러의 목적이라고는 생각하지 못하고 있었다. 물론 전격전이라는 새로운 전술은 폴란드군의 상상 밖이었다. 국경 방어가 실패할 경우 폴란드의 계획은 병력 동원 완료까지 시간을 벌고, 동맹국들이 약속한 공세를 시작하면 아군도 대규모 반격 작전을 벌인다는 것이었다. 폴란드군에 가장 비관적인 경우인 '퇴각 작전'은 산 강의 후방에서 루마니아 국경지대인 동남부 지방으로 철수하여 시간을 끄는 기나긴 방어전이었다. 이런 폴란드의 계획은 서방의 동맹국이 폴란드와 맺은 상호 원조 조약을 준수하여 독일에 대해 공격을 가한다는 전제 하에서만 가능한 것이었다.

그러나 실제로 독일의 폴란드 침공 작전이 현실화되었는데도 프랑스는 물론 영국도 독일 본토에 대한 공격 계획을 세우지 않았다. 심지어 영국은 아직 전쟁 예산조차 편성하지 않은 상태였다. 양국의 전쟁 계획은 독일 침공이 아니라 앞선 1차 대전의 경험을 기초로 참호전과 경제 봉쇄전을 펼쳐 독일의 힘이 약해지길 기다렸다가 독일에게 평화 조약을 맺도록 강요하여 폴란드의 독립을 회복시킨다는 것이었다. 그러나 폴란드 정부는 이런 계획에 대해서 알지 못했다. 서부전선의 프랑스군은 100개 사단이 넘었지만 이에 맞서는 독일군은 20여개 사단에 불과했다. 하지만 프랑스군은 1차 대전의 참호전 개념과 마지노선에 갇혀 있었고, 폴란드가 독일에 짓밟히는 동안 프랑스가 한 것이라고는 자르 지방으로 10㎞ 정도 진격하다가 독일군이 포격하자 슬그머니 철수한 것, 영국은 베를린으로 폭격기를 보내 폭탄이 아닌 '삐라'를 뿌린 것이 전부였다. 폴란드 처지에서는 사실상 '배신'이나 마찬가지였다.

폴란드의 딜레마는 또 있었다. 만약 폴란드 군부가 1939년의 위협에 맞서 먼저 동원령을 내린다면 숙련된 산업 인력이 군대로 대거 빠져나가 폴란드의 취약한 경제는 더욱 약해질 것이고, 독일은 양국 간 긴장 심화와 전쟁 발발의 책임을 폴란드 탓으로 전가할 수 있었다. 반면 폴란드 정부가 마지막 순간까지 동원령을 내리지 않는다면 산업을 보호하고 전쟁 발발 책임을 피해 갈 수는 있지만, 전쟁이 터진다면 대비 부족으로 말미암아 더 큰 손해를 입는 대가를 감수해야 했다.

폴란드 정부의 선택은 후자였고, 이 선택은 예상한 대로의 '효과'를 발휘했다. 즉, 폴란드군은 동원을 완료하지 못한 시점에서 독일군의 공격을 받아 빠르게 패배했던 것이다. 이러한 폴란드의 '선택'은 당시의 정치적, 역사적 맥락을 보아야 이해할 수 있다. 1914년 이후 여러 해 동안 제1차 세계대전의 원인과 개전 책임에 대해 대중들 사이에서 많은 토론이 오갔고, 관련 문헌도 무수히 출간되었다. 히틀러는 공격 시점을 잘 고르고, 그럴싸하게 들리는 권리 주장을 대중들에게 함으로써 독일 후방을 단합시켰을 뿐만 아니라, 비난의 화살을 외부로 돌려 제1차 세계대전 문제에 대해 나름의 결론을 냈다.

폴란드의 동원령 연기에는 런던과 파리의 조언도 한몫했다. 폴란드가 외국의 조언을 중요하게 여기고 귀를 기울인 것은 그만큼 폴란드의 상황이 대단히 위중했기 때문이었다. 독일이 폴란드를 침공할 때 저지하고 격퇴할 수 있는 실질적 수단은 영국과 프랑스의 도움뿐이었다. 제1차 세계대전의 세르비아와 벨기에처럼 적의 침공을 받아 전 국토를 빼앗기더라도 승전국의 일원이 된다면 나라를 되찾고 오히려 영토를 더 늘릴 수 있었다. 그러나 그것도 다음 세 가지 조건이 충족되어야 가능했는데, 첫째 연합국 체제가 있어야 했고, 둘째로 정당한 이유 없이 공격을 받아야 했으며, 셋째로 자국 방위를 위해 제한된 수단 내에서 할 수 있는 한 분투하여 연합국에 이바지해야 했다.

그러므로 폴란드는 영국 및 프랑스의 정부와 대중에 정당한 이유 없이 침략을 받는 모습을 보여야만 했다. 즉 독일의 도발을 참아야 한다는 뜻이었다. 폴란드는 이런 방법으로 침략을 받는다는 인상을 줄 수 있었다. 그러나 폴란드는 사실 내심으로는 영국과 프랑스를 전적으로 믿지도 않으면서 정작 전쟁 계획은 그들에 의존하는 이율배반을 저질렀다. 정치적, 외교적인 실패를 군사력, 그것도 상대방보다 약한 군사력으로 만회하는 것은 불가능한 일이었다. 하지만 폴란드는 가능하다고 믿었다. '장엄한 고집'을 부리던 폴란드는 적도 자신도 친구도 알지 못했고 결국, 그 대가를 너무나 혹독하게 치르고 만다.

폴란드의 전쟁준비

38년 이전 폴란드군의 평상시 병력은 28만 명이었지만, 체코슬로바키아 위기와 독일과의 긴장관계가 시작되자 90만을 동원하여 120만 대군을 갖춘 상태였다. 폴란드가 최대한으로 동원 가능한 병력은 200만이었고, 원래 계획은 72시간 내의 동원이었지만 실제로는 12일 이상이 걸렸다.

육군은 현역보병사단 30개, 예비보병사단 9개, 현역기병여단 11개, 기갑여단 2개로 구성되어 있었고, 전차와 장갑차는 약 500에서 600대, 항공기 900대, 대공포 400문의 장비를 갖추고 있었다. 폴란드군의 대부분을 차지하고 있는 육군은 양적인 면에서 장비를 충분히 갖추고 있었지만 대부분 1차 대전 때의 낡은 장비였고, 소수민족 출신 병사들은 폴란드어를 이해하지 못하는 문제까지 안고 있었다. 이에 비해 공격에 나선 독일군은 150만 명으로 병력 수에서 압도적이지는 않았지만 항공기 1,450대와 전차 2,896대를 보유하고 있어 장비 면에서는 압도적인 우위에 있었다. 소프트웨어에서도 작전교리와 병과간의 협조에 있어서 낡아빠진 교리에 의존하고 있던 폴란드군 보다 훨씬 우위에 있었다. 게다가 독일군은 100% 독일인이었고 문맹자가 거의 없었으며 훈련도도 높았다. 전쟁이 터지기 이틀 전, 친나치 성향의 미국 건축가인 필립 존슨이 쓴 글을 소개하고자 한다.

폴란드 사람들은 대단히 흥분해 있었고, 당면한 위기에 대한 걱정이 많았다. 그들은 단지 국경지대에서 사진을 찍었다는 이유만으로 나를 체포했다. 원칙대로 미국 여권과 미국산 자동차를 보여주면 풀어줘야 하는데도 폴란드 경찰은 누구의 말도 믿으려 하지 않았다. 그들은 여덟 시간 동안 강도 높은 심문을 하고 나서야 나를 풀어주었다. 다시 국경선을 넘어 독일로 돌아가도 좋다는 허락을 받기 전에, 폴란드 경찰은 나를 데리고 다니면서 남녀노소를 막론하고 마을 사람 전체가 나서서 참호를 파고 있는 모습을 보여주며 말했다. "독일 사람들에게 당신이 본 걸 그대로 알려주시오. 우리는 죽는 순간까지 그들과 싸울 겁니다." 나중에 내가 독일인 몇몇에게 그 참호 이야기를 했

더니 그들은 껄껄 웃으며 독일군의 탱크를 가리켰다.[1]

1 《거대 건축이라는 욕망》 참조

개전

39년 8월 31일 당시 독일령이었던 글라이비츠(폴란드명 글리비체) 시의 라디오 방송국에 알프레트 나우요크스 친위대 소령이 이끄는 특수부대가 폴란드군복을 입고 침입해 독일에 사는 폴란드계 주민에 대해 궐기를 촉구하는 내용을 폴란드어로 방송했다. 이 자작극은 폴란드가 독일 영토에 있는 라디오 방송국을 습격한 사건으로 보이게 할 목적이었다. 이 사건은 나우요크스가 전후 뉘른베르크 전범재판에서 증언하면서 자세히 알려졌다. 독일 측은 이 공작을 '깡통'이라는 암호로 불렀다. 힘러에 의해 실행된 공작은 글라이비츠 사건과 폴란드 국경 부근의 방화사건 등 전부 21건에 이르렀다. 히틀러는 제국 의회에서 행한 선전 포고 연설에서 이들 '21건의 사건'을 일으킨 폴란드에 대한 자위권 행사는 제3제국의 정당한 권리라고 강변했다.

9월 1일, 독일의 폴란드 침공 첫 전투가 벌어진 곳은 일반적으로 단치히로 알려져 있다. 첫 공격의 주인공은 육군이나 공군이 아닌 해군, 그것도 30년이 넘은 노후 전함 슐레스비히 홀스타인이었다. 이 전함은 1차 대전 전사자들을 추모한다는 명목으로 '친선 방문' 중이었다. 비록 낡았지만, 강력한 12인치 주포를 가진 이 전함에서 오전 4시 45분을 기해 단치히 근교에 있는 폴란드의 베스테르플라테 요새를 향해 포격이 시작되었다. 육해공 입체 공격에 나선 3,500여 명의 독일군에 맞선 182명의 폴란드군은 워낙 열세여서 상부로부터 12시간만 상징적으로 저항하고 항복해도 좋다는 명령까지 받았지만, 이 명령을 거부하고 일주일 동안이나 완강히 저항하다가 항복했다. 폴란드군의 전사자는 16명, 독일군의 사상자는 300명이 넘었다. 지금 그곳에는 기념비가 서 있으며 폴란드인들의 성지가 되었다. 하지만 첫 공격을 받은 곳은 바르샤바에서 자동차로 2시간 거리인 소읍 비엘룬(Vielun)임이 최근에야 밝혀졌다. 비엘룬은 베스테르플라테보다 5분 전인 4시 40분에 독일 공군의 폭격을 받아 마을의 75%가 파괴되고 1,200여 명이 죽거나 다쳤다.

가장 완강하게 버틴 곳은 단치히 인근의 헬(Hel) 반도였다. 발트 해의 파도를 막아주는 이 반도가 있기에 단치히는 항구로 발전할 수 있었다. 20년대 초부터 폴란드군은 헬 반도에 군대를 주둔시켰고, 36년에 헬 반도 남쪽은 요새화 시켰다. 헬 반도 공방전은 스타니스와프 즈바틴스키(Stanisław Zwatynski) 휘하 약 3,000여 명의 폴란드군이 헬 반도에서 대규모의 독일군과 맞서 싸운 격전이었다. 헬 반도는 침공 당일 독일군의 공격을 받았으며, 10월 2일까지 독일군에 끈질기게 항전했다. 헬 요새 지대의 폴란드군은 3개 해안포 중대(대함용), 대공포 중대 등으로 구성되어 있었다고, 3개 해안포 중대는 152㎜ 포 4문, 105㎜ 구형 포 4문, 75㎜ 포 24문 등, 모두 32문의 포로 무장하고 있었다. 대공포 중대는 75㎜ 대공포 6문과 40㎜ 대공포 8문을 보유했다. 또한 적군을 감시하기 위한 120cm 탐조등 2대도 있었다. 헬 반도 역시 첫날부터 독일군의 공격 대상이었고, 독일 공군의 목표가 되어 계속 폭격을 당했다. 독일 구축함은 9월 3일 포격을 가했고, 육로 공격은 9월 9일에 시작되었다.

폴란드군은 투홀라 숲 전투(Battle of Tuchola Forest)에서 독일군의 공격을 받아 2,350명의 사상자(1,600명 전사, 750명 부상)를 내고 대패했다. 독일군의 피해는 1,249명(전사 506명, 부상 743명)에 그쳤다. 결국, 폴란드군은 해안지대에서 계속 밀려나 9월 20일에는 헬 요새가 폴란드 북부에서 독일군에 항전하는 유일한 곳이 되었다.

폴란드군 소속 몇몇 기뢰 부설함이 9월 12일과 13일 사이의 밤에 바다 곳곳에 기뢰를 설치했다. 다음 날인 9월 14일에 폴란드 배 몇 척이 독일 공군의 공격을 받아 격침되었다. 폴란드 해군 중 생존자들은 배를 버리고 군함의 함포와 기관총을 뜯어내 헬 반도에 합류하여 기존 병력과 함께 싸웠다. 이리하여 헬 반도의 폴란드군은 육군 2,000명, 해군 3,500명에 달하게 되었다. 독일 구형 전함 슐레스비히 홀스타인과 슐레지엔이 9월 18일에 헬 반도를 포격했지만, 별다른 피해를 입히지 못했다. 9월 25일에는 폴란드 해안포대에 약간의 피해를 입히는 데 성공했지만 자신들도 152㎜포를 맞고 손상을 입어 전열에서 이탈해야 했다. 폴란드의 대공포 부대는 10월 2일까지 모두 53대의 독일 항공기를 격추하는 큰 전과를 올렸다.

폴란드군이 헬 반도에 갇혀 있는 사이에 독일군은 대구경 공성포와 장갑 열차까지 투입했지만 폴란드군의 강력한 반격에 직면해 그들의 진격은 매우 느렸다. 9월 25일, 폴란드군은 헬 반도의 병목구간에 놓인 두 개의 통로를 어뢰탄두에서 뽑아낸 폭약 10톤으로 폭파시켰다. 이제 헬 반도는 본토와 분리된 사실상의 섬이 되었다. 하지만 보급품이 떨어졌을 뿐 아니라, 폴란드 전역이 독일과 소련에 짓밟히자 10월 1일, 폴란드 해군 사령관 유제프 운루그(Jozef Unrug) 제독은 헬 반도 수비대에 항복을 명령했다. 다음 날, 독일군이 상륙했다. 헬 반도의 폴란드군은 한 달간의 전투로 200여명이 전사하고 150명이 부상당했으며 남은 병사들은 포로가 되었다. 독일군은 항공기 53대를 잃었고, 전함 2척이 파손되어 최소 24명 이상의 수병이 전사했다. 공군과 육군의 사상자 숫자는 알려진 바 없지만, 정황상 적지 않은 사상자가 나왔을 것이다.

폴란드의 오산

실제 전투가 시작되자 별다른 장애물도 없는 국경을 넓게 방어하려는 폴란드의 계획은 패배의 큰 원인이 되었다. 폴란드군은 긴 국경선에 얇게 배치되어 탄탄한 방어가 불가능했고, 보급선도 충분히 지키지 못해 여러 차례 기계화된 독일군에 포위당하고 말았다. 더구나 하늘도 무심하게 여름 내내 지속된 더위로 단단해진 대지는 독일 기계화 부대의 기동에 최적의 조건까지 제공해 주었다.

폴란드군의 약 30% 이상은 폴란드 회랑과 그 주변인 서북부에 집중 배치되었으나 동프로이센과 서쪽에서 적에 의해 고립되어 결국 협공을 받게 되었다. 남부에서도 폴란드군은 얇고 넓게 배치되었다. 전 병력의 30%를 차지하는 전략 예비대는 전선에서 떨어져 리츠-시미그위 원수의 지휘 하에 국토의 중서부, 우치 시와 바르샤바 사이에 배치되어 있었다. 그사이 전방에 집결한 폴란드 부대는 대부분이 발 빠른 적의 움직임에 뒤처져 전투 기회 자체를 놓치고 말았다. 독일과 달리 동원 도중에 장비도 갖추지 못한 폴란드 병사들은 대부분 도보로 이동할 수밖에 없었고, 침략한 독일군 기계화 부대가 국내를 유린하고 있을 때 적절한 대응을 할 수 없었다. 폴란드군 사령부의 전략적 실수는 국경선을 방어한다는 '정치적 결정'만이 아니었다. 폴란드는 전쟁 전 국가적으로 독일군의 어떠한 침략도 신속히 격퇴할 수 있다고 선전했었기에 급속한 패배는 대다수 국민에 큰 충격을 주었다. 국민은 이런 뉴스에 대한 마음의 준비나 갑작스런 사태에 대한 훈련이 되어 있지 않았다. 많은 사람들이 패닉 상태에 빠져 동쪽으로 피난을 떠나기 시작했고, 혼란이 급속도로 확산되면서 병사들의 사기도 같이 떨어졌다. 피난 행렬은 폴란드 병력의 이동까지 방해하여 이 모두가 군에 큰 부담이 되었다.

폴란드의 통신 수단은 빠르게 움직이는 독일군 기계화 부대에 의해 차단당했고, 승리했다는 거짓 보도 등 라디오와 신문에서 알려주는 불확실한 정보는 국민을 더욱 혼란에 빠뜨렸다. 그 때문에 많은 폴란드군 부대는 실제로 적에 포위되었음에도 불구하고 저항이 불가능하다는 현실을 믿지 않았고, 부대 전체가 반격 태세에 나서면 아군이 승리를 거둔 지역에서 원군이 올 것이라는 그릇된 판단을 내려 버렸다.

더 치명적인 실수는 독소불가침 조약 체결에도 불구하고 소련이 후방을 칠 것이라고 전혀 예상하지 못했다는 점이었다. 폴란드가 이를 예상했다면 수도와 총사령부를 동쪽으로 옮길 리는 없었다. 하기야 설사 알았다고 해도 효과적인 대책을 세우는 것은 불가능했겠으니 폴란드의 패배는 시기만 문제였을 뿐 불가피한 일이었다.

독일군의 공격

39년 9월 1일 새벽, 독일 공군이 폴란드의 각 도시를 폭격하는 것과 더불어 독일 육군이 세 방면에서 일제히 진격했다. 투지를 제외한 모든 면에서 열세였던 폴란드군은 순식간에 무너져 내렸지만 몇몇 전투에서는 승리를 거두기도 했다. 대표적인 전투가 모크라 전투이다. 침공 당일 새벽 5시, 독일군 제31보병사단과 제1기갑사단, 제4기갑사단은 얼마 되지 않는 폴란드 국경 경비대를 격파하고 진격하여 폴란드 볼히니아 기병여단의 주둔 지역인 모크라로 쇄도했다. 독일군은 주변 마을들을 모두 철저히 파괴했고, 모든 주민을 폴란드군 쪽으로 몰아내 버렸다. 같은 시각, 독일 공군은 폴란드군에 급강하 폭격기로 폭격을 퍼부었다.

하지만 폴란드군은 53번 장갑열차 '시미아위'[Armoured train No.53 'Śmiały', 지휘관은 미에치스와프 말리노프스키(Mieczysław Malinowski)대위]의 지원을 받아 용감하게 맞서 독일군을 격퇴시켰다. 당시 폴란드군은 소련에 이어 두 번째로 많은 장갑열차를 보유하고 있었다고 한다. 이 전투에서 폴란드군은 200명이 전사하고 300명이 부상당했지만, 독일군은 1천여 명이나 되는 사상자를 냈고, 전투용 차량 160여 대를 상실했다. 지금 모크라에는 승리를 기념하는 조형물이 서 있다.

독일군 주력은 폴란드 서부 국경에서 동쪽으로 진격했다. 북쪽의 동프로이센이 제2의 공격로였고, 남쪽의 슬로바키아가 제3의 공격로가 되어 독일군과 슬로바키아군이 진격했다. 이들의 최종 목표는 수도 바르샤바였다. 폴란드의 서방 동맹국 영국과 프랑스는 결국 9월 3일, 독일에 대해 선전 포고를 했다. 그러나 실제로는 폴란드에 대해 어떠한 구체적인 원조도 없었다. 말 그대로 병사 한 명, 비행기 한 대도 폴란드에 보내지 않았고, 독일군의 거의 모든 전력(특히 기갑 부대는 85%가 집중되었다)이 폴란드 공격에 나섰지만 정작 프랑스는 독일을 공격하지 않았기에 독일과 프랑스의 국경은 조용했다. 사람들은 이를 가리켜 가짜 전쟁(영어:Phony war, 프랑스어:Drôle de Guerre, 폴란드어:Dziwna wojna, 독일어:Sitzkrieg)이라고 불렀다. 동맹국 폴란드가 짓밟히고 있는 9월 12일, 영국과 프랑스 참모본부는 폴란드 대표 없이 합동회의를 열고 대규모 반격작전을 실시하지 않기로 합의했다. 이 합의 자체도 비극이었지만 폴란드 대표가 없는 자리에서 멋대로 내리는 강대국의 결정은 이제 시작에 불과했다.

폴란드군은 용감하게 침략자들에 맞섰지만, 전체적으로 독일군의 전략적, 전술적, 수적 우위를 이겨낼 수 없었다. 폴란드군은 순식간에 국경 지대에서 바르샤바와 르부프 방면으로 밀려났다. 북쪽에서 공격해 들어온 클루게 부대가 비스와 강에 도착했고, 퀴흘러 부대는 나레프 강에 이르렀다. 9월 3일에 라이헤나우의 기갑 부대는 바르타 강을 넘었다. 이틀 후에는 라이헤나우 부대의 좌익이 로지 후방으로 진격했고 우익이 키엘체에 도착했다.

그 중 한 부대는 9월 8일에 바르샤바 근교까지 육박했으니 첫 일주일 동안 224㎞를 진격한 셈이었다. 라이헤나우 부대 우익의 경무장 부대는 9월 9일까

발트 해

리투아니아

빌뉴스(빌나)

민스크

쾨니히스베르크

단치히

동프로이센

소

토른

비아위스토크

포즈난

모들린

핀스크

바르샤바

브레스트

련

폴 란 드

브레슬라우

루블린

소

독일

크라쿠프

베르디치프

리비우

비니차

슬로바키아

브라티슬라바

헝가리

루마니아

1939년 독일-소련의 폴란드 침공

지 바르샤바 시와 산도미에쉬 시 사이에 있던 비스와 강 지역에 도달했다. 그 시점에 남부의 리스트 부대는 프셰미실 근교의 산 강 주변에 있었고, 그 사이 구데리안은 제16기갑군단을 이끌고 나레프 강을 도하해 바르샤바를 포위하기 위해서 부크 강 전선을 공격했다. 독일군 전군은 거의 예정대로 진격했고, 폴란드 육군은 분단되어 서로 연락이 이루어지지 않아 몇몇 부대는 퇴각해서 전선을 이탈했고, 또 다른 부대는 이탈한 아군과 연대하지 못해서 가까운 곳에 있는 독일군에 효율적인 공격을 하지 못하고 궤멸되었다.

폴란드군은 이 국경 전투라 불리는 일주일간의 전투 끝에 포모제 지방, 비엘코폴스카 지방, 실롱스크 지방을 포기할 수밖에 없었다. 이로서 국경 지대를 폭넓게 방위하려던 폴란드의 당초 계획은 완전히 잘못되었음이 증명되었다. 그나마 새로 설정한 동쪽 방어선까지 후퇴한 폴란드 부대도 독일군의 진격 페이스에 맞춰 수비하는 것조차 거의 불가능한 상황이었다. 더구나 독일 공군이 철도와 주요 도로를 공중 폭격함으로써 폴란드 지상군의 기동을 막았기에 상황은 더 악화되었다.

독일군은 약 일주일 동안 비스와 강 서쪽의 폴란드군을 물리치고 동부 진격을 준비하고 있었다. 개전 직후 몇 시간 동안 맹렬한 폭격을 받은 바르샤바는 9월 9일에 처음으로 독일 지상군 부대의 공격을 받았고, 9월 14일에는 완전히 포위되었다. 거의 같은 시기 독일군의 선봉은 이미 동 폴란드의 중심 도시인 르부프까지 도달했다.

폴란드 전역 최대의 전투인 브주라 전투가 바르샤바 서쪽 브주라 강 부근에서 9월 9일부터 9월 18일에 걸쳐 벌어졌다. 폴란드 전역에서 독일군의 유일한 위기이기도 했던 8일간의 격전은 폴란드 회랑에서 후퇴한 포즈난 군과 포모제(포메라니아) 군이 진격하던 독일 제8군의 측면을 공격하면서 시작되었다. 처음엔 폴란드군이 우세했으나 독일군이 물량에서 앞섰기 때문에 이 공격은 결국 실패로 끝났다. 이 전투에서 폴란드군은 15,000여 명이 전사했고, 100,000여 명이 포로가 되었다. 이 패배로 폴란드군은 주도권을 완전히 빼앗겼고, 대규모 반격은 더 이상 불가능하게 되었다.

이그나치 모시치츠키(Ignacy Mościcki) 대통령의 폴란드 정부와 리츠–시미그위 원수의 폴란드군 최고 사령부는 바르샤바를 버리고 동남부로 후퇴해 9월 6일 브제시치 시에 도착했다. 하지만 이 때쯤에는 이미 정부라고 보기는 어려웠고 끊임없는 독일 공군의 폭격과 기총소사에 시달리고 있었다. 결국, 15일에는 루마니아 국경 지대의 소읍까지 밀려나게 되었다. 리츠–시미그위 원수는 전군에 비스와 강과 산 강을 넘어 동쪽으로 이동할 것을 명령하고 루마니아 교두보에서 장기 방어전 준비에 들어갔지만 이런 마지막 기대조차 얼마 가지 못한다.

폴란드 기병대 이야기

폴란드의 자랑인 창기병(울란·Uhlan), 포모르스케 기병대(폴란드의 창기병 연대 명칭)도 당연히 독일군과 전투를 벌였다. 포모르스케 기병대는 유럽의 많은 전쟁에서 승전을 이끈 명성이 대단한 기병대였다. 포모로스케 기병대의 독일 보병 부대에 대한 돌격은 16차례 정도로 기록되었는데 대부분의 전투에서 성공적인 진과를 올렸다. 포모르스케 기병대는 자신들의 장점인 기동력을 이용한 기

폴란드 기병대

습 작전으로 선전했으며, 불시에 기습을 당한 독일군 보병부대는 큰 피해를 입
었다.

'폴란드 기병대가 창을 들고 전차에 돌격했다'는 유명한 이야기는 16차례의
돌격 중 한 곳에서 벌어진 일이었다. 숲 속에서 휴식 중이던 독일 보병들을 상
대로 기병대가 돌격을 감행했는데, 이때 뒤늦게 독일 기갑사단이 나타나 협공
(독일군의 작전이었는지 우연이었는지 알 수 없다)을 가했다. 폴란드 기병대는 어쩔 수 없
이 달려오는 독일군 전차들과 싸울 수밖에 없었고 장렬한 전투 끝에 결국 전
멸당하고 말았다. 일부에서는 기병대의 대전차 돌격전은 사면초가에 빠진 폴
란드군이 소수의 희생을 통해 다수를 살리고자 실행한 작전이었다는 평가도
있다.

당시 폴란드 창기병들은 여전히 울란[2]이라는 명칭을 쓰고는 있었지만 주 무
장은 라이플과 소구경 포였다. 또 창을 든 것은 사실이었지만, 이는 전통을 중
시했던 병사들이 의장용 비슷하게 선택한 무기였을 뿐 제식 장비는 아니었다.
또 이들은 대전차 화기도 보유하고 있었다. 따라서 폴란드 기병대가 독일 전차
부대와 싸운 사실은 있지만 무모한 돌격과는 거리가 멀었으며, 창을 들고 돌격
했다는 '전설'은 더더욱 사실이 아닌 것이다. 이 '전설'의 기원은 전투가 끝난
후 전사한 기병을 본 이탈리아 기자가 과장을 섞어 기사를 썼고, 독일 언론이

---

2 창기병이라는 뜻.

대대적으로 선전한 것이 사실로 받아들여진 것이다. 이 때문에 폴란드군의 전근대성은 크게 과장되었고 서구에서도 사실인 양 퍼졌다. 그 때문에 아직까지도 이 '전설'을 믿는 사람들이 많은 실정이다.

바르샤바 방위 준비

바르샤바를 첫 번째로 공격한 부대는 당연히 독일 공군이었다. 독일 공군은 정수장은 물론, 학교와 병원 등을 공격하여 민간인에 대한 테러 폭격까지 자행했다. 폴란드 육군항공대 소속 요격 여단(Brygada Pościgowa, 전투기 53대 보유)은 독일의 폭격에 대응 출격하여 첫 날 16대의 독일 전투기들을 격추하고, 자신들은 10대를 잃었다. 요격 여단은 이후에도 독일 공군에 계속 맞서 9월 6일까지 43대의 독일 항공기를 격추하는 공을 세운다. 하지만 그 과정에서 여단도 38대에 이르는 항공기를 손실했고 결국, 여단은 바르샤바를 떠나 폴란드 남동부로 피해야만 했다. 지상에서 폴란드 대공포 부대 역시 독일군에 맞섰다. 카지미에슈 바란(Kazimierz Baran) 대령 휘하의 대공포 86문이 바르샤바에 설치되어 있었고, 숫자 미상의 대공 기관총도 많이 설치되었다.

폴란드 침공이 개시되자, 리츠-시미그위 원수는 발레리안 추마(Walerian Czuma) 장군을 폴란드 수도방위사령관으로 임명했다. 추마 장군은 곧 바르샤바 전역과 그 근방에서 병력과 자원자를 끌어모았다. 바르샤바 전역이 몰려오는 독일군에 의해 패닉에 빠졌던 당시, 바르샤바에는 폴란드군 4개 대대밖에 없었다. 피우수트스키 휘하에서 병사로 싸웠던 경력이 있는 스테판 스타쉰스키(Stefan Starzynskit) 시장은 추마 장군과 함께 정력적으로 시민군을 조직하고 식량과 군수물자의 보급과 소방 부대 지휘를 맡았다. 또한, 스타쉰스키는 시민을 독려하여 대독 전쟁을 계속 이끌어 나갔으며, 세계 시가전의 역사에서 전설로 남게 될 바르샤바 수도방위전의 상징이 되었다.

소련의 동부 폴란드 정복

독일과 불가침 조약을 맺었지만 독일의 신속한 폴란드 정복은 스탈린에게

달갑지 않은 충격을 안겨 주었다. 소련 전문가들은 전투가 수개월은 지속될 것으로 예상했다. 그러나 전쟁 개시 불과 2주 만에 폴란드의 패배가 확실해졌기에 소련은 급히 군대를 집결시켜야만 했다. 그 이유는 동부 폴란드에 대한 권리 주장과 동시에 독일의 조약 위반에 대비해 스스로를 방어하기 위한 공간을 확보하기 위해서였다. 39년 9월 5일에 소련은 예비역을 소집하기 시작했고, 곧이어 이는 전면적인 동원령으로 확대되었다. 이 근시안적인 동원령 때문에 소련의 군수 산업은 숙련 노동자 1백만 명이 빠져나가면서 심각한 타격을 입었으며, 40년의 막대한 산업 생산 저하라는 결과를 가져왔다. 우여곡절 끝에 우크라이나와 벨라루스 군관구는 전시 편제인 전선군으로 바뀌었고, 그 편제는 대략 야전군 사령부 급 정도였다.

9월 14일, 몰로토프는 독일에 붉은 군대가 소련의 몫으로 주어진 폴란드 영토에 진입한다고 통보했다. 그리고 3일 후 소련군은 폴란드 국경을 넘기 시작했다. 서둘러 동원령을 내린 탓에 대부분의 소련 야전군은 집결 예정지에 도달하지도 못했다. 대신 각 전선군은 기병과 기계화 부대로 구성된 기동 집단을 구성했다. 소련군은 이들 기동 집단이 취약한 폴란드 국경을 돌파하여 소련에 할당된 지역을 향해 신속히 이동할 것이란 기대를 걸고 있었다. 하지만 이렇게 선발된 부대들마저도 급조된 보급체계, 그 중에서도 특히 연료 부족으로 인해 제 역량을 발휘하지 못했다. 예를 들어 벨라루스 전선군 소속 제6 기병 군단 사령관인 안드레이 예레멘코는 이런 문제를 반복해서 경험했다. 예레멘코의 전방 제대는 전차 연대와 기계화 보병 대대였는데, 공격 첫날에는 거의 100km를 돌파해 냈다. 이러한 전진 속도를 유지하기 위해 예레멘코는 자신에 소속된 차량의 3분의 1에서 연료를 뽑아내어 이동 중인 나머지 3분의 2에 채워 넣어야만 했다. 예레멘코는 비아위스토크에서 독일군과 조우하게 되자 긴급 항공 수송으로 연료를 보급 받아야만 했을 정도였다.[3]

이러한 보급 문제는 무너져 가는 폴란드군의 저항으로 인해 보다 복잡해졌다. 소련 침공군은 40개 사단에 85만 대군이었지만, 이에 맞서는 폴란드군은 겨우 25개 국경경비대대가 전부였다. 빌뉴스는 19일에, 르부프는 22일에 점령당했다. 폴란드 사령부는 설상가상격인 소련의 침공으로 인해 패전을 피할 수 없다는 사실을 절감했고, 곧 동부 국경의 전 폴란드군에 필사적으로 후퇴할 것을 명령했다. 싸움이 될 리는 없는 상황에서도 폴란드군은 붉은 군대에 전사자 996명과 부상자 2,002명이라는 인명 손실을 가했다. 샤츠크 전투(Battle of Szack)가 대표적인데, 9월 28일 폴란드군이 동부 국경을 침공한 소련군을 상대로 전술적 승리를 거두어 500여명의 전사자를 안겨 주었다. 이 전투에서 승리한 폴란드군은 별다른 저항 없이 부크 강을 도하하여 후퇴할 수 있었다.

소련은 이 침공을 "폴란드 국민이 현명하지 못한 지도층에 이끌려 안타까운 전쟁에 휘말리지 않도록 돕기 위해 형제와 같은 마음으로 손을 내민 것"이란 어처구니없는 말로 포장했다. 폴란드군 사령부는 루마니아 국경 인근으로 폴란드군을 후퇴시켜 루마니아로 망명한 다음, 프랑스에서 병력을 재편성할 계획이었다. 이런 소련의 비열한 '등 찌르기'에 대해 오랜 야인 생활을 끝내고 2주 전 해군장관에 복귀한 윈스턴 처칠은 이렇게 평했다. "우리들은 소련에 대해 어떠한 환상도 품을 수 없다. 그들은 어떠한 도덕과 법률도 인정하지 않으며 자신들의 이익만 생각하는 자들이다." 이러했던 처칠이 소련에 대한 태도를 어떻게 바꿔 가는지를 보는 것도 이 책을 읽는 재미 중 하나일 것이다.

---

3 《독소 전쟁사 1941-1945》 참조

하늘에서의 싸움

일반적으로 폴란드 육군항공대는 공격 당일 거의 지상에서 궤멸되고 별다른 역할을 하지 못한 것으로 알려져 있지만 사실이 아니다. 폴란드 조종사들은 아주 우수하고 잘 훈련되어 있었고, 폴란드 육군항공대가 보유하고 있는 항공기도 900여대에 달했다. 하지만 구식 복엽기를 제외하면 쓸 만한 것은 308대로 독일 공군의 20% 수준에도 미치지 못했고, 그나마 그 기체들마저 성능 면에서 독일 항공기의 상대가 아니었다. 독일 공군의 첫 번째 목표는 폴란드 항공 전력을 지상에서 전멸시키는 것이었다. 실제로 독일 공군은 폴란드 후방에 넓게 펼쳐져 있던 폴란드군 비행장을 맹폭해 많은 폴란드 항공기들이 지상에서 파괴되었다. 이 결과에 독일 공군은 혁혁한 전과라며 고무되었다.

그러나 자세히 살펴보면, 개전 이틀 동안 지상에서 파괴된 폴란드 항공기들은 대부분 이륙할 수도 없는 낡은 기체나 연습기, 혹은 수리 중인 기체였다. 독일의 침공이 있기 며칠 전 폴란드군은 침공이 임박했음을 알아차렸고, 주요 비행장의 항공기들을 이런 날을 위해 준비한 임시 활주로로 대부분 대피시킨 뒤였다. 독일 지상군이 이미 폭격을 받아 파괴된 폴란드 비행장을 점령했을 때 이 사실이 밝혀졌다. 그러나 독일 수뇌부는 이 사실을 비밀에 붙였다. 실질적인 폴란드의 항공 전력은 고스란히 보존되어 있었다. 방어전 동안 폴란드 육군항공대가 혁혁한 전과를 이루지 못한 것은 단지 수적 및 질적인 열세 때문이었다. 물론 전세를 바꿀 정도는 못 되었지만, 우수했던 폴란드 조종사들은 독일군에 지상공격을 계속하며 분전했다.

폴란드 항공대는 육군보다 훨씬 잘 싸웠다. 공중전만 보아도 126대의 적기를 격추시켰고 자신들은 100대 미만만 잃었으니 절대적인 수적, 질적 열세를 감안하면 놀라운 일이 아닐 수 없었다. 하지만 폴란드 항공대는 지상전의 패배로 비행장을 모두 빼앗겼기에 더 이상 조국의 하늘에서 싸울 수 없었다. 대신 전 유럽의 하늘은 물론 북아프리카에서도 계속 싸우게 된다.

바르샤바 함락

바르샤바를 포위한 독일군은 일시적으로나마 전투를 멈추고 전단을 뿌리면서 무조건 항복을 요구했다. 정부도 떠났건만 정작 바르샤바 시민들은 이 시간을 이용하여 도시 수비를 강화했다. 남녀노소 할 것 없이 집에서 나와 참호를 팠고, 시민의 발이었던 전차는 눕혀져 바리게이트가 되었고, 가구와 자동차도 바리게이트가 되었다. 독일군은 공격을 시작했지만 치열한 시가전에 휘말렸다. 시민들은 육탄으로 전차를 공격했고 거리는 기관총좌나 저격병들의 근거지가 되었다. 바르샤바 방송도 쇼팽의 폴로네에즈를 방송하면서 바르샤바가 여전히 건재하다는 사실을 세계에 알리고 시민을 격려했다. 사실 쇼팽은 자신의 심장을 폴란드에 묻어달라는 유언을 했고, 그의 심장은 바르샤바의 성 십자가 성당에 안치되어 있었다.

바르샤바 교외의 그루예츠(Grojec), 라지에요비체(Radziejowice), 나다진(Nadarzyn), 라쉰(Raszyn)이 독일군에 차례로 점령되었다. 바르샤바를 공격하는 독일군 중에는 제4기갑사단이 포함되어 있었다. 제4기갑사단은 침공 첫 날 모크라에서 폴란드군에 참패를 당했던 터였다. 이날 바르샤바에 도착한 제4기갑사단은 오후 5시에 바르샤바 서부 오호타(Ochota) 지구에 대한 기습 공격으로 바르샤바를 점령하려 했지만, 많은 피해를 입은 채 퇴각했다. 9일에 다시 한 번 공격을 시도했지만, 폴란드군은 대전차포와 바리케이드로 제4기갑사단에 큰 피해를 입히고 다시 퇴각시키는 데에 성공했다. 폴란드군은 창의력을 발휘하여 근처의 공장에서 가져온 테레빈유를 길바닥에 쏟아부어 놓고 독일 전차들이 다가오자 불을 붙였다. 그 결과 제4기갑사단은 220여 대의 전차 중 81대가 불에 타는 큰 손실을 입었다. 얼마 후 폴란드군이 브주라에서 반격을 개시하자, 제4기갑사단은 독일군을 돕기 위해 후방으로 차출되었고, 다시 바르샤바로 돌아와서 수백여 명의 포로들과 시민을 학살했다.

독일 폭격기가 10일에 바르샤바 전역을 17차례에 걸쳐 폭격했다. 수많은 시민이 죽었고, 시내 곳곳이 파괴되었다. 이날은 '피의 일요일'로 기억되었다. 독일 육군은 바르샤바를 계속 공격했지만, 곳곳에서 대전차포가 공격하는 독일 육군을 향해 불을 뿜었다. 추마 장군은 9월 11일, 휘하의 모든 병력에 바르샤바로 통하는 모든 지역을 사수할 것을 명령했다. 폴란드 정규군과 자원자들이 곳곳에 배치되었다. 하지만 9월 15일, 독일군은 바르샤바 동쪽 교외 지역을 점령함으로써 바르샤바 포위가 완성되었다.

9월 16일, 독일군이 프라가(Praga) 지역을 기습, 제압하려 했으나 실패로 돌아갔다. 이때 추마 장군은 방어군을 크게 둘로 나누어 편성한 상태였다. 마리안 포르비트(Marian Porwit) 장군이 바르샤바 서쪽을, 율리우슈 줄라우프(Juliusz Zulauf) 장군이 동쪽의 프라가 지구를 방위했다. 서쪽에는 제13보병사단, 제15보병사단, 제25보병사단, 즈비오르차 기병여단이 있었고, 제5보병사단, 제20보병사단, 제44보병사단, 제8보병사단(병력 중 2개 연대는 모들린에 주둔)은 비스와 강 동안에 배치되어 있었다. 전차는 33대가 있었다고 한다.

9월 18일에 브주라 전투에서 패한 폴란드군이 빠져나와 바르샤바와 모들린으로 향했고, 추마 장군은 곧 이 부대들을 수도방위군에 포함시켰다. 추마 장군은 이 부대들 외에도 각지에서 힘겹게 병력을 끌어 모아 전선을 재구축했다. 12만 명의 폴란드군과 75만의 바르샤바 시민이 175,000명의 독일군에 맞서 싸우게 되었다. 저항은 그야말로 결사적이어서 독일군은 시내에 기갑부대를 보냈다가 화염병을 들고 나온 시민들에게 큰 손실을 입고 돌아오기도 했다.

하지만 이러한 결사적인 저항에도 불구하고 9월 22일에 바르샤바와 그 근방의 모들린 요새(Modlin) 요새를 잇는 연결선이 독일군에 점령당하고 말았다. 독일군은 폴란드군과 시민의 결사적인 저항에 부딪히자 밤낮을 가리지 않고 포격과 공중 폭격을 가했다. 바르샤바 전 지역이 불타올랐고, 설상가상으로 시내에는 장티푸스와 이질이 만연했지만 약품이 부족했다. 폭격으로 인해 수많은 고아까지 생겨났으니 그야말로 생지옥이었다.

하지만 이러한 공세에도 불구하고 폴란드군은 처절하게 저항하면서 독일군의 진격을 막아냈다. 히틀러는 9월 22일, 바르샤바 동쪽에 있는 프라가까지 직접 와서 불타는 바르샤바를 '관전'했다. 정확히 5년 후 이곳에서 소련군이 불타는 바르샤바를 바라보게 된다. 독일군은 히틀러의 방문에 자극받았는지 9월 24일에 1,150대의 공군기를 동원하여 바르샤바 시가지를 철저하게 폭격했다. 정수장, 가스공장, 발전소, 저수지 등 생활 기반 시설이 파괴되면서 바르샤바 시민은 극한 상황에 몰렸다. 말들이 쓰러지면 시민이 달려들어 살코기를 남김없이 베어갈 정도였다. 독일군은 사방에서 폴란드군에 공격을 가했는데, 바르샤바 서쪽에서 제10사단, 제18사단, 제19사단, 제31사단, 제46사단이, 동쪽에서는 제11사단, 제32사단, 제61사단, 제217사단이 대공세에 나섰다.

하지만 폴란드군은 다시 한 번 대공세를 잘 막아냈고, 독일군은 다시 출발선으로 돌아갔다. 뿐만 아니라 그날 밤, 폴란드군은 반격을 감행해 독일군 전초기지들을 파괴했으며, 일부는 모코투프(Mokotow)와 프라가의 일부를 다시 수복하기까지 했다. 하지만 바르샤바 방위군의 상황은 절망적이었다. 계속되는 폭격으로 인해 파괴된 건물 파편이 넘쳐났고, 정수장이 파괴되어 식수마저 고갈 직전이었다. 결국, 더 이상의 저항이 불가능하다는 사실을 깨달은 추마 장군은 독일군 수뇌부와 항복 협상에 나설 수밖에 없었고, 27일 정오 양측이 휴전에 동의하면서 싸움이 멈췄다. 12만 명의 방위군은 무기를 놓았지만 일부는 시내 깊숙이 숨겨두었다. 이때 숨겨진 무기들은 폴란드인들이 5년 후, 대봉기를 일으킬 때 사용되었다.

이 방어전에서 폴란드군의 전술은 매우 훌륭했다. 추마 장군은 어려운 상황에서 필사적으로 싸웠고, 그 결과 바르샤바는 20일 동안 버틸 수 있었다. 하지만 대세가 워낙 기울었다. 9월 28일, 폴란드군 사령관은 독일 8군 사령관 블라스코비츠 장군 앞에서 항복문서에 서명했고, 방송국은 폴로네에즈를 장송곡으로 바꾸어 내보냈다.[4]

30일에 폴란드 포로들의 이송이 시작되었고, 바르샤바는 독일군에 점령되었다. 그 동안 1만 2천명의 시민이 죽었고, 도시의 25%가 파괴되었다. 하지만 5년 뒤에 바르샤바 시민들이 일으킨 봉기 때 벌어진 파괴에 비하면 이 파괴는 '애교' 수준이었다. 바르샤바가 함락되었음에도 폴란드군의 저항은 끝나지 않았다. 바르샤바 북쪽과 동쪽에 남아있는 부대들은 10월 6일까지 항전을 계속했지만 결국 모두 무너지고 말았다. 10월 5일, 히틀러는 바르샤바에 다시 와 독일군을 사열했고, 피우수트스키 광장은 아돌프 히틀러 광장으로 이름이 바뀌었다.

---

4 Leszek Moczulski, 「폴란드 전쟁 1939」 참조

막간극: 발트 3국과 루마니아

발트 3국에서 소련군은 폴란드 동부처럼 국지적인 환영조차 받지 못했다. 이 지역은 스탈린이 독소 불가침 조약에 따라 병합하려 애쓰던 곳이었다. 39년 9월 28일에서 10월 10일 사이, 모스크바는 에스토니아, 라트비아, 리투아니아에 상호 원조 조약 서명을 강요했다. 이들 세 정부는 자국 영토 내에 소련 해군 및 공군 기지와 해안 포대의 설치를 강요당했으며, 소련이나 발트 3국에 대항하려는 동맹에는 참가하지 않는다고 약속해야 했다. 그 대가로 모스크바는 빌뉴스를 폴란드로부터 떼어 내어 리투아니아에 넘겨주었다. 경제적으로 가장 큰 고객이었던 독일은 프랑스와 영국에 대적하고자 병력을 이동하였기 때문에 발트 3국을 지원할 처지가 아니었다. 만약 소련이 독소 불가침 조약을 파기한다 하더라도 그들의 태도는 마찬가지였을 것이다. 그러나 발트 3국 정부는 독일과의 전통적인 경제적 관계를 유지했고, 소련에 대한 방어 태세를 강화하려 했다. 그래서 주민과 소련군 사이에 수많은 사소한 충돌들이 발생했다.

40년 6월 14일, 스탈린은 발트 3국을 완전히 편입시켰고, 6월 말에는 루마니아가 희생양이 되었다. 소련 정부는 루마니아 정부를 압박하여 베사라비아 지방을 소련에 넘기도록 하였다. 루마니아가 이를 거부하자 스탈린은 키예프와 오데사 군관구 병력을 주코프의 지휘 아래 남서 전선군으로 재편한 뒤, 6월 26일부터 루마니아에 있는 핵심 목표물들을 공습하여 루마니아 정부를 굴복시키고 베사라비아를 강제로 소련에 편입시켰다.

망명자들

폴란드 정부는 소련의 공격이 있던 다음 날 루마니아로 탈출했다. 하지만 유일한 우방국이었던 루마니아조차도 독일의 압력으로 망명정부를 허용하지 않고 억류해 버렸다. 모시치츠키 대통령은 17일에 상원의장 블라디슬라브 라츠키에비츠를 후계자로 지명하고 30일에 사임했다. 라츠키에비츠는 즉각 파리에서 대통령에 취임하고 망명정부를 구성하기 시작했다. 망명정부의 둥지는 루브르 박물관 부근에 자리잡은 레지나 호텔이었다.

폴란드는 전사자 약 7만 명, 부상자 13만 명, 독일 측 포로 42만 명, 소련 측 포로 23만 명을 남기고 지도에서 사라졌다. 폴란드 장병 중 10만 명은 당시 중립국이던 루마니아와 헝가리로 탈출했고 2만 명은 라트비아와 리투아니아로 탈출했다. 탈출에 성공한 병사들 대다수는 결국 프랑스와 영국으로 건너갈 수 있었다. 많은 조종사들은 대부분 모험적인 방법으로 프랑스에 도착하는 데 성공했다. 이제 그 다음 이야기는 서방으로 탈출한 이들과 소련의 포로가 되었다가 석방된 장병들, 그리고 빼앗긴 땅에서 남아 싸운 폴란드인들이 피와 땀과 눈물로써 써나가게 된다.

독일의 전후 처리

독일군의 인적 손실은 전사자 1만 672명, 부상 3만 522명, 행방불명 3,409명이었다. 독일군의 희생은 폴란드에 비하면 훨씬 적었지만 전차의 30% 이상이 손실되었다. 그 손실은 영국과 프랑스에 대한 즉각적인 공격 계획을 접어야만 하는 이유 중 하나가 되었지만, 두 나라는 이런 기회를 전혀 살리지 못했다.

폴란드 패망 직후인 9월 28일 모스크바에서 리벤트로프와 몰로토프 사이에 '국경우호조약'이 맺어졌다. 이로서 폴란드 영토는 독일, 소련, 리투아니아, 슬로바키아의 4개국에 의해 분할·점령되었다. 리투아니아는 소련, 슬로바키아는 독일의 괴뢰국이었으므로 사실상 독일과 소련의 양분이었다. 어쨌든 형식상 리투아니아는 빌뉴스, 슬로바키아는 테신 지방을 다시 자국령으로 만들었다.

소련은 독일보다 피를 훨씬 적게 흘렸지만, 20만 1,118㎢의 영토를 차지하여 독일의 18만 8,602㎢보다 더 넓은 땅을 차지했다. 독일과 소련의 경계선은 공교롭게도 거의 커즌 선과 동일했다. 독일 쪽이 차지한 땅이 더 잘 개발되었고 인구도 훨씬 많기는 했지만, 당시에는 소련과의 동맹과 자원(특히 석유는 소련에서 공급되었다)이 필요했던 히틀러는 그답지 않게 이런 양보를 받아들이면서 이런 말로 불편한 심정을 표현했다고 한다.

"식탁에 앉으려면 빵 굽는 걸 도와야 한다는 기초상식조차 없는 낯도둑 같은 놈들!"

발트 해
리투아니아
단치히
독 일
동프로이센
빌뉴스
포즈난
비아위스토크
바르샤바
브레스트-리토프스크
소
련
우치
루블린
독 일
카토비츠
크라코프
르보프
슬로바키아
헝가리
루마니아

독일 직할령 편입
소련에 병합
리투아니아에 병합
슬로바키아에 병합
폴란드 총독부령(독일령)

폴란드 분할 지도

폴란드는 앞서 말했듯이 소수민족에 대한 차별을 공공연히 시행했고, 서구
적 민주주의 국가와는 거리가 있던 나라임에는 틀림없었지만 적어도 독일이나
소련처럼 대규모 수용소를 국가차원에서 운영하고 체제에 '위험'하다고 여겨
지는 사람들을 대량학살 하는 나라는 아니었다. 하지만 폴란드는 그런 일을 태
연하게 하는 두 나라, 아니 두 독재자 앞에 내던져지고 말았다.

독일과 러시아에 의한 네 번째 폴란드 분할은 그 어느 때보다 잔인하고 냉혹
했다. 독일은 단치히와 회랑 지대를 합병하고 나머지 점령지를 고참 나치 당원
이자 히틀러의 측근인 한스 프랑크를 총독으로 한 총독관구로 만들었다. 단치
히와 회랑지대에 살던 폴란드 주민 대다수가 추방당했다. 독일과 소련의 주민
교환 약속에 따라 발트 해 연안 3국과 갈리시아, 베사라비아에 살고 있던 40만

의 독일계 주민은 고향을 떠나 독일령이 된 폴란드로 이주했다. 40년 여름에는 독일에 의해 폴란드의 지식인과 사회지도층이 무차별 학살당했다. 이는 폴란드를 무력화시켜 공중분해한다는 히틀러의 목표 때문이었다. 이때 약 3만 명의 지식인이나 지도층 인사들이 체포되어 이 중 7천 명이 즉석에서 처형되었고 나머지는 각지에 있는 강제수용소로 끌려갔다. 39년에서 41년에 걸쳐 이 지역에 살았던 180만 명의 폴란드인들이 살해당하거나 추방당했다.

독일은 자신들과 협상을 원한다는 개인적이고 비공식적인 여러 폴란드인의 의사 표명도 거부했다. 친독일 성향이 강한 브와디스와프 스투드니츠키 (Wladislaw Studnicki) 교수는 1939년 말 타협을 제안했으나 거절당했다. 스투드니츠키가 1940년 초에 또다시 협상을 제의하자 독일은 그를 요양소에 감금했다. 전직 외무차관 얀 솀베크(Jan Szembek) 백작은 1940년 6월에 독일 정부에 좀 더 진지한 협상 의사를 전달했다. 또한, 전직 루마니아 주재 폴란드 무관인 얀 코발레프스키 대령 역시 솀베크 백작과 마찬가지로 폴란드 망명정부의 허가 없이 독일과 타협을 시도했지만 독일은 이러한 모든 제안을 거절했다. 독일은 폴란드 점령지 내에서 실시할 예정이던 학살과 폭정에 방해될 만한 제안은 무엇이든 거부했다.

이렇게 완벽할 정도로 폭압적인 지배는 폴란드 지식인들에게 '변절'의 기회조차 주지 않았고, '레지스탕스'외에는 다른 길을 선택할 수 없도록 만들었다. 따라서 폴란드의 반 나치 저항운동은 어느 나라보다도 치열할 수 밖에 없었다.

소련의 전후 처리

이제 소련으로 눈을 돌려보자. 소련군 지휘관들은 당시 동부 폴란드의 소수 우크라이나계와 벨라루스계 주민이 쌍수를 들고 환영했다고 증언했다. 10월 하순, 점령지 일대의 군중집회에 참여한 우크라이나와 벨라루스인들로부터 소련으로의 합병 요구가 나오기 시작했다. 이렇게 소련은 점령한 폴란드 동부를 '자유투표'를 통해 소비에트 연방 산하 우크라이나 공화국과 벨라루스 공화국에 편입시켰다. 어쨌든 일부 주민이 독일의 지배보다 소련과의 합병을 선호한 것은 사실이었다. 폴란드 포로 중 우크라이나와 벨라루스 출신은 모두 석방되었지만, 독일이 차지한 서부 지역 출신은 모두 독일군에 넘겨졌다. 그 중 유대인들은 대부분 살해당했다.

내무인민위원회(NKVD)에 의해 공산주의 체제에 위험분자라고 판단되는 사람들 – 거의 폴란드인들 – 은 공산주의화 교육을 받거나 시베리아의 수용소로 추방되어 죽거나 혹독한 강제 노동을 해야 했다. 나치 독일과 마찬가지로 소련도 이 폴란드인들을 '반동분자'로 취급하며 잔인하게 다루었다. 이런 지배에 반항하는 사람들은 가족 전체가 체포되어 처형당했다. 아마 20년 전 소련-폴란드 전쟁에서 당한 옛 원한을 갚으려는 스탈린의 개인적인 복수심도 상당히 작용했을 것이다.

독일은 그렇다치고 동부 폴란드에서 자행되고 있는 소련의 만행에 대한 당시 영국 정부의 입장은 어떠했을까? 놀랍게도 영국은 상황을 잘 파악하고 있었다. 런던의 폴란드 망명 임시정부 주재 영국 대사, 하워드 케너드(Howard Kennard) 경은 핼리팩스 외무부 장관에게 다음과 같이 보고했다. "소련의 강제이주 정책은 대규모로 진행되고 있다. 체포당한 사람의 대부분은 폴란드 지식인 계급이고. 폴란드 장교들의 아내와 가족들도 체포되어 강제 이주되고 있다. 많은 어린이들도 함께 체포당한 것으로 보인다. 소련 점령지에서 폴란드 지주들도 이와 비슷한 운명을 맞이했고, 그 희생자들의 대부분이 여성과 아이들이라는 점은 매우 놀라운 것이다."

이 보고서를 작성하기 불과 2주 전, 폴란드 임시정부는 영국 정부에 이같은 소련의 야만적 행동에 대해 공개적으로 비난해 줄 것을 요청했다. 그럼에도 케너드는 폴란드 임시정부에 영국 정부가 그런 선언을 하는 것은 매우 어렵다고 답변했다. 우선 소련은 영국과 전쟁 상태가 아니고, 따라서 지금 상황에서 소련을 자극할 수 있는 그런 선언은 불가능하다는 점을 강조했다. 이런 케너드의 조치에 대해 영국 외무부는 적절한 대처라며 지지했다. 즉 현재 전쟁 중인 독일에 대한 공동 항의 성명을 발표하는 일은 가능하지만, 소련을 상대로 동일한 비난을 하는 일은 다른 문제이고, 소련은 단지 폴란드와의 관계만을 단절한 상태라는 주장이었다. 물론 영국 정부는 폴란드 동부에서 소련의 만행에 대해서 주목하고 있지만 소련에 대해 굳이 항의할 생각은 없었고, 다만 독일이 서부 폴란드에서 자행 중인 동일한 범죄에 대해서만 비난할 뿐이었다. 영국의 관점에서 소련은 독일의 동맹이 아니므로 동부 폴란드에 대한 소련군의 진격은 단순히 불가침 조약을 이행한 일일 뿐이라고 판단했다.

하지만 이런 판단은 영국 정부의 환상에 불과했다. 당시 소련은 독일의 동맹이 분명했다. 독일에 전략 물자를 지원하는 것은 물론, 비밀리에 군사적 원조도 제공하고 있었다. 심지어, 독소불가침 조약 체결 협상과정에서 스탈린은 만약 독일이 전쟁에서 난관에 봉착할 경우, 소련이 독일을 위해 군사적으로 개입할 용의를 가지고 있음을 넌지시 암시하기까지 했다. 물론 독일은 이를 고맙게 생각하지만, 그럴 일은 없을 것이라면서 정중히 사양했다.

소련의 학살 행위는 44년 폴란드가 붉은 군대에 의해 '해방'된 이후에도 규모만 줄었을 뿐 다시 반복되었다. 전쟁 중에 런던의 폴란드 망명정부의 지도하에서 저항 활동을 벌이던 폴란드 국내군 병사들을 붙잡아 처형한 것도 당시 동맹이라 자칭한 소련군에 의해 이루어진 일이다. 하지만 소련의 만행 중 가장 유명한 사건은 바로 카틴 숲 학살 사건이다.

카틴 숲의 학살

39년 말까지 소련 내 수용소로 보내진 폴란드 포로는 3만 8천명이 넘었는데, 절반 이상이 장교였고 나머지는 정치인과 공무원, 지식인, 전문가, 사제들 이었다. 그들에게는 강도 높은 러시아화 교육과 공산주의 세뇌교육이 이뤄졌지만 전향하는 이는 극소수였다. 그들은 썩은 생선과 묽은 수프, 거친 흑빵으로 된 식사만 주어졌음에도 몰래 가톨릭 미사를 보며 완강하게 버텼다. 상당수는 20년 전 소련과의 전쟁에 종군한 이들이었으며 대부분 철저한 폴란드 애국자들 이었기에 절대로 러시아에 굴복하지 않았다. 소련의 신문은 화장실 휴지나 담배를 말 때 썼다.

세뇌교육이 효과가 없자 소련은 40년 4월 초, 그 포로들을 알 수 없는 숲으로 끌고 갔다. 내무인민위원회 요원들은 구덩이를 파놓고 폴란드인들을 검사하여 손목시계나 반지 같은 가치 있는 소지품들을 전부 압수한 다음 구덩이 앞에 세웠다. 처형 방법은 간단했다. 머리에 손을 얹고 있는 포로들의 뒷머리에 권총을 한 발 한 발 발사한 뒤 구덩이로 밀어 넣는 방식, 소위 '러시아식'이었다. 물론

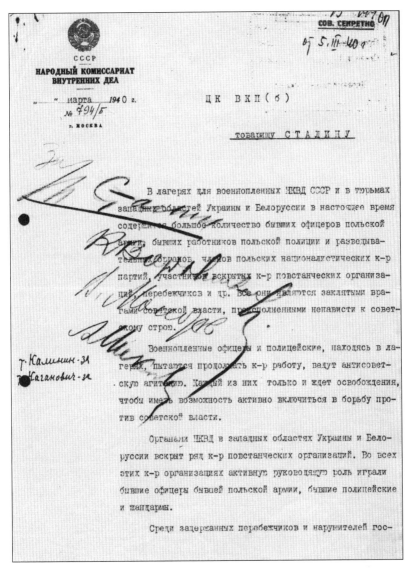

베리야가 스탈린에게 보낸 폴란드 수용자 처형 건의서

반항하는 이들도 있었지만, 그들은 총검에 찔려 죽었다. 6주 이상 밤낮으로 폴란드인들이 학살되었으며, 이때 죽은 폴란드인은 무려 25,000명 이상으로 추산된다. 학살이 끝나자 소련은 사건을 덮기 위해 구덩이를 깊게 묻고 그 위에 나무를 심었다. 그렇게 시간은 흘러갔지만 결국 진상은 밝혀지기 마련이다.

폴란드 망명군 시대

망명정부

조국이 패망한 다음에도 계속 싸우기로 결심한 폴란드인들에는 세 가지 선택이 주어졌다. 첫 번째는 어떻게든 동맹국인 영국이나 프랑스로 망명해서 독일과 싸우는 방법이고, 두 번째는 너무 위험하긴 하지만 조국에 남아 지하활동을 벌여 독일과 싸우는 방법이었다. 마지막 방법은 두 방법과는 달리 3, 4년 후에야 시작되는데, 독일이 배신하여 침략당한 소련의 지원을 받아 독일과 싸우는 길이었다.

폴란드 공화국이 독일과 소련에 유린당할 때 파리에 체류 중이던 상원의장 라츠키에비츠가 대통령으로 취임하며 세워진 망명정부가 임시정부(provisional government)가 아닌 망명정부(government in exile)였던 것은 제2공화국의 법통을 이었기 때문이었다. 폴란드의 35년 헌법에는 전쟁 중에는 대통령직의 임기가 전쟁 종료 3개월 후까지 연장된다는 규정이 있었다. 그런 상황에서 공화국 대통령은 전쟁 종료 전에 대통령직이 궐위될 경우에 대비해 후계자를 지명한다. 지명된 후계자가 승계할 경우 그 임기는 전쟁 종료 후 3개월까지다.

대통령 라츠키에비츠는 파리에 망명해 있던 58세의 전직 총사령관 시콜스키 장군에 망명정부를 조직해 달라고 부탁한다. 그래서 9월 30일, 파리에서 시콜스키와 소슨코프스키 장군, 일개 병졸로 참전했다가 용케 망명에 성공한 농민당의 스타니스와프 미코와이치크 등이 중심이 되어 극우와 극좌를 제외한 대부분의 정파를 아우른 폴란드 망명

정부가 조직되었다. 시콜스키는 수상과 군사령관을 겸임하였다. 피우수트스키의 부하였던 마리안 쿠겔은 국방장관을 맡았다. 폴란드 정부의 법적인 계승자였기에 영국, 프랑스, 미국 등 주요 서방국가들은 이 정부를 승인했다. 비록 영토는 없었지만 이 정부에 10만 명이 넘는 폴란드인들이 합류하여 망명 폴란드군을 구성하게 되었다. 어떻게 10만이 넘는 사람들이 모이게 되었을까? 우선본토에서 패한 폴란드군 중 약 3만 5천명이 루마니아와 헝가리, 이탈리아, 발칸반도의 나라들을 지나서 프랑스에 모여들었다. 그리고 전쟁 전에 일자리를 구하기 위해 산업화 되어 있던 북부 프랑스로 이주한 폴란드인 노동자들이 많았는데, 이들 중 4만 5천명 이상이 망명군에 지원했던 것이다.

폴란드 망명군의 첫 부대는 제1산악여단이었다. 이어서 40년 봄까지 4개 보병사단과 1개 기계화여단이 편성되어 훈련에 들어갔다. 조종사들은 리옹에서프랑스 전투기를 타고 적응 훈련에 들어갔다. 폴란드 망명군의 첫 전장은 엉뚱하게도 핀란드가 될 뻔했다. 영국과 프랑스가 폴란드군 1개 여단과 폴란드 조종사들이 조종하는 전투기 부대를 소련의 침략을 받는 핀란드에 보내려 했기때문이었다. 하지만 이는 실현되지 않았다. 자세한 이야기는 다음 핀란드 편에도 나오는데, 동맹국인 조국이 짓밟힐 때는 손가락 하나 까딱 안하던 영국과 프랑스가 갑자기 변방의 핀란드를 돕겠다고 나섰고, 자기들이 그 곳에 가야 한다는 '명령'을 들었을 때 조종사들의 기분은 어떠했을까?

브와디스와프 시콜스키

브와디스와프 시콜스키(1881-1943)는 오스트리아 령 폴란드 출생으로 원래는기술자 출신이었다. 피우수트스키가 이끄는 군사 행동 연합의 부지도자가 되었다가 오스트리아군의 폴란드 부대에 입대하여 러시아 군과 싸웠다. 1918년에 신생 폴란드군에 참여한 시콜스키는 소련–폴란드 전쟁에서 제5군을 지휘하였고, 비스와 강의 기적이 일어난 20년 8월, 시콜스키의 제5군은 바르샤바 북부의 모들린에서 출발하여 하루만에 30㎞ 이상의 쾌속 행군으로 소련군을 물리쳤다.

시콜스키는 21년에 폴란드군 참모총장, 22년에 수상 겸 군사장관을 맡았다.

24년에서 25년까지 국방장관을 맡았으며 피우수트스키 반대파의 리더가 되었다. 25년에 피우수트스키의 쿠데타로 인해 감금되었던 시콜스키는 28년에 풀려나 다음해 대장으로 퇴역하고 프랑스로 망명했다. 망명지에서 조국의 정부와 군을 맡은 그는 비범한 능력으로 폴란드의 지도자로 자리를 굳혔고 처칠과도 좋은 관계를 유지했다. 둘 다 강력한 반나치 항전을 주장했으며, 군인 출신 정치가였고, 30년대를 거의 야인으로 보냈으며 초당파적 연립내각의 수장이었기에 공통점이 많았기 때문이었다. 하지만 43년 항공기 사고로 세상을 떠나고 말았다. 시콜스키의 시신은 런던에 묻혔다가, 50년이 지난 93년에 이르러서 상관이자 정적이었던 피우수트스키가 잠든 바벨 성당에 안치되었다.

지하정부와 지하군

자유를 위한 싸움은 폴란드의 오랜 전통이었다. 이 싸움에는 무기를 들고 싸우는 무장봉기 뿐 아니라 정신적, 문화적 투쟁도 포함되었다. 두 번째 길을 선택한 폴란드인들은 지하정부와 지하군을 만들었다. 정부와 군은 이미 공식 항복 전에 지하저항운동의 조직화를 시작했다. 폴란드군 참모본부가 '폴란드승리봉사단'이란 이름의 지하저항조직을 결성한 날은 바르샤바가 항복하기 전날인 9월 27일이었다. 이 조직의 첫 번째 임무는 최대한 많은 폴란드 병사들을 해외로 피하도록 도와주는 일이었다. '폴란드승리봉사단'은 망명정부에 충성을 다하면서 밀접하게 연결되었는데, 40년 1월에는 '무장투쟁동맹'으로 42년 2월에는 '국내군'으로 이름을 바꾸었다.

폴란드 지하정부와 지하군은 유럽 내 최대의 저항조직으로 파괴활동과 게릴라전으로 독일군의 후방을 괴롭혔다. 일부는 카르파티아 산맥이나 숲으로 숨어들어가 게릴라가 되었다. 상당수는 바르샤바나 크라코프 같은 대도시의 도시 게릴라가 되어 독일군의 식당, 카페, 극장을 습격하기도 했다. 독일 병사들은 바르샤바 시내에서 혼자 다니거나 비무장 상태로 다닐 수 없었다. 흔적도 없이 사라진 독일 병사들의 무기와 군복은 나중에 폴란드 지하군이 사살되거나 잡히면 발견되었다. 폴란드인들은 러시아 지배 시절의 경험을 되살려 간행물을 만들었고, 연합국의 방송을 번역하여 폴란드 국민들에 전달하며 정신적 전투도 계속해 나갔다.

노르웨이에서의 싸움

가짜 전쟁이 끝나고 진짜 전쟁이 시작되었지만, 전쟁은 의외의 장소에서 벌어졌다. 바로 유럽의 변방 노르웨이였다. 4,778명으로 구성된 제1산악여단이 프랑스의 산악여단 및 외인부대, 영국의 근위여단과 함께 노르웨이로 파견되었다. 폴란드군은 전체 연합군의 30%를 차지했고 독일에 대한 복수심에 불타고 있어 전의는 높았지만 박격포와 대전차포가 가장 중장비일 정도로 무장은 나빴고 훈련 상태도 좋지 않았다. 이들은 상륙 후, 노르웨이 군과 합류하여 5월 14일 나르빅을 장악한 독일 산악부대와 첫 교전을 벌였다. 이후 전투는 점점 치열해졌고 한때는 독일군을 궁지로 몰아넣기도 했다.

폴란드 해군 역시 노르웨이 전투에 참전했으며, 잠수함 외젤 호가 독일 수송선 리우데자네이로를 격침시켰다. 그러나 구축함 그롬이 40년 5월 4일 노르웨이 앞바다에서 독일 폭격기 He111의 공격을 받고 격침당하고 말았다. 하지만 나르빅 쟁탈전은 오래 계속되지 못했다. 바로 서유럽에서 본격적인 전쟁이 시작되었기 때문이다. 결국, 연합군은 노르웨이를 포기했고 폴란드 산악부대 역시 스코틀랜드로 후퇴할 수밖에 없었다. 이 전투에서 폴란드군은 104명의 전사자와 189명의 부상자, 21명의 포로라는 피해를 입었다.

프랑스에서 당한 두 번째 참패

잘 알려지다시피 독일군의 전격전 전술과 허를 찌른 아르덴 고원 돌파로 프랑스, 벨기에, 네덜란드는 6주 만에 붕괴되었다. 이런 상황에서 폴란드 망명군이라고 멀쩡할 리는 없었다. 나르빅 참전 산악여단은 프랑스의 요구로 스코틀랜드에서 브레스트를 통해 이미 전세가 기운 2단계 방어전에 투입되었지만 독일군에 박살이 나고 살아남은 병사들은 다시 브레스트를 통해 영국으로 돌아갔다. 이 사건은 앞으로 5년 간 폴란드 망명군의 앞길을 축소판으로 보여주는 것이기도 했다. 그들은 앞으로도 강대국의 요구에 따라 무리한 작전에 투입되었다가 피를 흘리게 될 운명이었다.

제1사단은 독일의 자르 지방을 마주보는 마지노선 방위를 담당하고 있었는데, 마지노선이 돌파되자 프랑스군의 측면을 엄호하는 작전을 맡았고 마른 운하 부근에서 전 병력의 45%를 잃고 나머지는 항복을 할 수밖에 없게 되었다. 일부는 독일군이 점령하지 않은 비시 프랑스 지역으로 도주하는 모험에 성공했다. 제2사단은 프랑스 중부 벨포르 산맥 일대에서 프랑스군과 함께 독일군에 맞서 싸웠지만 이미 전세가 기울었기에 스위스 국경을 넘고 말았다. 1만에서 1만 3천에 달했던 이들은 스위스 정부에 억류되었지만 훗날 많은 이들이 비밀루트를 통해 비시 프랑스 지역으로 탈출했다가 스페인을 통해 영국으로 달아나 망명군에 다시 참가하게 된다. 제3사단은 아직 훈련과 편성이 불완전한 상태여서 전투에 투입하기에는 무리였다. 그들은 브레타뉴 지방까지 밀려났다가 패전을 맞이했다. 제4사단 역시 훈련과 편성이 미비한 상태였고, 독일군과 별다른 교전도 하지 못한 상태에서 비스케이 만까지 후퇴했다가 배를 타고 영국으로 넘어가는 데 성공했다.

제10기계화기병여단 역시 편성이 완료된 상황이 아니었음에도 스타니스와프 마첵(Stanisław Maczek) 장군의 지휘 아래 용감하게 독일군과 맞섰다. 하지만 병력의 75%와 모든 기갑차량을 상실하는 참담한 패배를 당하고 말았다. 결과적으로 프랑스 전역에서 폴란드군은 6천여 명이 전사하고 부상자와 포로 1만 3천 명이라는 큰 손실을 입고 본국과 노르웨이에 이어 세 번째 패배를 당하고 말았다. 폴란드 조종사들은 11명이 전사한 대신 독일기 50대를 격추시키며 분전했지만 대세에는 아무런 영향을 주지 못했다.

영국으로

시콜스키는 6월 18일 런던으로 날아갔다. 시콜스키를 만난 처칠이 히틀러와 계속 싸울 것이라고 단언하자 시콜스키 역시 전쟁을 포기하지 않고 계속 싸울 것이라고 확약했다. 프랑스는 3일 후 항복했다. 1만 7천명의 폴란드 장병이 영국으로 피난하는 데 성공했고, 망명정부와 의회도 프랑스의 임시 수도 보르도에서 런던으로 옮겨왔다. 말할 것도 없이 프랑스의 패전은 폴란드 망명정부에 심각한 타격이었다. 조국 광복의 꿈은 더욱 멀어졌고 힘들게 편성한 군대는 전사하거나 포로가 되었으며 살아남은 자도 스위스에 억류되거나 프랑스에서 숨어살아야 했다. 일부의 행운아들만 영국에 올 수 있었을 뿐이었다.

8월 5일 폴란드는 영국과 군사협정을 맺었고, 영국은 스코틀랜드에 근거지를 제공했다. 글래스고 부근에 폴란드군의 병영과 훈련소가 세워졌고, 살아남은 자들을 모아 두 개의 여단을 편성했다. 여기저기서 다시 사람들이 모여들어 폴란드 망명군은 26,282명에 이르게 되었다. 이렇게 모인 망명군은 일단 스코틀랜드 남동부 해안 방위를 맡았다. 두 정부 간의 협조는 잘 이루어졌지만 언어 장벽이 문제였는데, 폴란드 망명정부의 각료와 장군들은 프랑스 어, 러시아 어, 독일어는 잘 했지만 영어를 잘하는 이는 드물었기 때문이다. 물론 영국 쪽에서도 폴란드어를 잘하는 이는 전무했다. 더구나 영국인에게 폴란드어 발음은 어려운 것이어서 줄인 애칭을 많이 썼는데, 예를 들면 미코와이치크를 믹으로 스타니스와프는 스탄으로 부르는 식이었다.

폴란드 해군도 영국 해군으로부터 1910년대 중반 건조된 낡은 배이긴 했지만 다나에 급 순양함 2척과 구축함 몇 척, 잠수함 10여 척을 넘겨받아 연합국 해군의 일익을 맡게 되었다. 이런 상황에서 의외의 장소인 중동에서 희소식이 도착했다. 루마니아에서 억류된 4,432명의 병사들이 탈출에 성공하여 터키를 지나 프랑스령 시리아까지 가서 카르파티아 산악여단이라는 이름으로 부대를 편성했다는 소식이었다. 이들은 프랑스가 항복하고 친독일 성향의 비시정부가 들어섰다는 소식을 듣자 이번에도 억류될까 두려워 남쪽에 있는 영국령 팔레스티나로 탈출했던 것이다. 이로서 시콜스키는 세 번째 여단을 보유하게 되었다. 이때 재미있는 일화가 있다. 영국은 폴란드 병사들에 열대 사막용인 헐렁한 반바지 군복을 지급했는데, 폴란드 병사들은 며칠 후에 이를 말쑥하게 꽉 끼는 바지로 만들어 입고 나타났다. 패션에 민감한 폴란드인다운 모습이었다. 하지만 이때 가장 큰 역할을 한 이들은 육군이 아니라 조종사들이었다.

영국 항공전

영국 항공전이 소수의 조종사들이 분투하여 승리를 거둔 사실은 널리 알려졌지만, 영국인들만의 힘으로 승리한 것은 아니었다. 당시 영국인이 아니었던 조종사는 모두 605명으로 그 중 폴란드인이 145명, 비율로는 24%로서 가장 큰 비중을 차지했다. 이들은 전투에서도 201대의 독일 항공기를 격추시켜 영국 항공전 승리에 큰 공헌을 하였다. 그 중 제303비행대가 무려 126대를 해치웠는데, 이는 영국 공군을 포함하여 한 비행대로서는 가장 많은 전과를 기록한 것이다. 이 조종사들의 무용담은 《303비행대》란 제목의 책으로 출판되었고, 본토에도 지하출판물로 널리 보급되어 동포들의 사기를 크게 높여 주었다. 그리고 폴란드 비행대는 지원하는 지상요원의 숫자가 영국 공군의 30%에 불과했다는 점을 감안하면 더욱 놀라운 전과가 아닐 수 없다. 더구나 폴란드 조종사들은 격추되어 낙하산으로 탈출하면 영어가 서툴러 영국 민간인들에게 독일 조종사로 오인되어 몰매를 맞는 핸디캡까지 있었다.

그럼에도 폴란드의 전설적인 전투기 조종사 중 하나인 비톨트 우르바노비츠(Witold Urbanowicz, 제303비행대 소속)는 무려 15대의 독일군 전투기를 격추시켰다. 우르바노비츠는 영국 항공전이 승리로 끝나자 엉뚱하게도 중국에서 일본과 싸우고 있는 전설적인 의용 항공단 '플라잉 타이거즈'에 참가하여 2대의 일본기를 더 격추시켰다.

토니 그워바츠키(Tony Głowacki)는 영국 본토 항공전 중이었던 40년 8월 24일 단 하루 동안 5대의 독일군 전투기를 격추했다. 그워바츠키가 타던 전투기는 2인승 전투기로 동료 조종사는 뉴질랜드 출신의 브라이언 카버리(Brian Carbury)였다. 스타니스와프 스칼스키(Stanisław Skalski)는 폴란드 출신 전투기 조종사 중 종전까지 가장 많은 전투기를 격추한 조종사(22대 격추)이다. 그는 이미 39년 9월, 독일 공군과 맞서 싸워 독일 전투기 6대를 격추했으며(1대는 공동격추), 이후 영국으로 피하는 데 성공하여 영국 항공전에 참가하게 된 것이다. 스칼스키가 이끄는 비행대는 '스칼스키의 서커스단'이라는 별명이 붙어 있을 정도로 뛰어난 기량을 가진 조종사들로 구성되어 있는 부대였다. 물론 폴란드 조종사들도 큰 대가를 치렀다. 영국 본토 항공전에서만 30명의 폴란드 조종사들이 전사해서 20%가 넘는 전사율을 보였다. 위에서 언급한 스칼스키 역시 영국 본토 항공전 기간 동안 자신의 전투기가 격추되었으며, 전치 6주의 중상을 입어야 했을 정도였다. 다음은 폴란드 비행대들의 전투서열이다.

제303전투비행대의 부대마크

- 제300폭격비행대(마소비아 'Mazowieckiej')
- 제301폭격비행대(포메라니아 'Pomorskiej')
- 제302전투비행대(포즈난 'Poznański')
- 제303전투비행대(코시치우슈코 'Kościuszki')
- 제304폭격비행대(실롱스크-유제프 포니아토프스키 'Śląskiej Józefa Poniatowskiego')
- 제305폭격비행대(대폴란드-유제프 피우수트스키 'Ziemi Wielkopolskiej im. Marszałka Józefa Piłsudskiego')
- 제306폭격비행대(토룬 'Toruński')
- 제307폭격비행대(르부프의 수리부엉이 'Lwowskich Puchaczy')
- 제308폭격비행대(크라코프 'Krakowski')
- 제309폭격비행대(체르비엔 'Ziemi Czerwieńskiej')
- 제315전투비행대(뎅블린 'Dębliński')
- 제316전투비행대(바르샤바 'Warszawski')
- 제317전투비행대(빌노 'Wileński')

- 제318정찰-전투비행대(그단스크 'Gdański')
- 제663야포관측비행대(우리는 포병을 위하여 날아오른다. 'Samolotów Artylerii')

영화 「배틀 오브 브리튼」을 보면, 영국 공군 장교가 폴란드 망명 조종사들에 전투 중 "폴란드어를 쓰지 말라"고 잔소리를 하다가 결국, 나중엔 "잘 싸웠다"라고 칭찬하는 장면이 나온다. 어쨌든 이들의 활약으로 폴란드 망명군은 첫 번째 승리를 거두었고 망명정부 역시 이 조종사들 덕분에 어느 정도 발언권을 확보할 수 있게 된다.

40년 후반부터 다음 해까지 폴란드 망명정부는 신규 병력 모집과 물적 자원 확보에 열중했다. 영국 정부를 제외하면 이것들을 제공해 줄 수 있는 곳은 바로 신대륙이었다. 41년 3월, 시콜스키와 부수상 미코와이치크는 오타와로 날아가 캐나다 정부로부터 폴란드계 캐나다인들을 대상으로 모병을 할 수 있도록 허가를 받았다. 캐나다에 살던 폴란드 이민자 중에는 훗날 백악관 안보담당 보좌관을 지내게 되는 열 세 살의 즈비그뉴 브레진스키도 있었다. 또한 워싱턴에서 미 정부로부터도 같은 허가를 얻어냈다. 두 사람은 폴란드계 이민이 많이 사는 시카고, 버팔로, 뉴욕, 디트로이트 등을 돌며 대중연설을 하여 지원을 호소했다. 시카고의 훔볼트 공원에서 열린 강연회에는 무려 23만 명이 몰렸다. 캐나다와 미국은 물론 아르헨티나와 브라질에서도 약 2,300명이 지원했다. 이보다 더 중요한 성과는 사실상 영국만이 대상이었던 무기대여법의 수혜 대상에 폴란드 망명정부도 포함시키는데 성공했다는 점이었다. 이로써 폴란드 망명군은 최소한 무장에 대해서는 어느 정도 걱정을 덜 수 있었다.

폴란드의 암호해독

그런데 폴란드 조종사들보다 결과적으로 연합국의 승리에 가장 공헌한 폴란드인들은 따로 있었다. 바로 암호해독 기술자들이었다. 폴란드는 1차 대전 직후부터 독일의 무선을 방수하기 시작하면서 독일에 대한 첩보전을 시작했다. 독일군은 가로, 세로 30cm, 높이 15cm, 무게 30kg의 외관상 둔한 타자기처럼 생긴 에니그마(그리스어로 수수께끼)라는 이름을 가진 기계장치를 2차 대전기간 내

에니그마 암호장치

내 암호기로 사용했다. 에니그마의 초기개념은 독일, 미국, 네덜란드, 스웨덴 등지에서 연구된 것으로 알려져 있다. 최초의 에니그마는 20년 아르투르 세르비우스(Arthur Scherbius)라는 독일인이 만들었다. 초기에는 상업적 목적으로 만들어져 팔렸는데 우수한 성능과 많은 광고에도 불구하고 별 재미를 보지 못하던 중, 26년에 독일군이 에니그마를 채용했다. 그 이후 개량이 이루어져 성능이 전에 비해 크게 향상되었다. 키 하나를 누르면 내부의 톱니바퀴를 움직여 문자 하나에 이론상으로는 200조 번을 누르기 전에는 같은 것이 나오지 않는 대안글자를 할당했다. 따라서 독일군 관계자들이 전후까지도 에니그마의 해독이 불가능하다고 여겼던 것은 무리가 아니었다.

사용법은 비교적 간단하다. 자판의 원하는 알파벳을 두드리면 일련의 작업을 통해 뒤에 있는 전구판의 해당 알파벳에 불이 들어오게 된다. 그러면 처음의 알파벳을 대신해 문구를 만들면 되는 것이고, 멀리 떨어져 암호화된 문구를 접한 사람은 위와 똑같은 작업을 통해 원래의 문장으로 해독하면 되는 것이다. 그러나 문제는 이제부터 시작된다. 암호문은 대부분 무선이므로 제3국, 즉 적성국에도 전달된다고 가정해야 한다. 그렇다면 이 암호기의 밀반출은 곧바로 모든 암호화된 문구의 노출을 의미했다. 그리고 꼭 밀반출이 아니더라도 꾸준한 감청을 통해 데이터베이스를 쌓아 분석하면 어떤 글자가 어떤 글자로 연결되어지는지는 쉽게 알 수 있다.

처음으로 에니그마의 중요성을 인식한 나라가 바로 폴란드였다. 독일이 처음 에니그마를 군사용으로 개량했을 때부터 폴란드는 에니그마 분석을 위한 부서를 만들었다. 그러나 에니그마의 복잡성 때문에 쉽게 뜻을 이루지 못했다. 이렇게 별 성과 없이 3~4년이 지나면서 에니그마는 난공불락처럼 보였다. 그러나 천재 수학자 마리안 레예프스키(Marian Rejewski)와 헨리크 지갈스키(Henryk Zygalski)가 팀에 합류한 뒤로 양상은 달라지기 시작했다. 사실 모든 암호 시스템이 그러하듯이 취약점은 사용하는 사람들의 '인간적인 실수'에 있다. 암호병은 전문을 암호화하여 보내기 전에 에니그마의 초기설정 값을 암호병 자신이 결정해서 그날의 초기설정 값으로 두 번 반복해서 보내야 한다. 암호병들은 한 번 사용한 설정 값은 다시 사용해서는 안 된다는 지침에도 불구하고 자주 같은 값, 특히 이니셜 등 자신이 좋아하는 특정 문자나 'AAA'같은 간단한 문자들을 자주 사용했다. 르옙스키는 이를 놓치지 않았고, 자주 사용되는 첫 6자에 중요한 의미가 담겨 있음을 알게 되었다. 그러던 중 프랑스 정보국에서 나온 의외의 정보, 독일군의 에니그마 사용설명서를 접하게 되었다. 여기서 힌트를 얻어 모든 통신문의 처음 여섯 자를 모아 분석하기 시작했고 결국은 이 6자는 3자가 두 번 반복된다는 사실과 회전자의 초기상태와 밀접한 관련이 있다는 것을 알아내었다. 이렇게 에니그마는 서서히 해독되었다.

일 년이 지나자 105,456개의 회전자의 모든 초기상태를 한 도면에 정리하기에 이르게 되었다. 그리하여 독일군의 암호문은 폴란드 측에 의해 20분 안에 해독될 수 있게 된다. 하지만 이런 폴란드 측의 해독 방법은 독일이 에니그마의 운용 방법에 조금이라도 손을 대면 헛수고가 될 수 있었다. 실제로 37년 말, 독일군은 초기설정 운용법을 변경했고 38년 12월에는 회전자의 수를 3개에서 5개로 늘렸다. 폴란드 측에서는 그때마다 다시 시작해야 했지만 결국, 에니그마 해독 수식 개발에 성공한다. 비록 해독을 위한 시간이 너무 길어 실용성은 없었지만 말이다.

1939년 7월, 폴란드는 영국과 프랑스 정보국 인사들을 초빙하여 자신들의 성과를 모두 전달하였다. 그 후 폴란드에 이어 프랑스가 항복하자 에니그마에 대한 연구는 영국으로 넘어갔고, 영국은 더욱 발전시켜 에니그마를 완전히 해독하는 데 성공했다. 이 성공이 연합국의 승리에 얼마나 큰 공헌을 했는지는 새삼 강조할 필요조차 없지만 그 토대를 폴란드인들이 만들어준 것이란 사실을 아는 사람은 많지 않다. 여담으로 폴란드처럼 소련군을 가상의 적국으로 둔 일본 육군도 폴란드의 암호해독 실력을 높이 평가해 폴란드군 소령을 초청하여 강의도 들었으며, 이를 바탕으로 암호해독 매뉴얼을 만들어 중일전쟁에 사용했다. 또한 3명의 폴란드 암호 장교가 관동군에 파견되어 소련군 암호 해석에 도움을 주기도 했다고 한다.

폴란드 망명정부는 독자적인 정보기관, 정확하게 말하면 참모본부 제6국을 운영했는데, 제6국은 독일 치하의 폴란드는 물론 유럽 전역과 북아프리카에서 가치 있는 정보를 수집해 영국과 미국에 계속 공급해 주었다. 영국은 폴란드 첩보기관 덕택에 독일 비밀병기의 상세한 정보와 부품 일부를 입수했으며 미국 역시 독일군의 전투서열 및 주요 보고서를 입수할 수 있었다. 미 육군 정보부서는 폴란드 첩보기관이 전해준 문서는 매우 뛰어난 보고서로, 아주 귀중한 정보를 담고 있다고 평가했다.

그 후의 폴란드 공군 이야기

영국 항공전에서 맹활약한 폴란드 조종사들은 영국 공군에 완전히 예속되어 있는 비행대 수준이 아닌 좀 더 높은 지휘체계를 원했으며 시콜스키 역시 당분간 독일군과 직접 싸울 수 있는 공간이 하늘 밖에 없다는 현실을 깨닫고 '폴란드 공군'의 재편을 위해 노력했다. 결국, 영국의 협조를 받아 41년에 제1전투항공단을 창설하고 망명군 최고사령부 휘하의 폴란드 공군으로 독립하게 된다. 대부분의 폴란드 출신 조종사들이 폴란드 공군에 참여했지만 일부는 영국 공군에 남았고 영국 조종사들을 지휘하는 비행대장이 되기도 했다. 폴란드 공군의 주전장은 프랑스 상공이었고, 42년 말까지 500대가 넘는 독일기들을 격추시켰으며 많은 에이스가 나왔다. 스칼스키의 부대는 1943년 튀니지 전투에도 참여하였다.

42년 8월 19일, 비극으로 끝난 디에프 상륙작전 때 폴란드 공군은 지원에 나서 적어도 17대를 확실하게 격추시켰다. 42년 11월, 재미있는 사건이 벌어진다. 프란시스 가브레스키라는 미 공군 조종사가 런던의 한 술집에서 폴란드 조종사들을 만난 것이다. 당시 미 공군(정확하게는 육군항공대)은 제대로 된 조직이 없었고, 턱걸이로 겨우 조종사가 된 가브레스키는 뭘 해야 될지 몰라 갈팡질팡하고 있었다. 그런데 가브레스키는 이름에서 보듯 양친이 모두 폴란드인이었다. 폴란드 조종사들은 가브레스키에게 자신들의 부대로 들어오라고 권했고, 다음 달에 그는 제315전투비행대로 전속되었다. 여기서 가브레스키는 최신예 스핏파이어 Mk.4를 몰며 동포인 동료들로부터 엄청난 것들, 즉 거리감각, 편대전술, 무선을 끈 상태에서의 공중 잠입 등을 배웠다. 결국, 가브레스키는 다시 미군으로 돌아간 후 28대를 격추시켜 유럽전선에서 미군 최고의 에이스가 되었다. 참고로 가브레스키는 한국전쟁에서도 F-86 세이버 제트전투기를 몰고 Mig-15 6대를 격추시켜 두 전쟁에서 에이스가 되었다.

이후 폴란드 공군에 제131, 제133항공단이 더 창설되었고, 최신기인 P-51무스탕까지 장비하기에 이르렀으며, 노르망디를 비롯한 서부전선과 이탈리아 전선에서 많은 전과를 올렸다. 폴란드 공군의 에이스는 모두 58명이다.

북아프리카

그 유명한 롬멜의 아프리카 군단이 등장하자 북아프리카의 영국군은 완패당하고 리비아의 점령지를 거의 내놓게 되었지만 중요한 항구 토브룩은 겨우 지켜낼 수 있었다. 앞으로의 진격을 위해 반드시 이 항구가 필요했던 롬멜은 항구를 포위하고 41년 4월부터 맹공격을 가했다. 포위가 길어지자 급해진 영국은 카르파티아 여단을 이곳에 투입하기로 결정했다. 여단은 하이파에서 배를 타고 8월에 토브룩에 투입되어 피로한 호주군과 교체되었다. 11월까지 벌어진 이 오랜 포위전에서 폴란드군은 불굴의 투혼을 보여주며 토브룩 사수에 크게 기여하였고, 토브룩의 포위가 풀리자마자 가잘라 전투에도 참여하여 용맹을 떨쳤다. 이 전투가 끝나자 부대는 팔레스타인으로 물러나 휴식과 재정비 시간을 가졌다. 폴란드군의 북아프리카 전선 참전은 프랑스군의 비르하케임 전투보다 훨씬 덜 알려졌다. 외인부대의 명성 탓일까? 프랑스의 언론 플레이 덕분일까?

북아프리카의 하늘에서도 폴란드인들이 있었다. 영국에서 용맹을 떨친 폴란드 에이스 스칼스키 소령이 이끌던 '스칼스키의 서커스단'이 북아프리카에서도 독일 공군과 무대를 바꾸어 싸웠다. 이렇게 카르파티아 여단이 아프리카에서 싸우는 동안 히틀러의 말대로 세계가 숨죽일 엄청난 소식이 들려왔다.

소련과의 동맹

41년 6월 22일, 독일의 소련 침공 작전 〈바르바로사〉가 시작되었다. 소련은 독일군에 연전연패하면서 엄청난 영토와 병력을 잃고 궁지에 몰렸다. 본토만 침공당하지 않았을 뿐 궁지에 몰려 있기는 마찬가지인 영국이 손을 내밀자 두 나라는 공동의 적 독일에 대항하기 위해 7월 12일 동맹을 맺었다. 이 동맹의 내용은 아주 간단했다. 공동의 적 독일을 때려잡는 것과, 이를 위해 어느 나라도 독일과 단독 강화를 맺어서는 안 된다는 것이 거의 전부였다.

소련은 러시아 제국의 후예이자 나치와 함께 조국을 짓밟은, 그것도 비열하게 등 뒤를 찌른 원수였으므로 일이 이렇게 돌아가자 폴란드 망명정부의 입장이 곤란해졌다. 마침 런던 주재 소련 대사인 이반 마이스키가 본국 정부로부터 위임을 받아 폴란드 망명정부에 군사동맹을 맺자는 제의를 했다.

소련과의 동맹은 영국에 있는 폴란드인들 사이에 격론을 불러일으켰지만 시콜스키는 39년에 행해진 폴란드의 영토 변경과 독소불가침 조약의 무효를 조건으로 동맹을 받아들였다. 스탈린도 이미 독일과의 전쟁이 시작되기 전인 40년 여름, 폴란드군 포로를 재편성하여 자신들에 협력적인 '친소 폴란드군'을 만들자는 계획을 승인한 바 있었고, 소련 쪽에 순종하겠다는 태도를 보인 13명의 장교를 뽑아 모스크바에 이주시켜 '행복의 별장'이란 곳에서 공산주의 교육을 시켰다. 이 중 하나가 40대 초반의 지그문트 베를링 중령으로, 이 인물은 훗날 친소 폴란드군의 핵심이 된다. 베를링은 원래 오스트리아-헝가리 제국의 장교였는데, 폴란드가 독립하자 놀랍게도 피우수트스키의 부하로서 신생 폴란드군에 참가한 인물이었다.

소련은 국내에 있는 모든 폴란드인에 '대사면'을 선포하면서 소련 내에 있는 폴란드인으로 구성된 새로운 군대를 편성하는 데 적극적인 지원을 아끼지 않겠다는 내용을 포함시켰다. 이 조치는 대 독일 전쟁에서 공헌도를 높이겠다는

시콜스키의 소망이 반영된 것이었다. 강제수용
소나 포로수용소에 억류되어 있던 폴란드인들
중 증명이 가능한 자들은 모두 풀려났다. 8월
14일, 1년 전 프랑스와 폴란드가 맺었던 조약을
모델로 삼아 소련 국내에 있는 폴란드인들을
모집하여 부대를 편성하기로 결정했다. 시콜스
키는 우선 10만 명으로 6개 보병사단을 편성하
고 장비는 영국과 미국에서 조달할 생각이었
다. 시콜스키는 수용소에서 풀려난 49세의 브
와디스와프 안데르스 소장을 중장으로 승진시

안데르스 장군

켜 재 소련 폴란드군 사령관으로 임명했다. 안데르스 장군은 1차 대전 당시 러
시아령 폴란드 태생으로, 러시아군 장교 출신이어서 러시아어에 능통하고 러
시아인의 정서에 대해 잘 알고 있었기에 소련 폴란드군 사령관에 적합했다. 하
지만 열렬한 애국자이자 친 서방주의자였던 안데르스는 기병여단을 지휘하다
가 39년 9월 소련군의 포로가 되어 20개월 가까이 여러 포로수용소를 전전했으
며, 그 중 7개월은 독방에서 지내야 했다.

9월 14일, 안데르스 장군은 포로수용소에 모인 1만 4천명의 병사들을 '사열'
했다. 이 장면은 안데르스의 회고록《망명군》중에서 가장 감동적이었다.

자랑스럽기도 하고 슬프기도 한 착잡한 마음으로 내가 이 사열을 하던 그
광경을 일생을 두고 영원히 잊지 못할 것이다. 부대원 대부분은 군화도 셔츠
도 없었고, 모두가 누더기를 입었으며 그 중에는 다 헤어진 폴란드군복을 입
은 사람도 드문드문 있었다. 거의 굶어 죽을 상태에 빠져 있었기 때문에 모두
가 야위어 해골 같았고 대부분 종기가 나서 온 몸이 짓물러 있었다. 그러나
나와 동행한 소련 장군들은 폴란드군이 전부 수염을 깨끗이 깎고 훌륭한 군
인의 모습을 보이고 있는 데 놀랐다.

나는 그들이 어떻게 하나의 군대가 될 수 있으며 또 앞으로 전쟁의 고통
을 견디어 나갈 수 있을까를 스스로에 물어보았다. 그러나 나는 금세 답을 얻
었다. 그들의 빛나는 눈동자와 굳은 결의와 신념이 답을 말해 주었다. 걸음을

늦추어 내가 전면에 늘어선 대열 앞을 지나면서 병사들의 눈을 하나하나씩 유심히 들여다보았을 때 앞으로 손을 잡고 행진할 수 있는 우리의 공동체가 그 곳에서 벌써 이루어졌던 것이다.

미사가 시작되자 노병들은 마치 아이들처럼 울었다. 오랜만에 드리는 그들의 미사였다. 〈오! 주여 자유의 조국을 우리에 돌려 주소서〉라는 성가가 시작되자 그 합창소리는 주위의 숲에 메아리쳐 몇 배나 우렁차게 들렸다.

나는 그것이 마지막이기를 바라지만 일생을 통틀어 처음으로 구두도 신지 않고 분열 행진을 하는 군대의 경례를 받아 보았다. 그들은 나를 위하여 행진하겠다고 고집하였기 때문이다. 그들은 비록 자신들이 병들었고 맨발이지만 조국 폴란드를 향한 최초의 행군을 하는 데 있어 군인다운 당당한 위엄을 소련인들에게 보여주고 싶었던 것이다.

소련 당국이 폴란드군 장병들에게 지급한 군복은 얼마 전 소련에 병합된 발트 3국 군대의 제복이었다. 이 군복을 입은 폴란드 장병들의 기분은 어떠했을까? 안데르스의 임무는 실로 막중한 것이었다. 그는 단순히 군사 문제나 병참 문제가 아니라 정치적·교육적 책임까지 지고 있었다. 안데르스는 폴란드 육군의 재조직에 착수하면서 39년에 붙잡혀 소련의 코젤스크, 스타로벨스크, 오스타슈코프 수용소에 수용된 1만~1만 5,000명의 폴란드 전쟁포로, 특히 장교들을 자신의 부대로 이송할 것을 소련 당국에 요청했다. 결국, 41년 12월 말까지 장교들 중 불과 448명만이 부대에 도착했다. 참고로 40년 가을, 소련군 기관지에서 소련군의 포로가 된 폴란드군의 숫자는 다음과 같았다. 장성 12명, 장교 8,000명을 포함한 23만 672명이었다.

41년 12월 1일, 시콜스키는 카이로를 거쳐 당시 소련의 '임시수도' 역할을 하고 있던 쿠이비셰프로 날아갔다. 당시 모스크바는 독일군의 공격을 받고 풍전등화인 상황이었지만 시콜스키는 쿠이비셰프에서 다시 모스크바로 날아갔다. 가장 급선무는 장교들의 복귀와 식량과 무기 보급 문제였는데, 스탈린이 곧 해결해 주겠다고 했지만 당시 연전연패 중인 소련군에도 장비가 제대로 지급되지 않은 상황에서 폴란드군에 돌아갈 몫이 충분히 있을 리 없어 잘 지켜지지 않았다. 그러나 스탈린은 자기가 죽여 놓고도 뻔뻔스럽게 폴란드 장교들은 석방되었지만 배치가 늦어지고 있으며 상당수는 만주로 도망갔다고 능청을 떨었다. 다만 소련에서 새로 편성한 폴란드군을 혹한지대인 우랄 산맥 일대에서 기후가 나은 중앙아시아로 이동시켜 주기는 했다. 시콜스키의 두 번째 방문 목적은 39년 9월의 국경 복귀였지만 스탈린은 확답을 주지 않았다.

어쨌든 시콜스키의 방문 이후 폴란드군 편성은 속도를 내게 되었다. 42년 1월 초부터 이동이 시작되었다. 우즈베키스탄, 투르키스탄, 캅카스로 이동한 폴란드군은 우즈베키스탄의 소읍 쿠자르에 본부를 두었는데, 소련은 러시아 제국 시절 대지주가 살던 큰 저택을 사령부로 제공해 주었다. 건물 자체에는 만족했지만, 폴란드 전기 기사가 전화를 부설하다가 소련 측이 설치한 도청기를 발견하면서 양 측은 다시 긴장관계에 놓이게 되었다. 다음해인 42년 8월, 영국군 참모총장인 앨런 브룩(Alan Brooke) 원수가 모스크바에서 안데르스를 만났을 때 안데르스는 담뱃갑으로 탁자를 탁탁 치며 낮은 소리로 말했다고 한다. 물론 도청 때문이었는데, 브룩은 자신의 일기에서 "모스크바의 모든 방에는 귀가 달려 있다는 사실"을 그 때 깨닫게 되었다고 적었다.

그래도 부대의 편성은 착착 진행되어 제5,6사단이 창설되었고, 제8사단도 편성을 시작했다. 사단 번호는 프랑스에서 편성한 1-4사단이 존재했기 때문에 그 뒷 번호가 부여되었다. 하지만 편성되는 부대의 장비 지원은 앞서 설명한 대로 형편없었다. 그나마 친소파인 베를링이 참모장을 맡은 제5사단은 전투에 나갈 수 있을 정도로 장비를 지급받았지만, 제6사단의 경우 1만 1천여 명의 병력에 지급된 장비가 달랑 소총 200자루뿐이었다.

소련은 제5사단만이라도 전투에 참가하기를 원했다. 물론 실제적인 전력에 도움이 돼서라기보다는 세계에 소련과 폴란드가 같이 싸우고 있다는 정치적 효과를 원해서였다. 하지만 안데르스는 생각이 달랐다. 비록 제5사단이 편성과 무장은 갖추었지만, 병사들의 체력도 회복되지 않았고 훈련도 부족해 실전 투입은 어렵다고 보았다. 더구나 정치적, 군사적 효과를 충분히 거두기 위해서는 군단이나 군 단위 투입을 원했다. 소련도 결국 폴란드의 입장을 받아들였지만, 두 나라 사이의 긴장은 높아져 갔다. 이 폴란드군대가 소련군과 함께 동부전선에서 싸워 폴란드로 돌아가는 것이야말로 시콜스키의 소망이었다. 그러나 소련 영내에서의 폴란드군 재건에는 이렇듯 문제점과 마찰이 가득했다.

폴란드군의 중동 이동

소련을 싫어했고 철저한 민족주의자였던 안데르스는 자신의 휘하에 들어온 군대를 우크라이나인이나 벨라루스인, 유대인이 배제된 순수한 폴란드인들로만 구성하려고 노력했다. 사실 NKVD가 이들의 폴란드군 입대를 적극적으로 막았기 때문이기도 했지만, 안데르스의 이런 태도는 폴란드 제2공화국이 민족융합에 실패했다는 증거이기도 했다. 이렇게 되자 소련에서 편성된 폴란드군은 겉과 속이 모두 서구지향적인 군대가 되었다. 더구나 스탈린의 독재체제 하에서 경직된 사회 시스템을 갖춘 소련 지도층은 자유분방한 폴란드인들의 존재 자체가 체제에 위협이 된다고 여기게 되었다. 소련 지도층의 표현을 빌면 폴란드군은 아주 '부르주아'적이었던 것이다. 그러나 소련 당국이 여기에 손을 쓸 수는 없었다. 재 소련 폴란드군은 런던 망명정부 직속이었고, 안데르스의 참모 중에는 영국인 연락장교까지 있었다.

소련으로서는 이런 폴란드군을 받아들이기는 어려웠기에 다른 전선으로 떠나 주기를 바랐고, 모스크바에서 승리하기는 했지만 42년 초의 대반격이 실패로 돌아가 자원도 크게 부족했다. 소련 정부는 폴란드 측에 4만 4천명 분의 식량과 장비, 의복만을 공급해 주고 나머지는 노동여단으로 편성하여 생산 활동에 종사하는 것이 어떻겠냐고 제의했다. 전선에 나가 싸우길 원했던 폴란드군은 당연히 이 제안을 거부했다. 무엇보다도 동포들을 소련 측의 자의에 맡길 수 없었기 때문이었다. 안데르스는 스탈린과의 면담에서 4만 4천명이 넘는 병력을 영국과 미국의 지원을 받을 수 있는 이란으로 이동시키겠다고 제의했다. 소련은 완전히 독립된 폴란드군을 원하지 않지만, 동시에 북아프리카의 독일군이 중동을 통해 소련 영내로 진격해 오는 상황도 원하지 않았기에, 재건된 폴란드군을 이집트의 영국군을 지원하기 위해 파병함으로써 이 두 문제를 동시에 해결하고자 했다. 결국, 42년 6월 초, 폴란드 장병 3만 5천여 명과 아이들을 포함한 민간인 수만 명이 소련을 떠나 연합국에 우호적인 중립국인 이란으로 이동했다. 하지만 폴란드인들은 다음 해 이 땅에서 열린 회담에서 연합군이 조국의 절반을 팔아먹을 것이라고는 상상도 하지 못했다. 이란 이동 직전 베를링 중령과 몇몇 장교는 부대에서 이탈했는데, 안데르스 장군의 증언에 의하면 중

보이텍, 이란에서

요 서류들을 훔쳐갔다고 한다. 베를링 외에 안데르스의 참모 중 몇은 독일 지배
하에 있는 폴란드로 침투해 '국내군'의 지휘를 맡았다.

아기곰 보이텍

43년 초, 이란에 있던 폴란드 육군 제22보급중대 병사들은 이란의 고원에서
어미 잃은 아기 곰 '보이텍'을 한 소년에게서 샀다. 병사들은 당시 생후 8주였
던 이 아기 불곰을 막사 안에서 군납 우유를 먹여 길렀고, 의지할 곳 없던 보이
텍은 병사들을 부모처럼 따랐다. 보이텍은 키 180cm, 몸무게 113kg의 듬직한
'병사'로 성장했고, 폴란드 육군에 정식으로 징병되어 사병 계급장까지 받는 영
광을 얻게 되었다.

폴란드군은 다시 영국 영향 아래에 있는 이라크로 이동해서 키르쿠크와 모
술 유전 지대 방어를 맡았다. 가장 우수한 병사들은 영국에 있는 폴란드 공군으
로 전속시켰다. 식량을 충분히 보급받고 군의 기계화에 따른 새로운 훈련을 받
아 폴란드군은 어디에 내놓아도 부끄럽지 않은 군대가 되었다. 안데르스는 4
월 초 런던으로 날아가 시콜스키 등 폴란드 망명정부 및 망명군 수뇌들과 의견
을 나누었다. 국방장관 마리안 쿠켈은 폴란드군의 모든 전력을 영국에 집결시

컸다가 장비와 훈련이 완벽해지면 서유럽에 생길 제2전선에 투입해야 한다고 주장하였다. 이에 비해 중동군 사령관 미하엘 샤야크 중장은 전군을 팔레스티나나 이집트에 집결시키기를 원했다. 영국과 미국의 반격이 발칸 반도부터 시작될 확률이 당시로서는 높았으므로 여기에 가세하여 베오그라드와 부다페스트를 거쳐 조국을 해방시키자고 제안했다. 안데르스는 후자에 찬성했다. 하지만 영국이나 소련이 볼 때는 말도 안 되는 이야기였다. 아직 독일군은 막강했고, 폴란드군을 먹여 살리는 물주는 영국이었다. 이런 영국조차도 대륙에 대한 공격은커녕 북아프리카에서도 롬멜에게 얻어터지고 있었고, 당장 이란에 모여 있는 폴란드 장병들을 실어올 배조차 부족했을 정도였다.

바르샤바 게토 봉기

독일이 폴란드를 점령한 첫 2년 동안 유대인에 대한 제도적인 대학살은 없었지만, 지역적인 학살과 박해는 있었다. 특히 독일은 점령지역 곳곳에 유대인들을 가두는 게토를 세웠다. 가장 대표적인 존재가 1940년 11월에 세워진 바르샤바 게토였다. 처음에는 가시철조망으로 격리되었지만 나중에는 높이 3m, 길이 18㎞의 벽돌담으로 둘러싸인 바르샤바 게토는 전에 유대인이 거주하고 있던 지역에 세워졌다. 이 장벽은 칸 영화제 황금종려상에 빛나는 영화 「피아니스트」에서 잘 재현되었다. 이 장벽 안에 주변지역의 모든 유대인이 수용되기 시작하여 1942년 여름에는 약 50만 명의 유대인들이 4㎢의 좁은 게토에 몰렸고 인구밀도는 서울의 10배를 넘었다. 대부분은 주택도 없이, 있다고 해도 한 방에 평균 13명이 살았다고 한다. 당연히 기아와 질병이 만연해 수많은 유대인들이 죽어나갔다. 하지만 대학살이 본격적으로 시작된 것은 독일이 소련을 침공하면서 독소 분할협정에 의해 소련 측에 주어졌던 폴란드 영토 내로 진격이 시작된 뒤부터였다. 대규모 살해 계획이 실행에 옮겨졌고, 독일 점령 폴란드에는 특별 절멸 센터가 건설되었다. 이 센터들은 폴란드는 물론 유럽 각지에서 이송되어 온 유대인들을 조직적으로 학살하는 장소였고, 당연하지만 폴란드 유대인의 희생이 가장 많았다.

1943년 1월 나치는 시골에 있는 쾌적한 '노동수용소'로 옮긴다고 유대인을 속여 게토를 비우려 했다. 그러나 탈출한 유대인을 통해 옮겨지면 가스실행이라는 사실이 바르샤바 게토 지하조직에 전달되었다. 그때는 이미 20만이 넘는 유대인들이 가스실에서 학살당한 상태였다. 1월 18일 독일군은 유대인을 압송하기 위해 게토에 들어갔으나, 지하조직인 유대인 전투조직(Zydowska Organizacja Bojowa/ZOB)의 기습공격을 받았다. 시가전이 4일 동안 계속되면서 약 50명의 독일군과 훨씬 많은 유대인이 죽었으나 ZOB는 독일군의 무기를 조금이나마 노획할 수 있었다. 독일군은 철수하고 수송 작전은 같은 해 4월 19일까지 일시 중단되었으나 하인리히 힘러는 히틀러의 생일인 4월 20일을 기념하기 위해 무력으로 게토를 소탕하는 특별 '행동'을 시작했다. 공교롭게도 4월 19일은 유대인들이 이집트 노예 생활에서 해방된 것을 기념하는 유월절(逾越節)의 첫 날이기도 했다. 먼동이 트기 전 2,000명의 SS가 전차와 속사포를 앞세우고 쳐들어왔다. 하지만 이웃에 사는 폴란드인들은 안타까워하고 분노하면서도 봉기를 거의 방관했다. 봉기 준비가 되어 있지 않기도 했지만 동병상련이라는 처지에도 불구하고 반유대주의는 여전히 존재했기 때문이기도 했다. 그래도 국내군이 기관총 6정과 수십 정의 소총과 기관단총, 몇백 발의 수류탄을 지원해 주었다.

게토에 남아 있던 대부분의 유대인이 미리 마련한 벙커 속에 숨어 있는 동안 최소 400명에서 최대 1,000명으로 추산되는 ZOB와 일부 유대인 게릴라들은 몇 안 되는 권총과 소총, 기관총을 쏘고 수제 폭탄과 화염병을 던지면서 전차를 파괴하고 독일군을 쓰러뜨리며 진입 시도를 물리쳤다. 게릴라의 30%는 젊은 여성이었고 대부분 연인관계였다고 한다. 독일군은 저녁에 철수했으나 다음날 전투가 재개되었고 사상자 수도 늘어났다. 독일군이 유대인을 벙커에서 쫓아내기 위해 가스·경찰견·화염방사기 등을 사용했기 때문에 도시는 며칠 동안 화염에 휩싸였다. 힘러는 격렬한 저항으로 인해 히틀러에게 게토 완전 소탕이라는 생일선물을 줄 수 없었고, 5월 8일이 되어서야 ZOB 본부 벙커를 제압할 수 있었다. 그곳에 숨어 있던 민간인은 모두 항복했지만, 카리스마 넘치는 24세의 지도자 모르데하이 아니엘레비치를 비롯해 살아남은 ZOB 전사 대부분은 스스로 목숨을 끊었다. 2천년 전 마사다를 연상하게 하는 장면이었다. 5월 16일까지 일방적인 전투가 계속되다가 봉기자들의 탄약이 떨어지면서 전투는 완전히 끝났다. 봉기의 전체 희생자 수는 확실하지 않으나 28일 동안의 전투에서 수백 명의 독일군이 죽었고 5만 6,000명이 넘는 유대인이 살해되거나 압송되었다고 한다. SS의 위르겐 슈트로프 소장은 바르샤바의 대예배당을 폭파해 최후의 일격을 가했으며 뒤에 "바르샤바 게토는 더 이상 존재하지 않는다"고 보고했다. 게릴라 중 44명이 놀랍게도 탈출에 성공했지만, 일부는 배신당해 수용소로 끌려갔고 3명은 다음 해의 봉기에 참여했다가 전사했다. 전후까지 살아남은 천하의 행운아는 12명이었다고 한다.

이 봉기는 전투로 보면 큰 규모는 아니었지만 최초의 도시 게릴라전으로 역사에 남았다. 제대로 무장한 인원은 300명 정도에 불과했지만, 수십 배나 되는 병력과 화력을 가진 적군과 한 달 가까이 싸울 수 있었기 때문에 정신무장만 잘 되었다면 도시 게릴라가 유효하다는 사실을 입증한 것이다. 하지만 이 봉기는 다음 해에 일어날 비극에 비하면 예고편에 불과했다. 독일군은 정신무장이 잘 된 도시 게릴라를 제압하기 위해서는 도시 자체를 파괴해야 한다는 '교훈'을 얻었다. 1970년, 서독 수상 빌리 브란트가 게토 봉기 기념비 앞에서 무릎을 꿇은 사진은 너무나 유명하다. 브란트 수상의 이날 그 '사건'을 두고 한 언론은 "무릎을 꿇은 것은 한 사람이었지만 일어선 것은 독일 전체였다"고 압축해 표현한 바 있었다.

재 소련 폴란드 애국동맹과 친소 폴란드군의 창설

한편, 소련에 남은 폴란드 장병들은 고민하지 않을 수 없었다. 이제까지 폴란드를 지도에서 지워버리는 데 일조했던 원수들과 손을 잡기는 정말 쉬운 일이 아니었다. 많은 병사들이 러시아인에 대해서 혐오감을 드러내기도 했지만 진짜 문제는 카틴 숲의 학살로 인한 장교의 부족이었고, 그나마 남은 쓸만한 장교들은 대부분 이란으로 떠났다. 할 수 없이 소련군 중 폴란드 피가 섞여있는 자들이 '새로운 폴란드군' 편성에 참가했다.

소련은 군대의 편성과 함께 런던 망명정부에 대응할 새로운 정치조직을 만들기 시작했다. 당장 써먹을 수 있는 인물들은 모스크바에 모여 있는 폴란드 공산당 인사들이었다. 5월 8일, 이들을 중심으로 〈폴란드 애국동맹〉이 창설되었다. 이들은 『자유 폴란드』라는 제목의 주간지를 창간하고, 쿠이비셰프에 방송국도 열었다. 이 방송의 주된 내용은 물론 독일에 대한 공격이었지만 런던 망명 정부와 서방 폴란드군에 대한 비난도 상당한 비중을 차지했다.

43년 6월, 모스크바에서 친 소련 폴란드인사들이 조직한 〈재 소련 폴란드 애국동맹〉의 1차 대회가 열렸다. 소련 인민위원과 결혼한 반다 바실레프스카가 의장으로 선출되었고, 전쟁 전 좌파 신문 편집인이었던 스테판 예드리포프스키, 폴란드 사회당 중진이었던 볼레스와프 드로브넬, 폴란드 공산당 간부였던 비타셰프스키 등이었고, 그 사이 승진한 지그문트 베를링 대령도 그 자리에 참석하였다. 종군신부 빌헬름 쿠부쉬도 그 자리에 참석했는데, 쿠부쉬는 사제복을 입었기에 참석자 사이에서 단연 눈에 띄었다. "〈재 소련 폴란드 애국동맹〉은 소련 내에 거주하고 있는 폴란드인들의 정치적, 종교적, 사회적 차이를 떠나 파시즘에 저항하는 모든 애국진영을 집결하여 만들어졌다"고 선언하면서, 장래 폴란드의 정치체제에 관해서는 "특권계급 없이 인민의 이익에 기초하는 민주적 폴란드를 건설할 것이다"라고 정의하였다. 그들은 '진보', '민주주의', '인민주권', '깊은 애국심' 등의 단어를 사용하면서 적어도 표면적으로나마 소련식 사회주의와는 거리를 두었다.

7월 15일, 리잔 근교의 병영에서 제1보병사단은 군기에 대한 선서식을 가졌다. 이날은 1410년 폴란드가 동유럽 정복을 시도하던 독일 기사단을 그룬발트에서 격파한 날이었다. 다시 승진하여 제1보병사단장이 된 베를링 준장이 종군신부 앞에서 선서를 했다. 이를 보면 아무리 친소 폴란드군이라 해도 폴란드인은 폴란드인이라는 생각이 저절로 들게 만든다. 애국동맹 의장단이 군기를 수여했다. 선서의 내용은 이러했다. "우리들은 폴란드의 대지와 인민들에 맹세한다. 성실하고 정의로운 폴란드 병사로서 생명이 있는 한, 독일군을 격멸하고, 숨통을 끊어버릴 때까지 싸울 것이다. 조국 해방을 위해 마지막 피 한 방울까지 바친다고 맹세한다."

제1사단의 이름은 18세기와 19세기, 폴란드의 독립을 위해 러시아와 싸웠던 민족적 영웅 타데우쉬 코시치우스코(Tadeusz Kościuszko)였다. 러시아에서 편성된 사단의 이름치고는 아이러니컬했지만 소련은 이를 허용했다. 제정 러시아와 현재의 소련은 다르다는 의미일까? 하지만 이 부대는 사실상 스탈린의 첫 번째 '외인부대'라는 태생적 한계를 벗어날 수는 없었다. 제1사단의 창설은 앞으로 부대 창설에 있어 런던 망명정부의 관리를 받지 않겠다는 좋은 증거이기도 했다. 이후 창설되는 부대의 단대호는 런던 망명정부군의 단대호와 중복되게 된다. 훗날 폴란드 대통령에 오르는 보이체크 야루젤스키도 이 부대의 일원이었다. 이 사단의 장비는 상당히 충실했다. 소련군은 당시 제공할 수 있는 최고의 보병장비는 물론 T-34전차 30대까지 주어 이 사단의 화력은 39년 9월의 폴란드 사단이 가졌던 화력의 7배에 달했을 정도였다. 하지만 소련군에 대한 폴란드 병사들의 적의는 숨길 수 없었다. 소련은 나름대로 폴란드 병사들을 배려한다고 폴란드계 장교들을 뽑아 무기 조작법을 가르치기 위한 교관으로 파견했지만, 폴란드어를 할 줄 아는 이는 얼마 되지 않아 병사들의 반감을 불러일으켰다.

소련과 폴란드 망명정부의 단교

런던 망명정부는 전통적인 폴란드 민족주의자들이 주축이었기에 영토적 야심은 여전해서 같은 처지인 체코슬로바키아 망명정부와도 사이가 좋지 않았다. 그러니 소련과의 협조가 매끄러울 리 없었다. 결국, 얼마 못 가 양자는 결별하게 되었는데 바로 카틴 숲 학살 사건의 진상이 밝혀졌기 때문이었다.

43년 4월 13일, 독일은 러시아의 스몰렌스크 근교에 있는 카틴 숲에서 소련 비밀경찰(NKVD)에 의하여 학살 후 집단 매장된 4,100여 구의 시신을 발견하였다고 발표했다. 이 학살 현장은 으스스하게도 늑대가 시신을 뜯어먹는 모습이 목격되면서 우연히 발견되었다. 43년 초 스탈린그라드 전투에서 패배한 뒤 독일 국민에 총력전을 호소하고 있던 나치의 선전장관 요제프 괴벨스는 우연히 발견한 이 학살 현장을 반 소련 선전자료로 이용하여 연합군을 분열시키려고 획책한 것이었다.

소련은 41년 가을까지 폴란드 포로가 남아 있었고, 그때 자행된 독일군의 만행이라고 우겼으나 결국 소련 측이 행한 학살임이 입증되었다. 두 가지 명확한 증거가 있었다. 우선 그들이 폴란드군복을 입은 채 죽었기 때문이었고, 만약 소련군이 철수한 후 독일군이 폴란드 포로를 죽였다면 학살현장이 발굴되기 이전까지 소련이 이 사실을 한 번도 연합국에 언급하지 않을 이유가 없었기 때문

1943년 독일의 카틴 학살지 발굴 현장

이었다.

런던의 폴란드 망명정부는 전부터 독·소 양국에 의한 39년의 폴란드 분할 후 소련 측에 억류된 폴란드군 포로의 행방에 비상한 관심을 쏟고 있었으므로 국제적십자사에 사건의 진상을 규명하여 줄 것을 요청하였다. 처칠은 43년 4월 15일, 시콜스키를 만나 "독일이 공개한 내용이 맞을 겁니다. 볼셰비키들은 매우 잔인하지요"라고 말했다. 그러고서는 9일 뒤 소련에는 "국제적십자사나 다른 어떤 기구의 조사도 절대 반대합니다. 그런 조사는 사기일 것"이라며 안심시켰다. 연합국은 모든 증거를 철저히 외면하고 소련 편을 들었다. 소련 정부의 답변은 이러했다. "현재 소련 인민은 히틀러의 독일과 격전을 치르면서 피를 흘리고 있습니다. 자유를 사랑하는 민주주의 국가들과 함께 공동의 적을 섬멸하기 위해 모든 힘을 다해야 할 때 시콜스키의 정부는 히틀러의 독재를 이롭게 하는 반 소련 활동을 그만두어야 할 것입니다."

결국, 런던 망명정부는 4월 말 소련과 단교하고 말았다. 44년, 루스벨트 대통령은 카틴 숲 사건의 정보를 수집하기 위해 조지 얼 대위를 비밀리에 발칸 반도로 보냈다. 얼은 추축국 측의 불가리아, 루마니아와 접촉하면서 이 사건을 소련이 저질렀다고 결론지었으나, 루스벨트는 전쟁의 승리를 위해 소련의 힘, 정확히 말하면 소련 인민의 피가 필요했으므로 얼의 결론을 거부했다. 얼은 조사 결과 공개를 허가해 달라고 공식 요구했으나, 루스벨트는 금지했으며 그의 보고를 기밀에 붙였다. 이후 얼은 제2차 대전이 종전될 때까지 사모아에서 보내야만 했다. 소련은 43년 가을 이후, 현장을 탈환하고 '특별위원회'를 만들어 모든 죄를 나치에 전가해 버렸다. 심지어 뉘른베르크 전범재판에 이 사건이 나치에 의해 저질러졌음을 '증명'하는 특별위원회까지 두려 했지만 차마 그것까지 찬성할 수는 없었던 미국과 영국의 외면으로 무산되었다. 소련의 강한 영향을 받고 있던 새로운 폴란드 정부 역시 조사에 소극적이었다.

이 사건은 제2차 대전 후인 51~52년 미국 의회에서도 다시 조사했고, 89년이 되어서야 소련 당국은 비밀경찰이 학살에 개입하였음을 처음으로 인정하였다. 92년 구소련 붕괴 후 공개된 문서에 따르면, 학살은 스탈린의 지시로 이루어졌음이 드러났다. 폴란드가 다시는 소련에 대항할 수 없도록 엘리트들을 모두 처형하라는 스탈린의 지시와 당시 내무인민위원회 장관 라브렌티 베리야 등이 서명한 명령서 등이 공개되었으며, 여기에는 폴란드군 장교, 지식인, 예술가, 성직자 등 학살된 21,768명의 명단도 포함되었다. 그러나 러시아는 구소련의 만행임을 인정하면서도 국가적으로 책임질 일은 아니라는 자세를 고수하고, 소련-폴란드 전쟁 당시 소련군 포로 1만여 명이 학대를 받고 희생되었다며 '물귀신' 작전도 병행했다.

학살 70주년을 맞은 2010년 4월 10일 폴란드의 레흐 카친스키 대통령이 유력 인사들과 함께 카틴 숲의 추모행사에 참석하러 가다가 비행기 사고로 사망하였다. 희생자는 94명이었다. 그런데 이 불행한 사건이 자극이 되어 같은 해 11월 26일, 러시아 하원에서 카틴 학살이 '스탈린과 몇몇 지도자들에 의한 명령으로 발생한 학살사건'이었다는 성명이 채택되었고, 12월에는 드미트리 메드베데프 대통령이 폴란드를 방문하여 양국 간의 협력 문서에 서명하는 계기가 되기도 했다.

시콜스키의 '사고사'와 테헤란 회담

지중해 전선에서 독일군을 저지하는 데 큰 역할을 하던 폴란드군을 시찰하고 돌아가던 시콜스키 수상이 탄 B-24 폭격기가 6월 4일 밤 공항을 이륙한 지 16초 만에 추락하여 시콜스키를 비롯하여 딸, 비서실장, 경호원, 간부 등 10명이 즉사했다. 연합국은 기체 고장으로 인한 사고였다고 밝혔지만 사체 부검은 이루어지지 않았다. 미코와이치크가 정치적 후계자가 되었지만 그의 역량은 시콜스키보다 한참 모자랐다. 군 사령관은 소슨코프스키가 맡았다. 시콜스키의 사망에 이어 지하 폴란드군의 핵심 지도자 두 명이 잇따라 나치에 검거되어 처형당했다. 지하 폴란드군 지도부의 동선을 정확히 아는 자가 밀고했다고 의심하기 충분한 정황이었다. 폴란드 망명정부는 이렇게 몇 달 동안 핵심 지도자를 세 명이나 잃었고 그 뒤로는 연합국 안에서 폴란드를 대변하는 목소리를 내기가 불가능해졌다. 충격적인 주장이지만 일각에서는 시콜스키의 '사고사'는 처칠의 명령에 의해 영국 정보부가 저지른 일이라고 믿고 있다.

시콜스키가 어이없게 세상을 떠나자 망명정부의 요인들은 이제 폴란드는 끝났다면서 오열했다. 시콜스키 사후 넉 달 뒤에 열린 테헤란 회담에 폴란드는 대표를 보내지 못했다. 스탈린은 처칠과 루스벨트에게 39년 당시 소련이 차지한 폴란드 동부를 그대로 인정해달라고 요구하고 대신 오데르-나이제 강 동쪽 독일 영토를 폴란드에 떼어주자는 제안을 했다. 그때까지 소련이 39년에 빼앗은 '동부영토'를 인정하지 않았던 처칠과 루스벨트는 놀랍게도 별다른 반대 의견조차 표시하지 않았다. 더 기막힌 일은 소련은 물론이고 영국과 미국조차 이 사실을 망명정부에 알려주지 않았다는 것이다. 루스벨트는 이 사실이 알려진다면 대선에서 수백만 폴란드계 미국인들의 표를 잃을 상황이었기 때문이다.

폴란드 처지에서는 자신들의 동의는커녕 알지도 못하는 이런 '합의'를 인정해야 할 이유는 전혀 없었다. 독일 영토는 전쟁 첫 날부터 싸운 나라로서 승전국 입장에서 배상이나 전리품으로 받는다면 모를까, 국토의 절반을 빼앗긴 '보상'으로 받는다는 것은 말도 안 되는 논리였다. 이렇게 폴란드 망명정부의 지도자들은 소련이 요구하는 강도 높은 영토 양보 요구를 들어줄 생각이 전혀 없었다. 물론 그들 중에도 소련 측에 약간의 영토를 줘야 한다는 사람들도 일부 있었지만, 그럴 경우라면 독일 영토 일부를 폴란드에 합병해야 한다는 것이 그들의 요구조건이었다. 그런 사람들조차도 소련은 다른 나라의 영토를 차지하는데 폴란드는 그래서는 안 된다는 식의 논리를 수용하는 사람은 없었다. 그리고 전쟁이 진행 중이고 폴란드 망명정부가 세워진 상황에서 전쟁 전 폴란드 영토를 내주는 것을 대단히 꺼렸다. 하지만 망명정부는 자신들의 '정당한 논리'를 관철할 수 있는 힘이 없었다. 사실 망명정부와 소련은 비밀리에 관계 개선을 위한 협상을 했지만, 소련의 힘은 점점 강해져, 44년 여름부터 소련은 런던의 망명정부를 무시하고 폴란드 안의 친소 세력을 폴란드 유일의 합법적인 '정치세력'으로 선언했다. 이제 동부 영토 문제는 이 이야기의 마지막에 중요한 주제가 될 수밖에 없다.

동과 서의 폴란드군

레니노 전투

3개월의 훈련을 마친 소련의 폴란드 제1사단은 43년 9월 1일, 전선으로 이동했다. 잊으려야 잊을 수 없는 4년 전의 그 날을 회상하면서 병사들은 전의를 다졌다. 독일 공군의 폭격으로 첫 번째 전사자들이 나왔다. 종군 사제가 동부 폴란드군 첫 전사자들에 대한 장례 미사를 집전했다. 10월 초, 폴란드 사단은 바실리 고르도프 대장이 지휘하는 소련 제33군에 편입되어 스몰렌스크 바로 옆에 있는 레니노 전선에 투입되었다. 묘하게도 카틴 숲과 멀지 않은 곳이었다.

10월 12일에서 14일까지 벌어진 이 전투에서 제1사단은 25%나 되는 손실을 입고 후방으로 물러났다. 이처럼 이 전투는 군사적인 면에서 볼 때는 실패였다. 특히 전투의 혼란 속에서 지휘가 제대로 이루어지지 않았다. 하지만 정치적으로는 성공이었다. 병사들은 용감하게 싸웠고, 폴란드군은 동부전선 데뷔에 성공했기 때문이다. 하지만 독일군의 반 소련 선전으로 일어난 병사들의 탈주를 숨길 수는 없었다. 당시 소련군의 공식 보고서에 기록된 탈영병이 50명이나 되었다고 한다. 어쨌든 레니노 전투 기념일은 공산당이 지배하던 폴란드에서 8월 15일 대신 '폴란드인민군의 날'이 되어 89년까지 공식 국경일이 되었다.

돔브로프스키의 마주르카

훈련과 편성을 마친 망명정부 폴란드군은 이라크 유전 방어 임무를 맡다가 세 갈래로 나뉘어 시리아, 요르단, 레바논, 팔레스티나, 이집트, 리비아, 튀니지를 거쳐 연합국에 점령된 남부 이탈리아의 타란토에 도착했다. 카르파티아 여단은 병력 증원을 받아 제3카르파티아 사단으로 확대되었는데, 이 사단은 43

년 12월, 제일 먼저 이탈리아로 넘어갔다. 이 사단의 일부는 폴란드 상선 바토리 호에 탔고, 폴란드 구축함들이 선단의 호위를 맡았다. 44년 2월에는 주력이 모두 이탈리아에 도착했다. 폴란드 병사들은 누구나 150년 전을 떠올릴 수밖에 없었다. 그들의 국가 '돔브로프스키의 마주르카'가 처음으로 울려 퍼진 곳이 바로 이탈리아였다는 사실을 모두 알고 있었기 때문이었다.

돔브로프스키의 마주르카

1절) 폴란드는 우리가 살아가는 한, 결코 무너지지 않으리. 어떠한 외적들이 우리를 침략해도, 우리는 손에 든 칼로 되찾으리.

후렴) 전진하라, 돔브로스키여, 이탈리아에서 폴란드까지, 그대의 지도 아래서 우리 국민은 단결하리라.

2절) 비스와 강과 바르타 강을 건너서 우리는 폴란드인이 되리라. 우리에게 나폴레옹 보나파르트가 승리의 방법을 보여주었도다.

3절) 스테판 차르니에츠키가 스웨덴인들과 싸워 포즈난을 되찾은 것처럼 억압의 사슬로부터 우리 조국을 해방시키기 위해 우리는 바다를 건너올 것이다.

4절) 아버지가 눈물을 흘리며 바시아에게 말한다. 단지 들어라, 우리 국민이여. 북소리가 울려 퍼지고 있도다!

5절) 손에 칼을 쥘 때, 독일인과 모스크바인은 견딜 수 없도다! 단결은 모두의 슬로건이 되어 우리 조국은 우리 것이 될 것이로다!

6절) 그래서 우리는, 한 마음으로 선포하자! 속박은 됐도다! 우리는 라클라비체에서 낫을 쥐어, 주님의 은총 코시치우스코를 가졌도다.

러시아, 오스트리아, 프로이센 간에 이루어진 폴란드의 3차 분할(1795년)로 나라가 사라져 버린 뒤, 조국의 독립을 위한다는 일념으로 1797년에 이탈리아에서 폴란드 군단이 창설되었는데, 이 곡은 당시 폴란드 군단의 노래였다. 육로로든 바닷길로든 조국을 향하여 진군하겠다는 결의가 비장한 노래다. 역사는 반복된다지만 폴란드군은 거의 한 세기 반 만에 다시 조국을 되찾기 위해 다시 이탈리아 땅을 밟은 것이다! 병사들의 결의는 남다를 수밖에 없었다. 하지만 마음속에는 강한 불안감이 퍼져나가고 있었다. 그 불안감은 전투나 전사가 두려워서가 아니었다. 동부전선의 주도권은 소련에 넘어가 있었고 소련군은 옛 폴란드 영토, 즉 39년 소련이 차지한 영토에 진입하면서 그 영토는 자신들의 것이라고 공공연히 선언했다는 소식이 들려왔기 때문이었다. 다만 자기들도 차마 독일과의 협정으로 정한 몰로토프-리벤트로프 선을 주장할 수는 없기에 20년에 거론되었던 커즌 선을 내세웠다. 물론 두 선은 실제로 큰 차이가 없다는 사실은 앞에서도 이야기한 바 있다.

처음 이탈리아에서 창설되었던 폴란드 군단도 결과적으로 돔브로프스키가 나폴레옹에게 이용만 당하고 엉뚱하게도 아이티로 가 흑인 노예들의 반란을 진압하는 짓을 해야 했다. 선조들이 조국의 독립은 이루지 못했듯이 불행하게도 이 폴란드군 역시 그 전철을 밟게 된다. 사실 안데르스 군단을 이탈해 소련에 협력한 베를링은 안데르스 군단의 중동 이동을 아이티 이동과 같다고 보았다. 베를링은 폴란드가 독일과 소련 사이에서 중립을 지키는 것은 불가능하며 소련과의 협력이 최선이라고 믿고 있었다. 어쨌든 몬테카시노에서 곤경에 빠져있던 연합군 장군들이 안데르스에 그 전투를 맡아달라고 요청했다. 이 무렵 소련은 폴란드군이 전투를 피하기 위해 중동으로 '도망'쳤다는 악선전을 하고 있었다. 안데르스 장군의 회고이다.

나는 인명 희생이 막대할 것이라는 점을 알고 있었지만, 몬테카시노 점령이 가지는 중요성이 매우 크다는 점도 알고 있었다. 뿐만 아니라, 폴란드인에 대한 소련의 모든 거짓말에 들려 줄 대답이 될 것이었다. 즉 폴란드인들은 독일인들과 싸우기를 원하지 않았다는 그들의 거짓말 말이다. 승리가 폴란드에서의 레지스탕스 운동에 새로운 용기를 줄 것이고, 폴란드군에는 영광을 줄 것이었다. 이렇게 나는 잠시 생각해 본 후, 이번 임무를 맡겠다고 대답했다.

몬테카시노

그러면 몬테카시노 전투는 어떤 전투였을까? 연합군이 다시 유럽에 발을 디딘 곳은 시칠리아와 이탈리아였다. 우선 이 전역을 간단히 소개하면 연합국은 서유럽에 제2전선을 만들라는 소련 쪽의 강한 압력을 받고 있었지만, 아직 프랑스를 직접 공격할 정도의 힘은 없었다. 그래서 대안으로 선택한 곳이 이탈리아였다. 시칠리아 섬부터 알프스에 이르기까지 여러 전투가 벌어졌지만 로마로 가는 길목에 있는 몬테카시노(카시노 산)에서 벌어진 전투가 이탈리아 전선의 백미였다. 살레르노 상륙 이래 거침없이 이탈리아 남부를 점령했던 연합군은 로마와 나폴리 중간의 산악 지대에 걸쳐 구축된 독일군의 동계 방어선 즉 카시노 주변의 산들과 라피도 강과 가리글리아노 강을 따라 건설된 구스타프 방어선에서 진격이 완전히 정지됐다. 연합군을 가로막은 것은 험준한 지형에 치밀한 진지와 화망을 구축한 독일군 보병들, 특히 카시노 산 정상의 성 베네딕트 수도원 주변을 방어하던 독일군 공수부대는 '녹색 악마'로 불리며 놀라운 전투력으로 연합군 병사들의 감탄까지 자아냈다.

연합군은 44년 1월 4일, 공세를 개시하며 로마로 가는 길을 열고자 했다. 연합군은 압도적인 전력의 우위만 믿고 상황을 낙관했다. 그러나 연합군의 작전은 성공적으로 전개되는 듯 하다가도 독일군의 역습으로 번번이 좌절됐다. 연합군은 독일군의 능력을 과소평가한 것이다. 공세 실패 이후 연합군은 카시노 산 정상에서 주변의 움직임을 감제할 수 있는 성 베네딕트 수도원이 문제라고 생각했다. 연합군은 독일군이 이 수도원을 요새로 활용했기 때문에 자신들의 작전이 실패했다고 오판한 것이다. 그러나 독일군 제14기갑군단장 폰 젱어 운트 에터린 대장은 독실한 가톨릭 교도로 베네딕토 회 재속회원이기도 해서 수도원을 군사적으로 사용하지 않았으며, 이 사실을 연합군에 통보했다. 하지만 동계 산악 지대 돌파를 위한 전술적 고려를 소홀히 한 연합군은 물량공세의 상징인 대규모 폭격으로 2월15일, 천년이 넘는 역사를 지닌 수도원과 산 밑의 카시노 읍을 완전히 잿더미로 만들어 버렸다. 어이없게도 이로 인해 진격은 오히려 더 어려워졌다. 폭격으로 도로가 망가지고 읍과 수도원이 돌더미로 변하자 독일군은 폐허 곳곳으로 숨어들어 더욱 견고한 진지를 구축했다. 전투가 폐허 한가운데서 시가전 양상으로 변하자 연합군의 피해는 더 커졌다. 2월 15일과 3월 15일에 전개한 2, 3차 공세에도 독일군의 방어선은 무너지지 않았다. 독일군의 배후를 공격하기 위해 로마 인근 안치오에 상륙작전까지 감행했지만 독일군의 신속한 반격으로 상륙부대는 좁은 교두보에 갇혀 버리고 말았다.

이 전투는 치열함 못지않게 가장 많은 나라의 군대가 참여한 전투로도 이름이 높다. 영국, 인도, 뉴질랜드, 프랑스, 미국, 모로코, 인도, 알제리, 남아프리카, 캐나다, 폴란드, 브라질, 그리스 등 연합국만 해도 10개국이 넘었는데, 심지어 재미 일본인 부대인 제100대대까지 전투에 참여했고, 팔레스타인 유대인들로 구성된 여단이 영국군 소속으로 싸웠으며, 흑인으로 구성된 미군 제92사단도 참전했다. 놀랍게도 한국계 미국인 김영옥 중위도 미 육군 100대대 소속으로 이 전투에 참여했다. 따라서 뉴질랜드의 마오리, 네팔의 구르카, 모로코의 구미에 등 세계에서 내로라하는 전사들이 모였지만, 이 전투의 클라이맥스는 '녹색악마'라고 불리는 제1공수사단을 주력으로 하는 독일군과 안데르스가 지휘하는 폴란드군의 마지막 전투였다. 폴란드 제2군단은 제3카르파티아 사단(브로니스와프 두흐 Bronisław Duch 소장)과 제5크레소바 사단(니코뎀 술릭 Nikodem Sulik 소장)이 주력이었다. 병력 수는 약 4만 6천명. 사기는 높았지만 몬테카시노를 지키는 '녹색 악마들'을 향한 폴란드군의 진격은 쉽지 않았다. 해안에서부터 미국 제2군단, 자유 프랑스군단, 캐나다 제1군단, 영국 제13군단이 차례로 내륙 쪽으로 포진했고 폴란드군이 가장 안쪽에 위치했다. 몬테카시노의 독일군은 폴란드군이 새로운 적수가 되었다는 사실을 알고 긴장하지 않을 수 없었다. 폴란드 장병들은 "복수와 명예를 위해 싸우는 것이다"라고 입버릇처럼 말했다. 더구나 폴란드는 유럽에서도 가장 열렬하게 가톨릭을 믿는 나라였으니, 교황청이 있는 로마로 가는 길을 여는 전투에 임하는 폴란드군의 마음은 남다를 수밖에 없었다.

공격은 5월 11일 밤 11시 40분에 시작되었다. 폴란드 제3사단의 목표는 최대 요충지인 593, 569고지 확보와 그 이후 수도원을 공격할 발판이 될 알바네타 점령이었다. 제5사단의 목표는 몬테 산탄젤로와 575, 505, 452, 447 고지를 점령한 후 거기에 든든한 방어진지를 구축해 리리 강 계곡을 포격하는 거점을 만드는 것이었다. 두 사단은 독일군의 십자포화를 견디며 용감히 나섰고, 맹렬한 백병전도 마다하지 않았다. 폴란드 병사들의 투지는 그야말로 광신적이라고 할 만큼 최고 수준이어서 독일군 공수부대의 한 장교는 수류탄으로 하반신이 뭉개진 폴란드 병사에게 자신이 다가서자 그 병사가 돌을 던지면서 까지 계속 싸우려 했다고 증언을 했을 정도였다. 한밤중인데다가 포화로 인한 연기로 시야는 겨우 몇 발자국에 불과했다. 제3사단의 한 부대는 북쪽 경사면에 도달했는데, 탐지되지 않았던 지뢰밭을 만났다. 지뢰 제거를 위해 공병들이 급파되었지만, 이 과정에서 18명이 전사하고 지원 나온 전차들도 선봉은 모두 격파되었으며 두 번째 부대의 선두 전차도 격파되었다. 다른 부대는 569고지의 남쪽 경사면에 도달했지만, 수도원과 콜레 도노르리오에서 쏟아지는 독일군의 포화를 뒤집어썼다. 거기에다 숨어 있던 독일 공수부대의 5차례에 걸친 반격을 받았다. 제12포돌스키 수색연대도 가세했지만, 독일군의 포화는 사방에서 쏟아졌고 피해는 늘어만 갔다. 사단장은 밤을 틈타 출발선으로의 퇴각을 명령했다.

제5크레소바 사단의 사정도 별로 나을 것 없다. 독일군으로 하여금 야포 진지를 노출하게 하려고 유도포격을 했지만, 손상된 독일군 야포진지는 몇 안 되었고, 통신망도 금세 복구되었다. 거꾸로 독일군의 포격이 심해지면서, 산탄젤로를 향해 진격한 제5빌나 여단의 제13, 제15보병대대는 이미 20% 정도의 손실을 입었고 교신도 어려워졌다. 이곳에서도 공격은 계속되었지만, 독일군의 저항도 대단하여 결국 공격이 실패해 고립을 우려한 두 대대는 안전한 산등성이로 퇴각했다. 교신 두절로 두 대대의 사정을 알 리 없는 제6르부프 여단의 제18대대는 동료들이 목표지점에 도달했을 것으로 생각하고 새벽 3시 이동을 시작했다. 하지만, 제15대대의 진지에 도착한 6시 30분경에는 거꾸로 독일군의 반격이 기다리고 있었다. 혼란스러운 소규모 전투가 계속되고 있는 동안, 사단장은 증원을 결심했지만 상황이 나빠진 제18대대는 여단장과의 연락이 이루어지지 않자 독자적으로 퇴각했는데, 나머지 두 대대는 이를 전면철수로 오인하여 같이 퇴각하게 된 것이다.

사실 안데르스 장군은 사실 오후 3시에 공격 재개를 구상하고 있었지만, 야포가 부족해서 영국 제13군단에 포격지원을 요청해야 했는데 영국군도 라피도 강 교두보 전투 때문에 여유가 없었다. 더구나 독일군은 이제 파손된 야포들을 수리 중이었고, 예비대를 빌라 산타 루치아와 피에디몬테 지역으로 모으고 있었다. 안데르스 장군은 결국 군단에 출발선으로의 철수를 명령했다. 제8군 사령관인 리스 장군 역시 오후 4시, 폴란드 군단지휘소를 방문하고는 적어도 13일 오후까지는 공격을 재개하지 않기로 합의했다. 하지만 영국 제13군단의 느린 진격으로 공격은 16일로 다시 연기되었다. 폴란드군은 많은 손실을 입었지만 독일군의 손실도 엄청났다.

한편 해안의 미군은 독일군의 집요한 반격을 받으며 13일 하루 동안 고전한 끝에 산타 마리아 인판테를 탈취할 수 있었다. 그러나 이 마을은 14일 독일군의 반격으로 미군 1개 대대 전체가 포로가 되면서 빼앗겼고, 저녁에야 탈환할 수 있었다. 반면 프랑스 군단의 공격은 훨씬 성공적이었다. 13일 아침, 모로코 병사들은 몬테 지로파노와 몬테 마이오를 점령했다. 이렇게 되자 독일 제71사단의 북쪽이 위태로워졌다. 프랑스 제1기계화사단은 북쪽으로 압박하여 산안드레아, 산암브로지오, 산폴리나리를 차례로 점령한 뒤 리리 계곡에 도달했고, 카스텔포르테도 프랑스군의 손에 들어왔다. 몬테 체스치토는 모로코와 알제리 사단에 의해 함락되었다. 산악전에 능한 모로코 구미에 병사들은 페드렐라로 향했고, 14,15일 밤에는 스피뇨 북방의 몬테 파메라를 오르고 있었다. 이렇게 북아프리카 병사들을 중심으로 한 프랑스군이 독일군 방어선에 커다란 구멍을 만들며 몬테카시노는 망명군들의 무대가 되었다.

워드 장군의 영국 제4사단은 14일 카시노 남쪽에서 새로운 공세를 개시하여 교두보 확장에 드디어 성공하였다. 15일이 되자 아직 예비였던 영국 제78사단이 피냐타로-카시노 도로에 접근하여 공격을 재개할 폴란드군의 좌익을 지켜주었고, 인도군은 밤사이에 피냐타로를 점령했다. 하지만 인도 제8사단의 우측인 영국 제4사단의 느린 전진으로 몬테카시노 쪽의 진격 속도는 형편없었다. 폴란드군의 2차 공격에 앞서 폴란드군의 야포와 연합군 항공기는 독일군 야포 진지의 무력화에 나섰고, 이 사이 제4기갑연대 소속 전차의 엄호 속에 공병들이 지뢰를 제거했다. 더구나 폴란드군의 전차가 투입하자 독일군이 지뢰를 재매설하기는 곤란해졌다. 독일군은 모든 예비대를 전투에 투입했다. 제305사단은 아드리아 해안에서 이동 중이었고, 제114엽병사단의 2개 대대와 여러 사단의 예비 병력들이 방어선의 구멍을 매우기 위해 동원되었다. 독일군 야포는 4개월 전에 자신들이 승리를 거둔 라피도강의 가교에 집중포화를 퍼부었지만, 포격을 시작하자마자 연합군 항공기의 폭격을 받았다.

15일이 되자 독일군의 사정은 더 악화되었다. 프랑스군의 공격으로 제51산악군단의 우익이 붕괴되기 시작했고, 알렉산더 장군은 이 지역에 번즈 장군의 캐나다 제1군단 투입을 명령했다. 캐나다군의 목표는 폰테코르보였다. 약화된 독일군 거점들은 하나 둘 우회되기 시작했다. 5월 16일에도 프랑스 군단은 진격을 계속하여 몬테 페트렐라와 몬테 리볼레를 점령하였다. 모로코 병사들은 17일 드디어 독일 제14기갑군단의 동맥인 이트리-피코 도로에 거의 도달했다. 알제리 사단은 에스페리아 동쪽에서 반격을 받았지만, 약화된 독일군의 반격은 알제리 사단의 진격을 잠시 방해했을 뿐이었다. 알제리 사단은 에스페리아를 점령했고, 프랑스 제1기계화사단도 몬테 도로 (Monte d'Oro)를 점령했다. 이로서 독일 제14기갑군단은 만신창이가 되었다. 제71, 제94 두 사단은 거의 와해되었고, 제15기갑척탄병사단(그나마 일부분은 안치오 전선에 있었음)은 심하게 압박받고 있었다. 영국 제13군단의 공세로 카실리나 가도는 남쪽에서 위협받고 있었고, 미 제2군단도 포르미아를 점령했고, 이트리를 향해 공격 중이었다.

폴란드 제2군단은 며칠간의 준비 뒤 17일 다시 대공세에 나섰다. 안데르스 장군은 포로 심문을 통해 자신의 군단에 맞서는 독일군은 약화된 2개 대대와 반격을 위한 1개 대대 정도뿐이라는 사실을 알게 되었기에 어떤 손실을 감수하더라도 끝장을 보리라 결심했다. 이미 최고의 적수인 독일 제1공수사단은 몬테카시노 주위의 전투가 뜸해지자 영국 제4사단과의 전투에 병력을 돌렸고, 리리 계곡의 방어선이 뚫려 몬테카시노로 보낼 병력은 거의 없었다. 안데르스 장군은 영국 제8군의 리스 장군과 양군 협동작전을 시작했다. 구체적으로 폴란드 제5사단이 전투단을 편성, 산탄젤로와 575고지를 점령하고, 제3사단이 593, 569, 476고지들을 점령한 후 6번 국도에서 영국 제78사단과 합류, 독일군의 퇴각을 방해하는 작전이었다. 공격개시는 영국 제13군단과 보조를 맞추기 위해 17일 오전 7시로 결정되었다. 16일 밤, 제5사단은 예기치 않게 유령능선 정찰 도중 능선 북쪽의 독일군 거점 여럿을 장악했다. 독일군의 반격은 격퇴되었고, 포병관측소가 마련되었다.

드디어 마지막 일격이 가해졌다. 5월 17일 7시 22분, 준비포격 후 폴란드 제5사단은 기갑부대의 지원을 받으며 공격을 시작하였다. 전차들의 엄호사격 하에 산탄젤로의 대부분을 점령하였지만, 오후 2시 탄약이 떨어지면서 독일군의 세 번째 반격으로 남쪽 봉우리를 잃었다. 하지만 루드니츠키 소장은 2개 대대를 추가로 투입하여 6시5분에 완전히 점령하였다. 제5사단은 이미 손실이 심하여, 새로운 공격을 위해 전투에 투입된 적이 없는 사병들 즉 취사병, 운전병 등으로 예비병력을 만들어야 했다. 폴란드 군단은 망명군이란 특성상 예비병력이 없었기 때문에 이런 방법을 쓸 수밖에 없었다. 이 상황에 겁이 난 루드니츠키 장군이 안데르스 장군에게 말했다. "더 이상 투입할 병력이 없습니다." 안데르스의 답은 이러했다. "걱정 말게나. 난 전체 전선의 상황을 알아. 독일은 졌어." 안데르스는 폴란드군도 지쳤지만 독일군은 더 지쳤다는 사실을 잘 파악하고 있었던 것이다. 제3사단과 제5사단의 공병이 독일군 지뢰를 제거하여 폴란드 군단은 전차를 알바네타 앞까지 전진시킬 수 있었고, 이때부터 593고지의 독일군이 전차의 포격권 안에 들어왔다.

폴란드군은 알바네타의 독일군 벙커들을 하나씩 유린했고, 제4대대는 593고지로 돌격하여 독일군과 사투를 벌였는데, 대대장 판슬라우(Fanslau)중령이 전사할 정도로 격전이었다. 독일군도 중대 하나가 거의 전멸당했다. 아직 독일군이 산탄젤로와 593고지의 일부를 장악하고 있었지만, 이미 대부분은 폴란드군의 수중에 들어갔다. 수도원과 569고지를 수비하던 공수부대는 이제 575고지 주위로 내몰렸지만 완강하게 버텼기에 벙커들은 백병전으로 점령해야 했다. 18일 새벽, 폴란드 제5대대는 제4대대의 남은 전우들과 함께 593고지 주변에 아직 남아있던 독일군 거점들을 소탕했고, 오전 10시 드디어 고지를 차지했다. 제6대대도 정오에는 알바네타를 점령했다.

제12포돌스키 수색연대는 10시 15분, 수도원의 폐허 위에 도달했다. 그곳에는 바이어 대위를 포함해 걸을 수 없는 30여 명의 부상병들만이 남아 있었다. 폴란드군은 수도원 폐허에 국기를 꽂았다. 한 병사는 트렘펫을 꺼내 엄숙하게 '헤이나우 마리아츠키(성모의 새벽)'라는 곡을 불었다. 이 곡은 원래 폴란드의 수도였던 크라코프에서 해가 뜨고 질 무렵에 성문을 열고 닫았던 전통에서 유래한 곡으로, 적의 침략을 경고할 때 쓰이기도 했다. 폴란드군은 이 곡을 연주하여 망국의 설움을 잠시나마 풀어보려 했다. 다음날에는 카시노 지역에서 독일군 낙오병의 저항마

에밀 체코 하사, 몬테 카시노 폐허에서

저 사라졌다. 연합군의 피를 엄청나게 집어삼켰던 몬테카시노가 폴란드군에게 함락되자 영국, 미국, 이탈리아에서 미사여구로 가득 찬 축전들이 쏟아졌다. 하지만 폴란드군에게 가장 귀중했던 축전은 런던을 거쳐 도착한 가장 짧은 전보였다.

> 폴란드 지하 항전군 장병들은 몬테카시노에서 승리를 거두고 세상을 떠난 장병들과 생존한 용사들에 깊은 경의를 표한다. 장병들의 빛나는 분투는 우리가 굳센 항전을 계속하는 데 큰 용기를 주고 있다.
>
> 44. 5. 24 국내군 사령관

폴란드 국내군의 활동

그러면 그동안 폴란드 국내에서 싸우고 있던 폴란드 지하 저항군인 국내군(Home Army)은 무엇을 하고 있었을까? 독일의 폴란드 점령지에서만 500만 명 이상이 죽고 소련 점령지에서(소련 점령 기간 동안) 25~100만 명이 죽었다. 참고로 당시 폴란드인구가 3,700만이었다. 이러니 폴란드인들의 나치 부역 행위가 다른 유럽 국가들에 비해 크게 약할 수밖에 없었다. 폴란드가 독일이 점령한 유럽 국가 중에서는 프랑스 다음으로 인구와 국토가 컸음에도 말이다. 독일이 유대인 절멸 및 폴란드 통제 목적으로 창설한 푸른 경찰(Blue Police)은 12,000여 명이 목표였지만 달성하지 못했고, 그나마도 거의 절반은 사실 국내군 요원이었다고 한다. 남아 있던 사람들도 당시 유대인 조직과 폴란드 조직의 압박으로 인해 제 기능을 하지 못했다.

좋은 예가 독일이 1943년 볼로디미르-볼린스키 Volodymyr-Volynski(폴란드어로는 브워지미에쉬-보윈스키 Włodzimierz-Wołynski)에서 창설했던 폴란드인 부역조직인 제107경비대대였다. 이 대대는 450명의 폴란드인으로 구성되어 있었는데, 아무 전투도 치르지 않았고, 무기도 부족했다. 급기야 1944년 1월에는 전원이 탈주해서 국내군에 가담해 버릴 정도였다.

이외에도 1942년 6월 폴란드 제202경비대가 창설되지만 이 부대는 말만 폴란드 경비대이지, 우크라이나인이 훨씬 더 많았다. 이 경비대대의 폴란드인들은 계속 말썽을 부려서 상관들의 골치를 아프게 했다. 1943년 11월에는 이미 전체 대원들의 절반이 빠져나갔고, 폴란드인들 중 상당수는 폴란드 국내군으로 넘어갔으며 야르몰린체(Jermolince)에서는 반란으로 인해 60명의 폴란드계 대원들이 처형되기도 했다. 게릴라인 산악지대 사람들(Gorale)에 대해서도 회유 공작과 선전, 동화 정책이 이루어졌지만 1940년의 조사에서는 여전히 전체 산악지대 사람들의 72%가 자신들을 폴란드인으로 생각하고 있었다.

일부 폴란드인들은 나치의 유대인 학살에 동참하기도 했는데, 폴란드어로 돼지기름(Szmalcownicy)이라는 의미를 지닌 일부 폴란드 부역자들은 유대인들을 계속 당국에 밀고하여 폴란드 민족의 얼굴에 먹칠을 하기도 했다. 다행히 그 '돼지기름'들 중 상당수는 폴란드 국내군에 의해 처형되었다. 놀랍게도 유대계 부역조직도 있었는데 이 부역조직들의 경우는 같은 동족 유대인들의 감시를 맡고 만일 반역의 기미가 보이면 나치 당국에 신고했다.

이렇게 국내군은 폴란드인들의 광범위한 지지를 받았다. 국내군은 자국민들로 매우 뛰어난 정보망을 조직해서 독일군의 이동상황은 물론 유대인 학살 계획에 이르는 다양한 정보를 런던의 망명정부를 통해 서방 연합국에 계속 전달했다. 심지어는 독일군 비밀병기의 상세 정보와 그 실제 부속을 연합국에 제공한 적도 있었는데, 이 이야기는 뒤에 다루어진다. 독일군이 퇴각할 때 적시에 봉기를 일으키는 것이 폴란드 지하 저항군의 가장 큰 바람이었다.[5]

---

5 Norman Davies, 「44년 봉기: 바르샤바 전투」 참조

참전곰 보이텍

그 처절했던 몬테카시노 전투에서도 웃음을 주는 일화가 있었으니 바로 앞서 다뤘던 보이텍 이야기다. 군인이 된 보이텍은 폴란드 제2군단 제22탄약보급중대에 배속되어 다른 병사들과 함께 탄약을 옮기는 일을 했는데 단 한 번도 탄약 상자를 떨어뜨린 적이 없는 훌륭한 군인이 되었다. 사실 이 전투는 가혹한 보병전이었고 어쩔 수 없이 산길로 탄약을 운반해야 했기에 이 임무는 상당히 어려운 것이었다. 그래서 사령부는 보이텍을 제22중대의 공식 심볼로 인정하고 부대마크까지 만들어 주었다고 한다.

보이텍은 부대원들 중에서 가장 많은 탄약을 전선으로 날랐고 단 한 번의 실수도 저지르지 않았다. 그리고 보이텍은 사람처럼 두 발로 서서 걷기를 좋아했고, 차량을 타고 이동할 때는 항상 조수석에 앉았다고 한다. 휴식을 취할 때는 다른 병사들과 마찬가지로 맥주와 담배를 즐기기도 했으며 더운 여름에는 사병 샤워장에 들어가 병사들과 같이 샤워도 했다. 그리고 군 생활

폴란드 제22 탄약보급중대 마크

중에 보이텍은 부대 안에 잠입한 독일군 스파이를 붙잡는 큰 공을 세우기도 했는데, 이 공훈으로 보이텍은 '겨우' 맥주 두 박스와 반나절 동안 욕조에서 놀 수 있는 포상을 받았다고 한다.

폴란드군의 묘지

폴란드군은 승리를 거둔 대신 장교 196명과 병사 3,503명을 잃었다. 어떤 병사가 죽음을 앞두고 한 말이 대부분의 폴란드 병사의 심정을 대변하고 있다. "전우들아, 너희들은 죽음이 얼마나 저주스러운 것인지 모를 것이다. 나는 이제 무덤 속에 누워 앞으로의 전투에 참여하지 못하게 되었다."

전쟁 6주년인 45년 9월 1일, 이들을 위한 거대한 안식처가 몬테카시노에 마련되었다. 묘지 입구에는 폴란드를 상징하는 두 마리의 흰 독수리 상이 있고 다음과 같은 시구도 같이 새겨져 있다.

지나가는 나그네야 폴란드에 가게 되면
조국위해 목숨 바친 우리 소식 전해 주오.

영화 「300」으로 유명한 테르모필레 전투에서 전사한 스파르타 용사들을 기리는 시를 약간 바꾼 것 같은데, 이곳에 있는 또 다른 시도 유명하다.

몬테카시노 폴란드 참전군인 묘지

우리 폴란드인 병사들은 우리와 당신들의 자유를 위해
하느님께 우리의 영혼을 건넸습니다.
우리의 육신은 이탈리아의 대지에 주었고
우리의 영혼은 폴란드에 보냈습니다.

참전 시인이자 작곡가였던 알프레드 쉬츠(Alfred Schuetz)는 이 장엄한 전투를 기리기 위해 「몬테카시노의 붉은 양귀비:Czerwone maki na Monte Cassino」라는 노래를 지었다. 카시노 산 일대에는 양귀비가 많이 자라는데, 당연한 일이지만 폴란드 출신 교황 요한 바오로 2세가 이곳을 자주 찾았다고 한다.

6월 20일, 안데르스 장군은 교황을 알현했다. 교황은 전통적 가톨릭 국가인 폴란드에 대해 동정을, 소련의 폴란드 진출에 대해서는 우려를 나타냈으며 안데르스 장군에게는 훈장을 수여했다. 하지만, 당시 안데르스는 테헤란 회담에서 영국과 미국이 소련에 폴란드 동부 영토를 떼어주기로 합의한 사실을 모르고 있었다. 더 슬픈 일은 안데르스의 부대에는 바로 전후 소련 영토가 될 운명에 놓인 폴란드 동부 출신들이 많았다는 사실이다. 그들은 자신의 고향과 조국, 그리고 연합군의 승리를 위해 싸웠지만, 영국과 미국은 자신의 고향을 이미 소련에 넘기기로 합의해 준 것이다. 그들은 조국과 고향을 되돌려 받기 위해 피로 대금을 지불했지만 이미 조국과 고향은 매각된 상태였다는 기막힌 결과가 나온 것이다! 그런 사실도 모른 채 영국 본토, 정확히 말하면 스코틀랜드에 있던 서방 폴란드군도 그 사이 제1기갑사단과 제1공수여단 등으로 재편성 되었다.

몬테카시노의 붉은 양귀비

1절) 저 꼭대기의 폐허가 보이는가? 우리의 적이 쥐새끼마냥 숨은 곳이다
전진, 전진, 전진! 적들을 구름 너머로 던져 버려라!
그들은 미친듯이 달려왔다! 그들은 복수와 죽음을 위해 왔다!
그들은 항상 강인하고, 늘 그러했듯이 명예를 위해 싸우리라!

후렴) 몬테카시노 언덕의 붉은 양귀비들은
아침 이슬 대신 폴란드 병사의 피를 마셨네
양귀비 꽃밭 너머로 병사들은 진군했고
죽음 가운데서도 그들의 분기(憤氣)는 솟아올랐네
해가 가고 세월이 지나갔으나
몬테카시노 언덕의 붉은 양귀비꽃과 함께
그들의 용맹스런 전투는 길이 간직되었네
폴란드 병사들이 그 땅에 뿌린 피는
몬테카시노 언덕의 양귀비보다 더 붉으리

2절) 그들은 포화 속으로 돌진하여 셀 수 없이 총탄에 쓰러져 간다.
사모시에라의 기병들처럼, 로키트나에서 했던 것처럼
그들은 물러서지 않고 돌격했다.
그들은 싸워서 이겼고, 폴란드 국기를 세웠다

3절) 늘어선 흰 십자가가 보이는가! 폴란드인이 맹세를 바친 곳이다.
더 멀리, 더 높이 나아가라, 그들이 죽어간 곳보다 더 멀리!
폴란드는 멀고도 멀지만 이 십자가들로 자유를 재려 한다면
역사는 크나큰 오류를 범하리라

재소련 폴란드군의 증강

레니노 전투에서 큰 타격을 입은 제1사단 '타데우쉬 코시치우스코'는 후방으로 물러나 휴식과 재편성을 실시했고, 그 사이에 제2사단 '얀 헨리크 돔브로프스키'가 창설되었다. 이어서 포병여단, 항공연대, 전차연대 등 다른 병과의 독립부대들도 착착 창설되어 군단 규모까지 늘어났다. 시베리아에 끌려가 있던 많은 폴란드인들이 군단에 가세했다.

부대 편성에서 최고의 난제는 무엇보다 장교들의 부족이었고, 이 문제는 종전 때까지 해결하지 못했다. 속성 과정을 만들어 장교들을 양성했지만 역부족이었다. 결국, 43년 가을에서 44년 3월까지 소련군에서 6명의 장성과 1,465명의 장교들이 폴란드군으로 적을 옮겨 근무해야 했을 정도였다. 베를링이 다시 중장으로 승진하여 군단장을 맡았지만, '정신적, 사상적 교육'은 카롤 슈비에르체프스키 소장이 맡았다. 그는 폴란드 좌파 사회당 출신으로 스페인 내전에서 발터 여단이라는 별명이 붙은 제16국제여단을 지휘한 바 있었고, 모스크바에 있는 프룬제 육군대학의 교관이기도 했다. 44년 봄, 제3에서 제6까지 네 개의 보병사단이 더 창설되어 3개 포병 여단 및 1개 기병 여단과 전차군단(사단 규모)이 편성되었고 여름에는 병력 수가 9만 명에 이르러 서방 폴란드군에 견줄만한 규모로 성장하게 되었다.

폴란드 국내군의 부르자 봉기와 V2

43년 가을에 들어서자 독일의 패색이 짙어졌고 런던 망명정부는 폴란드 국내군에 전면적 봉기를 지시했다. 작전명은 앞서 이야기했던 폴란드 해군의 구축함 이름과 같은 '부르자(폭풍우)' 였다. 아무리 소련과 사이가 나빠도 현실은 감안해야 했기에 이 작전은 소련군의 폴란드 진입과 더불어 시작되었다. 미코와이치크 수상은 폴란드 국내군에 적극적으로 협력하라는 지시를 내렸지만 현실은 그렇지 않았다. 44년 4월 초, 폴란드 국내군 1만 2천명이 폴란드 공산당 및 소련군과 함께 공동의 적인 독일군을 물리치기 위해 비르나 지역에서 독일군에 맞서 싸웠다. 이때 소련 제3벨라루스 전선군 사령관과 그 지역의 폴란드 국내군(비르크 부대라고 불리었다) 지휘관이 향후 협력을 약속했다. 소련군은 비르크 부대가 독자성을 유지한 채로 베를링의 폴란드군에 합류하도록 설득했고 비르크 부대도 이에 응했다. 하지만 비르크 부대의 지휘관은 체포되어 NKVD의 감옥에 갇히고 말았다. 이런 황당한 일을 당한 국내군 지도자들은 런던 망명정부에 소련과의 어떤 협력도 거부하라고 충고하기에 이르렀다.

여기서 소개하고 싶은 일화가 있다. 앞서 말했듯이 영국은 폴란드를 '팔아먹을' 준비를 하고 있었지만 폴란드 국내군은 연합국, 정확하게는 영국군 아니 영국인의 목숨을 구하기 위해 최선을 다하고 있었다. 즉 폴란드 국내군이 원자탄과 함께 2차 대전 최고의 무기이자 최악의 무기라고 불리는 V2의 런던 공격을 막기 위해 싸웠다는 사실은 잘 알려져 있지 않다. V2의 발사실험장 중 하나인 블라즈나는 폴란드에 있었는데, 폴란드 국내군은 이 최신무기의 동향에 대해 지대한 관심을 가지고 있었다. 1944년 5월 20일, 정상적인 발사에 실패한 V2 미사일이 부크 강변에 떨어지자 폴란드 국내군 대원들은 독일군이 현장에 오기 전에 잔해를 강물 속에 밀어 넣어 감추어 버렸고, 주변에 대기하고 있던 농부들이 소 떼를 몰아 흙탕물을 일으켜 잔해를 찾지 못하게 만들었다. 그날 밤, 폴란드 국내군은 말 6마리를 끌고 와서 V2 미사일 잔해들을 주변의 낡은 헛간에 숨겼다. 며칠 뒤 폴란드 국내군의 기술자 몇몇이 도착, 핵심 부품을 분해하여 맥주통에 숨겼다. 이어서 영국군이 부품을 인수받기 위한 비밀작전을 개시했다. V2의 첫 런던 공격은 9월 8일에야 시작되었지만 영국은 정확하게는 아니지만 이 가공할 무기의 존재를 폴란드 국내군 덕에 이미 알고 있었다.

7월 25일, 서방 폴란드군의 B-24 폭격기와 영국 공군의 C-47 수송기 각 한 대로 구성된 편대가 이탈리아 남부의 브린디시 비행장을 이륙했다. 이 중 C-47 수송기는 폴란드까지 비행하여 예정된 착륙지점에 도착하였다. 정해진 시간에 대기하고 있던 폴란드 국내군의 안내를 받아 두 번의 실패 끝에 지정한 활주로에 도착했다(개인적으로는 어떻게 폴란드 국내군이 활주로까지 확보하였는지 궁금했지만 그것까지는 알 수 없었다). 이륙 때에는 역시 바퀴가 진흙 구덩이에 빠져 귀환길도 힘들었지만 무사히 귀환하여 부품 뿐 아니라 폴란드 국내군이 수집한 시험장의 정보도 연합국, 정확하게는 영국에 전달되었다. 어쨌든 이 당시 폴란드 국내군

은 100만이 넘는 병력과 동조자들을 확보했을 정도로 성장해 있었다.[6]

6 트레이시 D. 던간, 「히틀러의 비밀병기 V2」 참조

노르망디

사상 최대의 작전이라고 불리는 노르망디 상륙작전은 44년 6월 6일에 시작되었다. 물론 이 작전은 공군의 폭격과 해군의 함포사격으로 시작되었다. 미국과 영국, 캐나다를 제외한 나라의 공군 비행중대 중 폴란드인 중대가 14개로 가장 많았다. 참고로 나머지 나라는 전부 합쳐 28개 중대였다. 순양함 드라군호, 구축함 크라코비아크, 슬라자크, 블리스케비카, 피오룬 호가 상륙작전 지원을 위해 참여했다. 이들 5척의 군함 외에도 폴란드 상선 8척이 수송 임무에 투입되었다. 상륙 당일 폴란드 육군은 참가하지 않았지만 묘하게도 영화 「라이언 일병 구하기」의 명장면인 오마하 해변 상륙작전 부분을 폴란드 출신인 카민스키가 촬영을 맡았다고 한다. 좀 엉뚱한 생각일지는 모르겠지만 몬테카시노 전투가 그 드라마틱함에도 불구하고 힐리우드에서 영화화되지 않은 이유가 바로 미군이 아닌 폴란드군이 마무리했기 때문이 아닐까?

노르망디 해안에 처음 상륙한 부대는 미국, 영국, 캐나다 세 영어권 국가의 군대였지만 교두보가 마련되자 폴란드군, 정확히 말하면 제1기갑사단도 참가하였다. 그들이 상륙한 날은 6월 30일, 영국군처럼 4년 만에 프랑스 땅을 밟아 보게 된 것이다. 전차 318대, 각종 화포 473문, 각종 차량 4,500대를 장비하고 있었다. 그들은 8월 7일 토털라이즈(Totalize)작전에 투입되면서 본격적인 전투가 시작되었는데, 이때쯤 다음 편에 나올 바르샤바 봉기 소식이 전해졌기에 폴란드군의 전의는 대단히 높았다. 하지만 전의가 곧 전과로 연결되는 것은 아니었다. 결론부터 말하면 토털라이즈 작전은 실패했다.

폴란드 기갑사단장 마첵 장군은 작전에 차질을 초래한 여러 원인을 지적했다. 마첵 장군은 기갑부대가 좁은 회랑으로 쇄도해 들어가면서 융통성 없는 정면 공격만을 할 수밖에 없었던 위험한 작전이었다고 강조했다. 마첵 장군은 이 핵심적인 지구에서 독일군의 방어는 계속해서 강화되었으며, 애초에 예상했

던 것보다 훨씬 종심이 깊었다고 지적했다. 마첵은 작전 지역 전체에 걸쳐 '매우 세심한 노력을 기울여 완벽하게 구축된 독일군의 참호를 찾아낼 수 있었으며, 이중 많은 수가 길가에 자리잡고 있었고 또한 통나무로 보강되었다'고 기록했다. 폭격은 대부분의 독일군 거점에 대해 효과가 미미했다. 독일군의 진지들은 상대적으로 장애물이 적은 이 일대에 널려 있는 숲, 과수원, 생울타리(보카쥬), 그리고 석조 건물들 사이에 잘 은폐해 있었으며 독일군의 전차병과 대전차포에 이상적인 은신처가 되어 주었던 것이다. 결국, 이 토탈라이즈 작전 중 폴란드 제1기갑사단은 독일군 88㎜ 대공포 부대에 두들겨 맞아 65대의 전차를 잃는 등 박살이 나고 말았다. 설상가상으로 아군의 오폭까지 발생했다. 500대가 넘는 B17폭격기가 목표 지역 여섯 곳을 폭격하기 시작했는데, 선두에 선 폭격기 중 한 대가 독일군 대공포에 맞자 목표지점에 이르기 전에 폭탄을 투하했고 따라오는 폭격기들도 그렇게 했다. 한 군의관의 증언이다.

> "미 공군(당시는 육군항공대)의 악명은 익히 알고 있다. 그들은 독일 놈들
> 에 떨어뜨리는 만큼이나 많은 폭탄을 아군 전선에 떨어뜨리는 것 같다. 결국,
> 그것 때문에 수많은 캐나다군과 폴란드군이 희생되었다."

아군 폭격기의 공격을 받고 있다는 사실을 알아챈 캐나다군과 폴란드군은 자신들의 위치를 알리기 위해 노란 연막탄을 발사했지만, 미군기들은 이를 폭격지점으로 오해해 더욱 많은 폭탄을 떨어뜨렸다. 결과는 315명의 캐나다군과 폴란드군이 죽거나 다쳤다. 폴란드군은 극도의 자제심을 발휘해 그 사건을 '아군기가 지원하는 과정에서 발생한 불운한 사고'라고 하면서 더 이상의 책임 추궁을 하지 않았다. 하기야 해봤자 미국에 무기와 식량을 공급받는 처지이니 별수 없었을 것이다.

독일 병사들은 유럽을 가로지르는 놀라운 여정을 치른 폴란드 병사들에게 세상을 떠난 총사령관 이름을 붙여 '시콜스키의 여행자'라고 불렀다고 한다. 하지만 이 정도로 물러설 폴란드군이 아니었다. 제1기갑사단의 마크는 1683년 오스만 군의 빈 포위를 뚫은 폴란드 경기병의 흰 독수리 날개였다. 독일군은 검은 독수리가 상징이니 말 그대로 흑백의 대결이었다. 마첵 장군은 이렇게 선언했

다. "폴란드군은 지금 다른 나라의 자유를 위해 싸운다. 그러나 죽을 때에는 오직 폴란드를 위해 죽는다." 그들은 토탈라이즈 작전이 끝난 다음에도 계속 독일군과 싸웠고, 독일군 제84군단장 엘펠트 중장과 29명의 참모장교를 포로로 잡는 개가를 올리기도 했다. 그러나 다시 독일군의 반격으로 궁지에 몰려 캐나다 제4기갑사단에 구원을 요청했으나 거부당했다. 이 때문에 캐나다 제4기갑사단장 키칭 소장이 해임당하는 일까지 벌어졌다. 결국, 폴란드군은 캐나다군의 지원을 받아 전선 좌익에서 독일군의 퇴로를 차단하는 등 노르망디 전투를 승리로 이끄는 데 큰 공헌을 했다. 노르망디에서 폴란드 제1기갑사단은 135명의 장교와 2,792명의 병사를 잃는 엄청난 손실을 입었지만 260년 전 선조들이 빈 포위를 뚫었듯이 파리를 해방시켰다.

폴란드군은 계속 순혈주의를 고집했기에 병력을 보충할 수가 없었다. 그래서 독일군 포로 중 폴란드 혈통의 병사들을 자기 군대에 입대시키곤 했는데 잘 알려져 있지는 않지만 독일과 폴란드 양 군에 모두 복무한 병사들도 적지 않았다고 한다[7]. 물론 동방 폴란드군의 존재도 의식했을 것이다. 토탈라이즈 작전은 실패했지만 폴란드 군인들은 자신들의 피로 독일군의 전선에 빈틈을 만들었고 연합군, 특히 미군은 이를 이용해 노르망디 전선을 돌파하는 데 성공했으며 파리 해방과 프랑스 해방의 전공을 거의 독차지했다. 폴란드 병사들은 파리와 로마를 해방시켰지만 조국 해방의 길은 아직 멀기만 했다.

---

7 앤서니 비버, 「D-DAY」 참조

안코나 점령

몬테카시노에서 폴란드군의 위신을 세운 폴란드 제2군단은 아드리아 해 쪽으로 진군해 안코나 항구를 점령하라는 명령을 받았다. 몬테카시노의 승자가 되었기 때문일까? 영국군 몇 개 연대와 연합국에 가세한 이탈리아 남왕국군(이 군대에 대해서는 이탈리아 편을 참조) 몇 개 연대가 군단에 편입되었다. 군단은 독일군에 시간을 주지 않기 위해 맹추격에 나섰고, 몇 번의 치열한 전투를 치르고 2,552명의 포로를 잡았다. 7월 18일, 폴란드 군단은 안코나를 해방시켰다. 안코나 항구를 확보함으로서 수송선이 거의 최전선까지 오게 되어 보급이 훨씬 원활해졌다. 그 사이 독일군은 북이탈리아 중부를 가로지르는 고딕 라인을 구축하고 연합군을 기다렸다.

런던 망명정부 vs 폴란드 국민위원회

44년 여름, 노르망디 상륙작전에 이어 동부전선에서 소련군의 바그라티온 작전이 성공하여 독일군 중앙집단군이 붕괴되었다. 거기에다 영화 「작전명 발키리」로 알려진 히틀러 암살미수 사건까지 터졌다. 이제 연합군은 승리를 확신할 수 있게 되었고, 전후 유럽을 어떻게 나누고 누가 권력을 잡을 것인가에 대해 관심을 가지게 되었다. 폴란드는 그 중에서도 가장 중심에 있었다. 권력을 차지할 집단은 런던 망명정부인가? 아니면 폴란드 애국동맹인가? 하지만 폴란드인들의 바람과는 달리 저울은 후자 쪽으로 쏠렸다.

7월 21일 친소 폴란드군이 정식 육군으로 출범했고, 지미에르스키 대장이 사령관이 되었다. 7월 22일, 소련군이 처음으로 부크 강 서쪽에 발을 디뎠다. 같은 날 루블린을 임시 수도로 하는 '폴란드 국민위원회'가 성립되었고, 해방지역 행정권을 소련군으로부터 이양받았으며, 18세 이상 30세 이하의 남자들을 마구 징집하였다. 서방 폴란드군보다 더 많은 군대를 확보하여 독일과의 전쟁에서 더 많은 공을 세워야 했기 때문이다. 여담이지만 비슷한 시기 프랑스도 청년들을 마구 징집하여 별다른 훈련도 시키지 않고 전선에 내세워 많은 피를 흘렸다고 한다. 물론 정치적 목적에서였다.

물론 런던 망명정부도 필사적으로 영국과 미국에 매달렸지만 두 강대국의 반응은 차가웠다. 말할 것도 없이 독일을 물리치기 위해서는 폴란드보다 소련의 힘이 훨씬 더 필요했기 때문이고, 시콜스키가 없는 런던 망명정부는 정치력조차 결여되어 있었다. 이대로 간다면 폴란드는 소련의 절대적인 영향을 받는 '폴란드 국민위원회'가 차지하게 될 게 확실했다. 이 때문에 런던 망명정부는 비장의 카드를 꺼냈다. 바로 바르샤바에서의 대규모 봉기였다! 하지만 이는 망명정부 내의 완전한 합의로 이루어진 것이 아니었다. 안데르스 장군 등은 소련이 봉기를 지원할 마음이 없으니 준비가 부족한 대규모 봉기는 향후 소련의 폴란드 지배를 공고히 해줄 뿐이라고 반대의사를 분명히 했다. 하지만 런던 망명정부는 국내군 지도자들에게 '적절한 시기'에 봉기를 일으키라는 전권을 위임하고 말았다. 미코와이치크도 봉기의 성공을 위해 꼭 필요한 소련의 지원을 받기 위해 7월 말 모스크바로 떠났다.

바르샤바 봉기

39년부터 44년 7월까지, 약 5년 가까이 독일의 지배를 받고 있던 폴란드인들은 드디어 대규모 봉기를 결정했다. 자력으로 바르샤바를 해방시킨다면 소련도 어쩌지 못할 것이라는 '순진한 발상'도 동기의 상당 부분을 차지했지만, "행동하지 않는다면 사실상 나치의 부역자로 낙인찍히거나 아니면 스탈린의 주장대로 폴란드 지하운동이 존재하지 않는다는 것을 스스로 증명하는 것"이기 때문이었다. 하지만 일단 적기라고 판단한 봉기 시점부터 좋지 않았다. 소련 제1벨라루스 전선군은 당시 바르샤바 부근까지 도착했지만, 640㎞가 넘는 너무 긴 추격을 했고 병력의 28%를 잃은 터라 전력은 많이 약화되어 있었다. 따라서 바르샤바 진격은 무리였고 비스와 강 연안에 교두보를 마련하는 것이 현실적이었다. 독일군 또한 바르샤바를 요새화하기 위해 바르샤바 인근에 병력을 증강해서 평소 1만 5천 명이던 바르샤바 주둔 독일군 수비대의 수는 3만 명으로 증강되었다. 불행하게도 봉기군은 불과 1년 전에 있었던 게토 봉기의 교훈을 거의 배우지 못했던 것이다.

이런 사실을 모르고 있던 바르샤바 봉기군 사령관인 부르-코모로프스키 장군은 독일군에 대항할 봉기 시간 즉 W-hour를 44년 8월 1일 오후 5시로 결정했다. 2만 5천명 규모의 봉기군 중 충분한 무기와 탄약을 장비한 사람은 약 2,500여명 정도에 불과했고, 여성도 4,000여명이나 있었다. 폴란드 국내군이 자체 제작한 무기도 있었는데, 스텐 기관단총(Sten)의 폴란드 자체 카피인 브위스카비차 기관단총(Błyskawica, 폴란드어로 '번개')을 비롯한 여러 총기들, K형 화염방사기(wz.K) 등의 화염방사기류, R-42형 시돌루프카 수류탄(R wz.42 Sidolówka), ET-40형 필리핀카 수류탄(ET wz.40 Filipinka) 수류탄 등이었다.

하지만 이 중에서 군대 경험이 있는 이는 10%에 불과했고, 나머지는 오로지 애국심 하나로 뛰어든 민병들이었다. 봉기군은 부족한 무장에도 불구하고 수십만 바르샤바 시민의 지원으로 봉기 개시 이틀만에 중앙 우체국과 조폐창, 병원, 인쇄소, 발전소, 공장 등 주요 기간 시설을 점령하고 강제수용소에 갇혀있던 정치범들도 석방했다. 하지만 전화국과 중앙역, 총사령부가 있는 브뤼 궁전 장악에는 실패했다. 봉기군이 볼라 지구의 친위대 식량과 군복 창고를 점령해 일부 봉기군이 친위대 군복을 입고 대신 폴란드 국기를 상징하는 흰색과 붉은색이 그려진 완장을 차고 다녔다. 봉기로 인해 바르샤바를 통해 이루어지던 독일군의 동서 보급로가 차단되었다. 첫째 날, 2천 명의 봉기군과 500명의 독일군이 전사했다. 해질 무렵엔 거리마다 바리게이트가 나타났다.

8월 2일 봉기군은 직접 만든 신문을 배포했다. 130부씩 찍어낸 봉기군의 신문은 봉기 기간 동안 계속해서 발간되었다. 이날, 소련 육군은 긴 전투에 지쳐 있어 재정비중이었지만 소련 공군마저 바르샤바 상공에서 활동하지 않고 있었다. 8월 4일까지 폴란드 봉기군은 바르샤바 내의 넓은 지역을 확보할 수 있었다. 하지만 아무리 패전 직전이라도 독일군의 장비는 폴란드 봉기군에 비할 바가 아니었다. 더구나 독일군은 지친 소련군에 반격을 가해 오히려 소련군을 30㎞가량 밀어내기까지 했다. 당연히 바르샤바 동쪽에서 들려오는 포성은 잠잠해졌다.

독일 육군 참모총장 구데리안 장군은 히틀러에게 육군이 진압을 하도록 맡겨 달라고 요청했지만[8] 진압 임무는 SS 총사령관 하인리히 힘러에 떨어졌다. 힘러는 이 기회에 '폴란드 돼지들'이 사는 이 대도시를 지도에서 지워버리기로 결심하고 에리히 폰 뎀 바흐 대장에게 진압책임을 맡겼다. 물론 봉기 우려가 있었던 다른 점령지에 대한 본보기를 보여준다는 의도도 있었다. 뎀 바흐는 주위에 있는 부대들을 긁어모았다. 이에 포즈난에서 주둔 중이던 하인츠 라인파르트 중장 휘하의 SS 경찰부대, 디를레방어 사단, 카민스키 RONA 여단이 바르샤바로 출동했고, 육군의 제4동프로이센 척탄병 연대와 제654공병대대의 2개 중대도 투입되었다. 나중에는 최정예부대인 헤르만 괴링 공수기갑사단까지 동원되었다. 이 중에서 디를레방어와 로나, 두 부대는 부대원 상당수가 군 형무소 수감자 출신과 소련군 포로들을 모아놓은 부대였다. 이들은 안 그래도 잔혹해

---

8 하인츠 구데리안, 「구데리안: 한 군인의 회상」 참조

질 수밖에 없는 이 전투를 더욱 피로 물들였고, 이 부대의 병사들은 전투보다도 약탈과 폭행, 강간, 학살을 즐겼다. 이런 만행은 오히려 바르샤바 시민과 폴란드 국내군의 결속을 강화시키는 계기가 되었다. 두 부대의 잔학행위를 알게 된 봉기군은 독일군 포로들 중 무장SS, 특히 외국인 병사는 전원 현장에서 처형해 버렸다. 8월 27일, 도가 지나친 카민스키 여단의 만행과 군기문란은 다른 독일군 부대에도 악영향을 미쳐 힘러도 여단장 카민스키의 처형을 결정했다. 원래 소련군 공병대 출신이었던 카민스키는 도망치려다 체포되어 총살당했고, 그의 부대는 해산되어 병사들은 다른 부대에 편입되었다. 카민스키는 교통사고로 위장해서 죽였단 설도 있고, 휘하 장교들과 함께 죽인 후 거위 피를 뿌려서 여단 병사들에게 여단장은 봉기군의 총을 맞아 죽었다고 했다는 주장도 있다.

소련 공군이 바르샤바 상공의 제공권을 포기한 탓에, 오래전에 전장에서 사라졌던 독일의 Ju87 슈투카 폭격기가 재등장하여 매일 바르샤바에 폭탄을 쏟아 부었다. 하지만 봉기군은 대공포가 없어 속수무책으로 당해야 했다. 소련군이 움직이지 않아 바르샤바는 포위되었고, 독일군은 동서간의 보급로 개통을 위해 오호타 지구를 공격하기 시작했다. 초기에 65,000명에 달하는 시민이 집단으로 처형당했고, 볼라 지구의 성 라자로 병원에선 1,360명 이상의 환자와 병원 직원들이 학살당했다. 8월 중순에는 350여 명의 유대인과 폴란드인이 수감된 수용소가 해방되면서 그 안에 있던 유대인들도 봉기에 참여했다. 많은 소년 소녀들도 영화 「레 미제라블」처럼 바리케이트 건설, 전령, 보급품 운반 등 다양한 임무에 참가했다.

볼라 지구의 브뤼흐 궁전에서는 바르샤바 지구 총독인 루드비히 피셔와 바르샤바 주둔군 사령관이었던 라이너 스타헬이 포위되어 있다가 돌파에 성공한 독일 전차부대에 의해 구출되었다. 이후 도심과 구시가지 간의 연결이 차단되어, 두 지역은 하수도를 통해서만 연결되었다. 바르샤바의 하수도는 복잡했기 때문에 배관공 같은 특별한 안내인이 없으면 길을 잃기 십상이었고, 안내원 없이 하수도에 들어갔다가 잘못 나와 독일군의 포로가 된 경우도 있었다. 안내원 중에는 강제수용소에서 해방된 유대인도 있었다. 그래서 봉기군에 공병대가 조직되어 하수도를 통한 연결망을 담당했다. 독일군은 바르샤바 외곽에 야영지 121개를 설치해 60만 명에 달하는 바르샤바 시민을 이곳으로 강제 이주시켰다. 독일군은 주민들에게 도시를 떠나면 집과 의약품, 일자리를 구할 수 있지만, 그렇지 않으면 불행한 결과가 있을 것이라는 위협적인 선전문을 비행기로 살포했다.

8월 두 번째 주, 독일군은 도심에서 전차와 장갑차량 등을 이용해 공격했지만 전차를 비롯한 차량 9대가 파괴되었을 뿐, 큰 성과를 올리지 못했다. 촐리보르츠와 구시가지 쪽에서 봉기군이 그단스크 역을 점령하려는 시도를 했지만, 장갑열차의 반격으로 격퇴되었다. 이후 장갑열차는 그단스크 역에서 봉기군을 향해 공격을 개시했다. 봉기군은 자체 제작한 장갑차 쿠부시(Kubus)까지 전투에 투입시켰다. 해방구 내 바르샤바 시민은 대부분 봉기군의 명령에 따라 질서를 유지하고 있었다. 8월 8일에 봉기군은 자체 제작한 라디오 방송 '섬광'을 송신했다. 9월 9일에는 또 다른 라디오 방송이 시작되었다. 또한 뉴스 영화도 자체 제작해 팔라디움 극장에서 시민에 공개하였다. 8월 중순에 독일군이 정수장을 점령하면서 물 공급이 중단되자 봉기군은 우물을 팠다. 9월 말까지 바르샤바엔 약 90여 개의 우물이 생겨났다.

8월 17일, 독일군은 각종 중화기를 바르샤바로 투입시켰다. 540㎜ 칼 자주박격포와 로켓 발사기, 유선조종 대전차 폭탄 골리아테가 바르샤바로 투입되었다. 독일군은 봉기 지구에 포격과 폭격을 퍼붓고, 이어 전차와 골리아테를 먼저 진입시키고, 그 뒤를 보병이 따라 들어갔다. 용감한 소년들은 '펜치'를 들고 폐허 속에서 뛰어나와 골리아테의 선을 끊어버리기도 했지만 이런 분투에도 구시가지에서의 전투는 끝이 보이고 있었다. 30분마다 포격이 쏟아졌고, 봉기군은 그때마다 방어선을 줄여야 했다. 독일 전차의 공격으로 모든 방어물이 파괴되었다. 그럼에도 봉기군은 8월 19일에 총반격에 나서 전화국을 점령하고 120명의 독일군 병사들을 포로로 잡았다. 하지만 전세는 기울어졌고, 일부는 자신들이 입고 있던 친위대 군복을 입고 독일군의 눈을 속여 도심으로, 일부는 하수도를 통해 촐리보르츠로 도망쳤다. 7천 명의 부상자와 시민 3만 명은 맨 마지막에 탈출했다. 독일군은 구시가지를 점령하면서 남아 있던 사람들을 전부 처형하고, 야전 병원의 환자들은 모두 태워 죽이는 만행을 저질렀다.

구시가지의 전투에서 폴란드인 3만 명이 죽고, 봉기군 7천 5백 명이 죽거나 다쳤다. 전체의 약 77%에 달하는 엄청난 피해였다. 독일군도 3천 9백 명의 사상자가 발생했다. 구시가지가 점령된 후에 독일군은 봉기군을 모두 도심으로 몰아넣기 위해 강기슭 일대를 공격했다. 바르샤바 수력 발전소가 점령되었고, 구시가지가 점령된 지 4일 만에 봉기군과 시민은 도심으로 쫓겨 들어갔다. 미국과 영국은 바르샤바 봉기군을 연합군의 일원으로 인정했다. 그러나 소련에서는 '무모한 모험주의자'라는 이유로 연합군으로 인정하지 않고, 소련 비행기들은 무기나 식량 대신 저항의 종식을 촉구하고 폴란드 망명정부를 비난하는 내용의 전단을 바르샤바 시민에게 살포하기까지 했다. 어쩌면 동서 냉전은 이때부터 시작되었는지도 모른다. 그러면 그동안 망명정부는 무엇을 하고 있었을까? 봉기에 대한 지원을 얻기 위해 미코와이치크가 모스크바로 날아갔지만 일주일이 지나서야 겨우 스탈린을 만날 수 있었고, 결국, 지원 약속을 받았지만 실제적인 지원은 봉기가 약해진 9월 초순에야 이루어졌다.

폰 뎀 바흐 장군은 9월 9일과 10일 양일간 시민에 도시를 떠나라는 권고문을 살포했다. 이때 망명정부에서 독일군과 항복 협상을 해도 좋다는 허가가 나왔다. 폴란드 적십자협회의 중재로 수천 명의 시민이 도시를 떠나는 2시간 동안 사격이 중단되었다. 이후 독일군은 도심 북부에 대한 공세를 폈고, 칼 자주박격포가 8분마다 포탄을 쏘았다. 인쇄소가 포탄을 맞고 파괴되어 신문 발행이 중단되었다. 시민들은 그나마 안전한 도심 남쪽으로 피해야 했다.

그런데 이때 소련군이 다시 진격을 시작했다는 소식이 전해지자 협상은 무산되었다. 도시의 파괴는 너무 심각했기에 폴란드 국민위원회가 자신들의 수도가 될 도시를 어느 정도나마 보전하기 위해 나선 것이다. 9월 11일, 동방 폴란드군이 바르샤바를 향해 진격을 시작했다. 이 공격으로 독일군은 밀리기 시작했고, 바르샤바 상공에서도 소련과 폴란드 공군기가 나타나 독일 공군기와 공중전을 벌였다. 이들은 바르샤바 동쪽의 프라가 – 바로 5년 전 히틀러가 불타는 바르샤바를 지켜보았던 곳 – 까지 진격했지만 독일 제19기갑사단의 저항으로 제대로 전진하지 못했다. 9월 16일부터 베를링의 병사들이 강을 건너 일부는 봉기군과 접선에 성공했지만 강력한 독일군의 반격으로 궤멸당했다. 결국, 도하작전은 실패하고 1,050여 명이 사살되거나 생포되었다. 9월 23일까지 강을 건넜던 폴란드 병사들 중의 일부가 강을 다시 건너 도망쳤다. 소련군과 폴란드군은 더 이상의 공격을 시도하지 않았다. 이때쯤 되자 봉기군은 잡아먹을 쥐조차 남지 않았고 탄약도 거의 고갈되었다. 이제 봉기군은 제발 독일군이 자신들을 연합군으로 인정해서 포로로 대우받을 수 있기만을 바라는 신세가 되었다.

불운만 겹쳤던 봉기군에 그나마 행운이었던 것은 친위대 장군으로서는 드물게 폰 뎀 바흐 장군이 이성적인 인물이었다는 사실이다. 비무장의 어린이와 여자도 죽이라는 힘러의 명령을 묵살한 폰 뎀 바흐는 봉기군이 항복한다면 가능한 한 최대한의 요구를 들어줌으로서 사태를 매듭지을 생각이었다. 독일군도 이미 26,000여명의 사상자를 내고 있어서 소련군과의 일전을 앞둔 이때 바르샤바 전투가 지속되는 것은 아무런 실익이 없었다. 더구나 민병들과의 전투를 두 달 가까이 끌고 있다는 국방군의 비웃음도 의식해야만 했다. 봉기군과 독일군 간의 항복 교섭이 시작되었고, 폰 뎀 바흐 장군은 봉기군의 요구를 대부분 수용했다. 항복한 봉기군을 폭도가 아닌 전쟁포로로 대우하고 친위대가 아닌 독일 육군이 관리할 것, 비전투원인 시민들의 안전 보장 등이 조건이었다. 10월 2일 저녁에 발사된 탄환을 마지막으로, 다음날 최후까지 살아남은 봉기군 11,668명은 대오를 지어 포로가 되기 위해 행진했다. 마지막 순간까지 봉기군의 모습은 의연했다. 애초에 통일된 군복이나 장비가 없었던 봉기군은 평상복이나 독일 군복을 빼앗아 입고 있었던 터라, 총을 내던지고 일반 시민 속으로 숨어들 수도 있었지만 그들은 그렇게 하지 않았다.

심지어 여성과 아이들까지 독일군의 포로가 되는 길을 택했는데 여성이 2천명이나 되었다. 독일병사들이 놀라운 눈으로 쳐다보는 가운데 그들은 무기를 지정된 장소에 내놓고 포로수용소로 향했다. 5천명은 야전병원에서 치료를 받았다. 봉기군의 방송국은 병사와 시민의 분전과 지원에 감사하고 최후의 승리를 믿는다는 내용의 방송을 내보내고 송신기를 해머로 부셔 버렸다. 물론 최후까지 항전을 선택하는 이들도 있었다. 바르샤바 봉기군이 항복하자 모스크바에서는 "배반자들은 독일군에 항복하고 말았다!"란 내용의 방송을 내보냈다.

20만 명에 달하는 바르샤바 시민의 목숨을 앗아간 두 달간의 봉기는 이렇게 막을 내렸다. 시민 중 부상자의 숫자는 파악조차 어렵다. 이 봉기는 단일 사건으로서는 2차 대전 중 가장 많은 민간인이 희생된 사건이기도 하다.

이 봉기에서 '쇼팽'이 다시 등장했다. 쇼팽의 심장이 안치된 성 십자가 성당을 차지한 독일군은 폴란드의 혼을 끊었다는 상징으로서 쇼팽의 심장을 독일로 가져갔지만 전후 그의 심장은 다시 성 십자가 성당으로 돌아갔고 지금도 그곳에 있다.

바르샤바 공중보급전

한 편 서방 폴란드군과 연합군이 바르샤바 봉기군에 줄 수 있는 도움은 하늘을 통해서만 가능했다. 하지만 영국에서 바르샤바까지는 1,464㎞나 되었고 방공망을 어느 정도 피하는 우회로를 택하면 거리는 1,700㎞로 늘어났다. 결국, 왕복으로는 3,400㎞에 달했다. 조금 가까운 이탈리아 기지에서 출발해도 1,300㎞가 넘었다. 그래서 서방 연합군은 돌아오지 않고 직진해서 소련 영내에 착륙하기 위해 소련에 허가를 요청했지만 거절당했을 뿐 아니라 소련군 상공의 비행조차 거부당하고 말았다. 이러니 항공엄호는 어림도 없는 일이었다. 대조적으로 폴란드 해군과 공군은 소련을 지원하기 위해 악명 높은 무르만스크 항로의 수송과 호위 임무에 투입되었고, 여기에 투입된 폴란드 상선의 45%가 희생되었다.

8월 6일, 바르샤바의 코모로프스키 장군은 안데르스 장군에 다음과 같은 내용의 전보를 보냈다.

바르샤바 전투가 시작된 지 6일이 되었습니다. 독일군은 우리에겐 없는 전차, 항공기, 포병 등을 사용하고 있습니다. 우리는 단지 투지만 적들보다 앞설 뿐입니다. 소련군의 진격은 사흘 전부터 근교에서 멎었고, 시내의 전투와는 완전히 무관한 상태입니다. 본관은 바르샤바 시민이 격렬한 투쟁을 하고 있음에도, 5년 전처럼 동맹국에 아무런 원조도 받지 못하고 있음을 말하고 싶습니다. 우리나라가 영국과 동맹을 맺은 후 피아간의 대차대조표를 보면 1940년 영국 항공전, 노르웨이 전투, 북아프리카 전투, 이탈리아와 노르망디에서 모두 우리 쪽이 영국을 도와준 것만이 나타나 있습니다.

그러므로 장군께서는 정식 성명으로 이 사실을 영국인들에 똑똑히 알리는 동시에 증거로서 남겨 주시기 바랍니다. 우리는 영국에 대해 물질적 원조를 구걸하는 것이 아니라 그들이 당연히 우리에 주어야 할 것을 지체 없이 공급하여 달라고 요구하는 것이라는 사실을. 하지만 우리 병력이 부족하다는 사실을 방송으로 발표하는 것은 우리에게 불리하므로 말하지 마시기 바랍니다.

영국 공군의 듀런트 장군은 처칠에 비행거리가 거의 독일군 점령국 상공이니 작전을 진행시키면 항공기와 승무원의 피해가 클 것이라고 말했다. 처칠도 동의했지만, 명분과 사기를 위해 진행을 명령했다. B-24 리버레이터 폭격기가 주로 투입되었고 장거리를 날아야 했기에 폭탄 대신 연료가 가득 채워졌다. 그래서 최대 탑재량은 1톤 정도에 불과했다. 폭격기마다 총 12개의 컨테이너가 폭격 선반에 걸렸는데, 그 컨테이너 안에는 기관단총, 탄약, 수류탄, 무선장비, 대전차로켓인 PIAT, 식량과 의료품이 담겼고 물론 낙하산이 달려 있었다.

44년 8월 4일에서 9월 초까지 총 196회에 걸친 바르샤바 출격 동안 목표에 도달한 비행기는 85대에 불과했고, 무려 39대가 추락했다. 물론 많은 폴란드 조종사들이 지원했고, 그들 중 절반 이상이 조국의 하늘과 대지에 목숨을 바쳤다. 돌아온 비행기들도 대부분 총탄에 벌집이 되어 다시는 날 수 없을 정도로 망가져 있었다. 어느 조종사는 폭격기가 바르샤바 상공에서 피격되자 뛰어내렸는데, 당시 낙하산을 서류가방처럼 손에 들고 있었지만 운 좋게도 제때 낙하산이 펴져 살아났다. 조종사는 얼굴에 화상을 입었지만 폴란드 의사가 피부 이식 수술을 해 주었고, 그 뒤 봉기군이 항복할 때까지 바르샤바에서 함께 싸웠다고 한다. 이렇게 조종사들이 목숨을 걸고 수송한 무기는 PIAT 250정, 스텐 기관단총 1,000정, 수류탄 1만 9천발, 총탄 200만 발 등 이었다. 이 무기로 봉기군이 승리할 수는 없었지만 두 달 가까이 싸우는 데 큰 도움이 되었던 것은 사실이었다. 대신 연합군 공군은 1톤을 수송하는 데 1대의 폭격기를 잃어야 했다.

9월 11일, 소련군의 공세가 시작되면서 스탈린은 태도를 누그러뜨려 연합군의 비행과 착륙, 재급유를 허용했고 미군 B-17 폭격기 110대가 보급물자 투하 작전에 참가했지만, 이때쯤 되면 해방구가 너무 좁아져서 겨우 20-30% 정도만 제대로 떨어졌고 나머지는 모두 독일군 수중에 떨어졌다. 봉기군의 무장이 대부분 독일군에게서 빼앗은 노획품이라는 점을 감안하여 서부전선에서 노획한 독일군 탄환을 공수하는 배려를 했지만 원래 주인에게 돌려주는 결과를 낳았던 것이다. 훗날 살아남은 봉기군 지도자들은 이런 보급이 8월 초에 이루어졌더라면 봉기의 결과는 많이 달라졌을 것이라고 안타까워했다.

얼마 후 소련도 간간이 비행기로 물자를 투하했으나 얼마 되지 않았다. 더구나 낙하산 없이 물품을 투하하여 많은 물품이 못쓰게 되고 말았다. 소련군이 보낸 총기는 불량품이 많았고, 보내준 탄약은 대부분 소련 총기에만 맞아서 봉기군이 쓰는 총 맞지 않았다. 차라리 노획한 독일군 장비를 보내주는 편이 나았을 것이다. 하지만 보급품이 유용하게 쓰이기에도 시기 자체가 너무 늦었다.

폴란드 공군 사령관 루도미우 라이스키 장군은 스스로 몇 차례나 조종간을 잡고 바르샤바를 왕복했지만 더 이상의 작전은 자살행위라는 결론을 내릴 수밖에 없었다. 레이스트의 가족은 그때 바르샤바에 있었다. 상황이 이렇게 되자 안데르스 장군조차 더 이상의 출격을 요구하지 못했다. 조종사들의 희생에도 불구하고 그 정도의 공중보급으로는 용감한 봉기군을 구할 수 없었다. 결국, 연합군의 공중보급은 폴란드 국내군에 실질적인 도움보다는 정신적인 도움만을 주었을 뿐이었다.

폴란드 공군 특수임무전대 로만 츠미엘 중위의 증언

우린 기상 상태에 신경 쓰지 말고 출격하라는 명령을 받았다. 기상은 아주 나빴지만 우린 이륙했다. 유고슬라비아 해안의 안개는 지상에서 18㎞ 상공까지 넓게 퍼져 있었다. 안개는 증기로 피어올라 대기를 채우고 있었다. 난 지도를 읽으려 먼저 노력했지만, 결국 고정된 하늘의 별자리를 보고 바르샤바를 찾아가야 했다.

우리는 카르파티아 산맥을 넘어 폴란드로 들어설 때까지 같은 날씨를 지나야 했다. 거기서 독일군 전투기가 우리 핼리팩스 폭격기 한 대를 격추시켜 화염에 휩싸인 채로 추락하는 걸 목격했다. 다뉴브 강 부근에서는 대공포가 격렬했다. 우린 계속 날아갔고, 그 시간에 저 멀리 바르샤바의 이글거리는 불길이 우리를 인도했다. 우리는 슬루제브 근처에서 강력한 대공포화를 받으며 200m 정도 아래로 내려갔고, 비스와 강을 지났다. 바르샤바는 연기에 휩싸인 상태에서 붉은색과 오렌지색 섬광이 점멸하고 있었다. 난 그 커다란 도시가 불탄다는 것을 믿을 수가 없었다. 정말 끔찍했다. 그곳에 추락한다면 정말로 지옥을 경험했을 것이다.

독일군의 대공포화는 내가 받은 것 중에서 가장 격렬했고, 우린 지상에서 30m 높이까지 아주 낮게 더 내려갔다. 그러자 오히려 사격을 받지 않았다. 프라가와 모코토프 교외의 평지에서 대공포화가 맹렬하게 올라왔다. 포화는 집요하게 우리 비행기를 따라왔다. 비스와 강의 포니아토프스키 다리 상공을 지나쳤다. 조종사의 이가 덜덜 떨리고 있었다.

투하지점은 바르샤바의 카라신스키 광장이었고, 우리는 키에르제즈 다리를 통과하자 그곳을 향해 날카롭게 틀어 날아갔다. 광장은 잘 드러나 있었다. 남쪽이 불타고 있었고 바람이 불어 연기가 남쪽으로 날아가고 있었다. 우리에는 최적의 조건이었다. 컨테이너를 투하했고, 우리는 모두 잘해냈다는 것을 알았다. 이제는 벗어날 시간이었다. 조종사는 뾰족탑과 높은 건물들을 살피면서 더 밑으로 내려갔다. 항공기 내부도 연기로 꽉 차버려서 내 눈이 욱신욱신 아팠다. 우리는 불타고 있는 그 구역의 열기를 느낄 수 있었다.

우리는 철도를 가로질러 상승하려고 했는데 근처에서 우리를 격추시키려고 대공포화가 올라왔다. 그것은 열차에 실려 있는 대공화기였다. 우리는 숨쉬기 힘들었을 정도로 고통스러웠다. 우린 한 산기슭에 추락한 폭격기 위를 날았다. 핼리팩스 폭격기 다섯 대가 우리와 같이 날아올랐으나, 그들은 모두 영원히 돌아오지 못했다. 8월 20일, 봉기군은 크라신스키 광장에서 투하물을 잘 받았다고 무전으로 알려왔다. 우리의 노력이 적어도 완전히 헛되지는 않았다는 생각에 어느 정도 안도했다.

브와디스와프 마트빈의 증언

1916년생인 마트빈은 살아있는 역사의 기록이었다. 포즈난에서 공부하다 공산주의 청년 조직에 가입했다가 체포되었다. 곧 석방되긴 했지만 어느 대학에서도 마트빈을 받아주지 않아 체코슬로바키아로 넘어갔고, 38년 독일이 체코를 병합하자 이번에는 우크라이나로 달아났다. 다시 독일군이 우크라이나로 침공하자 캅카스까지 달아나 소련군 장교가 되었다. 44년 8월, 마트빈은 소련군 중위가 되어 바르샤바 봉기를 가까이서 지켜보았다. 마트빈은 수십 년이 지나도 그때 그 일에 대해 말하기 힘들어했다.

"나만 이런 기분은 아닐 겁니다. 이곳에 살았던 모든 폴란드인이 그때를 돌이켜 보면 착잡한 심정일 겁니다. 쓰디쓴 비극이었습니다. 도시의 많은 지역이 폐허로 변했고 수만 명이 목숨을 잃었으니까요. 그들은 어디에서나 용감하게 싸웠습니다. 기상천외한 무기로 말입니다. 특히 여자들은 미친 듯이 싸웠고 거의 모두 목숨을 잃었습니다. 계획이라곤 거의 없었습니다."

그러나 소련군이 개입할 수도 있지 않았을까? 라는 질문에 마트빈의 대답은 이러했다.

"우리는 폭동을 낭만적으로 해석하는 경향이 있어요. 항상 그런 식으로 얘기되고, 영화도 그런 식으로 제작하니까요. 또 정치적으로 해석되기도 합니다. 인도주의적 이유에서도 소련군이 개입했어야 했다고요. 하지만 정치적인 면에서나 전략적인 면에서 소련군은 개입하기가 무척 불편했을 겁니다. 실제로 폭동은 소련군을 겨냥한 것이기도 했으니까요. 유격대와 우리, 즉 소련군 선발부대의 폴란드 출신 장교들 사이에는 어떤 접촉도 없었습니다. 이상하다고 생각되지 않습니까? 만약 당신 편인 군대가 전진해 오고, 당신이 폭동을 계획했다면, 미리 그 군대를 만나 작전을 짜지 않겠습니까? 하지만 모든 지시가 폴란드 망명정부(멀리 떨어진 런던)에서 내려졌습니다. 우리 생각이었지만, 망명정부는 바르샤바에 교두보를 마련하려 했던 겁니다. 소련군을 견제하려고요. 그래서 일이 그렇게 된 겁니다."

바르샤바 봉기 박물관에는 당시 봉기대원들이 사용한 무기들이 전시되어 있다. 강철 용수철로 만든 몽둥이, 끝에 큼직한 볼트를 매단 긴 쇠사슬, 타이어를 펑크내는 데 쓰이는 못 판. 영국 공군이 떨어뜨려 주었을 무전기도 있는데 봉기

대원들이 쓴 작별 편지도 있다.[9]

9 《유럽사 산책》에서 발췌.

연합국의 반응

바르샤바 봉기에서 소련군의 방관은 정설처럼 알려져 있지만 요즘에는 실제로 보급문제가 심각했다는 설도 힘을 얻고 있다고 한다. 바그라티온 작전은 대성공이었지만, 소련군도 많이 지쳐서 보급과 재정비가 필요했던 것은 사실이었다. 또한 바르샤바로 바로 진격할 경우, 루마니아 쪽의 독일군에 측면을 노출시킬 우려도 있었다. 또한 당시의 소련군은 폴란드 내부 상황에 대해 거의 정보가 없었다. 이는 상당부분 스탈린의 책임으로, 자신이 저지른 대숙청 때 수천 명의 폴란드 공산주의자들이 희생되어 막상 기회가 와도 폴란드에 침투시킬 인적자원이 극히 부족했던 것이다. 아이러니가 아닐 수 없다. 물론 소련군이 바르샤바를 구출할 여건이 되지 않았다는 내용의 수정론도 상당한 설득력을 지니고 있다고 보지만, 소련은 서방 연합군의 비행장 이용조차 거절했으니 바르샤바를 구출할 성의는 없었다고 봐야 할 것이다.

바르샤바의 비극과 소련의 '방관'은 소련군이 자신들의 폴란드 점령을 용이하게 만들기 위해 고의로 파멸을 유도했다는 비난을 불러일으켰다. 하지만 미국과 영국 정부의 공식 입장은 소련이 최선을 다해 도왔으며 그 이상은 어쩔 수 없다는 것이었다. 사실 이때 소련을 비난하는 여론은 카틴 사건 때보다 더 광범위했지만 두 나라 정부의 정책에 영향을 미칠 정도는 못 되었다. 두 나라는 여전히 승리를 위해 '소련 인민의 피'가 더 필요했던 것이다!

바르샤바의 재건

바르샤바는 39년 바르샤바 방어전, 43년 바르샤바 게토 봉기, 44년 바르샤바 대봉기 때 철저하고 무자비한 파괴로 85%가 완전히 폐허가 되었다. 말 그대로 완벽한 와해(瓦解)였다. 덤으로 10만 개가 넘는 지뢰가 남았고, 폐허더미는 2천만 톤에 달했다. 옛 건축물들 중에는 거의 유일하게 빌라노프 궁전만이 살아남앗다. 그나마도 독일군의 사령부로 쓰였기에 무사했던 것이었다. 바르샤바의 파괴 정도는 원자폭탄을 맞은 히로시마 못지않았다. 전후 소련은 바르샤바를 사회주의 양식의 신도시로 재건하려 했지만 엄청난 수의 바르샤바 시민이 시청 앞에 몰려와 항의했고, 바르샤바 대학생들은 지도와 그림, 사진을 들고 나와 재건이 가능하다고 주장하였다. 결국, 폴란드 당국이 시민의 요구대로 구시가를 재건하기로 결정하자 외국에 나가 있던 30만의 시민이 귀국하여 기꺼이 자신들의 노동력을 바쳤는데, 참가자 중엔 심지어 보이 스카우트까지 있을 정도였다. 하지만 폴란드인들의 힘만으로 이 도시가 재건된 것은 아니다. 이 도시를 파괴했던 독일군 포로들의 노동력도 많은 역할을 했다. 이렇게 바르샤바는 그전에 그렸던 풍경화와 사진을 토대로 불과 3년 만에 완벽하게 복원되었다. 이때 복원된 교회, 궁전, 성, 건물은 총 900여 동이 넘었는데, 최근에 복원되었음에도 유네스코 문화유산에 지정되었으니 폴란드인들은 확실히 대단한 민족이 아닐 수 없다. 조금 삐딱하게 생각하면 자부심이 지나쳐 그런 참화를 겪었는지도 모르지만 말이다. 그러나 도시는 재건되었지만 공산 정부의 정통성 문제 때문에 봉기 기념물은 세워지지 않았다. 봉기 기념물은 45년 후, 공산권이 붕괴되기 시작한 1989년 8월에야 세워졌다.

한편, 바르샤바 봉기가 진행되던 중 서방 연합국에서는 물자를 공수하는 것 외에 실제 병력 투입, 즉 훈련과 편성을 마친 폴란드 제1공수여단의 투입을 심각하게 고려했다. 여단기에 바르샤바의 문장을 그대로 붙였고, 역사적인 노르망디 상륙작전에 참가하지 않았을 정도로 바르샤바 투입이야말로 이 부대의 존재 의의나 마찬가지였으니 여단장과 부대원들은 작전을 열망하고 있었다. 하지만 소련의 협조가 없는 이상 여단의 투입은 지나치게 무리라는 의견이 많아 작전은 취소되었다. 부대원들은 식사를 거부하면서까지 항의를 했지만 그들은 다른 전선에 투입되었다. 바로 마켓 가든 작전이었다.

마켓 가든 작전

마켓 가든 작전은 「머나먼 다리」라는 영화로 만들어졌고, 전쟁사를 아는 분들에는 서방 연합군이 마지막으로 실패한 작전으로 잘 알려져 있다. 이 작전을 소개하는 것은 이 책의 본래 목적이 아니지만 폴란드군도 참여했기에 간단하게나마 소개하지 않을 수 없다.

마켓 가든 작전(44년 9월 17일~9월 25일)은 벨기에와 알자스-로렌 지역까지 진격한 연합군이 보급 문제로 진격이 정체되자 북쪽의 네덜란드에서 주둔한 독일군의 전력이 약해보였기에 단숨에 돌파하여 바로 라인 강을 건너 전쟁을 크리스마스 전에 끝내자는 욕심으로 벌인 작전이었다. 독일 본토로 진공하는 데 가장 큰 걸림돌인 천연 장애물, 라인 강을 돌파하기 위해 작전 목표를 네덜란드의 에인트호번과 네이메헌, 아른험을 연결하는 도로를 따라 놓인 교량으로 설정하고 대규모 공수부대를 투입하여 이 교량들과 거점 도시들을 점령한 뒤, 공수부대와 함께 연결된 도로를 통해 기갑부대를 신속히 독일 본토로 진격시킨다는 계획이었다. 하지만 이 작전은 야심적인 목표를 이루기 위한 도로가 하나뿐이었고 네덜란드 주둔 독일군을 너무 과소평가했다는 큰 결함을 가지고 있었다.

폴란드 제1공수여단도 참가했는데 지휘관은 스타니스와프 소사보브스키(Stanisław Sosabowski) 소장이었다. 그는 원래 오스트리아군 중사 출신으로 1차 대전에서 러시아군과 싸웠고, 39년 9월에는 독일군과 싸우다 탈출에 성공하여 프랑스에서 다시 싸웠으며, 됭케르크에서 구사일생으로 영국으로 건너온 소설 같은 삶을 산 남자였다. 영화 「머나먼 다리」는 초호화 캐스팅으로도 유명한 영화였는데, 진 해크만이 소사보브스키 장군 역을 맡았다. 소사보브스키는 이 작전이 무모하다고 여겼지만 자신에게는 작전을 막을 힘이 없었다. 영화에서 소사보브스키 장군은 영국군 사령관에게 자신은 반대했는데도 할 수 없이 참가했다는 내용의 문서를 써 달라고 요구한다. 영국군 사령관이 문서를 써 주겠다고 하자 다시 거절했는데 이유가 걸작이다. "다 죽은 다음에 그런 종이 쪼가리가 무슨 소용이겠소…" 결국, 미국과 영국 공수부대의 분전에도 불구하고 작전은 실패로 돌아간다. 아른험에서 전면 위기에 몰린 영국 제1공수사단을 구출하기 위해 폴란드 공수여단 투입이 결정되었는데, 이때 소사보브스키 장군은 이렇게 뇌까렸다.

"우리더러 가서 죽으라는 이야기군. 하지만 이제까지 먹여주고 입혀준 신세를 갚자면 하라는 대로 해야지 어쩌겠나?"

폴란드 제1공수여단은 9월 21일에 투입되었다. 원래 9월 19일에 강하할 예정이었지만 안개 등 궂은 날씨로 인해 지연된 것이었다. 독일군이 완전히 준비를 갖추고 기다리고 있었기 때문에, 1천 명 이상이 투입되었지만 착지한 생존자는 750명뿐이었다. 제1공수여단은 라인 강 남쪽 드릴 시에 집결했다. 드릴에서 연락선을 타고 강을 건너면 바로 제1공수사단이 있는 곳이었지만, 배는 온데 간 데 없었다. 이틀 밤 동안, 작은 보트로 강을 건너기 위해 필사적인 노력을 했으나, 독일군의 치열한 사격 때문에 오스터르베크 지역에 도착한 병력은 250명뿐이었다. 이렇게 그들은 영국 제1공수사단의 탈출로를 육탄으로 뚫어주는 데 성공했지만, 결국 200여명만이 살아남았다. 그렇게 치열했던 몬테카시노보다 사상율이 더 높았는데, 그나마 몬테카시노는 승리라도 했지만 아른험은 이미 진 전투에 투입된 것이니 더 처참한 결과가 아닐 수 없었다. 이렇게 죽을 바에야 차라리 조국에 투입되어 싸우다 죽는 편이 행복하지 않았을까 하는 부질없는 생각이 들기까지 한다. 그들이 아른험에 낙하한 그 순간, 수송기 편대가 바르샤바에 보급품을 투하하고 있었고, 바르샤바의 동포들은 제1공수여단이 낙하하는 줄 알고 환호했다는 사실이 가슴을 더 아프게 한다.

하여간 네덜란드에서도 폴란드군은 자신들이 결정한 것도 아닌 잘못된 작전이나 이미 패한 전투에 끌려다니며 피를 흘려야 하는 운명이었다. 작전 실패 후 몽고메리가 소사보브스키 장군 앞에서는 패전에 대해 미안해했으면서 뒤로는 작전 실패의 책임을 소사보브스키에 전가하려 했던 일까지 있었다. 하지만 폴란드의 시련은 이제 시작이었다.

아무도 폴란드를 위해 울지 않는다!

44년 가을, 처칠은 스탈린과 전후 동유럽의 장래를 논의해야 할 필요성을 절감하고 있었고, 당시 동유럽은 이미 소련군이 대부분 장악하고 있었다. 이 같은 상황에서 처칠은 44년 10월 9일 모스크바를 방문했다. 이때 처칠은 폴란드 지식인에 대한 조직적 학살 등 소련이 폴란드에 대해 자행한 추악한 짓들을 상당히 파악하고 있었다. 하지만 회담 동안 바르샤바 봉기 당시 소련의 복지부동에 대한 불만은 제기조차 하지 않았다. 그저 자신의 회고록에 폴란드 국민위원회 인사들에 대한 나쁜 인상, 즉 소련의 괴뢰에 불과하다는 기록만 남겼을 뿐이었다.

스탈린과 폴란드 문제를 논의하면서, 처칠은 전후 폴란드 국경 문제는 이미 지난 테헤란 회담에서 타결되었다는 점을 상기시켰다. 또한 처칠은 폴란드 측, 특히 소슨코프스키가 반대하고 있지만 미국과 영국이 이미 새로운 국경이 '정당하고 공정하다'고 인정한 만큼, 전혀 문제될 것 없다고 강조했다. 소슨코프스키는 서방 폴란드군 사령관이었고, 소련이 주장하는 폴란드 정책을 반대하는 사람으로 이름이 높았다. 44년 5월, 총리공관에서 열린 회의에서 처칠은 미코와이치크에게 소슨코프스키의 경질을 요구한 적이 있었다. 처칠은 이 폴란드 애국자에게 '술주정뱅이'라는 인신공격까지 했는데, 술주정뱅이라는 비난은 아이러니하게도 처칠의 정적들이 처칠을 공격할 때 자주 써먹었던 용어였고, 그 이유는 실제로 처칠이 위스키를 무척 즐기는 술꾼이기 때문이었다.

이어 처칠은 스탈린에게 런던의 폴란드 대표단을 모스크바로 부르라고 주문했다. 처칠은 런던의 폴란드인들도 모스크바까지의 비행의 피로를 맛볼 필요가 있고, 폴란드 대표단이 모스크바에 도착한 후 영국과 소련의 폴란드 국경 문제에 대한 합의를 통보하면 받아들일 수밖에 없다고 전망했다. 이에 스탈린은 폴란드 망명정부 요인들의 모스크바 방문을 반대하지 않는다고 대답했다. 이든 영국 외무장관은 미코와이치크에 이번이 폴란드 망명정부가 소련과 합의할 수 있는 마지막 기회라는 내용의 서신을 보냈다. 결국, 44년 10월 12일, 미코와이치크 수상은 타데우쉬 로멜 외무장관과 몇몇 전문가들을 데리고 처칠, 스탈린과 담판하기 위해 모스크바로 떠났다. 두 달만의 재방문이었지만 이는 폴란드 망명정부에는 '위험한 초대'였다. 형식상으로는 폴란드 문제 논의를 위한 방문이었지만, 자신들이 모르는 '합의'가 이미 존재하고 있었기 때문이었다. 10월 13일 열린 회담에서 스탈린과 몰로토프, 처칠과 이든이 상대였고 미국 대사 해리먼이 옵저버로 자리를 같이했다. 스탈린의 완벽한 통제 하에 있던 소련 언론은 미코와이치크의 방문을 전혀 보도하지 않았다. 미코와이치크를 만난 스탈린은 서방 폴란드군의 활약은 인정하는 '립 서비스'는 했지만 단호하게 런던의 폴란드인들은 '커즌 선'을 인정하고, 동부의 영토를 포기해야만 한다고 강조했다. 만약 여기서 소련의 요구를 수용하지 않는다면, 앞으로 양자 간의 우호 관계는 불가능해질 것이라는 협박이기도 했다.

미코와이치크 수상은 항변했다. "현재 폴란드군은 조국의 부활을 위해 싸우고 있다. 따라서 만약 커즌 선이 인정된다면 그들이 싸우는 대의인 조국 폴란드의 동부 영토를 상실한다는 뜻이다. 다른 나라 망명정부는 폴란드보다 훨씬 피를 적게 흘렸는데도 다들 자기 나라로 돌아갔는데 왜 우리만 이런 꼴을 당해야 하나!"라고 목소리를 높였다. 하지만 스탈린은 "우크라이나인과 벨라루스인들도 그 땅을 찾기 위해 싸우고 있는데, 아마도 미코와이치크 씨는 이 사실을 알지 못하는 것 같다"고 빈정거렸다. 즉 '소련인'인 그들도 폴란드인만큼 희생을 치르고 있다는 의미였다. 사실 우크라이나인과 벨라루스인 수만 명이 독일군에 처형되었고 수십만이 소련군에 입대해 싸우고 있었다. 스탈린은 한 발 더 나아가 폴란드 동부 영토는 우크라이나인과 벨라루스인들의 땅이니 폴란드 영토라고 주장하는 런던 망명정부 요인들은 '제국주의자'가 아니냐며 비아냥거리기까지 했다. 더구나 스탈린은 집권 기간 동안 지주들을 반동분자로 여겨 대거 숙청했으니, '농촌 부르주아'의 정당인 농민당 대표인 미코와이치크를 곱게 볼 리가 없었다. 더구나 처칠까지 스탈린을 거들었다. "스탈린을 포함한 우리 모두 폴란드인들의 고통을 잘 알고 있다. 우리는 자유롭고, 주권을 가진 독립적인 폴란드를 원하지만, 이를 위해서 폴란드는 소련에 협조해야만 한다. 영국은 폴란드 동쪽 국경 문제에 대한 소련의 요구를 인정한다. 소련인들이 이를 양보할 수 없는 권리라고 여기고 있기 때문이며, 정당한 요구이기 때문이기도 하다." 대신 얻게 될 독일 영토에는 항구도 많고 광물도 많으니 충분히 대국이 될 수 있다고 설득했다.

여기서 몰로토프가 결정타를 날렸다. 바로 지난 테헤란 회담에서 폴란드 동부 국경 '해법'에 루스벨트 대통령도 동의했다는 사실을 이제야 알려준 것이었고, 폴란드는 이때 외교적 '노상강도'를 당한 사실을 깨달았다. 물론 미코와이치크도 처칠이 소련 입장에 동의한다는 사실은 알고 있었지만, 테헤란 회담에서 폴란드가 배제된 채 폴란드 문제가 논의되었다는 사실과 루스벨트까지 그 결정에 동의했다는 것까지는 알지 못했다. 해리먼은 사실을 확인해 주고는 고개를 떨궜다. 미코와이치크는 엄청난 충격을 받았다.

처칠은 동부 국경 문제는 어느 정도 조정이 가능하다고 덧붙였지만 스탈린은 틈을 주지 않았다. 처칠은 팔을 벌리고 하늘을 보며 한 숨을 내쉬었다. 폴란드 대표단은 조용히 회담장을 떠나는 것 외에 다른 일은 할 수 없었다.

다음날, 모스크바의 영국 대표단 숙소에서 처칠은 폴란드 대표단에 이전부터 국경 조정을 받아들였어야 한다며 "당신들은 합의를 받아들여야만 한다. 만약 당신이 이 기회를 놓치면 모든 것을 잃게 될 것이다" 라고 거의 강압조로 나왔다.

미코와이치크는 "내가 스스로 내 사형명령서에 서명해야겠소?" 라고 항변했지만, 처칠은 그것은 내가 알 바가 아니라는 표정을 지었고, 두 '수상'의 대화는 이렇게 이어졌다.

처칠은 "만약 당신이 더 버틴다면, 우리 사이의 '우호'만 파괴되는 것이 아니다. 우리는 전 세계에 당신들이 얼마나 몰상식한지 알릴 것이다. 당신들은 아마도 또 다른 전쟁을 시작해야 할 텐데 그 전쟁에서 2,500만 명이 희생될 것이다. 그러나 당신은 그 사실에 신경조차 쓰지 않는다"고 다그쳤다. 처칠은 이탈리아에서 만난 안데르스가 독일 붕괴 후 서방국가들이 소련을 향한 새로운 전쟁을 일으켜 소련을 붕괴시켜 주기를 바라고 있다는 인상을 받았던 것이다.

미코와이치크가 "당신들이 테헤란에서 이미 우리의 운명을 결정했다"고 쏘아 붙이자, 처칠은 태연하게 이렇게 말했다. "바로 테헤란에서 폴란드의 목숨을 구한 것이다"라며 "만약 폴란드가 소련에 이기기를 원한다면, 우리는 당신들이 하고 싶은 대로 내버려두면 그만이다. 나는 지금 마치 정신병동에 있는 기분이고, 영국 정부가 앞으로도 계속 런던 주재 폴란드 망명정부를 인정할 것이라 장담할 수 없다"고 까지 말했다.

미코와이치크는 "나는 국토의 반을 포기할 정도로 타락하고 애국심이 없는 사람이 아니다"고 절규했지만 처칠은 다시 강하게 맞받아쳤다. "애국심은 어떤 의미인가? 20년 전, 폴란드를 다시 만들어 준 것은 바로 영국이다. 1차 세계대전 동안, 더 많은 폴란드인들이 우리보다는 적을 위해 더 많이 싸웠음에도 불구하고 말이다. 당신들에게 실망했다. 당신들은 협상할 수 있는 위치에 있지 않다. 합의를 받아들이지 않는다면 모든 것이 끝이다!" 처칠은 이렇게 채찍을 휘두르면서도 합의를 받아들인다면 미국이 많은 차관을 무이자로 제공할 것이라는 당근도 잊지 않았지만 폴란드 수상은 넘어가지 않았다. 독일을 도왔다가 연합국으로 넘어간 루마니아나 이탈리아도 폴란드보다는 나은 대접을 받았다고 쏘아붙였다. 미코와이치크는 한 발 더 나아가, 자신이 몇 년 전 낙하산으로 귀국하여 국내군과 합류하겠다고 했지만 처칠이 허가하지 않았던 일을 상기시키면서 다시 그 허가를 받고 싶다고 말했다. 어지간한 처칠도 놀라 왜 그런 생각을 하느냐고 반문하자 미코와이치크의 대답은 이러했다. "나는 당신들이 보는 앞에서 소련에 뒷덜미를 잡혀 목이 매달리느니 조국을 위해 싸우다 죽는 편이 낫다."

이런 말까지 듣자 처칠도 어느 정도 양보를 해야 한다고 느꼈는지 동부 국경에 대해 절반이라도 양보하도록 스탈린에 말해보겠다고 하고 자리를 떴다. 이 '타협'이 이루어진다고 해도 미코와이치크는 동료들을 설득하기 쉽지 않은 처지였다. 미코와이치크가 모스크바를 떠나기 직전 스탈린을 다시 만날 기회가 주어졌다. 미코와이치크는 "만약 당신이 관대한 태도를 보여준다면 폴란드인들은 당신의 이름을 영원히 찬미할 것이다"고 애원했지만, 물론 '슈퍼갑'이자 '강철인간'인 스탈린은 전혀 양보하지 않았다.

스탈린이야 그렇다 치고 모스크바에서 처칠이 한 말 중 가장 지나친 것은 이 발언이었다. "이번 전쟁에서 연합국의 전쟁 수행에 당신들이 공헌한 것이 있는가? 어떻게 당신들은 그리 바보같은가? 당신들은 현실을 직시할 수 있는 능력이 전혀 없다. 내 평생, 이런 사람들을 본 것은 처음이다."

처칠의 말은 너무 지나친 것이었다. 암호 해독의 초기 기술을 제공했고, 영국 항공전에서 폴란드 조종사들이 크게 활약했으며, 이탈리아나 아른헴, 노르망디 등 전투마다 용감하게 싸웠고, 런던을 공격하는 V-2 저지에도 큰 공을 세웠는데 '연합국의 전쟁 수행에 당신들이 공헌한 것이 있는가?'라니….

처칠은 얼마 후 안데르스 장군을 다시 만나서 이제 폴란드군이 없어도 되니 마음대로 하라는 막말까지 서슴지 않았다. 하기야 처칠의 본질은 남을 지배하고 착취하는 제국주의자였으니 남의 사정이야 알 바 아닐 것이다. 더구나 영국은 폴란드와 이렇다 할 정서적 유대감이 없는 나라였다. 연합국이 그나마 준 것이 있다면 전쟁이 끝난 후 실시될 '자유선거'에 참여하여 집권할 수 있다는 '희망'뿐 이었다. 하지만 39년, 폴란드 동부에서 실시한 '자유선거'가 어떤 것이었는지 아는 폴란드인들에게 그것은 부도수표에 불과한 것이었다.

망명정부의 분열

모스크바에서 돌아온 후 미국과 영국의 압력은 점점 더해갔고, 결국 다른 방법이 없다는 것을 절감한 미코와이치크는 현실을 받아들이기로 했다. 동부 영토를 포기하는 대신 독일 영토를 얻고 자신이 이끄는 농민당은 전쟁이 끝나면 귀국하여 '자유선거' 참여를 결정했던 것이다. 이 방법으로나마 소련이 지배하는 공산 폴란드를 막으려 했지만 안데르스 장군 등의 반대파가 많았으므로 더 이상의 수상직 수행은 불가능했다. 미코와이치크는 11월 24일 사퇴했다. 설상가상으로 소슨코프스키 장관 역시 부주의한 발언으로 연합군의 미움을 사 자리를 내놓을 수밖에 없게 되었다. 후임으로 폴란드 국내군 사령관이자 독일군의 포로인 부르-코모로프스키 장군이 '임명'되었다. 이렇게 코모로프스키의 '임명'은 형식에 불과했기에 안데르스 장군이 대리를 맡았다. 강경한 반소련주의자인 그는 연합국에 불편한 존재였기에 안데르스가 취임하자 이미 약속이 잡혀있던 영국 고관들과의 면담이 줄줄이 취소되었다.

바르샤바 탈환과 '폴란드 임시정부'의 탄생

45년 첫 날, '폴란드 국민위원회'는 이제 자신들이 '폴란드 임시정부'를 수립한다고 선언했다. 이 정부의 총리는 에드바르트 오소브카-마라브스키가 맡았지만, 그보다는 훗날 폴란드의 최고 권력자가 되는 브와디스와프 고무우카가 제1부총리를 맡았다는 사실이 더 눈에 띈다. 각료 중 공산당원은 6명이었지만, 내무부와 국방부 등 핵심 요직을 차지했다. 중요하지 않은 군소정당의 대표들도 한 자리씩 맡았지만 그들의 역할은 들러리에 불과했다. 이렇게 소련은 옛 동부 영토는 물론 폴란드 전체를 사실상 지배하게 된 것이다. 스탈린의 입장에서 폴란드는 역사적으로 러시아 침공의 통로였기에 반드시 자신들의 통제를 받아야만 했던 것이다.

동방 폴란드군은 조국 땅을 밟았지만 폴란드인들의 반응은 싸늘했다. 바르샤바 봉기를 소련이 방관했다는 사실을 알고 있었기 때문이었다. 45년 1월 17일, 5년 5개월 만에 폴란드 제1군은 수도 바르샤바에 입성했다. 너무나 감격적인 귀환이었지만 초토화된 도시의 모습은 장병들의 마음을 무겁게 만들었다. 전쟁 전에 135만 명의 시민이 있었던 이 도시에 남은 시민은 16만에 불과했다. '폴란드 임시정부'가 소련의 대리인이라는 태생적 한계를 벗어나기 어렵긴 했지만 이때 그들이 한 짓은 정말 최악이었다. 그 짓은 바로 폴란드 국내군에 대한 탄압과 증거인멸이었다. 폴란드 임시정부는 폴란드 국내군을 강제로 해산시키고 일부는 자신들의 군대에 강제로 편입시켰다. 관련 서류는 모두 소각했다. 반항하는 사람들은 체포되었고 심지어 강제수용소로 보내거나 죽이기까지 했다. 대표적인 만행이 국내군 지도자 16명을 '독일과 결탁하여 소련에 대한 군사적 공격을 획책했다'라는 죄목으로 모스크바로 보낸 사건이었다. 더구나 부르-코모로프스키의 뒤를 이은 국내군 총사령관 레오폴트 오쿨리츠키(Leopold Okulicki)는 전후 NKVD에 체포되어 처형되었다.

이런 만행을 저지른 이유는 폴란드 해방은 오로지 소련군과 동방 폴란드군이 이룬 업적이어야 했기 때문이었다. 45년 초, 동방 폴란드군의 규모는 46만에 달했고, 3개 군을 편성할 정도가 되었지만 당연하게도 질은 높지 않았다. 특히 제2군은 폴란드와 앞으로 폴란드 땅이 될 독일 영토를 행군하면서 전투보다는 소련군의 뒤를 따라다니면서 주민에게 폴란드어를 하는 대규모 부대가 있다는 '정치적' 역할을 맡았다. 물론 폴란드 국내군도 당하고만 있지는 않았고 게릴라전을 펼쳐 파업과 수송로 습격 등 나름대로 반격했지만 힘의 불균형은 너무나 명백했다.

얄타 회담

2월 초에 연합국의 세 거두가 크림 반도의 얄타에서 모였다. 회담이 소련에서 열렸다는 사실 자체가 회담의 주도권은 소련에 있었다는 사실을 잘 증명해 주고 있다. 루스벨트와 처칠은 둘 다 건강이 좋지 않았고 루스벨트의 경우는 두 달 후 세상을 떠날 정도로 중환자였다. 그런데도 둘은 그 긴 여행을 감수하고 스탈린을 만나야 했다. 사실 소련은 두 연합국 없이도 승리가 가능했지만 두 나라는 그렇지 않았기 때문이다. 물론 두 나라가 없다면 소련도 더 많은 대가를 치러야 했겠지만 말이다. 더구나 소련의 입장에서는 20세기 전반기에만 세 번이나 침공을 당했고 폴란드가 그 복도 역할을 했으니 당연히 폴란드를 통제 가능한 나라로 만들고 싶었다. 기본적으로 영국과 미국도 타국의 권리에는 무관심했고 특히 폴란드는 멀리 떨어져 있었다. 두 나라가 팔아먹은 나라는 폴란드만이 아니었다. 영국과 미국은 유럽 전선 종료 후 소련의 극동 전선 참가를 요청했고 이에 대한 대가로 옛 러시아 제국이 차지하고 있던 뤼순과 다롄을 소련에 넘겨주기로 했다. 가장 큰 당사자인 중국의 동의를 구하기는커녕 통보조차하지 않았다. 카이로 회담의 일원이었던 장개석은 완전히 무시당한 것이다.

이 회담에서 소련이 얻은 성과는 모두 '기정사실'이 되었다. 그 시점에서도 20만 명의 폴란드 장병들이 영국군 지휘 아래 독일군과 싸우고 있었다. 얄타 회담에서 폴란드에 대한 배신은 이른바 '서방의 배신(Western Betrayal)' 중에서도 가장 비열한 사례로 꼽는다. 미국과 영국은 폴란드를 희생시켜 자국인의 출혈을 줄이는 쪽을 선택했고 폴란드는 '독박'을 쓰고 말았다. 스탈린의 '양보'는 전후 폴란드에서 실시될 '자유선거'에 런던 임시정부 민족주의자들의 '참가'를 허용한 것뿐이었다. 처칠은 귀국한 후 이 때문에 의회에서 곤욕을 치렀고, 의원한 사람은 항의하는 뜻으로 의원직을 사임하기까지 했다. 처칠의 「2차 세계대전 회고록」에서 폴란드계 미국인들은 새 국경과 독일 영토로의 보상을 받아들였다고 썼지만 처칠과 루스벨트의 입장일 뿐 폴란드계 시민의 입장이 정확히 어떠했는지는 자료를 입수하지 못했다.

포메른 전투

사실 당시 바르샤바의 상황은 다른 지역으로 수도를 옮겨도 할 말이 없을 정도였지만 폴란드 공화국 임시정부는 정치적인 대의명분을 만들기 위해 본거지를 루블린에서 수도 바르샤바로 옮겼다. 45년 1월 18일, 임시 청사가 문을 열었고, 폴란드 노동당 중앙위원회는 권력 장악을 위한 회의를 열었다. 다음 날에는 바르샤바 시가지에서 승전 퍼레이드가 열렸다. 행사가 끝나자 동방 폴란드군은 혹한에도 불구하고 하루 30㎞ 이상을 도보로 행군하여 독일로 진군하였다.

이제 전투는 독일 본토로 옮겨졌다. 소련군과 폴란드군의 목표는 말한 것도 없이 수도 베를린이었지만 베를린으로 가기 위해서는 먼저 포메른 방벽을 뚫어야 했다. 이 전투는 친소련 폴란드 군사역사가들도 2차 대전 중 가장 어려운 전투라고 기록할 정도로 어려운 전투였다. 포메른 지역은 호수와 숲이 많은 지역이었고, 이를 이용하여 베를린 방어를 위해 이미 1930년대부터 건설된 콘크리트 요새들이 있었다. 이 방벽을 돌파하기 위해서는 고도의 전술이 필요했다. 하지만 폴란드군은 이런 전투에 맞는 훈련을 받지 못했고, 혹한까지 겹쳤다. 가혹했던 포메른 전투는 2월 말까지 계속되어 엄청난 사상자를 냈다.

4월 18일, 바르샤바에 국방부가 문을 열었다. 전쟁 종료 후, 새로 편성할 폴란드군의 규모는 40만으로 결정되었고, 강력한 공군과 해군의 건설도 계획되었다. 소련은 이에 필요한 장비를 제공해 주기로 약속했다. 하지만 동방 폴란드군의 가장 치명적인 약점, 즉 장교의 부족과 자질 저하는 여전해서 1945년 5월에 동방 폴란드군에 속해 있는 소련군 장성은 26명, 장교는 1만 6천명, 하사관과 기술자는 1만 3천명에 달했다.

서방 폴란드군의 독일과 이탈리아 진격

서방 폴란드군 중 일부는 독일의 비밀무기 V1과 V2의 중요 목표가 된 안트베르펜 방공 업무에 투입되어 많은 V1을 격추시키는 데 공헌했다. 특히 영국 공군에 소속된 폴란드 조종사들은 비행대마다 수십 기씩 격추시키는 성과를 올렸다. V1을 5대 이상 격추시킨 에이스는 모두 19명이었다. 비록 아른험에서 실패하긴 했지만 대세는 연합국 편이었다. 서부전선의 폴란드군은 네덜란드로 진격하여 브레다 시를 해방시켰다. 이 도시는 가톨릭 신자가 대다수를 차지하는 도시여서 폴란드군을 더욱 반겼다고 한다. 그들은 겨울을 나고 독일 본토로 진격했다.

이때 몽고메리의 폴란드에 대한 무지와 무신경은 황당할 정도였다. 마첵 장군을 만난 자리에서 폴란드 가정에서는 독일어를 쓰느냐 러시아어를 쓰느냐고 물어 폴란드 장교들을 아연실색하게 만들었던 것이다. 이탈리아의 폴란드군도 고딕 선이 무너지고 독일군이 붕괴하면서 진격 속도가 빨라졌다. 파도바와 볼로냐를 해방시켰고 몬테카시노의 숙적이었던 제1강하엽병사단도 분쇄했다. 포 강 유역까지 진출했지만, 결국 종전일까지 국경을 넘어 독일 본토로 들어가는 데에는 실패했다. 승전은 당연히 기쁜 일이었지만 폴란드군 장병들은 기뻐할 수 없었다. 얄타 회담의 결과가 전해졌는데, 자신들의 희망은 하나도 받아들여지지 않았기 때문이었다. 미국과 영국은 소련의 요구에 동의해 사실상 커즌선을 소련-폴란드 경계선으로 인정했으니 소련 영토가 된 동부 폴란드 출신 병사들의 동요는 너무나 당연한 것이었다. 마첵 장군 본인 역시 동부 르부프 출신이었다. 연합군 장군들은 당황해서 폴란드 장군들을 저녁식사에 초대하여 동정을 표시하며 위로했다. 안데르스와 마첵은 일단 독일에 주둔하면서 정세 변화를 살펴보자는 데 의견을 모았다. 그 사이에 독일군 포로와 해방된 노동자들 중 폴란드 출신을 뽑아 병력을 보충했다.

중장으로 승진한 마첵은 4월말 스코틀랜드에 주둔하고 있던 1군단 사령관에 임명되었다. 5월 4일, 마첵은 뤼네부르크에 주둔하고 있는 몽고메리의 사령부에 초대받았는데, 네덜란드, 독일 북서부, 덴마크 주둔 독일군의 항복 조인식에 사인하기 위해서였다. 39년 9월, 2차 세계대전의 첫 전투에 참전했던 마첵이니만큼 상징성은 무척 컸다. 하지만 폴란드군에 주어진 기쁨은 그것이 전부였다.

베를린 전투

그 거대했던 2차 대전도 거의 막을 내려가고 있을 때, 그 피날레를 장식하는 전투가 바로 독일 제3제국의 수도 베를린 공방전이었다. 대전의 첫 전투에 참가했던 폴란드도 그에 걸맞게 마지막 전투에도 참여했다. 바로 제1군과 제2군이었다. 두 군 휘하에는 10개 보병사단과 1개 전차군단, 1개 항공사단 외에 여러 특수부대들이 배속되어 있었는데, 이 부대들만으로도 약 20만 명에 달했다. 전투서열은 다음과 같다. 다만 2군은 베를린을 직접 공격하지 않고 남쪽에서 보조적인 역할을 맡았다.

- 폴란드 1군: 제1, 2, 3, 4, 6 보병사단
- 폴란드 2군: 제5, 7, 8, 9, 10 보병사단과 제1 폴란드 전차군단(실제로는 사단 규모)

베를린 남쪽 바우첸(Bautzen)에서 구원을 위해 북상하는 독일군을 폴란드군이 막았는데 7,700~10,000여 명이 전사 또는 실종되고 10,500여 명이 부상하는 등 엄청난 피해를 입었다. 결과는 독일군의 전술적인 승리로 끝났지만 목표였던 소련 우크라이나 제1전선군의 베를린 공략을 막지 못하고 독일군의 피해도 컸으므로 폴란드군의 전략적 승리라 봐도 무방했다. 어쨌든 압도적인 전력 차에도 불구하고 독일군의 극렬한 저항으로 인명 손실은 매우 컸다. 소련군의 손실은 30만이 넘었고, 폴란드군 역시 전사자와 부상자를 합쳐 3만 7천 명에 달하는 인적 손실을 입었다. 그러나 폴란드 제2군의 전쟁은 아직도 끝나지 않았다. 그들은 소련군의 프라하 공략전에 불려나가서 전투를 한 번 더 치러야 했다. 바르샤바나 베를린과는 달리 이 전투는 폴란드군에 동기 부여가 되지 않았고 따라서 많은 사상자를 내고 말았다.

6월 24일, 모스크바에서 열린 전승기념행사에 폴란드군도 초청되어 전승 퍼레이드의 한 자리를 차지할 수 있었다. 당시 동방 폴란드군은 40만 명에 이르러 서방 폴란드군의 두 배에 달했다. 동방 폴란드군은 야전군(소련식) 편제를 구성할 정도였기 때문에, 서방 폴란드군이 사단급 내지 군단급으로 이곳저곳에서 산발적으로 전술적 수준에만 활동한 반면, 동방 폴란드군은 대규모로 작전술 수준의 돌파 및 기동에 참여했고, 그만큼 전술 사례 및 전훈을 상당히 확보하는 데 성공했다는 사실을 부정할 수는 없다. 이렇게 동서 양 전선에서 폴란드군은 이 거대한 전쟁의 시작과 끝에 모두 참여했지만 폴란드의 시련은 끝나지 않았다.

전쟁은 끝났지만…

폴란드의 피해

2차 대전에서 가장 큰 피해를 본 나라라면 대부분 소련을 뽑는다. 최소한 2천만 명 이상이 죽었고, 정확히 얼마나 많은 군인과 민간인들이 죽었는지는 아무도 알 수 없다. 그러나 패전국을 제외한 모든 참전국 중 폴란드만큼 전쟁으로 인한 급격한 변화를 겪은 나라는 없을 것이다. 독일군과 소련군이 이 나라를 여러 차례 휩쓸고 지나가면서 폴란드의 국토는 엄청나게 파괴되었다. 그래서 인구 비율로 계산한다면 가장 많은 희생자를 낸 나라는 폴란드였다. 39년 개전 당시 3,700만이었던 인구가 2010년이 되어서야 3,850만 수준으로 회복되었을 정도였다. 물론 정확한 숫자는 알 길이 없지만 최소한 600만 명이 넘는 폴란드인(유대인이 최소 4분의 1은 넘었을 것이다. 아우슈비츠 역시 폴란드 땅에 있다)이 사망했는데, 어느 나라도 이 정도의 인명 손실은 입지 않았다. 더구나 교육을 받은 이들의 사망률은 훨씬 높았다. 물적 피해는 계산할 엄두조차 내지 못할 정도였고 경제는 완전히 붕괴했다.

전후의 혼미

폴란드는 비록 히틀러에게서 해방되기는 했지만, 스탈린이란 거대한 그림자에서 벗어날 수 없었다. 스탈린의 압력으로 미국과 영국은 45년 7월 6일, 미국과 영국은 런던 망명정부의 정통성을 공식적으로 취소했다. 7월 17일 포츠담에서 열린 전승국 회의에서 스탈린은 폴란드에 대한 자신의 의지를 다시 100%에 가깝게 관철시켰다. 그 중 가장 중요한 부분은 소련이 39년 9월에 차지한 폴란드 영토를 계속해서 차지했다는 사실이다. 45년 8월 16일, 소련-폴란드 협정으로 커즌 선과 거의 일치하는 분계선이 두 나라 사이의 국경선으로 공식 확정되었으며, 51년에 폴란드에 유리한 약간의 국경선 조정이 있었다.

폴란드는 동부 영토 대신 슐레지엔과 동 프로이센, 포메른 등 독일의 영토를 차지했지만 7만 5천㎢나 영토가 줄어들었다. 그나마 잃은 땅보다 새로 얻은 독일 영토가 더 잘 개발되어 있다는 점이 위로가 되기는 했다. 하지만 천만이 넘는 독일인과 폴란드인이 대이동을 하게 되었으니 혼란이 없을 리 없었다. 특히 소련으로 편입된 지역에서는 독일과 싸우던 폴란드인과 우크라이나인 게릴라들이 총구를 소련으로 돌려 50년까지 전투가 계속되었다. 이 와중에 3만 명에 달하는 폴란드인들이 목숨을 잃었다. 영토의 상실과 내전까지 치렀지만 그래도 성과가 전혀 없지는 않았다. 이로 인해 폴란드는 인구의 95%이상이 폴란드 민족인 '단일민족' 국가로 '정돈'되었기 때문이다.

전후 소련군 내에 있는 외국인 부대(대부분 동유럽 국가 출신, 폴란드 외에도 불가리아, 루마니아, 체코슬로바키아, 헝가리, 유고슬라비아 부대가 있었다)는 해체되어 해당 국가에 재배치되었다. 폴란드 역시 소련 편에 있었던 장군과 공산당 출신 정치인들이 국가권력을 장악하기 시작했다.

전후 재영 폴란드인들의 운명

제2차 세계대전 종전과 함께, 서방 연합군 소속으로 전투에 참여했던 대략 20만 명의 영국 주재 폴란드인들은 아주 어려운 선택의 기로에 놓이게 되었다. 폴란드로 돌아가야 하는가? 소련에 사실상 국토를 빼앗기고, 소련의 지배하에 있는 폴란드 말이다. 아니면, 영국 또는 다른 나라에서 후일을 기약해야만 하는가? 서방 폴란드군에 맡겨진 일은 독일 점령지 관리 임무였지만, 이 임무는 영구적일 수 없었다. 이들 폴란드인들을 더욱 힘들게 만든 것은 자신들이 영국으로부터 버림받았다는 배신감이었다. 이러한 배신감은 46년 여름, 영국 런던에서 열린 승전 기념 퍼레이드에 서방 폴란드군이 초청을 받지 못하자 극에 달했다.

영국 정부는 이미 소련이 지원하는 폴란드를 공식적으로 승인한 상태였기에 영국의 폴란드인들은 골칫거리로 전락했던 것이다. 다만, 영국 항공전에 영국 공군 소속으로 참전한 폴란드 공군 비행사들만은 초청받았지만, 이들은 전우들과의 의리를 생각해서 초청을 거부했다. 폴란드 제2군단 소속으로 몬테카시노 전투에 참전했던 한 폴란드 병사는 이렇게 회고했다. "나는 영국의 이런 모습을 좋아할 수 없다. 나는 이 일을 기억할 것이다. 그리고 당신도 이를 잊어서는 안 된다. 영국의 비인간적인 처사를 말이다."

당시 총선에서 패해 야당 지도자로 물러나 있던 윈스턴 처칠은 기념행진이 거행되기 사흘 전인 1946년 6월 5일, 하원 연단에 올랐다. 사실 일이 이렇게까지 된 데 적지 않게 '공헌'한 사람이 바로 처칠이었다. 처칠은 "전선에서 우리와 함께 싸웠고, 공동의 대의를 위해 피를 흘렸던 폴란드 군인들이 이번 승전행사에 초대를 받지 못한 것에 대해 큰 유감을 표명하지 않을 수 없다"라고 하면서 서방 연합국은 자유로운 독립 폴란드를 수차례에 걸쳐서 약속했지만 이 약속이 지켜지지 않았다는 것, 즉 폴란드인들은 소련의 통제를 받는 정부의 지배하에 있다는 사실을 인정했다. 처칠은 폴란드에 대한 자신의 감정을 이렇게 마무리했다.

"폴란드의 운명은 끝없는 비극의 연속이며, 우리는 폴란드를 위해 전쟁을 시작했지만 모든 것에 대해 적절하게 대처하지 못했고, 우리가 현재 목격하고 있는 것은 행동의 실패에서 기인한 슬프고 기이한 그 어떤 것이다."[10]

처칠은 위대한 지도자였지만 그가 히틀러라는 너무나 거대한 악당과 싸웠기에 지금의 평가를 받는 인물이라는 사실을 부정할 수 없다. 다시 말하면 히틀러는 처칠 없이도 충분히 '거대'하지만, 처칠은 히틀러 없이는 위대할 수 없는 존재였다. 히틀러가 없었다면 처칠은 그저 글이나 잘 쓰고 그림이나 좀 그리는 시대에 뒤진 제국주의자 정도의 평가로 끝나지 않았을까? 어쨌든 폴란드에 대한 처칠의 행동은 이미 충분히 위선적이었지만 만약 시콜스키의 죽음까지 그가 관여했다면 정말 역사에서 용서받기 어려운 위선자로 평가받아도 할 말이 없을 것이다. 선거에 패해 야당으로 물러났기에 폴란드에 대한 책임을 더 이상 지지 않아도 된 것은 그나마 다행이 아닐까?

---

10 laurence rees, 「2차 세계대전, 숨겨진 이야기」 참조 / 파리13구(이글루스 활동 번역가)

귀국한 미코와이치크와 장병들의 운명

서방 연합국은 47년에 실시될 '자유선거'에 참가하여 한 표라도 보태라는 의미에서 최대한 폴란드인들의 귀국을 종용했다. 민간인으로서는 45년 6월 27일, 미코와이치크가 안데르스 장군의 만류에도 불구하고 6년 만에 조국으로 돌아가 임시정부의 부수상 겸 농업장관으로 취임했다. 미코와이치크가 이끄는 농민당은 당시 폴란드에서 유일하게 조직화된 비 공산주의 정치세력이었다. 하지만 미코와이치크와 동료들은 21명의 각료 중 4명밖에 차지하지 못했을 뿐 아니라 계속되는 위협과 체포에 시달렸고, 47년 선거조작까지 서슴지 않았던 공산당의 단독 집권이 확실해지자 영국으로 돌아왔다. 하지만 런던 망명정부조차 미코와이치크를 경원시하자 미국으로 건너갔고, 66년에 그 곳에서 세상을 떠났다. 미코와이치크가 남긴 회고록의 제목은 《The Rape of Poland》였다. 1997년 5월 4일 포즈난에 미코와이치크의 동상이 세워졌고, 그의 유골은 2000년 6월 2일 조국으로 돌아와 포즈난에서 영면하게 되었다.

서방 폴란드군 22만 8천 명 중, 46년 10월까지 약 55,000명만이 종전 후 폴란드로 귀국했다. 그나마도 귀국자 중 절반 이상이 전쟁이 끝나갈 때 입대했거나 전쟁이 끝난 다음에 입대한 자들이었다. 하지만 그들을 기다리고 있었던 것은 감시와 처벌, 푸대접이었다. 그럼에도 그들이 귀국했던 이유 중 하나는 당시 일부 영국인들이 폴란드인에 대해 가지고 있었던 편견 때문이었다. 볼락 소위는 안데르스 부대 소속의 참전용사인데, 전후 영국에서 다음과 같은 기막힌 일을 당했다.

어느 날 나는 군복을 입은 채, 영국인 여자 친구와 산책 중이었다. 그런데 갑자기 차 한대가 정차하더니, 신사 한 명이 차에서 내려 내게 다가와 이렇게 말했다. "소위, 내가 질문 하나 해도 될까?" 나는 '네'라고 대답했다. 그는 나의 군복에 달린 폴란드 뱃지를 만지면서, "도대체 얼마나 더 오랫동안, 당신들 폴란드인은 계속 우리 영국 빵이나 축낼 작정이요? 당신은 전쟁이 끝났다는 소식을 아직도 듣지 못했단 말이요?"

사실 영국도 승전하긴 했지만 경제가 거덜난 상태여서 국민의 생활은 말이 아니었다. 하지만 1939년 9월과 지하활동 기간 희생된 병사들을 제외하고도 서방 폴란드군은 4만 명이 전사했고, 6천 명의 영구 불구자를 포함해 2만 명의 부상자가 발생했다. 더구나 이제까지 보았듯이 가장 어려운 전투를 맡았기에 이런 대우를 받을 이유가 없었던 볼락은 격분하여 주위 사람들의 만류에도 불구하고 영국 군복을 입은 채 귀국했다. 공산정권 치하의 폴란드 비밀경찰은 볼락을 24시간 동안 감금시켰다. 심문관은 볼락에게 이렇게 말했다고 한다. "아무도 당신이 폴란드에서 사는 것을 원하지 않는다. 우리는 당신 같은 사람이 필요 없다." 볼락은 다행히 곧 석방되었지만, 이후 오랫동안 변변치 않은 일자리들만을 전전해야만 했다. 볼락은 공산 폴란드에서 단 한 번도 안전하고 자유롭다고 느껴 본 적이 없었다고 회고했다. "이같이 차별받고 있고, 감시당하고 있는 느낌이 평생 동안 지속되었다."

몇몇 귀국 참전용사들은 투옥되고 심지어 처형당하기도 했지만, 다수는 위의 사례처럼 비록 천한 일자리라도 먹고 살아갈 수 있었다. 하지만, 자신들은 염원이던 자유 폴란드에서 자유 시민으로는 결코 살아갈 수 없었고, 이 '자유 폴란드'는 바로 처칠이 약속했지만 지키지 못했던 약속이었다.[11]

46년 3월 20일, 바르샤바의 폴란드 정부와 영국은 서방 폴란드군의 해산에 합의했고, 바르샤바 정부는 9월 13일, 연말까지 귀국하지 않은 이들의 시민권을 박탈하겠다고 경고했다. 그럼에도 귀국자는 많지 않았다. 결국 9월 27일, 바르샤바 정부는 안데르스 장군을 비롯, 장군 포함 장교 75명에 대한 계급과 시민권을 박탈했다. 이들의 권리는 90년 공산정부가 무너진 다음에야 회복되었다. 벼룩도 낯짝이 있는지라 귀국을 거부한 15만의 폴란드인을 위해 영국 의회는 이민법을 개정해 주었다.

56년 포즈난에서 일어난 대규모 시위를 계기로 폴란드 공산당 정부도 상당한 자유화 조치를 취했는데, 이 때문에 상당수의 런던 망명정부 인사들이 귀국하였고, 심지어 로마 교황청조차 바르샤바 정부와 수교했을 정도였다. 하지만 바르샤바와 런던 두 정부는 끝까지 서로의 존재는 물론이고 상대방의 군대가

---

11   laurence rees, 「2차 세계대전, 숨겨진 이야기」 참조 / 파리13구(이글루스 활동 번역가)

독일군과 싸운 사실 자체까지도 부정했다.

놀랍게도 런던의 폴란드 망명정부는 1990년까지 유지되었다. 그렇다면 귀국하지 않고 영국에 남은 폴란드 장병들은 그 동안 어떻게 살았을까? 상당수는 호주나 캐나다, 미국으로 이민했지만 영국에 정착한 사람들도 많았다. 영국 정부는 '폴란드 공업재흥교육단'이라는 이름과는 다른 준 군사적 성격의 단체를 만들어 폴란드군 장병을 민간으로 돌려보내 재취업시키기 위한 교육을 실시했다. 사실 영국은 물론 서유럽 국가 모두 경제 재건을 위한 노동력이 부족한 상태였기에 갈 곳 없는 '무국적자'들의 영입에 적극적이었다. 심지어 옛 폴란드령에 살았고 독일 무장친위대에 입대했던 우크라이나인도 여기에 포함되었을 정도였다.

어쨌든 이렇게 많은 폴란드인들이 영국 시민이 되었고 아일랜드인들과 함께 영국 가톨릭의 기둥이 되었다. 그 중 안데르스 장군은 폴란드인 공동체의 지도자를 맡고, 망명정부 국방장관이었던 쿠켈 장군은 공산 폴란드를 계속해서 공격하여 공산 폴란드 정부 입장에서는 눈엣가시 같은 존재가 되었다. 영국은 폴란드 장군들에게 연금을 주지 않았다. 대신 얼마간의 돈을 수표로 주거나 2천 파운드를 무이자 대출해 주었다. 안데르스 장군은 70년 영국에서 세상을 떠나 몬테카시노에 묻혔다. 최근 폴란드 육군이 개발 중인 차세대 경전차와 장갑차에 안데르스의 이름이 붙는다고 한다. 마첵 장군은 술집을 경영하면서 자신이 해방시킨 네덜란드로부터 연금을 받는 '행운'을 누릴 수 있었다. 에이스 스칼스키는 영국 공군의 고위직 제의까지 뿌리치고 47년 귀국하여 조국의 공군에 입대했다. 하지만 다음 해 스탈린주의 정권에 의해 간첩죄로 체포되어 사형선고를 받았고, 3년 후 종신형으로 감형되었다. 복역 중 다행히 민족주의적 성향의 고무우카가 집권하여 8년 만에 석방되어 공군으로 복귀했다. 준장까지 오른 스칼스키는 조국의 '진정한 해방'까지 보고 2004년 세상을 떠나는 행복을 누릴 수 있었다. 하지만 폴란드 제1공수여단장 소사보브스키 장군은 귀국하지 않고 영국 시민이자 '노동자'로 살다가 67년에 75세로 세상을 떠났다. 위안이라면 당시의 폴란드 공산정권이 소사보브스키의 시신을 폴란드 국립묘지에 묻었으며, 냉전 체제가 붕괴된 뒤 폴란드 공수부대에 그의 이름이 붙었다는 사실이다. 망명정부 직원들은 3개월분의 봉급을 받고 대신 '직장'과 '조국'을 한꺼번에 잃어야 했다.

개인적인 의견이지만 흔히 일본의 항복이 늦어졌다면 광복군의 국내 진입이 이루어졌을 것이고 그렇게 되었다면 남북 분단은 피할 수 있을 것이라는 아쉬움을 표시하는 분들이 많은데, 지금까지 살펴본 폴란드의 예를 준용하면 지나치게 낙관적이라는 결론을 내릴 수밖에 없다. 나치의 첫 번째 희생자였고, 그토록 많은 피를 흘렸으며 폴란드 국민의 절대적인 지지를 받았던 런던 망명정부조차 결국 거의 얻은 것 없이 연합국에 배신당했다. 그런데 전쟁이 거의 끝나가는 시점에 뛰어든 대한민국 임시정부, 더구나 국민당 정부조차 한반도에서 유일한 합법정부로 인정하지 않은 대한민국 임시정부를 연합국이 얼마나 인정했을까?

전후의 보이텍 이야기

45년 2차 대전이 끝날 무렵에 폴란드 2군단을 따라간 보이텍은 스코틀랜드로 갔다가 그곳에서 종전을 맞이한다. 폴란드 2군단은 해산되었고 보이텍도 47년 11월 15일에 '전역'해서 스코틀랜드의 에든버러 동물원에 머물게 되었다. 동물원에서 보이텍은 관람객들에게 큰 인기를 얻었으며 스코틀랜드-폴란드 문화협회 명예회원이 되었을 정도로 유명했다. 전후 보이텍의 전우들은 가끔 동물원에 방문했는데 폴란드어로 부르면 반가운 표정으로 담배와 술을 요구하기도 했다. 하지만 전우가 오지 않았을 때 보이텍은 외로웠다. 폴란드 망명군의 마스코트로 유명해진 보이텍을 보고 싶어 찾아온 관람객들에게 모습을 잘 드러내지 않았고, 그렇게 살다가 63년 12월 그 동물원에서 22살 때 세상을 떠났다. 당시 보이텍의 전우였던 아우구스틴 카롤루스키 씨는 "곰이 아니라 완벽한 동료였다."고 말했다.

동물원 우리에 있는 보이텍을 보는 폴란드 전우들도 마음이 편할 리 없었다. 폴란드의 공산화로 서방 폴란드군은 오도 가도 못하는 신세가 되어 버려서 철창 속에 갇힌 보이텍이나 자신들이나 처지가 비슷해진 탓이었다. 하지만 몇 년 전 한동안 잊혔던 '참전 곰' 보이텍의 전기가 어릴 적 할아버지의 참전 스토리를 추적한 한 고교 교사의 노력으로 최근 출간되었다. 이를 전해들은 스코틀랜드 주민도 뒤늦게 모금 운동을 벌여 '보이텍 동상'을 건립했다. 보이텍의 이 야기는 우리나라 MBC 방송국에서 『신비한 TV 서프라이즈』의 소재로 방영되 어 화제를 모으기도 했다.

남은 이야기

전후 포츠담 협정에 의해 폴란드 영토가 된 지역에 살던 독일인은 줄어든 독 일 영토로 추방당했다. 폴란드 잔류도 선택할 수 있었지만 전후 폴란드의 사회 주의화로 인해 사유재산이 몰수되었고 폴란드 주민으로 인정받지 못했다. 전 쟁 전 폴란드 시민이었던 약 270만 명의 독일인은 독일 점령 하에선 4개 구로 구분되어 관리되었지만, 전후 폴란드에 남은 독일인들은 폴란드 공산정부에 의해 반역자로 취급되었다. 어쨌든 이런 조치로 인해 독일, 폴란드, 체코슬로바 키아는 국내의 소수민족 문제를 깨끗이 정리할 수 있게 되었다.

최후의 승리

영국과 미국이 폴란드 망명정부 승인을 취소하자 망명정부 청사로 쓰던 옛 대사관 건물까지 바르샤바 정부에 넘어갔다. 39년 당시 보유하고 있던 폴란드 중앙은행의 해외재산 역시 그렇게 되었다. 망명정부는 대통령 사택으로 사무 실을 옮겼는데, 그래도 요인들 자신들의 자택은 그대로 소유할 수 있었기 때문 이었다. 망명정부 요인들은 서유럽과 북미, 호주에 흩어진 15만 폴란드인들의 지원을 받아 대통령과 총리, 8명의 장관을 가진 정부를 계속해서 유지했으며 격주로 국무회의를 열었다. 아버지 세대가 사라지자 아들 세대가 임시정부를 지탱했다.

놀랍게도 아일랜드와 스페인 두 가톨릭 국가는 런던 망명정부를 폴란드의 합법정부로 인정해 주었다. 1990년, 동구권이 무너지면서 자유노조 지도자 바 웬사가 대통령으로 압도적인 표차로 당선되었다. 90년 12월 22일 런던에 있던 폴란드 망명정부의 카초로프스키 대통령이 사임했다. 당연히 후임자는 바웬사 였다. 망명정부는 39년 9월 파리에서 설립된 이후 소임을 마치고 51년만에 사

라졌다. 망명정부는 대통령기와 휘장, 국새, 35년 헌법 원본 등 제2공화국의 유산을 바웬사 정부에 넘겨주었다.

　이렇게 바웬사 정부는 '폴란드 인민 공화국'이라는 이름의 공산 정권을 청산하면서 제2공화국의 법통을 이어받고 제3공화국을 선포하여 '폴란드 공화국'을 재건하였다. 현재의 폴란드군 역시 정통성을 서방 망명군에 두고 있다. 마지막 이야기가 남아 있다. 앞서 말한 2010년 카친스키 대통령 일행의 비극적 사고 때 희생자 중 하나가 카초로프스키 망명정부 대통령이었다. 당시 그의 나이는 89세였다.

폴란드에 평화 있기를…

　폴란드인들은 비록 여러 가지 잘못을 저지르긴 했지만, 저지른 잘못에 비하면 너무나 엄청난 피를 흘렸고 너무나 심한 고난을 당했다. 하지만 이제는 원하지 않았던 체제에서 벗어난 지 20년 이상이 지났고, 대통령과 국가 수뇌부가 한꺼번에 사고로 사라지는 대참사를 당했으면서도 국가 체제가 흔들리지 않는 성숙함까지도 전 세계에 보여 주었다.

　전쟁이 끝난 지 반세기가 지난 지금 돌이켜보면 폴란드의 가해자들은 모두 대가를 치렀다. 독일은 패전으로 국토의 25%를 폴란드에 내주었고 별도로 40년간의 분단이라는 대가를 치렀다. 구 폴란드 영토의 절반을 차지한 소련은 반세기만에 해체되고 말았으며 그 땅은 벨라루스와 우크라이나의 것이 되었다. 폴란드의 국부 피우수트스키의 꿈 중 하나인 러시아와 우크라이나의 분리는 그가 전혀 생각하지 못한 형태로 실현되었다. 그토록 잘난 체하던 처칠의 대영제국은 전쟁이 끝나자마자 비참한 해체의 길을 걷고 말았다.

　많은 아쉬움은 있지만 폴란드인들은 선조들이 흘린 피만큼, 아니 그 이상 평화를 누릴 충분한 자격을 지닌 민족이며 국민이다.

　폴란드에 평화가 계속되기를….

　VIVA! POLSKA!

폴란드 연표

- 1918. 11. 11.   독립
- 1920. 4. 25.   소련-폴란드 전쟁 개전
- 1920. 10. 12.   리가 조약, 소련-폴란드 전쟁 종전
- 1926. 5. 12.   피우수트스키의 쿠데타
- 1934 1. 26.   독일과 불가침 조약
- 1935. 5. 12.   피우수트스키 사망
- 1939. 8.23   독소불가침 조약
- 1939. 9. 1.   독일군 침공. 2차 세계대전 시작
- 1939. 9. 3.   영국과 프랑스 독일에 선전포고
- 1939. 9. 17.   소련군 폴란드 침공
- 1939. 9. 27.   바르샤바 항복
- 1939. 9. 30.   파리에서 폴란드 망명정부 수립
- 1940. 4. 10.   카틴 숲의 학살
- 1940. 5. 14.   나르빅에서 망명군 첫 교전
- 1940. 8. 5.   폴란드-영국 군사협정
- 1941. 8월   폴란드군 토브룩 투입
- 1941. 6. 22.   바르바로사 작전 개시
- 1941. 8. 14.   폴란드-소련 동맹
- 1941. 12. 3.   시콜스키 수상 모스크바 방문
- 1943. 4. 13.   괴벨스 카틴 숲 학살 사건 폭로
- 1943. 4. 19.   바르샤바 게토 봉기
- 1943. 5. 8.   폴란드 애국동맹 창립
- 1943. 6. 4.   시콜스키 수상 사고사
- 1943. 7. 15.   친소 폴란드 제1사단 '타데우쉬 코시치우스코' 창설
- 1943. 10. 12.   레니노 전투
- 1943. 11. 20,   부르자 봉기

- 1943. 11. 28.　　테헤란 회담
- 1944. 5. 18.　　폴란드군 몬테카시노 점령
- 1944. 7. 18.　　안코나 해방
- 1944. 8. 1.　　바르샤바 봉기
- 1944. 8. 8.　　노르망디에서 토탈라이즈 작전 개시
- 1944. 10. 2,　　바르샤바 봉기군 항복
- 1944. 9. 21.　　제1공수여단 아른헴 투입
- 1944. 10. 13.　　미코와이치크 수상 모스크바 방문
- 1944. 11. 14.　　미코와이치크 수상 사임
- 1945. 1. 1.　　폴란드 임시정부 수립
- 1945. 1. 17.　　바르샤바 탈환
- 1945. 5. 1.　　베를린 함락
- 1945. 7. 17.　　포츠담 회담 시작
- 1945. 6. 24.　　모스크바 전승 퍼레이드 참가
- 1945. 9. 1.　　몬테카시노의 폴란드군 묘지 개장
- 1946. 9. 27.　　바르샤바 정부 서방 폴란드군 요인 시민권 박탈
- 1947. 10. 21.　　미코와이치크 재망명
- 1990. 12. 22.　　런던 망명정부 해산

폴란드편 참고서적

- 12전환점으로 읽는 제2차 세계대전 / 필립 M. 벨 저 / 황의방 역 / 까치
- 2차 세계대전사 / 존 키건 저 / 류한수 역 / 청어람미디어
- 2차 세계대전 회고록 / 윈스턴 처칠 저 / 구범모, 김진우, 민병산 역 / 박문사
- 거대 건축이라는 욕망 / 데얀 수딕 저 / 안진이 역 / 작가정신
- 독소전쟁사 1941-1945 / 데이비드 M. 글랜츠, 조너선 M. 하우스 저 / 권도승, 남창우, 윤시원 역 / 열린책들
- 망명군 / 브와디스와프 안데르스 저 / 구원희 역 / 이구출판사
- 스탈린, 강철권력 / 로버트 서비스 저 / 윤길순 역 / 교양인
- 유럽사 산책 2권 / 헤이르트 마크 저 / 강주헌 역 / 옥당
- 이탈리아 전선 / 라이프 제2차 세계대전
- 잔혹한 세계사 / 조지프 커민스 저 / 제효영 역 / 시그마 북스
- 판타스틱 폴란드 / 이경렬, 김식, 남창현, 이태식, 이수명 공저 / 지만지
- 포스트 워 1권 / 토니 주트 저 / 조행복 역 / 플래닛
- 히틀러의 비밀병기 V2 / 트레이시 D. 던간 / 방종관 역 / 일조각
- D-DAY / 앤서니 비버 저 / 김병순 역 / 글항아리
- 2차 대전의 폴란드 전투기 에이스 / 로베르트 그레친거, 보이체크 마투차크 저 / 와타나베 요우지, 가라자와 에이치로 역 / 大日本繪畵
- 노르망디 상륙작전 / 學研
- 무장SS전사 2 / 學研
- 바르샤바 봉기 1944 / 노만 데이비스 저 / 染谷徹 역 / 白水社
- 빼앗긴 조국 폴란드 / 미코와이치크 저 / 廣瀬佳一, 度邊克義 역 / 中央公論社
- 스탈린의 외인부대 / 페테르 고츠토니 저 / 守屋純 역 / 學研
- 폴란드 전격전 / 學研
- 歷史群像 2010년 2월 호 / 學研
- 波蘭閃擊戰(폴란드전격전) / 王志强 主編 / 外文出版社
- THE POLISH ARMY 1939-1945 / OSPREY MILITARY

- World at Arms / Gerhard L Weinberg
- 2차 세계대전, 숨겨진 이야기 / laurence rees 저
- 폴란드 전쟁 1939 / Leszek Moczulski 저

핀란드
Suomen tasavalta

WW2 이전 핀란드의 추억

※현재는 핀란드어는 우랄어, 한국어는 알타이 제어계 고립어로 보는 시각이 우세합니다.

이런 습하고 춥고 황량한 숲까지 살러 온 민족은 아시아에서 훈족에 쫓겨 도망쳐 온 민족이라고 하는데…

여기까진 못 오겠지.

그래서 핀란드인들을 아시아인이라고도 하고, 한국인과 같은 우랄-알타이 어족이라고도 하고.

휘바- 쉬바- 비슷한 감탄사가 있네요.

핀란드 태고 설화를 볼작시면, 대모신의 자궁에서 탈출한 베이네뫼이넨씨가

파워출산!!

청동 거인을 시켜서 쓸모없는 숲을 자작나무만 남기고 다 불태워 삶의 터전을 만든다.

불의 거신병인가!

척박한 숲에서 화전을 일구며 살던 핀란드인들의 초기 생활상을 반영하는 설화다.

그러다 12세기 중엽, 서쪽에 스웨덴 십자군이 쳐들어와서 스웨덴에 복속.

가톨릭 믿어라!

그리하여 카렐리아를 가로지르는 가톨릭과 정교회의 경계선이 생기고 그 서쪽이 핀란드가 된다.

동쪽은 노보고로드 공국이 쳐들어와서 러시아에 복속.

정교회 믿어라!

WW2 이전 핀란드의 추억

스웨덴 치하에서 스웨덴 군에 속한
핀란드 기병대 하카펠리타트는
30년 전쟁을 통해 유럽에
그 위명을 떨치다!

하카펠리의 뜻은
'놈들의 목을 쳐라!'
라는 전투 구호지.

스웨덴 치하에서 대체로 자치가
허용되어 문화와 언어 보전.

아, 근데 종교는
이제 개신교로
개종해라.

그러나 18세기, 스웨덴-러시아 전쟁의 결과
핀란드는 러시아에 넘어가게 된다.

앞으로 나님이
잘 키울게요.

러시아 치하에서도 마찬가지로 자치가 허용돼
독립된 의회와 화폐까지도 존재했었지만-

폴란드보다 훨씬
괜찮은 처지구만.

……

1899년부터 강력한 중앙집권을
위한 러시아화가 추진돼
핀란드의 자치 폐지.

헐;;

ㅋㅋ

핀란드인들은 러시아 총독을 암살하기도 하고,
시벨리우스 같은 음악가들이
민족의식을 고취시키기도 하는 등,
독립 의지를 불태웠다.

시베리아 가서
시벨리우스나
들어라!!

우랄-알타이어족
덕 좀 봅시다!

우린
고립어인데;

결정적인 한방은 역시 1차 세계대전!
러시아는 독일에 KO를 당한다.

먹은 거 전부
토해내시지.

꾸웨엑~

그리고 러시아의 패전과
혁명의 혼란을 틈타 독일의 지원으로
1917년 독립 달성!

수꼴!

좌빨!

휘바휘바!

그러나, 이념 갈등은 핀란드를 비켜가지 않았고,
1918년의 좌우 내전으로 인구 100만 명의 핀란드에서
8천 명의 희생자를 내고 만다.

음… 하지만 22년 후의
더 큰 희생을
준비해야 하죠…

좌빨!

수꼴!

인구의 1% 가까운
희생을 치렀어;;

핀란드라는 나라

 2차 세계대전에 참가한 군대 중 어느 나라 군대가 최강일까? 하는 질문에 대한 답은 독일군이라는 것이 중론이다. 동의할 만한 내용이지만 단 '메이저 리그'안에서라는 전제가 붙어야 한다고 생각한다. 군대의 규모와 장비를 제외하고 병사 개개인의 순수한 전투력과 지휘관의 기량만 본다면 최강의 군대는 바로 여기서 소개할 핀란드군이 아닐까?

 39/40년 겨울 거대한 이웃 소련을 상대로 핀란드군이 보여준 투혼과 전술은 세계를 놀라게 했다. 그 이후에도 독일과 공동 교전국으로서 소련을 상대로 훌륭하게 싸웠고 정치적으로도 입장을 잘 정리하여 전후 소련의 위성국 신세를 면했으면서도 서구와의 관계도 잘 유지하는 외교적 성공까지 거두었다. 이 나라는 폴란드와는 너무나 대조적으로 약소국이 어떻게 해야 강대국 사이에서 살아남을 수 있느냐를 잘 보여주었다.

 폴란드만큼 장대하지는 않지만 어느 나라보다도 훌륭한 교훈을 남긴 핀란드의 2차 세계대전 이야기가 이제 시작된다.

핀란드의 독립 여정

원래 핀란드는 북방의 강자 스웨덴에 속해 있던 나라였지만, 나폴레옹과의 협의를 통해 1809년 러시아 제국에 병합되어 100년이 넘는 지배를 받게 된다. 폴란드와 비슷한 처지였지만, 러시아의 핀란드 지배는 핀란드의 인구가 얼마 안 돼서 그랬는지 폴란드만큼 가혹하지는 않았다. 핀란드는 러시아 황제 알렉산드르 1세(Aleksandr I)의 계몽정책에 힘입어 알렉산드르 1세가 러시아 황제가 아닌 핀란드 대공의 지위로 자신들을 다스리는, 겉보기에 동군연합과 비슷한 형태로 지배하면서 독자적인 대의기구와 행정기구를 가지는 자치대공국(Grand Duchy)의 지위를 얻었고, 1812년에는 수도를 투르쿠(Turku)에서 헬싱키(Helsinki)로 옮겼다.

1800년대 초반부터 프랑스 대혁명의 영향을 받아 "우리는 더 이상 스웨덴인이 아니며, 우리는 러시아인도 될 수 없다. 우리는 핀란드인이 될 것이다"라는 구호 아래 민족운동이 싹트기 시작했다. 1832년 엘리아스 뢴로트(Elias Lönnrot)가 여기서 소개할 전쟁의 주전장이 되는 카렐리야를 배경으로 한 핀란드의 민족 서사시 「칼레발라(Kalevala)」를 발표하였고, 요한 빌헬름 스넬만(Johan Vilhelm Snellman) 등의 노력으로 1863년에는 핀란드어가 스웨덴어와 더불어 공용어로 공인되면서 민족의식이 점점 더 고조되었다. 1860년에는 독자 화폐가 발행되었고, 1863년부터는 핀란드 의회가 정기적으로 개최되었다. 1878년에는 독자적인 군대까지 보유하게 되었다. 당연히 이에 비례해서 핀란드를 방문하는 러시아인의 불만이 높아졌고, 국내 정세가 불안정해지자 범슬라브주의가 득세하게 되었다. 결국 러시아는 1899년부터 핀란드의 자치권을 박탈하고 러시아화 정책을 추진하였다. 이때 쟝 시벨리우스가 교향시 「핀란디아」를 작곡하여 핀란드인의 민족혼을 되살렸다.

1904년에는 총독 니콜라이 이바노비치 보브리코프(Nikolay Ivanovich Bobrikov)가 암살당했고, 러시아가 러·일 전쟁에서 패배하여 강압정책이 다소 완화되었다.

핀란드 역시 폴란드와 비슷하게 러일전쟁 당시 일본과 얽히게 된다. 후쿠오카 출신으로 육군대학을 우수한 성적으로 졸업한 아카시 모토지로 대좌(대령)는 상트페테르부르크 주재 일본 대사관의 무관으로 부임했다. 아카시는 한 헝가리계 엔지니어를 통해 러시아 경찰의 감시망을 피해 러시아로부터 더욱 많은 자치를 획득하려 했던 핀란드의 헌정당(온건 민족주의자)과 연락을 취할 수 있었다. 1904년 1월에 러일전쟁이 발발하자 아카시를 포함한 일본 외교단이 스웨덴의 스톡홀름으로 거처를 옮겨 본격적인 '적국에서의 내란 유도 공작'에 착수했다.

서구의 매너에 밝고 사교성이 탁월했던 아카시는 짧은 기간에 열강의 정보 장교가 부러워할 정도로 넓은 첩보·공작 네트워크를 구축했다. 그러다가 가장 급진적인 독립 운동가인 콘니 질리아쿠스(Konni Zilliakus·1855~1924)를 가깝게 사귀어 그를 통해 러시아의 혁명가를 비롯해 폴란드, 그루지야, 라트비아, 벨라루스의 민족주의자까지 알게 됐다. 핀란드 독립운동가는 "일본 쪽에서 총 5만 정 정도를 공급해 주면 러시아의 후방을 크게 교란시킬 수 있다. 대신에 러시아와의 강화 협상에서 핀란드 독립을 요구해 달라"는 대담한 제안까지 내놓았다가 유럽의 정치에 그 정도로 휘말리고 싶지 않았던 일본 외무부로부터 퇴짜를 맞았다. 러일전쟁 당시 핀란드와 폴란드는 비슷한 처지였던 것이다, 물론 두 나라의 독립운동들에게 한국의 독립은 안중에도 없었을 것이다.

1906년 핀란드는 러·일 전쟁 패전 이후 러시아 국내 정세가 불안한 상황을 이용하여 입법기관을 민주적인 단원제 의회로 개혁하였다. 이런 핀란드의 환경은 짜르에 반대하는 러시아 반체제 인사들이 자연스럽게 핀란드로 모여들게 하였고, 핀란드의 사회주의자들 역시 짜르 체제의 피해자들이라면 누구든지 도와 줄 용의가 있었다. 소련 공산당의 전신인 볼셰비키의 중앙당까지 핀란드에 자리 잡았을 정도였다. 레닌은 물론 스탈린과 트로츠키도 1900년대 초 핀란드에서 머물렀다. 물론 양 세력 모두 30년 후 서로 총질을 하게 될 줄은 상상도 못했을 것이다. 1914년 제1차 세계대전 발발 직후 러시아는 핀란드에 대한 러시아화 정책을 다시 추진하기 시작하였다. 그러나 1917년 10월 러시아 혁명으로 제정이 무너지자 핀란드 의회는 민족자결 원칙 아래 1917년 12월 6일 의회 결의를 통하여 독립을 선언하였고, 당시 혁명으로 국내 안정에 여력이 없었던 러시아는 1917년 12월 31일 핀란드를 독립국가로 승인하였다. 여기서 핀란드의 국부가 될 남자가 등장한다.

핀란드의 국부, 칼 구스타프 에밀 만네르하임

칼 구스타프 에밀 만네르하임

칼 구스타프 에밀 만네르하임(Carl Gustaf Emil Mannerheim)! 이름만 보면 핀란드 사람이 아니라 독일이나 스웨덴 사람처럼 보이는 이 인물은 사실 조상이 독일에서 스웨덴으로 이민했던 몰락한 귀족 가문 출신이었다. 190cm에 가까운 키에 귀족적인 외모를 가진 만네르하임은 가문의 셋째 아이로 태어나 남작 작위를 물려받았다. 집안에서 쓴 스웨덴어 외에도 핀란드어, 러시아어, 프랑스어, 독일어, 영어를 구사할 수 있었다.

만네르하임이 태어난 1867년 당시, 핀란드는 러시아령 대공국이었다. 만네르하임은 상트페테르부르크에서 니콜라이 기병학교를 졸업하고 러시아 황제 근위대에 입대했다. 1892년에는 모스크바 경찰서장의 딸 아나스타샤와 결혼했는데, 그녀의 재산 때문에 결혼했다는 비난과 조국을 배신했다는 비난을 동시에 들었다. 10년 후 결국 둘은 이혼했다.

1905년 러일전쟁 때는 자원해서 봉천(지금의 심양) 전투에 참가하기도 하였다. 당시 계급은 중령이었고, 만네르하임의 기병대 덕분에 러시아 보병들이 무사히 퇴각하는 데 성공했다. 앞서 폴란드의 국부인 피우수트스키도 전혀 다른 이유로 러일전쟁에 개입했다고 이미 쓴 바 있는데, 두 나라의 국부는 러시아에 대한 입장이 이렇게 전혀 달랐던 것이다. 1908년에는 중앙아시아와 중국을 여행하기도 했는데, 이때 쓴 글은 인류학적으로도 꽤 높은 평가를 받았다고 한다.

제1차 세계대전 때는 오스트리아군에 맞서 전과를 올리기도 하여 중장으로 승진했다. 그러나 1917년, 러시아의 2월 혁명 후 새 정부가 들어서자 제대하여 새로이 독립한 핀란드에 돌아가게 되었다. 혁명세력에 의해 죽거나 조리돌림을 당한 장교도 많았지만 그래도 만네르하임은 품위를 지키면서 열차를 타고 핀란드에 돌아가는 데 성공했다. 1918년에 만네르하임은 거의 없다시피 한 핀란드군의 최고 지휘관으로 임명되었다. 만네르하임은 남아 있던 러시아 주둔군을 무장 해제시키고 곧 이어진 핀란드 내전 때 우파 정부를 보호하는 역할을 맡았다. 핀란드 정부에 대한 독일의 영향력이 너무 강해지는 것을 우려, 1918년 핀란드를 잠시 떠나기도 했다. 독일은 1개 사단을 파병하여 핀란드 독립을 지원했고, 독일 헤센 공국의 헤르베르트 칼 공작을 핀란드의 왕으로 받아들여야 했다. 하지만 독일이 연합국에게 패하자, 1919년 7월 핀란드 의회는 국체를 공화제로 바꾸고 국왕의 권한을 대통령에게 이양하였다. 100일이 넘게 계속된 좌-우파간 내전은 3만 명의 희생자를 내고 정부측의 승리로 돌아갔다.

당시 만네르하임은 임시로 국가통치자가 되었고, 그를 왕으로 세우려는 이들까지 있었다. 만네르하임은 영국과 미국으로부터 핀란드의 독립을 인정받았다. 만네르하임은 볼셰비키를 반대했지만 러시아 내전에서는 백군 장교들이 핀란드 독립을 인정하지 않을 것이라는 판단 하에 백군의 연합 제의를 거절했다. 1919년 국회에서 선출하는 대통령 선거에서 카를로 유호 스톨베리에 패한 뒤 정계에서 은퇴했다. 그 후 만네르하임은 인도주의 활동에 힘을 쓰고 핀란드군의 발전을 위해 노력했다. 귀족적인 모습도 여전해서 인도와 네팔을 여행하면서 히말라야에서 사냥에 나섰다가 3미터나 되는 호랑이를 잡기도 했다. 그때 만네르하임의 나이는 69세였다.

제2차 세계대전 중인 39년 소련이 핀란드의 영토 일부를 요구하고 핀란드가 이를 거절, 양국 사이의 협상이 결렬되자 72세였지만 여전히 강건한 만네르하임은 조국의 부름을 받고 군에 복귀하여 총사령관직을 맡았다. 만네르하임은 소련군의 전신인 제정 러시아군 출신이었으니 그들의 전술을 누구보다도 잘 알고 있었다. 11월 30일 소련의 침략으로 겨울 전쟁이 시작되자 만네르하임은 핀란드군을 지휘했다.

두 차례에 걸친 소련과의 전쟁에서 만네르하임은 비록 군사적으로 완벽하진 않았고 영토 일부를 소련에 빼앗겼지만 조국의 독립을 지키는데 성공했다. 정치인으로서의 수완도 뛰어나서 독일의 지원을 받을 것은 받으면서도 독일과의 껄끄러운 동맹 조약은 피하는 데 성공했다. 콧대 높은 독일 장군들도 당당한 만네르하임의 모습에 감탄하며 유럽의 마지막 기사단장이라고 불렀을 정도였다.

독일이 약해지자 핀란드 정부는 소련과의 전쟁을 끝내기 위해 대통령 리티가 사임하고 국제적 명성이 높은 만네르하임을 44년 8월 대통령으로 선출하였다.

만네르하임은 핀란드에는 혹독한 조건이었지만 소련 세력권에 있던 다른 나라들과는 달리 주권을 유지하고 영토를 덜 빼앗기는 선에서 평화조약을 맺는 데 성공했다. 대신 엄청난 전쟁 배상금을 지불해야 했으며, 후퇴하는 독일군을 상대로 핀란드 북쪽에서 라플란드 전쟁을 치러야 했다. 전후 만네르하임은 46년 3월 건강상의 이유로 물러났고, 핀란드 국회는 만네르하임에게 '핀란드의 원수'라는 칭호를 수여했다. 이런 칭호를 받은 이는 그밖에 없다. 만네르하임은 회고록을 집필하러 스위스의 몽트뢰로 물러났다가 51년 1월 28일 스위스 로잔에서 생을 마감했다. 현재 만네르하임은 전사한 장병들과 함께 묻혔고 헬싱키의 메인스트리트에 그의 이름이 붙어 있으며, 헬싱키 역 옆에 말을 탄 그의 동상이 서 있다. 헬싱키의 자택은 기념관이 되었고, 태도는 귀족적이었지만 소박했던 만네르하임의 삶을 잘 보여주고 있다.

겨울 전쟁

소련의 협박

러시아 혁명 직후 소련은 반혁명파인 백군을 지원하는 영국, 미국, 일본, 프랑스 등 서구 열강들의 무력간섭으로 큰 어려움을 겪은 바 있었다. 내전과 간섭 전쟁에서 살아남기는 했지만, 사실상 소련 홀로 사회주의 국가(정확히는 몽골도 소련의 반 위성국으로 사회주의 국가이긴 했다)인 상황에서 그들의 안보는 매우 불안했다. 특히 러시아 제국에서 떨어져 나간 핀란드와 폴란드, 라트비아, 리투아니아, 에스토니아라는 발트 3국은 소련의 안보에 아주 위험한 존재들이었다. 물론 이들 5개국을 다 합쳐도 소련의 상대는 아니었지만, 다른 강대국이 그들의 영토를 발판삼아 소련을 위협할 가능성은 얼마든지 있었다. 그 중에서도 소련 제2의 도시 레닌그라드와 지나칠 정도로 가까운 핀란드 국경은 눈엣가시 같은 존재였다. 더 나아가 소련은 서방 국가들이 발트 해와 핀란드 만을 통해 레닌그라드를 공격할까 늘 두려워했다. 재미있는 사실은 당시 레닌그라드 인구와 핀란드 전체 인구가 거의 비슷했다는 점이다.

독일과 함께 폴란드를 분할한 소련은 앞서 폴란드 편에서 말했듯이 리벤트로프-몰로토프 협정에 적혀 있는 자신의 몫을 차지하기 시작해, 힘없는 발트 3국-라트비아, 에스토니아, 리투아니아-을 상호방위조약이라는 명분 아래에 사실상 합병해 버렸다. 다음 목표는 핀란드였다. 스탈린은 자신만만하게 핀란드를 집어삼켜야 할 이유를 측근들에 설명했다. 폴란드전에서 보여주었듯이 강력함이 증명된 독일의 공격을 막기 위한 완충지대의 필요성, 발트해와 북해에서의 더 많은 해군 활동을 위한 해군기지의 필요성 등을 이야기했다. 그리고 마지막으로 측근들에 간단하게 말했다.

"일단 좋은 말로 하고 안 들으면 고함을 좀 치면 돼. 그래도 못 내놓겠다고 말하면 국경에다 총이나 몇 발 쏘라고. 그거면 될 거야. 아주 간단한 일이지."

10월 초, 소련이 주 모스크바 핀란드 대사에게 전한 요구는 다음과 같았다.

- 핀란드와 러시아 국경 부근의 카렐리야(Karelia), 라플란드(Lappland) 지방 등을 포함해, 약 2,300㎢에 달하는 영토의 할양.
- 수리사르 섬(Surisar), 코틀린 섬(Kotllin) 섬 등 핀란드 만의 4개 섬과 올란드 제도 할양.
- 투르쿠(Turku), 코트카(Kotca), 항코(Hagko), 헬싱키, 비푸리(Vipuri) 등 발트 해에 속한 보트니아 만과 핀란드 만을 접하고 있는 주요 항구에 대한 소련군 주둔권과 (30~40년 간의) 조차권.

핀란드 정부는 특사를 파견해 몇 개의 섬을 할양하는 조건으로 '감히' 타협을 시도했지만 소련이 응할 리 없었다. 또한, 북유럽의 이웃 국가들과 독일에도 지원을 요청했지만 아무런 성과를 얻지 못했다. 결국 핀란드는 조금 더 '진전된' 양보안을 내세웠지만 스탈린이 거기에 만족할 리 없었고, 무력에 자신이 있었기에 '총을 몇 발 쏘기'로 결정했다. 소련은 11월 28일 협상 결렬을 선언하고 48시간 후 핀란드를 전면 침공했다. 1932년 체결된 양국의 불가침조약은 일방적으로 파기되었고 드디어 '겨울 전쟁'이 시작된 것이다.

거국일치 총동원

원래 40년 올림픽은 일본 동경에서 열릴 예정이었지만, 중일전쟁으로 무산되어 핀란드 수도 헬싱키가 대체지로 결정되었다. 신생국으로서 첫 올림픽을 개최하게 된 핀란드는 선수촌과 스타디움을 건설하며 대회 준비에 만전을 기했지만, 핀란드가 맞이한 손님은 평화 사절인 선수단이 아니라 붉은 군대였다. 핀란드 국민은 대통령과 총사령관을 중심으로 완벽에 가까운 거국일치 체제를 갖추었다. 현대사회에서 이 정도로 일치단결을 이룬 나라는 호찌민의 베트

남과 이스라엘 외에는 없지 않을까 싶다. 39년 여름, 10만 명이 넘는 시민이 휴가를 반납하고 자원하여 만네르하임 선이라고 불리게 되는 방어선 축성공사에 나섰다. 이 방어선의 길이는 140㎞에 달했고, 진지마다 2개 이상의 토치카와 벙커를 설치해 모든 도로와 개활지를 차단하도록 만들었다.

이런 노력에도 불구하고 핀란드는 물적 자원이 워낙 부족한 나라여서 방어선 자체의 강도는 프랑스의 마지노선에 비할 바는 아니었다. 그러나 호수와 삼림이 많은 지역이라 지형지물을 적절히 이용해 효과 면에서는 마지노선보다 훨씬 큰 역할을 해내게 된다. 아무리 좋은 하드웨어라도 사람들이 어떻게 쓰느냐가 훨씬 더 중요하다는 좋은 증거가 아닐 수 없다. 핀란드는 거국일치 체제를 이루어 전 인구의 16%를 동원하는 놀라운 성과를 보였다. 전쟁 말기 거의 무너져 가던 독일도 10% 초반대의 동원율을 보이는 데 그친 것에 비하면 핀란드의 거국일치 동원은 정말 놀랄만한 수준이었다. 모든 학교는 휴교하고 극장들도 문을 닫았다. 1회에 2천 마르카 이상의 예금 인출까지 금지되었다. 여성들조차 예외가 아니었다. 10대부터 노파에 이르기까지 핀란드 여성들은 손뜨개질로 장갑과 머플러, 양말을 만들어 전선으로 보냈다.

핀란드군의 무장

당시 인구 370만에 불과한 핀란드가 제대로 된 군수산업을 가졌을 리가 없다. 결국 여기저기에서 무기를 수입하는 방법밖에 없었다. 그래서 핀란드군은 자국산 장비 일부를 빼면 무려 14개국의 무기를 유·무상으로 들여왔다.

- 미국: 브루스터 버팔로 전투기
- 스웨덴: 보포스 37㎜ 대전차포, 40㎜ 대공포
- 노르웨이: 75㎜ 야포, 군용 배낭과 방한복 등
- 네덜란드: 포커 D21(Fokker D XXI) 전투기, 포커 C10 급강하폭격기, 사격통제장비
- 헝가리: 37㎜ 대전차포탄 외 각종 포탄
- 이탈리아: 피아트 G50 전투기, 47㎜ 대전차포 등

- 구 러시아 제국: 76mm 야포, 모신 나강 소총
- 영국: 블렌하임 Mk1 폭격기, 글래디에이터 전투기, 비커스 전차, 14mm 대전차총 등
- 덴마크: 20mm 대공포
- 프랑스: 소뮤아 전차, 25mm 대전차포 등
- 독일: 20mm 대공포 20문 (대공포와 탄약 10만 발의 대금은 니켈광으로 지불했다)
- 폴란드: 대전차총
- 구 오스트리아 제국: 청음기 등
- 스페인: 114mm 유탄포
- 일본: 75mm 산포, 150mm 유탄포, 12인치 함포, 38식 소총, '스키스틱용 대나무'

이 중 일본 무기의 상당수는 핀란드가 구입한 것이 아니고, 1차 대전을 치르던 러시아가 심각한 군수품 부족을 겪자 영국의 자금 지원을 받아 당시 연합군의 일원이었던 일본으로부터 수입한 물건이었다. 그 중 일부가 러시아 혁명 이후 핀란드에 남겨진 것이다. 특히, 38식 소총은 러시아에 30만 정 이상 공급되어서 혁명 뒤에도 러시아나 주변 국가들에서 흔한 무기였다고 한다.

이렇게 국산 장비는 거의 없이 세계의 무기 전시장(현실은 고물상에 가까웠다)이라고 불러도 될 정도로 잡다한 장비를 사용해야 했던 것이 겨울 전쟁 때 핀란드가 처한 현실이었다. 이러면 당연히 탄약이나 부품 보급 면에서 유리할 리가 없었지만, 발등에 불이 떨어진 핀란드는 찬 밥 더운 밥 가릴 처지가 아니었다. 당시 핀란드의 처지를 다른 시대와 비교한다면 1차 중동 전쟁 당시의 이스라엘이나 인도차이나 전쟁 당시의 베트남 정도일 것이다.

수오미 기관단총

핀란드제 무기 중에 돋보이는 존재는 9mm 수오미 기관단총과 아르호 살라

나타 대령이 개발한 목제 대전차지뢰 S39, 그리고 해방함(Coastal Defence Ship) 베이네뫼이넨(Väinämöinen)과 일마리넨(Ilmarinen) 이었다. 함명은 앞서 말한 민족서사시 「칼레발라」의 주인공 이름이다. 이 군함은 속도와 항속력은 떨어지지만 3,900톤이라는 작은 함체에 비해 강력한 10인치 함포와 장갑을 갖추고 쇄빙 능력이 있어 핀란드의 자연환경에 맞는 군함이었다. 수오미 기관단총은 분당 900발의 발사속도를 가지고 있어서 근거리 전투, 특히 핀란드의 깊은 숲 속에서 벌어지는 전투에서 위력을 발휘했다. 8만 정이나 생산되어 80년대까지 사용되었고 지금도 수천 정을 전시 대비로 보관하고 있다고 한다.

핀란드의 무형자산

핀란드의 가장 큰 자산은 혹한의 대지에서 살아온 강인한 국민이었다. 가혹한 자연 환경은 그들로 하여금 자립 정신과 지구력을 갖추도록 했다. 핀란드인은 스키의 명수들이었고 여름에는 농사를 지었지만 겨울에는 사냥을 해야 살수 있었기에 사격에 능했다. 이 부분에 있어서는 40년 전 남아프리카에서 대영제국 군대에 굴욕을 안겨 주었던 보어인을 연상하게 한다. 보어인은 스키 대신 승마의 명수들이었다는 점이 다르다면 다른 점이었다. 아마 병사들의 육체적 능력에 있어서는 핀란드가 2차 대전 참전국 중 최고였을 것이다. 또한 수백 년 만에 처음으로 얻은 독립을 지키겠다는 의지는 무엇보다도 무서운 전력이 되었다. 소련과 핀란드 정부 양쪽의 당초 예상과 달리 핀란드의 공산주의자들도 소련의 침공을 지지하지 않았으며, 우파와 어깨를 나란히 해 소련군과 싸웠다.

왜 대다수의 핀란드 공산주의자들은 소련과 싸웠을까? 그 이유는 핀란드 공산주의자들이 스탈린의 숙청에 피해를 입어, 소련 정부를 증오했기 때문이다. 그리하여 겨울 전쟁은 18년 핀란드 내전으로 표면화된 이념 갈등 및 스웨덴어 사용자들과 핀란드어 사용자들 사이의 언어 갈등 등 핀란드 내부의 분열을 상당 부분 치유하는 계기가 되었다. 이때 핀란드 국민이 보인 단합 정신은 아직도 '겨울 전쟁 정신'이라 불린다. 여기에 기후와 자연 조건 역시 물리적으로 절대적 열세인 핀란드군에 큰 지원이 되었다. 우선, 39-40년의 겨울은 유난히 혹독해 -40℃ 안팎의 온도가 보통이었으며 이는 핀란드군에 유리하게 작용하였다.

또한 소련군은 현대 동계전에 대한 준비가 전혀 되어 있지 않았다.

겨울 전쟁 시작되다

사실 2차 대전이 39년 9월 1일 독일의 폴란드 침공으로 시작되었다지만, 한 달 만에 폴란드가 무너지고 다음해 4월, 독일이 노르웨이를 침공할 때까지 주요 교전국들 사이에서 바다를 빼고는 이렇다 할 전투가 없었다. 그러니 이 겨울 전쟁은 2차 대전이라는 거대한 드라마에서 막간극 역할을 톡톡히 해냈다고 할 수 있다. 그랬기에 외국 언론의 스포트라이트가 집중되었다. 핀란드의 수도 헬싱키에 파견된 외신 기자들은 짧으면 1주, 길어야 한 달 내에 이 도시에 나부낄 붉은 깃발을 상상하며 기사를 송고하곤 했다.

소련은 그해 11월 30일 레닌그라드 군관구에 소속되어 있는 45만 이상의 대군을 동원해 침략에 나섰다. 장비 면에서는 더욱 압도적이어서 야포 1,880문, 전차 2,385대가 동원되었다. 병사들의 숫자만으로도 핀란드군 전체는 물론 핀란드 성인 남성의 3분의 1이 넘었다. 소련군은 지나친 자만심으로 방한복과 위장용 설상복 등 동계장비를 갖추지 않고 지휘관들은 "너무 진격하다가 스웨덴 국경을 넘는 실수를 하지 마라."라고 주의를 줄 정도였다. 탄약이나 식량 등 보급품도 겨우 열흘이 조금 넘는 양만 준비했는데 보로노프 대장만 2~3개월분을 준비하자고 주장했다가 '왕따'가 되고 말았다. 어쨌든 거짓이라도 명분을 만들기 위해 독일이 폴란드에 했던 수법을 그대로 써먹었다. 11월 26일, 마이닐라라는 국경 마을에서 소련군이 자국군에 발포한 후 이를 핀란드의 공격이라 꾸며대어 국교를 단절하고 선전포고를 했다. 이 사건이 꾸며낸 주장이라는 것은 핀란드 쪽에서는 오랫동안 추측해 왔지만 최근에야 소련 측의 옛 비밀문서들이 공개되면서 조작이었음이 분명히 밝혀졌다.

11월 14일 소련 폭격기가 핀란드 수도 헬싱키를 폭격했을 때 사실상 전쟁이 시작되었다. 소련 폭격기에서 폭탄이 떨어진 곳 중 하나가 바로 올림픽 스타디움이었다. 몰로토프는 이 무차별 폭격으로 쏟아진 국제사회의 거센 비난에 어이없게도 "우리가 투하한 건 굶주린 핀란드인을 구제하기 위한 빵이었다."고 강변했다. 몰로토프의 망언에 격분한 핀란드인들은 휘발유에 벤젠이나 알코올을 넣고 심지를 꽂은 화염병을 그의 이름을 따 몰로토프 칵테일이라고 부르며 원조용 빵 값이라며 소련군에게 선물했다. 소련군 전차들은 선물을 받고 불타올랐다. 사실 화염병이 처음 사용된 전쟁은 스페인 내전이었지만 핀란드인들의 '작명 센스' 덕분에 원조가 핀란드로 알려지게 되었다. 몰로토프 칵테일은 병사들의 손으로 2만 개 이상이 만들어졌고, 거의 제식병기가 되어 핀란드의 양조장에서 염화칼륨과 착화제가 첨가된 '정식 제품'이 54만 개 이상 제작되었다. 이 화염병들은 겨울 전쟁에서 톡톡히 한 몫을 한다. 하지만 당시 소련의 인구는 1억 7천만이 넘었고, 핀란드의 인구는 370만. 소련의 한 해 인구 증가분이 핀란드 전체 인구와 거의 같았다. 속된 말로 '게임'이 안 되는 상황이었다.

초전

핀란드군은 후퇴하면서 소련군에 휴게소 역할을 할 수 있는 모든 건물을 파괴했다. 우물 역시 모두 메웠다. 시간 여유가 있을 때에는 소련군이 탐낼 만한 물건, 즉 자전거, 라디오, 가구 등에 폭탄을 설치하기도 했는데 심지어 죽은 돼지에까지 폭탄을 설치하기도 했다. "저주받은 물건만 적들에 남겨라."는 만네르하임의 말은 철저히 지켜졌다. 그 '저주받은 물건' 중 가장 많은 것은 지뢰였다. 물론 이런 잔재주로 붉은 군대의 진격을 막을 수는 없었지만, 늦추는 정도의 역할은 해냈다. 소련군의 침공으로 주민은 모두 피난가고 유령마을이 된 국경지대의 마을인 테리요키(현 젤레노고르스크)에서 39년 12월 1일, 오토 빌레 쿠시넨을 수장으로 한 핀란드 민주공화국이라는 이름의 괴뢰 정부가 수립되었다. 다음 날, 소련 정부는 이 괴뢰 정부와 상호원조 및 우호조약을 맺었다. 이 조약은 양국 간 국경을 지난 모스크바 협상에서 스탈린이 제시한 국경으로 규정했다. 쿠시넨 정부는 또한 자체 군사력도 보유하려 했다. 이 모든 프로젝트는 폴란드 편에서 본 그 짓거리의 리허설처럼 보이기도 한다. 폴란드 루블린에 새로운 정권을 세우고 군을 만든 짓 말이다. 그러나 소련군은 핀란드를 점령하지 못했으나 폴란드는 점령했다는 큰 차이점이 존재한다.

핀란드 정부는 새로운 평화 교섭을 제안했지만, 소련 정부는 핀란드의 진정한 정부는 쿠시넨 정부뿐이며, 쿠시넨 정부의 핀란드와 소련은 전쟁 따위는 하지 않고 매우 잘 지내고 있다며 헬싱키 정부의 제안을 물리쳤다. 당시 핀란드를 침공한 스탈린의 진정한 소망과 의도가 무엇이었는지는 밝혀지지 않았다. 스탈린이 처음에 핀란드에 했던 요구는 결국 핀란드를 소련 땅으로 병합하기 위한 첫 단계에 불과했던 것인가? 혹은 처음부터 쿠시넨 정부의 설립과 핀란드 침공이라는 목표를 모두 노렸는가? 혹은 스탈린은 그저 소련의 안보를 강화하고자 했을 뿐이며, 핀란드 침공을 통해 그 목표를 달성할 수 있다고 믿었던 것일까? 물론 알 길은 없다. 하지만 스탈린은 분명히 자신의 신념과 핀란드 공산당 망명객들의 낡고 잘못된 평가에 속고 있었다. 스탈린은 모스크바에서 개전 나팔을 몇 번 울린 후 핀란드 수도에 공중폭격을 조금 하고, 국경에서 심한 무력시위를 하면 쿠시넨 정권을 헬싱키에 입성시키고 핀란드의 저항을 종식할 수 있다고 착각했다. 그러나 천만의 말씀이었다. 이렇게 소련의 괴뢰 정부 수립에는 정치적인 목적과 군사적인 목적이 동시에 있었지만 별다른 성공은 거두지 못하였다. 소련군은 거의 파죽지세로 진격하여 만네르하임 선 앞까지 이르렀다. 하지만 전투는 이제부터 시작이었다.

만네르하임은 헬싱키를 떠나 눈보라를 뚫고 카렐리야 전선 사령부가 있는 조그만 마을 미켈리에 도착했다. 이곳은 모든 전선을 잘 살필 수 있는 요충지였다. 만네르하임은 마을 초등학교에 사령부를 두었는데, 21년 전 독립전쟁 때도 이 학교가 사령부로 사용되었던 적이 있었다. 지금 이곳은 미켈리 총사령부 박물관으로 바뀌어 돌산을 파서 만든 통신지휘소도 공개되어 있다. 만네르하임은 겨울 전쟁이 끝날 때까지 헬싱키로 돌아가지 않았기에 정부요인들은 만네르하임을 만나기 위해 이곳에 와야 했으므로 여기가 자연스럽게 사실상의 정부 청사가 되었다. 사실 러시아 황제에 충성했고 핀란드어보다 러시아 어에 더 익숙했던 만네르하임의 심정은 착잡했겠지만 조국을 위해 최선을 다한다.

눈 속의 기적

독립전쟁의 참전 용사로서 예비역 대령이자 제지업과 양조업으로 성공한 파보 탈벨라가 만네르하임을 만나 핀란드군의 패주를 비난한 다음 이렇게 계속 밀려 라도가 호수 북쪽까지 내준다면 만네르하임 선 후방이 공격당하게 될 것

이라고 만네르하임을 몰아세웠다. 오만하고 귀족적인 만네르하임이었기에 배석한 발덴 장군은 긴장했지만 놀랍게도 만네르하임은 그의 말을 끝까지 다 듣고 탈벨라를 현역으로 복귀시켜 사령부 직속 예비대까지 내주었다. 정확하게는 제16보병연대와 야전보충여단의 3개 대대였다. 라도가 호수 북쪽을 맡게 된 탈벨라가 상대할 부대는 전차 45대의 지원을 받는 제139사단이었다. 12월 8일, 소련군이 톨바야르비 호숫가에 숙영하고 있다는 보고를 받은 탈벨라 대령은 "워낙 침체된 부하들의 사기를 약간이라도 살려주기 위해" 수오미 기관단총으로 무장하고 스키를 탄 대대 병력에서 인원을 선발하여 기습을 명령했다. 그런데 뜻밖에도 이 소규모 기습이 큰 전과를 거두었다.

한밤중에 스키를 타고 얼어붙은 호수를 건너간 핀란드군은 승리에 도취되어 긴장이 풀린 데다 혹한을 이기기 위해 보드카에 취해 있던 소련군 제139사단 제364연대를 기습했다. 이 사단은 벨라루스 출신들로 구성된 부대로 60%가 군사훈련을 제대로 받지 않은 상태였다. 제364연대는 보초조차 제대로 세우지 않고 깊은 잠에 빠져 있었다. 핀란드 기습부대는 텐트에다 수류탄과 기관단총 세례를 가한 다음 곧바로 전나무 숲 사이로 모습을 감추었다. 그 직후, 어처구니없는 추태가 벌어졌다. 기습을 당한 소련군은 캄캄한 어둠 속으로 닥치는 대로 총을 쏴대다가 급기야 아군끼리 접전이 벌어졌고, 그 때문에 적지 않은 사상자가 발생했다. 핀란드군은 부상자 하나 나오지 않았다. 계속해서 핀란드군의 기습이 두 차례 더 이어졌고 모두 성공했다. 제139사단은 어설픈 반격에 나섰다가 궤멸되어 버렸는데, 이때 공복과 추위에 시달린 한 부대는 소시지 스프를 끓이던 핀란드군의 취사차를 포획하자 기쁨의 눈물을 흘리며 달려들어 스프를 퍼먹다가 곧바로 이어진 핀란드군의 기습에 무더기로 쓰러졌는데 어찌나 굶주렸던지 입에 소시지를 문 채 전사한 병사도 있었다.

이 톨바야르비 전투를 계기로 마침내 핀란드군은 자신들에게 가장 효과적인 전법을 발견하게 되었고, 반대로 소련군에는 악몽이 시작되었다. 거기에다 핀란드군에 든든한 원군이 도착했다. 바로 날씨였다. 12월 중순이 되자 기온이 더 떨어지면서 폭설까지 쏟아졌다. 물론 소련도 추운 나라지만 모든 지역이 추운 건 아니었다. 병사들의 대부분은 고향이 기후가 온화한 우크라이나나 중앙아시아, 캅카스였고, 이들에게 영하 40도 이하로 떨어지는 핀란드의 추위는 말 그대로 지옥이었다. 더구나 단기전이 될 것이라는 지휘부의 생각 때문에 월동용 장비조차 가지고 오지 않았던 많은 병사들은 동사하거나 스키를 타고 조용히 접근하는 핀란드군의 기습으로 쓰러져 갔다. 게다가 핀란드 병사들은 대부분 명사수였다. 현대식 화기를 가지지 못했지만 그들은 손에 익은 구식 소총 한 자루로 700-800m 거리에서도 귀신같은 사격 솜씨를 보여주었다. 특히 추위를 이기기 위해 모닥불을 피운 소련군이 등 뒤에서 날아온 핀란드군의 저격을 맞고 쓰러지는 경우가 허다했다. 참전했던 소련군 병사는 다음과 같이 증언했다.

> "사방을 하얗게 덮은 눈처럼 정적이 우릴 둘러싸고 있을 때였다. 우리는 핀란드 저격수들이 귀신도 놀랄 만한 사격술을 가졌다는 사실을 잘 알고 있었다. 기관총 사수였던 미하일로프도 그래서인지 맥심 기관총 앞에 붙어있는 방탄판에 몸을 의지해 숨어 있었다. 하지만 다 소용없었다. 한 발의 총성과 함께 미하일로프의 철모를 쓴 머리가 휙 젖혀졌고, 철모는 미하일로프의 피와 함께 바닥에 떨어졌다. 그 무서운 저격수는 기관총 조준을 위해 1cm정도 벌어진 방탄판 틈을 노려 쏜 것이었다. 총성이 난 쪽으로 응사하라고 중대장이 비명처럼 소리를 질렀지만, 누구도 고개를 들어 쏘지 못했다. 중대장도 숨어서 소리만 지를 뿐이었다."[12]

핀란드군은 제대로 된 대전차화기는 없었지만 벨기에 전 국토와 맞먹는 카렐리야에만 2만개에 달하는 호수와 연못이 있기에 이런 지형을 이용해 소련 전차를 함정에 유인하여 빠뜨리거나 통나무를 바퀴 사이에 집어넣어 무력화 시켰다. 이렇게 멈춘 전차에는 어김없이 화염병이 날아들었다. 20년의 시차와 한 대와 열대라는 차이는 있지만 베트남 민족해방전선의 악명 높은 부비트랩을 연상하게 한다. 소련군이 얼마나 화염병에 시달렸던지 소련 공군의 주 폭격목표 중 하나가 유리병 공장이었다고 한다.

카렐리야를 비롯한 핀란드에는 제대로 된 도로가 별로 없었고, 특히 폭설이 쏟아지면 전진은 거의 불가능했다. 그러면 핀란드군은 소련군을 잘게 분산시

---

12 「타임라이프 2차세계대전사」 참조

켜 하나하나 각개격파했다. 이렇게 잘라진 소련군 부대를 모티(Motti) 라고 불렀는데, 벽난로에 넣기 위해 잘게 자른 장작을 의미한다. 모티 신세가 된 소련군은 차례로 '난로' 속에 던져지는 신세가 되었고, 그렇지 않은 병사들은 고립되었다가 밤이 되면 대부분 얼어죽고 말았다. 핀란드군의 전술은 이렇게 아주 효과적이었고, 자신들은 조상들에게 물려받은 삶의 방식대로 통나무로 만든 사우나까지 갖춘 숙소에서 순록 모피를 덮고 편하게 잠을 잤다. 3년 후, 스탈린그라드 전투에서 독일군이 「들판에서 사우나를 만드는 법」이라는 핀란드 영화를 보면서 월동 준비를 했지만 그다지 성공적이지 못했다고 한다.

외부의 지원

강자에게 당하는 약자는 언제나 동정을 받는 법이어서, 이웃나라인 스웨덴, 노르웨이, 덴마크 등이 식량과 무기, 배낭과 군화를 보내주는 원조를 시작했다. 스웨덴을 제외하면 핀란드보다 별로 나을 것이 없는 이 나라들이 할 수 있는 지원이래야 큰 것이 아니었다. 하지만 물자보다도 더욱 요긴했던 존재는 이들 이웃나라에서 자발적으로 무기를 들고 달려온 시민의용군들이었다. 서구사회에는 남의 나라에서 벌어지는 전쟁이라 할지라도 자신의 이념이나 약소국에 대한 동정심 또는 자신의 모험심을 만족시키기 위해 자원해서 참전하는 문화가 있다. 그리스 독립전쟁에 참여해 병사했던 바이런이 대표적인 인물이고, 헤밍웨이의 《누구를 위하여 종은 울리나》의 배경으로 잘 알려진 스페인 내전에서도 많은 외국인들이 국제여단을 편성하여 참전한 바 있다. 이렇게 소국 핀란드를 위해 싸우고자 하는 남자들이 1만 1천명이 넘었다. 그중 절대 다수인 8천여 명이 이웃이자 옛 종주국이었던 스웨덴에서 왔는데, 핀란드 태생인 에른스트 린더 장군이 지휘봉을 잡았다. 스웨덴은 의용병 외에도 대대적인 국민모금운동을 전개하여 1억 달러가 넘는 성금을 걷는 한편, 25대의 항공기를 비롯하여 수만 정의 총포와 탄약 등 많은 물질적 지원도 아끼지 않았다.

해외에 거주하는 수많은 핀란드인들이 풍전등화의 모국을 구하기 위해 급히 귀국했다. 특히 미국에 살고 있던 핀란드계 미국인 300여명은 자비로 무기를 징만했고, 스웨덴 정부는 기꺼이 사국 여객선을 이들에게 내주어 핀란드로 가는 길을 도와주었다. 소국 핀란드를 위해 싸우고자 하는 남자들은 그 외에도 많았다. 스웨덴인 8천여 명 이외에도 노르웨이 693명, 덴마크 944명 등 총 23개국에서 온 3천여 명에 달했는데, 여권도 없이 온 의용병도 15명이나 있었다고 한다. 사실 핀란드인처럼 조상이 아시아에서 온 헝가리인들은 인종적 친근감 때문에 무려 2만 5천명이나 지원했지만 그 전에 전쟁이 끝나, 실제 전쟁에 참여한 이들은 346명에 불과했다고 한다. 참전한 의용병 중에는 몇 명의 일본인과 도미니카에서 온 흑인도 있었다고 하니 놀라운 일이 아닐 수 없다. 의용군 중 가장 활약이 돋보였던 존재는 북부 핀란드에 배치되어 싸운 스웨덴 의용병 부대와 조종사들이었다. 스웨덴은 그 이후에도 2차 대전의 전화를 용케 피해나간 몇 안되는 유럽 국가 중의 하나였으므로, 결국 이때 핀란드로 건너간 의용군들이 거의 유일하게 2차 세계대전과 직접적으로 연관을 맺은 스웨덴인이라고 할 수 있다. '거의'라는 표현을 쓴 이유는 훗날 100여 명의 스웨덴인이 독일 무장친위대에 자원입대했기 때문이다. 이 무장친위대 자원입대자들은 반공주의자로, 소련과 싸우기 위해 개인 자격으로 참전했다.

전쟁의 파문은 국제무대에도 많은 영향을 미쳤다. 우선 39년 10월, '상호군사원조조약'을 맺어 사실상 소련의 속국이 된 발트3국 중 핀란드와 가장 인종적, 지리적으로 가까운 에스토니아가 핀란드 공격에 기지를 제공해 달라는 소련의 요구와 쿠시넨 정부의 승인을 완강하게 거부했을 뿐만 아니라 핀란드 정부에 격려 전보를 보내기까지 했다. 당황한 소련은 에스토니아군 최고 사령관을 모스크바에 소환하여 인질로 삼는 폭거까지 저질렀다. 사태가 이렇게 돌아가자 국제사회의 규탄이 이어졌다. 국제연맹에서 아르헨티나 대표가 앞장서서 소련의 침략을 격렬하게 비판하면서 소련의 제명을 주장하였다. 정작 당사국인 핀란드와 스칸디나비아 국가들은 소련의 태도가 더욱 강경해질 것을 두려워하여 제명을 반대했고, 소련과 국경을 접하고 있던 이란과 아프가니스탄은 회의에 불참했다. 결국, 소련은 국제연맹에서 제명되었다. 이렇게 세계의 여론은 핀란드 편이였다. 겨울 전쟁은 세계대전이 아직 전면적으로 시작하지 않은 상황에서 당시 진행되던 유일한 전쟁이었기 때문이기도 했다. 국제사회에서 소련의 침공은 전적으로 부당하다고 여겨졌기에 외국의 여러 단체들은 핀란드에 의약품이나 식량 같은 물자를 지원해 주었다. 헬싱키 주재 외국 특파원들은 전투에서 핀란드군의 독창성과 성공에 대해 때로는 크게 과장된 보도를 하곤 했다. 이렇게 보면 겨울 전쟁은 처음으로 생중계된 전쟁이기도 했다. 물론 당시의 기준이지만…

　미국에서는 소련에서 수입하던 모피와 캐비어, 목재의 불매운동이 대대적으로 벌어졌고, 민간에서는 핀란드 지원 활동이 활발하게 벌어져 많은 식량과 물자가 핀란드에 도착했다. 루스벨트 대통령은 1940년 2월 미국 청년 회의에서 했던 연설에서 소련의 핀란드 침공을 언급하면서, 소련을 "세계의 다른 독재자들과 다를 바가 없는 독재자가 지배하는 나라"로 비난했다. 그래서인지 미국은 정부 차원에서 6천만 달러의 차관을 핀란드에 제공해 주었다. 하지만 3년 뒤에는 상황이 완전히 달라졌다. 소련의 동맹국이 된 미국은 38만 5천 대의 트럭과 5만 5,100대의 지프, 1만 4,800대의 항공기, 7천 대가 넘는 전차와 400만 톤이 넘는 군수물자를 소련에 제공해 주었다. 물론 이 중 일부는 핀란드인을 죽이는 데 사용되었다.

소련군의 무능

　핀란드군은 북방의 강자로 군림하던 스웨덴이 자신들의 종주국이던 시절 스웨덴군의 일원으로 30년 전쟁에 참여하여 용맹을 자랑하기도 했고, 17세기 초에는 침략해온 러시아를 상대로 싸워 큰 피해를 입히는 등 용명을 널리 떨쳐 러시아의 표트르 대제가 혀를 내두를 정도였다. 핀란드군은 그런 과거의 영광을 200년도 넘어서 다시 한 번 증명해 보인 것이다.

　과거의 영광이 되살아나기라도 한 듯 싸우던 핀란드군에 맞선 소련군의 무능함을 극명하게 드러낸 전투가 있으니, 바로 라텐티에 전투였다. 이 전투에서 소련군 한 부대가 핀란드군의 매복지에 제 발로 들어가서 전멸당하고 말았던 것이다. 사실 소련군의 전력 자체에는 별 문제가 없었지만 보유한 전력을 제대로 활용할 줄 아는 지휘관들이 드물었다. 스탈린의 대숙청으로 장성급들만 보아도 5명의 원수 중 3명, 15명의 군사령관 중 13명, 85명의 군단장급 중 57명, 195명의 사단장급 중 110명, 그리고 406명의 여단장급 중 220명이 숙청되었다. 그 빈 자리는 무능하지만 상부의 명령에 잘 복종하는 이들로 대체되었다. 그래서 살아남은 자들은 숙청에 대한 두려움으로 떨고 있었고 대규모 야전군을 효율적으로 지휘할 수 있는 능력이 부족했다. 대령급 이상 고위 간부의 70%가 숙청되었으니 그들의 빈 자리는 위관급이나 영관급 장교들이 대체할 수밖에 없다. 이렇게 중대나 대대 지휘관이 갑자기 연대나 사단을 지휘하게 되었고, 상관이나 동료들도 대부분 비슷했으니 이들에 제대로 된 작전 지휘 능력을 기대할 수 없었던 것이다. 그들은 고전적인 작전을 고집했으며 독창적인 작전을 구사하다 실패하는 것을 두려워했다. 그 때문에 어떤 부대는 자살 돌격에 가까운 용맹성을 보여주었지만, 공격하는 모습은 판에 박은 듯 했다. 또 동계전, 특히 원시림에서 벌이는 전쟁에 대한 준비가 거의 없었다. 더구나 이들의 군용 차량은 그런 환경에 매우 취약했다.

또한 이 당시만 해도 대부분의 군대가 아직 전차부대, 항공기, 포병, 보병, 공병 간 역할분담이 분명하면서도 잘 협조할 수 있는 전술교리를 갖지 못했다. 장교들의 지휘 능력 문제와 더불어 새로운 현대전에 어울리는 전술교리를 숙지하지 못했다는 점도 소련군이 대패한 원인이 되었다. 하지만 이는 어느 나라나 공통적인 문제였다. 그나마 독일군이 가장 나은 전술을 개발하여 활용했다.

이에 비해 핀란드의 심각한 문제는 무엇보다 장비 부족이었다. 기본 장비조차도 부족해서 전쟁 초기에는 기초 훈련을 받고 있던 병사들만이 군복과 무기를 가지고 있었을 정도였다. 나머지는 자신들의 옷에 적당히 표시를 하였으며 일부는 무장도 자신들의 집에 있던 사냥총을 사용하기도 하였다. 그래서 통일되지 않은 '군복'에는 아이모 카얀데르 총리의 이름을 따 '카얀데르 모델'이라는 애칭이 붙여졌다. 핀란드군은 적군에서 탈취한 장비와 무기·탄약으로 부족한 장비를 보충하려고 노력할 수밖에 없었다.

수오무살미 전투

남북으로 긴 핀란드의 중앙을 분단하기 위한 작전을 소련 제9군이 맡았다. 그 중 제163사단은 순조롭게 진격하다가 12월 7일에 요충지 수오무살미 마을을 점령했는데, 이곳이 자신들의 무덤이 될 것이라고는 상상하지도 못했다. 독립전쟁 당시 대대장이었다가 현역으로 복귀한 교육부 공무원 출신 하얄마르

실라스부오 대령이 지휘하는 핀란드 제9사단은 말이 사단이지 5개 대대의 병력과 현대식 대전차포 2문, 1902년에 러시아에서 만들어진 고물인 76㎜ 포 8문이 전력의 전부였다. 하지만 핀란드 제9사단은 지형과 폭설을 교묘하게 이용하여 제163사단을 포위하는 데 성공했다. 포위망에 갇힌 소련군은 상당수가 동상에 걸린 채로 가슴까지 올라오는 눈을 헤치며 탈출을 시도했지만, 핀란드 저격병의 총탄에 쓰러지거나 다시 참호로 밀려나야 했다. 아래는 실라스부오 대령의 회고다.

> "수류탄, 권총, 총검 등 닥치는 대로 무기를 총동원해서 적진을 유린했다. 소련군의 전차조차도 우리 병사들에게 두려움을 주지 못했다. 사실 우리는 전차에 대항할 수 있는 아무런 무기도 없었는데 말이다."

수오무살미 전투 후

나흘간의 전투 끝에 소련 제163사단은 궤멸당했다. 확인된 전사자만 5천 명이 넘었고, 전차 11대와 포로 500명이 보너스로 핀란드군에 남겨졌다. 그 다음 희생자는 1만 8천 명의 병력과 40여 대의 전차를 보유한 제44기계화보병사단이었고, 역시 거의 전멸당하고 말았다. 수오무살미 전투는 1월 8일이 되어서야 끝났는데 이 전투로 무려 27,500명의 소련 병사들이 전사하거나 동사했다.

핀란드군은 소련군의 3분 1도 되지 않았지만 자군 희생자의 30배나 되는 출혈을 적에 강요했다. 현대에 와서 근대적인 무장을 갖춘 두 군대가 맞붙어 이런 결과가 나온 예는 전무하다. 이 전투는 핀란드인의 영원한 자랑으로 남아있다. 전투 후 당연하게도 대령은 준장으로 승진했지만 '교활한' 전술가이기도 한 실라스부오는 이에 만족하지 않았다. 실라스부오 준장은 다음 사냥감인 제54사단을 교묘한 전술로 포위했다. 소련군은 비행기로 보급을 했지만 핀란드군은 대공포가 없어 이를 막을 수 없었다. 그래서 그들은 비행음을 들으면 신호탄을 쏘아 소련 비행기가 핀란드군 진영에 보급품을 투하하도록 유도하는 재치를 발휘했다. 실라스부오 준장은 계속해서 모티 전술을 구사, 적군을 분열·고립시켰다.

소련군은 큰 코를 다친 뒤에야 이 지옥 같은 얼어붙은 대지와 원시림 속에서는 숙련된 스키부대가 전차를 포함한 중장비들보다 훨씬 유용하다는 사실을 깨우쳤다. 마침 소련에도 전문적인 스키부대가 있었기에 제54사단을 구출하기 위해 이 지역으로 제9스키여단을 파견했다. 이 여단은 모스크바와 레닌그라드, 우크라이나의 프로급 스포츠맨으로 구성된 정예부대여서 사기도 높았지만 어이없게도 정작 스키에는 익숙하지 않았다. 그런 엉터리 스키부대를 바라본 핀란드인들은 "저놈들은 스키부대가 아니라 그저 스키를 등에 짊어진 얼간이들"이라고 조롱하며 다른 부대와 똑같이 박살냈고, 노획한 소련제 스키는 그 허섭쓰레기 같은 품질을 보곤 장작으로 유용하게 활용했다. 소련군만이 아니라 스키도 '모티' 신세가 된 것이다. 만네르하임 원수도 소련군의 가장 큰 약점은 스키를 제대로 탈 줄 모르는 것이라고 말하기도 했다. 소련군도 스키를 배우려 했지만 몇 주 만에 배울 기술도 아니었고 이를 전투에 적용할 수준까지 배운다는 것은 더 불가능한 일이었다. 이에 비해 핀란드군은 전군이 스키부대나 마찬가지였다. 마치 2천 년 가까이 한족 왕조들이 기병대를 아무리 육성하려 해도 항상 말을 타고 다니던 북방 유목민족의 상대가 되지 않았던 것과 같은 이치이다. 그들에게는 '생활'이었으니까 말이다. 소련군 제54사단은 많은 손해를 입었지만, 자신들을 구하러 온 제9스키여단이나 앞의 두 사단처럼 궤멸되지는 않고 겨울 전쟁이 끝날 때까지 간신히 살아남는 데 성공했다.

라도가 호수 북안의 소르타바라 근처에서 소련군 제18사단과 제168사단이 압도적 전력을 이용해 핀란드군 4개 대대를 몰아쳤지만, 폭설로 인해 핀란드군에 역습을 허용했다. 한순간의 역습에 철저하게 박살난 소련군은 굶주리고 누더기를 걸친 패잔병 집단으로 전락하고 말았다. 북극해 연안을 맡은 소련 제14군도 지형과 기후를 교묘하게 이용하는 소수의 핀란드군에 저지당하고 말았다. 메레츠코프는 12월 17일 집중포화를 퍼부으며 다시 주전선인 만네르하임선에 대한 공격을 시작했지만 전혀 손발이 맞지 않았고 인해전술은 수많은 사상자만 낳았다. 만네르하임은 소련군의 이 공세를 "형편없이 연주하는 교향악단의 불협화음 같았다"고 평했다.

하늘에서의 싸움

1929년 5월 4일, 핀란드 육군항공대는 공군으로 독립했다. 타국에 비해 굉장히 빠른 창설이었고, 소국의 공군으로서는 더욱 그러했다. 아마도 북극권인데다가 호수와 하천이 많아 지상교통이 발전하기 힘들기 때문에 항공기에 관심을 기울인 탓이 아닐까 싶다. 1937년 핀란드 공군은 전력증강 5개년 계획을 수립했다. 골자는 소련이 핀란드 영토를 침공한다면 대규모의 폭격을 수반하리라 예상되므로 요격전투기를 장비하겠다는 것이었다. 한정된 예산에다 유럽열강들이 무기 판매를 꺼렸기 때문에 그나마 입수 가능했던 기체인 네덜란드제 포커 D.21 42대를 라이센스 생산하기로 했지만 그나마도 개전 시점까지도 전부 생산하지 못했다.

핀란드 공군은 겨울 전쟁 발발 전까지 그럭저럭 생산한 포커 D.21 36대로 5개 편대를 편성, 2개 비행대대(제24, 제26)에 배치했다. 대조적으로 소련군은 핀란드만부터 북극해 사이에만 항공기를 600대 이상 배치하고 있었고, 주 전력은 카렐리야 지협에 집중돼 하루에 1천회 이상 출격할 수 있었다. 당연히 소련은 이런 압도적 우세를 확보하고 있으니 전투가 시작되면 핀란드가 겁에 질려 항복할 것이라고 생각했고, 굳이 항복하지 않더라도 물량으로 밀어붙여 쉽게 승리하리라고 보았다.

포커 D21 전투기

　전쟁 발발 당시 핀란드 공군이 보유한 항공기는 포커 D.21등 50대의 전투기
와 18대의 블렌하임 폭격기, 그리고 대부분 노후화되어 근접공격이나 정찰, 연
락 등 후방지원에만 쓸만한 60여 대의 구형 항공기가 전부였다. 후방지원기의
상당수는 호수가 많은 핀란드 지형 때문에 수상기가 많았다. 수적으로나 질적
으로나 비교 대상도 되지 않았지만, 핀란드 조종사들은 잘 훈련돼 있었고 진보
적인 전술을 익히고 있었다. 제24 비행대대장이었던 리하르트 로렌츠 소령은
34년에 이미 전통적인 3기 대형보다는 2기 대형이 유연하고 효율적이라고 생
각했다. 훗날 독일을 방문한 구스타프 마그누손 대위는 독일 공군이 '로테'라는
비슷한 대형을 도입하고 있다는 사실을 확인하고 자신들의 전술에 확신을 가
지게 되었다.

　하지만 핀란드 공군의 빠듯한 예산은 장비만이 아니라 조종사 양성에도 악
영향을 끼쳐 비행시간과 과목이 축소됐다. 그래서 조종사들은 최소 2~3회의
공격으로 적기를 격추하도록 요구받았다. 그래서 위험을 무릅쓰고 적 폭격기
에 50m까지 바짝 접근해 최소한의 사격으로 확실히 격추해야 했다. 핀란드 공
군의 포커 D.21은 소련군의 주력 전투기인 I-153, I-16을 근접전에서 상대하
기에는 불리했고 수평비행 속도도 느렸지만, 그나마 상승력이 양호했기 때문
에 폭격기 요격 임무에는 적합했다.

　개전일인 39년 11월 30일에는 날씨가 나빠 활동하지 못했지만, 다음날 날씨

인물열전: 칼 구스타프 폰 로젠(Carl Gustav von Rosen) 백작

칼 구스타프 폰 로젠

스웨덴 의용 조종사들 중 가장 이채로운 사람은 로젠 백작이다. 1909년생인 로젠은 자신의 미국제 DC-2수송기를 폭격기로 개조해 참전했다. 사실 로젠의 참전은 어쩌면 당연한 일이었다. 핀란드 공군 라운델은 파란색의 갈고리 십자(blue swastika)인데, 이 마크는 로젠의 아버지가 1918년 핀란드에 항공기를 기증하며 행운을 기원하는 의미로 그려 넣었던 것을 핀란드 공군이 채용했다는 인연이 있었다. 즉 핀란드의 갈고리 십자는 사실 나치 독일과는 아무런 관련이 없고, 히틀러보다 훨씬 먼저 사용했던 것이 확실하다. 하지만 전쟁 뒤 핀란드는 이 라운델을 사용할 수 없었다.

로젠 백작은 40년 2월 19일, 수송기 개조 '폭격기'를 타고 출격했다. 워낙 속력이 느려 무모하기 짝이 없었지만 다행히 뛰어난 조종 실력 덕에 살아 돌아올 수 있었다. 로젠의 '폭격기'는 다시 수송기로 돌아와 요인 탑승이나 해외 연락에 활약했다. 사실 로젠 백작은 이미 4년 전 무솔리니의 아비시니아 침공 때도 참전했고, 이탈리아 공군기에 격추당할 뻔 했지만 용케 살아남은 경력이 있었다. 이 전쟁이 끝나자 로젠은 네덜란드 항공사 KLM에서 조종사로 일하며 네덜란드인 부인을 맞았다.

겨울 전쟁 직후 로젠은 영국으로 가 조종사로 지원했지만, 독일 공군 사령관 헤르만 괴링의 부인이 친척이었기에 거절당한다. 대신 로젠은 네덜란드 망명정부 조종사가 되어 런던-리스본 구간 비행을 맡았으나 사실 이 코스도 결코 안전하지는 않았다. 로젠의 부인도 네덜란드에서 반 나치 활동을 하다가 피살되었다.

하지만 전쟁이 끝난 후에도 로젠은 모험을 멈추지 않았다. 1956년까지 아비시니아 공군의 교관으로 일했고, 모국 스웨덴 출신 유엔 사무총장인 다그 함마르셸드(Dag Hammarskjold)의 전속 조종사로 전 세계를 누볐지만 함마르셸드는 로젠이 병으로 조종간을 잡지 못했을 때 콩고에서 비행기 사고로 사망했다. 그래도 로젠은 굴하지 않고 계속 자신의 일을 했고, 나이지리아 내전에서 비아프라(Biafra)측으로 활동하다가 죽을 고비를 넘겼다. 결국 1977년 소말리아(Somalia)에서 난민 구조 활동 중 게릴라의 습격을 받고 지상에서 세상을 뜨고 말았다.

가 개이자 소련군은 250대의 폭격기를 동원해 헬싱키와 주요 항구, 공군기지를 공습해 왔고 전투기들은 카렐리야 지협을 위력정찰했다. 핀란드 공군은 이미 전군 동원령을 내리고 대비 태세를 갖추고 있었다. 그날 오전에 영국제 복엽기 (!)인 불독 2대와 I-16 6대가 격돌, 우투 하사가 I-16 1기를 격추해 핀란드 공군 최초의 전과로 기록됐지만 자신도 피격돼 부상당했다. 마그누손 대위가 이끄는 제24비행대대의 포커 D.21 전투기들은 그날 오후 59회의 작전비행을 실시해 SB폭격기 11대를 격추했다. 개전 초 한 달 동안 제24비행대대는 5대를 격추했고 손실은 포커 D.21 1대 완파, 1대 파손에 불과한 놀라운 전과를 올렸다. 또한 독일이 폴란드 전격전에서 적 공군을 개전 초에 기습하여 지상에서 파괴하는 것을 보고 항공기들을 숲속에 있는 기지에 분산 배치했고, 가짜 시설물을 만들어 소련 공군을 감쪽같이 속이기도 했다.

약소국 핀란드의 처지를 보여주는 또 다른 일화도 있다. 39년 10월에 계약한 이탈리아제 피아트 G.50 전투기 25대는 독일을 철도로 횡단, 발트 해와 스웨덴을 거쳐 최단거리로 올 예정이었지만 독일은 소련과의 관계 때문에 발트 해의 슈테틴 항에 도착한 기체들을 스위스로 돌려보냈다. 그래서 2대만 먼저 도착하고 나머지는 다시 이탈리아에서 해상으로 수송해 40년 2월 15일에야 올 수 있었다. 1월 13일에는 올라비 에른루트 대위가 최초 도착분인 G.50 1대를 테스트하던 도중 발견한 SB폭격기 1대를 격추했다.

1월 6일 아침 에스토니아에서 출격한 소련군 장거리 폭격기 연대 소속의 DB-3 17대는 2파로 나뉘어 쿠오피오를 공격했다. 1파가 공격을 마치고 무사 귀환했지만 2파는 순찰중인 제24비행대대의 포커 D.21 전투기에 1대를 잃었다. 남은 7대는 쿠오피오 상공에서 폭탄을 투하하고 돌아가는 길에 올랐다. 요르마 사르반토 중위는 포커21 전투기를 몰고 길목에서 들을 기다리고 있었다.

"우티 상공의 구름이 걷히고 날씨가 개이면서 고공을 날고 있는 적기의 배면이 또렷이 보였다. 소련군 폭격기 7대가 밀집대형으로 날고 있었다. 나는 계속 상승해 전면 기총수가 보이는 지점까지 접근했지만 태양을 마주보고 있는 소련인들은 나의 존재를 눈치채지 못했다. 나는 폭격기들과 같은 고도 500m 후방까지 다가가 가장 왼쪽에 있는 기체를 목표로 돌격했다. 300m

까지 접근하자 방어기총이 비오듯 쏟아졌다. 나는 20m 지점에서 몇 발 사격해 후방사수를 잡았다. 그리고는 오른쪽 엔진에 사격을 가했다. 2대가 연기를 뿜으며 하강했다. 나는 이번에는 정면으로 접근해 아까처럼 엔진에 근접사격을 퍼부었다. 2~3회의 짧은 사격으로 이 기체도 불덩이가 됐다. 나는 적기를 모두 격추시킬 수 있겠다는 욕심이 생겼다. 다음 기체는 여러 발을 맞고 겨우 불이 붙었다. 마지막 기체는 후방사수가 전사해서 나는 마음 놓고 접근해 엔진을 겨냥해 방아쇠를 당겼다. 하지만 탄약이 떨어져 있었고 어쩔 수 없이 기지로 돌아왔다."[13]

이렇게 사르반토는 단 4분 동안 DB-3대를 격추하는 놀라운 전과를 거두어 단숨에 에이스로 등극하고 유럽 각국의 언론에서도 대서특필됐다. 거인과 당당히 맞싸우는 작지만 용감한 핀란드에 대한 응원이었다. 우티와 타바스틸라 사이 30㎞에 걸쳐 떨어진 소련기들의 잔해가 발견됐고 포커21 전투기에도 23발의 탄흔이 남아 있었다. 몇 번이나 폭격기 손실을 입은 소련군은 약 2주간 핀란드 남서지역으로는 감히 접근하지 못했다. 하지만 핀란드 공군은 카렐리야 지협 이외 지역에는 배치할 항공기가 없었다. 다른 지역, 특히 라플란드는 스웨덴의 의용 조종사들이 방어를 맡았다.

1월 10일 스웨덴의 글래디에이터 12대와 호커Hawker 하트Hart 복엽 경폭격기 4대로 구성된 제19비행대대가 북부의 라플란드 지역에 투입됐다. 작은 전력이었지만 이들은 스웨덴 공군의 1/3이나 되는 전력이었다. 여기에 6대로 구성된 덴마크 의용비행대와 소수의 외국인 지원자들이 추가되었다. 이틀 후 글래디에이터 전투기들은 메르케야비의 소련군 기지 습격 작전에서 상공 엄호를 담당했다. 제19 비행대는 I-15를 격추해 스웨덴 공군 최초의 공중전 승리를 기록했지만 귀환 중 충돌 사고로 2대를 잃고 1대는 소련군에 격추됐다. 하지만 이들은 라플란드 지역에서 전쟁 끝까지 600회의 전투비행을 감행해 총 12대를 격추하며 용감히 싸웠다. 대신 6대의 기체와 조종사 3명의 목숨을 대가로 치러야 했다.

---

13 Ossi Juntunen, 「Jorma Sarvanto - the Top Finnish Ace of the Winter War」 참조 / 번역: mungia

인물열전: 시모 하이하

시모 하이하

2차 세계대전 저격 기록 1위인 핀란드의 저격수 시모 하이하는 겨울 전쟁 동안 공식 기록상 542명의 소련군을 저격한 것으로 되어 있다. 1905년 12월 17일에 태어난 하이하는 농부이자 사냥꾼이었다. 이미 1925년에 징병되어 군복무를 마쳤지만 다시 징집되어 콜라 강 부근 제34보병연대 6중대 소속으로 참전한다. 하이하는 명성에 어울리지 않게 키 161cm 체중 51kg의 왜소한 체구로 흰색 위장복을 입고 소련 병사들을 저격했다. 사실 작은 키 덕분에 참호나 매복 장소에서 얼굴을 내밀지 않고도 상대를 저격할 수 있었다. 하이하는 실제로 소련군에 치명적인 피해를 주며 하얀 악마라는 별명이 생길 정도로 소련군에 공포의 대상이 되었다. 일반 저격수들은 저격용 스코프를 사용하는데 반해 시모 하이하는 '아이언사이트' 즉 총신의 가늠자와 가늠쇠만으로 저격을 했다는 점이 놀랍다.

시모 하이하는 저격총에 스코프를 부착하면 반사광 때문에 자신의 위치가 노출될 수도 있고, 스코프의 장착위치가 높아서 조준 시 반드시 머리를 내밀어 눈을 대야 한다는 불편함 때문에 '아이언사이트'를 '사용'했다고 하였다. 아이러니하게도 시모 하이하가 소련군을 사살하는데 사용한 모신 나강 M28 소총은 소련제였다. 핀란드의 제식 기관단총인 수오미 K31로도 200여 명을 사살한 것으로 알려져 있다. 이를 추가한다면 비공식적으로 700여 명을 사살한 저격수가 되는 셈인데, 일당백도 아니고 말 그대로 일당천의 용사였던 것이다. 하이하보다 더 많은 수의 적을 해치운 저격수들이 독일이나 소련에도 있지만 그들은 몇 년 동안 올린 기록이고 하이하는 겨울 전쟁 석 달 동안 스코프 없이 해낸 기록이니 '순도' 면에서는 비교가 되지 않는다.

당시 시모 하이하는 '콜라의 기적'이라 불리며 최고의 전과를 올렸으나, 한 사람의 분투로 전쟁에서 승리하는 일은 어렵다는 것을 보여주듯 핀란드는 패하게 된다. 전후 핀란드군의 영웅으로서 만네르하임 원수로부터 표창을 받고 상병에서 중위로 특진하였으며, 이후 전쟁 중 왼쪽 턱에 입은 부상으로 일 주일 가량 의식을 잃었다가 깨어났지만 부상 악화로 인해 전역하였다. 이런 분투에도 불구하고 결국 고향을 소련에 내주고 핀란드 본토로 피난해야 했던 하이하는 2002년 4월 97세의 나이로 생을 마감했고, 시모 하이하는 현재까지 핀란드와 스나이퍼계의 전설로 남아 있다.

바다에서의 싸움

핀란드의 싸움은 발트해에서도 이어졌다. 핀란드 해군은 해방함 2척과 포함 2척, 잠수함 5척, 어뢰정 7척 등으로 이루어진 작은 함대와 4천 명에도 미치지 못하는 병력이 전부였다. 제정 러시아 시절 러시아가 수도 상트페테르부르크를 지키기 위해 설치한 341문의 해안포를 그대로 인수한 해안포병은 수적으로는 장비가 충실한 편이었지만 질적으로는 1898년 일본에서 제작된 물건이 있을 정도로 낡은 포가 많았다. 이에 비해 레닌그라드의 외항인 크론슈타트를 기지로 하고 있는 소련 발틱 함대는 전함 2척, 순양함 2척, 구축함21척, 잠수함 52척, 어뢰정 41척과 병력 34만이었다. 소련 대비 병력 수로는 1%가 조금 넘을 정도였으니 육지와 하늘보다 전력 차가 더 심했다.

개전 다음날인 12월 1일, 소련 해군은 35년에 건조된 키로프급 중순양함을 기함으로 해서 2척의 구축함으로 이루어진 함대를 내보냈다. 이에 맞선 핀란드 해안포병들은 비록 적함을 격침시키지는 못했지만 여러 발을 명중시켜 소련 해군의 간담을 서늘하게 했다.

12월 8일 소련은 핀란드 연안봉쇄를 선언했다. 이틀 후 500톤급의 소련 잠수함 322호는 포격으로 핀란드 상선 카사리호를 격침시켰다. 그리고 323호는 헬싱키 앞바다에서 독일 상선을 어뢰로 격침시켰으며 C1호는 펄프를 가득 실은 독일 상선을 격침시켰다. 소련 해군이 거둔 '전과' 중 3분의 2가 당시에는 소련의 충실한 동맹국이었던 독일의 배라는 사실은 쓴웃음을 짓게 만들 뿐이었다.

12월 18일, 코이비스트 남쪽 사렌파 해안요새에 소련 폭격기 대편대의 폭격이 끝나자 2만 6천 톤 급의 전함인 '10월 혁명'함이 나타났다. 해안포병으로서는 최고의 사냥감이자 악몽 같은 강적이었다. 베이네뫼이넨이나 일마리넨과 같은 포탑을 가진 사렌파 요새는 254㎜포로 반격에 나서 한 발을 명중시켜 10월 혁명함을 물러나게 만들었다. 이어 소련 공군기의 폭격이 이어졌다. 100발 이상의 폭탄이 투하되었지만 핀란드 공군의 반격으로 물러났다. 이어서 10월 혁명호의 자매함인 마라가 나타나 305㎜거포를 비롯한 160발의 포탄을 퍼부었지만 요새는 굴하지 않고 과감하게 반격하여 2발의 포탄을 마라에 명중시켰다. 마라 역시 크론슈타트로 후퇴할 수밖에 없었다.

베이네뫼이넨 급 해방함

　12월 24일 크리스마스 이브, 소련 공군기들이 오전 9시 45분부터 석양 무렵까지 다섯 차례에 걸쳐 벌떼같이 날아들어 핀란드 해군의 두 해방함 베이네뫼이넨과 일마리넨에 달려들었다. 용감한 공격이었지만 단 한 발도 명중시키지 못했다. 다만 핀란드 수병 하나가 파편에 맞아 전사하고 열 명이 부상당했을 뿐이었다. 하지만 모스크바의 라디오에서 나온 발표는 가관이었다.

　　"오늘, 영웅적인 소련 공군은 핀란드 만으로 출격하여 핀란드 해방함 5척
　　을 격침했다. 인습에 불과한 크리스마스를 즐기려던 핀란드인들의 마음은 차
　　갑게 가라앉았다."

　핀란드의 해방함은 2척 밖에 없는 데다가 그나마 한 발도 명중시키지 못했는데도 이런 터무니없는 발표를 한 것이다. 이 정도면 태평양 전쟁 말기 가미카제로 거둔 전과를 과대 선전한 일본은 양반인 셈일지도 모르겠다. 핀란드 해군은 지역 특성상 쇄빙선을 보유하고 있었는데, 1940년 1월 말에는 소련의 쇄빙선과 교전을 벌여 세계 전쟁사에서 유일한 쇄빙선간의 해전을 치르기도 했다.

영국과 프랑스의 개입

영국과 프랑스에서는 핀란드에 대한 동정 여론이 지배적이었지만, 이와는 별개로 독일의 동맹국인 소련을 약화시키기 위해 핀란드와 스칸디나비아가 전략적으로 중요한 지역이라는 사실을 깨닫고 개입을 검토하기 시작했다. 특히 독일의 군수산업에 필요한 고품질의 철광석이 스웨덴의 키루나와 엘리바레에서 생산되었고 중요도는 조금 떨어지지만 페차모의 니켈 광산 역시 독일군수산업에 중요한 곳이었다. 때문에 이 일대를 장악하면 독일의 전쟁수행능력을 크게 떨어뜨릴 수 있었다.

핀란드는 거의 모든 것이 부족했지만 가장 부족한 것은 탄약이었다. 이미 12월 말에 탄약 재고량이 바닥을 드러내기 시작했다. 박격포탄은 32%, 대전차 포탄은 33%, 특히 주력인 76㎜ 야포의 포탄은 48%밖에 남지 않았다. 몇 문 되지도 않았지만 대구경 포탄의 재고는 아찔할 정도였다. 아무리 핀란드군이 뛰어나도 소총과 기관총만으로 적을 막을 수는 없었다. 겨울 전쟁을 다룬 《눈 속의 기적》을 쓴 우메모토 히로시 씨의 표현을 빌면 골리앗을 쓰러뜨린 다윗도 돌은 있어야 했기 때문이었다. 사실 핀란드는 남녀 합쳐 40만 이상이 전시동원되어 산업은 거의 마비 상태였고, 탄약을 생산하는 빈약한 군수산업조차 여성 노동력으로 겨우 유지되고 있었지만 전방에서 소모되는 양을 보충하기에는 너무 부족했다.

영국과 프랑스는 군사 사절을 보낸 다음 우선 물질적 지원을 하기로 결정하였다. 영국은 30대의 글로스터 글래디에이터(Gloster Gladiator) Mk II를 무상으로 1월 18일부터 4주간에 걸쳐 보냈고 이 기체들은 제26비행대대에 배치됐다. 이로써 너무 낡은 불독을 대체할 수 있었고, 2월 초가 되자 전선에서 불독은 완전히 사라졌으며 후방임무에 종사하게 되었다. 영국은 그 외에도 폭격기 12대를 보냈으며 비교적 신형인 호커 허리케인 10대는 유상으로 구입하기로 했다.

소련의 침공 직후 편성됐지만 탈 기체가 없었던 제28비행대대는 2월 초에 프랑스에서 보내준 30대의 모랑 소르니에(Morane-Saulnier) MS.406을 받았다. 그 외에도 핀란드는 미제 전투기를 구입하려는 노력을 기울여, 마침내 1939년 12월 16일 브루스터 B-239 버팔로Buffalo 44대를 저렴한 가격으로 도입하는 계약에 성공했다. 미해군이 고성능 F2A-2를 도입하는 바람에 잉여분으로 남은 기체들이었다. 스웨덴은 사브 공장에서 이렇게 새로 도입되는 기체들을 조립해 핀란드를 도왔다.

프랑스는 MS406 전투기 외에도 대공포, 야포, 트럭, 오토바이, 무전기를 보냈다. 하지만 이런 지원은 '공짜로 줘도 욕먹을 만한' 물건이 많아 핀란드에 큰 도움은 되지 못했다. 프랑스 전투기는 혹한의 핀란드에서 잘 작동하지 않았고, 야포는 40년 가까이 된 물건이었다. 특히 CR.714 6대는 기종을 가릴 형편이 아닌 핀란드 공군도 이 기체의 이·착륙 성능이 워낙 불량해서 '영원히 땅에 머물도록' 하고 추가로 인도될 74대의 도입도 정중히 거절했을 정도였다.

티모셴코의 등장과 소련의 반격

엄청난 참패에 경악한 스탈린은 희생양을 찾았다. 일선 사령관 메레츠코프의 경질은 당연했고, 총사령관 보로실로프 원수도 피해갈 수 없었다. 원수는 스탈린의 절친한 술친구이기도 했다. 1월 초, 스탈린은 보로실로프와 메레츠코프 장군, 훗날 소련의 지도자가 되는 흐루쇼프, 티모셴코 대장 등을 모스크바 근교에 있는 저택으로 불렀다. 저녁식사 도중 스탈린은 보로실로프 원수에게 패전의 책임을 추궁했다. 그러자 놀랍게도 주눅들어 있을 줄 알았던 원수는 가만히 당하지 않고 스탈린에게 목청을 높여 반박했다. "동지가 유능한 장교들을 모두 죽였잖소!" 바로 대숙청으로 인한 전투력의 저하를 직접 언급하면서 그 책임은 스탈린에게 있다고 지적하고 나선 것이다. 그러면서 새끼 통돼지 구이가 담긴 접시까지 내동댕이쳤다. 그런 반발을 받았지만 스탈린은 놀랍게도 보로실로프를 다른 장군들처럼 죽이지 않고 단순히 군사고문으로 좌천시키는 정도로 처분했다. 하지만 심하게 패한 사단장 몇 명은 처형당하고 말았다.

스탈린은 키예프 군관구 사령관 티모셴코 대장을 레닌그라드 군관구 사령관으로 임명했고, 메레츠코프는 그 휘하에 두었다. 티모셴코는 명장과는 거리가 멀었지만 그래도 평균은 되는 장군이었기에 막대한 희생을 치르고 얻은 학습 효과 정도는 아는 인물이었다. 티모셴코 역시 전임자와 마찬가지로 만네르하임 라인을 돌파한 후 전과 확대를 하겠다는 기본적인 전략에는 생각이 같았지만 현재의 전투 방식은 대폭 개선해야 한다고 보았다. 그래서 각 병종간 협조 및 소련군 병사가 혹한에서도 효과적인 작전 수행이 가능하도록 치밀한 준비를 갖출 것을 명령했다. 제2차 침공군의 병력은 약 60만 명까지 증강되었고 훈련 역시 그간의 소련군답지 않게 치밀하게 이뤄졌다. 티모셴코 대장은 전선 후방에서 핀란드 지형과 유사한 지역에 만네르하임 라인의 방어 시설과 비슷한 모형을 만들고, 공세의 선봉에 설 제123사단 및 제35전차여단으로 하여금 반복적인 전선 돌파 훈련을 시켰다.

당시 훈련 내용을 자세히 살펴보면 전차병들은 진격 시 보병 공격으로부터 취약한 측면을 노출한 채 전투하지 말고 후속 보병들이 도착할 때까지 현 위치에서 대기할 것을 강조했다. 또한 전차 간의 상호 엄호로 핀란드군의 대전차 특공조와 대전차포를 견제하도록 지시했으며, 보병들은 방어진지가 파괴된 후 본격적인 공격을 하도록 하였다. 여기에 혹한의 핀란드 지형에서 보병의 도보 이동이 어려운 점을 감안하여 강철제 방탄판으로 보호되는 대형 썰매를 대량 생산하여 전차가 견인하도록 조치했다. 아울러 스키로 이동하는 돌격 공병대가 공격 전 핀란드군의 대전차 장애물 및 지뢰들을 사전에 제거하는 훈련을 받는 등 소련군은 점차 현대식 동계전에 눈을 뜨기 시작했다. 티모셴코 대장은 추가로 50만 명 이상의 병력을 지원할 수 있는 군수품과 탄약을 전선 주요 지역마다 저장하는 치밀함까지 보였다. 소련군이 노리는 것은 전격전이 아니라 소모전이었고, 이는 핀란드군에는 최악의 시나리오였다. 본격적인 공세를 시작하기 전에 위력정찰이란 이름으로 소규모 공격을 자주 실시하여 훈련 결과를 평가함과 동시에 실전 경험을 쌓게 하며 핀란드군을 소모시키기까지 하는 일석 삼조의 효과를 거두었다. 이 '위력정찰'은 다른 부분은 몰라도 포격만은 아주 대규모였기에 핀란드군의 활동을 위축시켰다.

이런 식으로 만반의 준비를 마친 티모셴코는 2월 1일부터 대규모 포격과 폭격을 실시했다. 가장 격렬했을 때에는 1시간에 30만 발에 달했는데, 이는 베르됭 전투 이래 최대 포격이었다고 한다. 반나절간의 포격 후, 소련군은 지뢰 제거용 롤러를 장착한 전차를 앞장세우고 공격을 시작했다. 보병들이 전차와 같이 있었기에 핀란드군은 전처럼 육박공격을 할 수 없었다. 하지만 이 공격조차 진짜 공세가 아니었다. 티모셴코는 2월 6일부터 본격적인 총공세에 나섰다. 핀란드군은 용감하게 맞서 싸웠지만 역부족이었다. 비록 속도는 느렸지만 소련군은 압도적인 병력과 화력으로 조금씩 핀란드군의 목을 조였다. 어느 지역에서는 얼어붙은 강을 건너는 소련군을 발견했지만 포격만 가하면 모조리 수장시킬 수 있었음에도 포병이 없어 그대로 통과시킨 예도 있을 정도였다.

2월 14일 전선에 직접 나온 만네르하임은 철수를 지시했다. 핀란드군은 비푸리 일대에서 처절하게 저항했다. 소련군 1개 대대가 전멸하기도 했고, 사르멘가이타에서는 소련군 4천 명이 시체가 되었으며, 하루에 10대에서 30대의 소련 전차를 격파했다. 하지만 그 전의 참패에 독이 오른 소련군은 손실을 무서워하지 않고 계속 진군해 들어왔다. 하지만 2월 21일부터 3일간 무서운 눈보라가 카렐리야 지협을 덮어 전투는 일시 중단되었다.

핀란드를 둘러싼 외국들의 각축

40년 초부터 스톡홀름에서는 핀란드와 소련 간의 강화 교섭이 진행되고 있었고, 전투에서 승리하던 핀란드는 강경한 자세를 유지하고 있었다. 2월 5일, 파리에서 열린 연합국 최고전쟁위원회에서 연합국은 핀란드 정부가 요청하고 노르웨이와 스웨덴 정부가 통과를 승인한다면 10만 명의 영국군과 3만 5천명의 프랑스군이 핀란드를 돕기 위해서 노르웨이의 나르빅(Narvik)항구를 경유하여 출병할 것이라고 발표하였다. 이 소식에 핀란드 정부는 크게 기뻐했지만 상황은 그렇게 간단하지 않았다.

스칸디나비아 국가들은 연합국의 개입으로 전쟁이 자국까지 번지는 것과 핀란드 패전 시 난민 발생을 우려했기에 전쟁의 조속한 종결을 희망하고 있었다. 반대로 연합국은 전쟁의 지속을 희망하고 있었기에 핀란드의 외교적 입지는 우호적인 여론에 비해 아주 좁았다. 정확하게 말하면 스웨덴과 노르웨이는 소련이 핀란드를 점령해 발트해를 제압하고 소련과 직접 대치하는 것을 원치 않았기에 핀란드를 지원했지만, 연합군이 통과를 빌미로 자국의 영토를 통제하고 이로 인해 전쟁의 무대가 되는 것도 역시 원치 않았다. 폴란드 편에서도 잠시 언급했지만 동맹국이 짓밟히는데도 방관했던 영국과 프랑스였다. 갑자기 별 상관도 없는 핀란드를 돕겠다고 나서는데 당장 급한 핀란드야 그렇다 치더라도 스웨덴이나 노르웨이가 순수하게 받아들일 리가 없었다.

어쨌든 연합국의 참전 준비는 시작되었다. 유명한 프랑스 외인부대는 알프스에서 혹한지 대비 전투 훈련을 시작했고, 앞서 폴란드 편에서 말했듯이 폴란드 조종사들은 핀란드에 제공된 바 있는 MS406전투기로 훈련을 시작했다. 영국은 이라크에서 폭격기를 출격시켜 바쿠 유전을 공격할 계획을 세웠다. 소련은 동맹 관계였던 독일에 엄청난 양의 원유를 공급해주고 있었는데, 대부분이 이 유전에서 나온 것이었기 때문이다. 당시 바쿠 유전은 공습에 무방비 상태인데다가 기름이 땅에 넘쳐흐를 정도여서 만약 공습이 실현되었다면 끔찍한 결과가 나왔을 것이다. 연합국의 의도는 독일의 무기를 만들 철광석과 그것들을 움직일 석유의 공급원을 차단하여 전쟁 수행 능력 자체를 말살하는 것이었다. 만약 이 계획이 실현되었다면 세계사는 엄청나게 달라졌을 것이다.

2월 말 만네르하임은 군사 상황 전개가 더 불리해질 것으로 판단하여 미켈리로 자신을 만나러 온 정부요인들에게 강화에 나서라는 고언을 했다. 2월 29일 평화 협상이 시작되었지만, 같은 날 소련군은 비푸리 공격을 시작하였다. 독일 역시 협정에서 양보한 것은 나중에 충분히 다시 차지할 수 있다면서 평화 협정을 체결하라고 권고했다. 프랑스와 영국은 핀란드가 평화 협정을 심각하게 고려하고 있다는 사실을 알게 되자 다시 지원을 제의했다. 이번에는 핀란드가 3월 12일 이전에 지원을 요청한다는 조건 아래 5만 7천 명을 파병한다는 내용이었다. 그러나 사실은 이 병력 중 6천명만이 핀란드에 투입될 계획이었으며, 나머지는 스칸디나비아 북부 나르빅과 스웨덴의 철광 산지를 점령하는데 쓸 생각이었다. 영국과 프랑스의 의도를 눈치 챈 노르웨이와 스웨덴은 연합군의 통과를 거절했다. 서방 연합군의 이런 엉성한 개입은 독일에 노르웨이 침공이 꼭 필요하다는 결의만 굳게 만들어 결국 한 달 뒤에는 독일군이 노르웨이를 침공한다.

겨울이 끝나가면서 소련 역시 전쟁에서 손을 떼고 싶어 했다. 얼음이 녹으면 진창이 되어 자칫하다간 소련군이 삼림 지대에서 수렁에 빠질 상황에 놓일 우려가 컸고 영국과 프랑스의 개입도 원하지 않았기 때문이었다. 스웨덴 역시 핀란드의 붕괴를 걱정하여 조속한 종전을 희망했다. 이런 배경에서 평화 조항 초본이 핀란드에 전달되었다. 극히 불리한 조항 때문에 핀란드 정부가 망설이는 동안 스웨덴에서는 초반과는 달리 핀란드 원조 반대파가 세를 얻어가고 있었고 결국, 2월 21일 의회에서 반대파가 승리를 거두었다. 국왕 구스타프 5세는 핀란드의 스웨덴 정규군 지원 요청을 거절한다고 공식 발표했을 뿐 아니라 장비와 탄약지원도 중단하고 스웨덴 영공을 군용기가 침범하면 어떤 국적이든 모두 격추하겠다고 선언했다. 다만 기존에 참전한 의용병은 그대로 유지기로 했다.

계속되는 하늘에서의 싸움

소련 공군도 전략 목표를 공격하던 기존의 방침을 바꾸어 지상군을 근접 지원하는 전술지원에 나섰다. 핀란드는 그동안 작전 가능 기수가 45대에서 67대로 증가됐고 글래디에이터가 전투기와 대결하는 동안 포커 전투기로 폭격기를 습격하는 전술을 사용했다. 하지만 소련군 전투기가 연료탱크를 장비하면서 핀란드 영토 깊숙이 비행이 가능해졌고, 폭격기 호위도 증가해 요격은 점점 어려워졌다.

제26전투비행대의 글래디에이터 조종사들은 단 2주간의 훈련비행을 마치고 실전 투입돼 2월 2일 I-153을 첫 격추한 데 이어 핀란드 만 상공에서 2대를 더 격추했다. 9일 후에는 라도가 호수 북쪽에서 폭격기 5대를 격추하면서 오이바 투오미넨 하사가 첫 글래디에이터 에이스로 등극했다. MS.406을 장비한 제28비행대대도 불과 2주간의 훈련 후 실전 투입돼 2월 17일 DB-3을 격추했다. 사흘 후에는 파보 베르그 중위가 30대의 SB폭격기 편대에 대한 요격에 나서 한 대를 격추하며 두 번째 글래디에이터 에이스가 됐지만 베르그 자신도 피격되어 낙하산으로 탈출했다. 카렐리야 지협에서는 2월 25일 개전 후 가장 치열한 공중전이 벌어져 글래디에이터가 R-5 포병관제기 4대를 격추했으나 소련군 I-153전투기의 공격에 2대를 잃었다. 이 전투로 글래디에이터가 I-16이나 I-153보다 열세라는 점이 명백해졌기에 겨우 10일간의 훈련 비행을 마친 G.50기들이 급히 전선에 투입됐다.

소련군이 최종 공세를 시작한 첫 2주 동안 폭격기 요격 외에 핀란드 전투기들의 최우선 임무는 지상부대 지원이었다. 그러나 비푸리 만을 가로질러 해일처럼 밀려오는 붉은 파도를 저지하기 위해 조종사들은 그들이 가진 모든 것, 때로는 단 하나뿐인 생명까지도 하늘에 바쳐야 했다. 공세 초반 핀란드 조종사들의 눈물겨운 사투와 또다시 찾아온 악천후 때문에 소련군은 대공 화력과 항공 우산이라는 보호막을 제대로 사용할 수 없었다. 게다가 과감하다 못해 무모하기까지 한 핀란드 공군의 지상공격은 그 자체가 소련군에 있어 재앙이었다. 하지만 이 와중에도 소련의 대공 화력은 엄청나게 증강되었고 기상 또한 좋아지면서 이제 승부는 점차 소련 쪽으로 기울고 있었다.

2월 29일, 소련군 폭격기들이 기지로 접근 중이라는 경보에 제24, 26비행대대의 전투기들이 출격했지만 정오경 나타난 기체는 폭격기가 아니라 전투기 24대였다. 이 한 번의 전투에서 무려 글래디에이터 5대와 포커21 1대가 격추됐고 전과는 2대에 불과했다. 3월에 핀란드군은 카렐리야 지협에서 후퇴했고 소련군은 핀란드군을 추격, 얼어붙은 핀란드 만을 건너 비푸리 서쪽까지 진출해 두 개의 교두보를 만들었다. 핀란드 공군 주력이 이곳으로 총 출동해 얼어붙은 바다 위를 건너오는 보급 행렬을 필사적으로 공격했다. 양군은 이 지역 전투에서 5대씩 잃었고 핀란드군의 격렬한 저항에 결국 소련군의 기세는 꺾였다.

핀란드군은 겨울 전쟁 기간 중 총 254대를 투입하여 5,693회를 출격해 42대를 공중전에서 잃었고, 사고나 대공포화로 잃은 기체까지 합하면 67대를 잃었다. 손상된 기체는 69대였다. 소련군은 2500여대를 투입하여 공중전에서 200여대를 잃었고, 지상격파, 대공포화 손실, 기타 손실을 합하면 789대를 잃었다. 소련기의 비전투손실이 많았던 이유는 혹한으로 인해 엔진의 고장이 잦았기 때문인데, 한 발도 맞지 않은 기체들이 불시착하여 부서지는 경우가 많았다고 한다. 물론 조종사의 질이 떨어진 탓도 컸는데, 대숙청의 피해를 가장 크게 입은 군이 공군이었기 때문이라고 한다. 재미있는 사실은 당시 소련 공군이 427대를 격추하고 261대를 잃었다고 보고했다는 것이다. 보고된 격추 수가 핀란드 공군 보유 대수의 두 배에 가까우니 '격침' 시킨 배의 숫자만 과장한 것이 아니었다. 핀란드 공군에는 10명의 에이스가 탄생했는데 요르마 사르반토 중위가 포커 D21로 13대를 격추했고 오이바 투오미넨 하사가 글래디에이터로 8대를 격추해 뒤를 이었다. 이런 놀라운 전과는 무엇보다도 핀란드 조종사들이 우수했기 때문이지만, 이에 못지않게 지상 정비 요원들이 뛰어났고 헌신적이었기 때문이었다. 하지만 진짜 에이스는 나중에 등장한다.

정전

2월 말이 되자 핀란드군의 탄약은 거의 바닥이 났다. 다시 공세에 나선 소련 군은 그때까지 많은 사상자만 내면서 넘지 못했던 만네르하임 선을 뚫는 데 마침내 성공하였다. 3월 초, 핀란드군의 저항은 여전히 격렬했지만 소련군은 비푸리 교외까지 진출하기에 이르렀다. 더 이상 버틸 수가 없게 된 핀란드군은 댐을 폭파해 소련군을 저지하는 극단적인 방법까지 동원했다. 소련군 보병은 이미 인적조차 없는 비푸리를 소탕하기 위해 가슴 높이까지 올라온 차가운 물과 싸워야 했다. 하지만 대세는 기울었고, 40년 3월 6일 스웨덴의 중재로 리스토 리티 총리를 단장으로 한 핀란드 대표단이 모스크바를 방문했다. 소련 역시 영국과 프랑스의 개입을 두려워했으므로 쿠시넨의 괴뢰정부를 해체하고 협상 테이블에 앉았다. 12일에 양국은 정전 협정에 서명했는데, 정식 발효는 다음 날 오전 11시였다. 이것으로 겨울 전쟁은 끝났다. 모스크바 평화조약으로 핀란드는 제2도시 비푸리를 포함한 공업 중심지인 핀란드 령 카렐리야(핀란드어로 카리알라)를 협상이 진행되던 당시 많은 부분을 핀란드군이 점유하고 있었음에도 불구하고 소련에 넘겨주어야 했다. 이는 핀란드 영토의 10% 가까이 되며, 전체 인구의 약 12%인 42만 2천명의 카렐리야 주민은 거주지를 잃었다. 이 조약으로 소련 영토가 된 지역에 있던 대부분의 핀란드군과 민간인들은 신속히 핀란드 본토로 분산 이주해야 했지만 그들은 강인한 핀란드인답게 울부짖거나 슬퍼하지 않고 담담한 표정으로 이삿짐을 쌌다.

핀란드는 이외에도 살라(Salla) 지방과 바렌츠 해의 칼라스타얀사렌토 반도 (Kalastajansaarento peninsula), 핀란드 만의 섬 4개를 소련에 넘겨야 했다. 항코(Hanko) 반도도 연간 80만 마르카를 받고 30년 동안 소련 군사 기지로 임대되었다. 이 조약으로 핀란드는 100여개의 발전소를 비롯한 금속, 섬유, 화학 공업 등 산업의 10% 이상을 잃고 말았다. 핀란드가 얻은 것은 '핀란드 민주공화국'을 소련이 포기했다는 것뿐이었다. 칼리오 대통령은 "이런 조약에 서명할 것을 강요한 손이 제발 시들게 하옵소서." 라고 울부짖으며 자기 자신을 저주했을 정도였다. 결국 이 '저주'는 현실이 되었다. 그 해가 지나기 전 칼리오 자신이 중풍에 걸려 세상을 떠나고 만 것이다. 후임은 총리를 맡았던 리티였고, 국방장관은 사임했다. 핀란드 국민은 가혹한 평화 조약 조항에 당혹했다. 전쟁에서 잃은 영토보다 평화로 잃은 영토가 더 많은 듯했다. 소련에 대한 원한은 그야말로 뼈에 사무치고 하늘을 찔렀다.

핀란드 정부가 결국 소련의 무력에 굴복했다는 소식이 라디오를 통해 전선에 전해지자 병사들은 대성통곡했다. 물론 모든 장교들과 병사들은 지쳐 있었고, 자신들에게 탄약과 무기가 부족하다는 현실도 잘 알고 있었다. 하지만 사기는 여전히 높았다. 카렐리야 지방에서는 후퇴했지만 다른 곳에서는 대부분 진지를 지키고 있었으며 소련군에 많은 손실을 강요하고 있었으므로 가혹한 조건으로 정전하는 데 납득하지 못하는 이들도 많았다. 핀란드인들은 집집마다 반기를 게양함으로써 패배를 아쉬워했다. 3월 13일은 핀란드인들에 국치일이 되었으며 지금도 그 날에는 조기를 걸고 겨울 전쟁의 희생자들을 애도하고 있다. 그런데 이 조약에서 주목해야 할 부분은 바로 핀란드의 군비에 대해 어떠한 제한도 두지 않았고, 심지어 노획한 소련군 장비와 물자의 반환도 언급되지 않았다는 점이다. 소련은 이 게으름의 대가를 후일 톡톡히 치르게 된다. 외국인 의용병들도 철수했는데, 만네르하임 원수는 질적·양적으로 부족했음에도 혹한의 라플란드 상공을 지켜준 스웨덴 제19비행대를 방문하여 동상에 걸린 대원들의 손을 하나하나 잡아주면서 마음을 다해 대원들의 노고에 감사를 표시했다.

전쟁의 결과

3개월간의 전쟁 후 소련군에서는 최소 12만 7천명이 사망했고 40만에 가까운 인명 손실을 입었다. 일설에 의하면 전사자는 25만, 전체 인명 손실은 100만에 가까웠다고 한다. 어느 소련 장군의 말이 걸작이다. "우리들은 아군 장병의 시신을 묻을 만한 땅만 얻었다." 핀란드인들은 소련이 '백색 반동정권으로부터 해방시킨' 땅에 살기를 거부하고 본토로 이주했으므로 소련이 해방시킨 건 '곰과 순록' 뿐이었다. 소련은 대신 레닌그라드 주위에 사는 핀란드계 소련 시민을 점령지로 이주시켰다. 전형적인 스탈린 방식이었다. 하지만 소련군은 이 전쟁을 통해 방한복과 위장복 등 동계 장비의 확충, 대규모 스키부대의 창설, 기관단총의 도입 등 많은 교훈을 배울 수 있었다. 이때 배우지 못했다면 다음 해 겨울에 벌어진 모스크바 공방전에서 패했을 지도 모른다.

핀란드군은 수적으로는 21,396명의 전사자와 1,434명의 행방불명자, 43,557명의 부상자가 나왔지만 인구 비례로 보면 소련에 비해 훨씬 더 많이 잃은 셈이었다. 물적 손해로는 항공기 62대, 야포 72문, 대전차포 79문, 박격포 29문, 경기관총 488정, 중기관총 467정, 소총 5,568정이었다. 장비 손실에서 특이한 부분은 중장비보다 경장비 손실이 더 적다는 사실이다. 아마도 워낙 장비가 부족한 핀란드군이기에 가지고 갈 수 있는 장비는 모두 챙겨 갔기 때문일 것이다. 하지만 적어도 장비 면에서 핀란드군은 '엄청나게 남는 장사'를 했다. 겨울전쟁 전 핀란드군의 전차는 16대에 불과했지만, 전쟁 중 T-26전차 34대를 비롯한 각종 장갑차량 167대를 노획했다. 화포는 76㎜에서 152㎜까지 160문, 대전차포는 100문 이상을 노획하여 '패전'했음에도 전력이 증강된 희귀한 사례를 보여 주었다. 한편 민간인 희생자는 1,029명이었다. 하지만 인명과 물자의 손실보다 더 컸던 것은 영토 상실과 난민 발생이었고, 특히 영토 상실로 유리한 방어선을 잃어 국토 방위가 훨씬 어려워진 것은 심각한 문제였다. 이 전쟁은 약소국이 강대국에 맞서 싸울 때 어떻게 싸워야 하는가를 잘 보여준 전쟁이기도 했지만, 다른 의미에서 세계사의 흐름을 바꾸게 된다. 형편없는 소련군의 실태를 본 히틀러가 바로 다음 해에 소련과의 전쟁을 결심하게 된 것이다.

"저 멍청한 놈들에게 너무 많은 걸 줬어. 차려진 식탁에 앉아놓고도 포크를 드는 방법조차 모르는 야만인들! 저런 손톱만한 나라 하나 정복하지 못하다니. 쯧쯧"

소련군에 대한 히틀러의 과소평가는 사상 최대의 전쟁인 독소전쟁, 즉 바르바로사 작전을 결정하는데 큰 영향을 미쳤다. 물론 독일에 치명적인 결과를 가져다 줄 과소평가였다.

칼라스타얀사렌토
반도

노르웨이

살라

스웨덴

핀
란
드

소 련

카렐리아

핀란드만 열도

항코 반도

에스토니아

발트 해

겨울 전쟁의 결과로 상실한 핀란드 영토

계속 전쟁

소련의 간섭

소련은 영토를 빼앗은 데 만족하지 않고 이런저런 간섭을 해 왔는데, 핀란드로서는 견디기 어려운 것이었다. 페차모 니켈 광산의 채굴권, 알란드 제도의 비무장화, 심지어 반 소련 성향의 정치가들이 정권에 참여하지 못하게 하라는 내정간섭적인 요구까지 했다. 하지만 핀란드로서 정말 받아들이기 힘들었던 것은 레닌그라드에서 항코 반도에 이르는 철도의 통과권이었다. 이 철도는 수도 헬싱키를 지나므로 이 철도를 통과하는 소련군은 언제라도 핀란드의 숨통을 죌 수 있었다. 핀란드는 애걸복걸하여 핀란드를 통과하는 열차는 특정 시간에 3편 이상 운행해서는 안 되며 병력과 무기는 별도로 수송한다는 조항을 넣었지만, 소련은 이를 지키지 않았다. 물론 핀란드로서는 막을 방법이 없었다.

40년 6월, 발트 3국의 불완전한 독립마저도 오래 지속되지 못했다. 40년 6월 14일, 스탈린은 리투아니아 정부에 최후통첩을 보냈다. 소련은 소련 주둔군에 대한 도발 행위를 했다는 이유로 반소 성향을 지닌 장관 두 명을 면직함과 동시에 기소하고, 리투아니아의 주요 도시에 대한 소련군의 점령을 받아들이라고 요구했다. 24시간 후에 소련군은 리투아니아를 점령했고, 에스토니아와 라트비아에도 최후통첩을 보냈다. 지역 공산주의자들이 소련의 후원을 받는 정부를 구성했고, 곧바로 각본대로 소련 편입이 이루어졌다.

발트 3국의 완전한 병합이 현실화되자 핀란드도 그들의 전철을 밟지 않으리라는 보장이 없다는 공포가 핀란드 국민을 패닉 상태로 몰아넣었다. 이때 핀란드에 손을 내민 나라가 바로 독일이었다. 히틀러는 어차피 핀란드의 영토에는 야심이 없어, 핀란드의 작지만 강한 군대를 자기 편에 끌어들이고 싶어 했다. 독일은 반 년 동안의 침묵을 깼는데, 공격 방향은 의외로 노르웨이였다. 이 전쟁의 경과를 쓰는 것은 이 책의 목적이 아니고 이미 폴란드 편에서도 간단히 언급했으므로 생략하도록 하겠다. 하지만 이 전쟁으로 핀란드도 큰 영향을 받게 된다. 그 전에는 발트 해를 통해서만 교류할 수 있었던 독일과 육로로 연결되었기 때문이다.

재군비

40년 12월, 만네르하임의 건의를 받아들인 핀란드 정부는 징집 연한을 1년에서 2년으로 연장하면서 현역사단을 16개까지 늘렸다. 노획한 소련군의 전차와 장갑차로 무장한 2개 기갑여단도 창설했다. 두 여단은 겨울 전쟁 당시 노획한 소련제 T-26 경전차가 주력이어서 소련군 기갑부대에 비할 바는 아니었다. 이렇게 핀란드는 놀랍게도 다시금 전 인구의 10%인 40만 이상을 동원하는 데 성공했다. 여성도 8만 명이나 군에 지원하거나 또는 징집되었다. 이들은 전투병이 아니라 행정이나 의료, 식량 보급, 대공 경계 등 후방 업무에 투입되어 최대한 많은 남자들이 일선에 나갈 여건을 만들었다.

빈약했던 군수 산업도 현대식 대전차포, 120㎜ 박격포, 105㎜ 곡사포와 포탄을 생산할 정도로 확충되었다. 공군 역시 겨울 전쟁 동안 3분의 1이나 되는 전력을 잃었기에 보강이 시급한 과제였다. 미국에서 보낸 44대의 버팔로 전투기가 스웨덴에 도착해 조립까지 끝나 있었다. 그래서 이 전투기들을 인수하기 위해 핀란드 조종사들이 스웨덴에 도착했다. 그런데 하필이면 도착한 바로 그날, 독일의 노르웨이 침공이 시작되었다. 공교롭게도 이 전투기를 정비할 노르웨이 의용 정비병들도 함께 스웨덴에 와 있었다. 주변 상황이 급박하게 돌아가자 국방력 강화가 시급해진 스웨덴은 이 전투기들을 인수하여 자국 공군에서 사용하기로 결정해 버렸다! 핀란드 조종사들이 사정해 보았지만 소용이 없었다. 이때 스웨덴 장교가 연료가 있으면 이륙해 보라고 농담조로 이야기했다. 사실 연료는 자물쇠를 채운 창고에 들어가 있었기 때문이었다. 핀란드 조종사는 점심때 경비가 없는 틈을 타서 민간인 유류상에 옥탄가 높은 연료를 배달하라고 시킨 다음 재빨리 급유하여 이륙해 버렸다. 핀란드의 전력 증강 노력이 얼마나 필사적이었는지를 잘 보여주는 일화가 아닐 수 없다. 그리고 이 버팔로 전투기들이 서방에서 들어온 마지막 군사 장비가 되었는데, 이 전투기는 계속 전쟁에서 맹활약을 펼쳐 핀란드 공군이야말로 가장 성공적인 버팔로 운용국이란 평가를 받았다. 거기에 포커 D.21 50대를 추가로 조립하여 전력을 더욱 보강했다.

핀란드 공군은 이렇게 겨울 전쟁 직후 새로 도입했거나 도입 중인 전투기들로 전투기 부대의 재편성을 실시했다. 글래디에이터로 구성된 제30비행대대, 포커 D.21을 제24비행대대에서 인수받아 창설된 제32비행대대, 훈련 부대인 제34비행대대가 그들이었다. 겨울 전쟁의 선봉이었던 제24비행대대가 버팔로를 받았고 제26비행대대는 G.50, 제28비행대대는 MS.406으로 구성됐다. 새로운 기지들을 건설하고 조종사 양성 프로그램도 정비했다. 핀란드군은 소련군으로부터 노획한 장비들을 최대한 활용했다. 특히 전차들을 적극 사용했는데, 차체는 못쓰게 되었지만 포탑이 멀쩡하면 차체가 멀쩡한 전차에 포탑을 옮겨 달아 '재활용'하기 까지 했다. 여담이지만 곧 벌어질 계속 전쟁에서 이런 전차를 본 소련군들이 너무 놀라 아연실색했다고 한다. 공군 역시 예외가 아니어서 불시착하여 노획한 I-153으로 편대까지 조직했다. 하지만 겨우 기뢰부설함 2척이 취역했을 뿐 해군은 거의 증강되지 않았다. 해군에까지 투자할 자원은 없었기 때문이다. 그럼에도 당시 핀란드 국가 예산 중 국방비의 비중은 45%에 달했다.

앞서 20세기에 핀란드 수준으로 국가적 단결을 이룬 나라는 이스라엘과 베트남밖에 없다고 했는데, 세 나라 모두 무기라는 무기는 가리지 않고 사용했다는 점에서도 공통점을 가지고 있으며, 남의 무기들을 자신들의 것으로 만든다는 점에서도 놀라운 솜씨를 발휘했다.

독일의 접근

비록 패하기는 했지만 놀라운 전투력을 보인 핀란드에 대해 독일은 계속 관심을 가지고 있었다. 러시아 북부를 압박할 수 있는 전략적 위치 외에도 현실적으로 독일의 군수산업에 필요한 구리와 니켈, 몰리브덴과 풍부한 목재 등, 많은 자원을 핀란드가 가지고 있었기 때문이다. 그 동안 독일은 덴마크와 노르웨이를 집어삼킨 데 이어 베네룩스 3국과 숙적 프랑스마저 제압해 핀란드는 독일과 소련 사이에 샌드위치 신세로 끼어 고립된 형국이 됐다. 하지만 고립은 오래 가지 않았다. 소련을 침공할 예정이었던 독일은 핀란드의 도움이 필요한 처지였고, 핀란드도 고립 상태를 벗어나고 소련의 위협을 제거할 필요가 있었다. 독일의 제안은 북 노르웨이 주둔 독일군의 핀란드 영토 통행권을 준다면 군사 장비를 제공하겠다는 내용이었다. 핀란드는 이에 동의했다. 더구나 과거에는 바다를 통해서만 핀란드와 교류해야 했지만, 노르웨이의 정복으로 북부 노르웨이를 통해 연락할 수 있게 된 점도 두 나라의 밀월을 촉진시켰다. 핀란드는 국제연맹을 탈퇴하고 독일로 수출하는 니켈의 양을 크게 늘렸으며 독일이 세운 슬로바키아 괴뢰정부를 정식으로 승인했다.

8월 하순, 63개 중대 분의 야포와 28개 중대 분의 대공포, 15만개의 대전차지뢰가 핀란드에 도착했다. 또한 독일은 아직은 동맹국인 소련을 의식하여 자신들의 무기 대신 점령한 체코, 폴란드, 프랑스, 노르웨이, 네덜란드, 벨기에에서 노획한 장비들을 핀란드에 제공했는데, 이 무기들은 적어도 이전에 핀란드군이 썼던 것보다는 좋은 물건들이었다. 이 중에는 프랑스 공군 소속기였던 MS.406 25대와 미국제 커티스 호크 75A 29대도 있었다. 불과 1년 전 독일이 이탈리아 전투기의 독일 내 통과를 막았던 사실을 상기해 보면 세상일이란 돌고 돈다는 걸 잘 알 수 있다. 어쨌든 이로써 핀란드군의 장비는 더욱 다채로워졌는데. 이 장비들 중에는 군복과 철모도 많았다. 핀란드군은 철모나 군복조차도 충분하지 않았기 때문이다. 핀란드군은 전쟁 내내 세계 각국의 육군에서 쓰이던 철모 가운데 영국군, 일본군, 미군 철모만 제외하고는 거의 모든 나라의 철모를 사용하는 진기록을 남겼다. 물론 소련이 모를 리는 없어 독일에 강력한 항의 전문을 보냈다.

41년 5월 25일, 만네르하임의 참모장인 에릭 하인리히스 중장이 이끄는 사절단이 베를린에 도착했다. 사절단은 독일군 최고사령부를 방문해서 독일군 지도부가 설명을 시작하자 만네르하임의 지시대로 듣기만 했다. 독일군 최고사령부 작전참모 요들은 독소전쟁 발발 시 핀란드는 교전을 피하고 국경지대에 병력만 배치하면 소련군을 묶어둘 수 있고, 그 자체가 독일에 도움이 된다고 말했다. 그 외에 독일이 원하는 것은 핀란드의 비행장 이용과 페차모 니켈 광산이었다. 핀란드로서는 독일과 손을 잡는 것 외에는 선택의 여지가 없었다. 하지만 그들은 독일과 동맹이 아닌 '공동 교전국'이란 이름으로 전쟁에 참가하기로 했으며, 독일군에 참여한 외국 의용병처럼 반 볼셰비즘을 내세우지도 않았다. 그들은 자신들의 전쟁을 겨울 전쟁의 연장인 '계속 전쟁'으로 불렀다. 나중 일이지만 이런 입장 정리는 무척 현명한 행동이었다.

6월 16일, 독일 정부는 22일 바르바로사 작전이 시작된다고 핀란드 정부에 통보하였다. 이에 따라 북 노르웨이에 주둔하고 있는 4만 8천명의 독일군이 북부 핀란드, 즉 라플란드로 이동하였다. 이후 전쟁이 끝날 때까지 북부 핀란드의 하늘과 땅은 독일군이 실질적인 방위를 맡았다. 핀란드 공군과 육군의 전력으로는 라플란드까지 방위를 맡기는 불가능했기 때문이었다. 물론 남부와 중부 전선에도 독일군은 있었고, 라플란드에도 핀란드군은 있었지만 이런 역할 분담 구도는 기본적으로 44년 말까지 유지되었다.

독일 군복을 입은 핀란드인들

독일 무장친위대는 입대 지원자 모집 영역을 40년 말 경 점령국에서 41년 1월부터는 핀란드까지로 확대했다. 모험가들과 소련을 증오하는 젊은이들이 입대하기 시작했는데, 모두 1,407명이나 지원했다. 소련의 눈을 속이기 위해 형식상으로는 독일 군수산업 노동자로 바다를 건너갔다. 전원 2년 계약의 용병이었는데, 사실 1차 대전 때도 핀란드의 젊은이들은 독일로 넘어가 제27엽병대대를 구성해 러시아 제국군과 싸운 적이 있었다. 이 중에 오로프 라카스라는 예비 대학생이 있었는데, 오로프의 아버지인 에른스트 루벤 라카스는 핀란드군 대령이었다. 오로프는 아버지의 만류를 뿌리치고 독일 친위대 중 북유럽 출신 지원자가 많은 제5친위기갑척탄병 사단(Wiking/바이킹이란 뜻)에 입대했다. 바르바로사 작전이 시작되자 오로프는 부대를 따라 여러 전투를 치르면서 우크라이나를 횡단해 캅카스까지 가서 싸웠다. 이때 조국도 다시 소련과 전쟁을 시작했다는 소식과 아버지가 첫 번째로 만네르하임 십자장을 수여받았다는 소식도 전해 들었다. 이 사단의 노르트란트 연대(Nordland/북쪽 나라란 뜻) 제3대대를 구성하고 있는 핀란드 병사들은 독일군보다도 더 우수하다는 호평을 받았다. 특히 핀란드 출신 병사들의 근접전 능력은 대단히 뛰어났다. 이는 무장친위대가 외국인들을 대상으로 적극적으로 모병에 나서게 되는 계기가 되었다.

이들 북구인들은 각국의 정부와 독일 간의 협약에 의해 무장친위대에 들어간 것으로, 해당국의 병역 의무를 대신하는 것이었기에 서유럽 연합에 의한 공산주의 확대 저지라는 이상과 명분으로 많은 젊은이들이 참가했다. 하지만, 전쟁 종료 후 각국은 이 협약이 강압에 의한 것이므로 무효라고 해석하여 참전 의용병들은 단기간 투옥되기도 했고, 많은 이들은 시민권을 박탈당해 독일이나 미국 등으로 이주했다. 하지만 프랑스가 독소전에만 참여했던 '샤를마뉴'사단 장병들 중 일부를 처형했던 행위같은 비이성적인 보복행위는 하지 않았다.

다시 시작된 전쟁

6월 22일, 북극해에서 흑해까지 3천 km에 이르는 전선에 독일군과 루마니아, 헝가리 등 300만 대군이 소련 국경을 넘었다. 동프로이센에 자리한 기지에서 이륙한 독일 공군기들이 크론슈타트 군항에 정박하고 있는 소련 군함과 레닌그라드 시를 맹폭격했다. 다음 날에는, 독일 공군이 항코 반도에 있는 소련 해군기지를 폭격했다. 이제 핀란드는 공동교전국이란 이름이긴 하지만 본격적으로 소련과의 전쟁에 참가하게 되었다. 핀란드의 가장 큰 목적은 물론 실지 회복이었다. 핀란드군의 소련 공격은 바르바로사 작전 3일 후인 25일에 시작되었다. 총병력은 47만 5천명으로, 규모는 이 정도가 한계였지만 장비는 훨씬 좋아졌다. 당연히 복수심에 불타는 군의 사기도 하늘을 찌를 듯했다. 만네르하임은 다시 미켈리에 사령부를 설치하고 그곳으로 이동했다. 핀란드인들이 1941년의 전쟁을 '계속 전쟁'이라고 부른 이유는 당연히 그들에 있어서는 겨울 전쟁의 연장이었기 때문이었다. 하지만 대부분의 외국인들이 핀란드가 독일의 소련 침공에 편승했다고 보는 시각을 고치기는 어려운 일이었다.

핀란드 주재 일본 대사관 무관 발령을 받아 헬싱키로 가고 있던 히로세 소령은 전쟁 발발 소식을 배 위에서 들었다. 비푸리가 소련에 넘어가 다시 핀란드 제2의 도시가 된 투르쿠에 발을 디딘 히로세 소령은 세관을 나서자 바로 노트에 연필을 쥔 여성 기자들에 둘러싸였다. 히로세는 당황해서 남자 기자는 하나도 없냐고 묻자 그녀들은 이구동성으로 이렇게 대답했다.

"남자 기자들은 전부 입대했습니다."

카렐리야 공세

41년 7월, 만네르하임 원수는 핀란드군의 가장 성공적인 공세로 알려지게 될 카렐리야 탈환을 위한 공격 명령을 내렸다. 주력을 맡은 제6군단의 사령관은 바로 톨바야르비 전투의 영웅 파보 탈벨라였다. 탈벨라는 그동안 두 계급 승진하여 소장이 되었고, 제5, 11사단이 탈벨라의 지휘를 받았다. 제6군단과 어깨를 나란히 하는 제7군단은 제7, 19사단으로 구성되었다. 그리고 제1사단과 독일군 제163사단이 총사령부 예비가 되었다. 여기에 대부분 노획한 소련제 전차로 무장한 라카스 전투단(훗날 판사리[14] 사단으로 확대)과 제1엽병[15]여단이 기동타격대로서의 역할을 했다. 이들의 일차 목표는 라도가 호수 북쪽의 실지를 회복하는 것이었다. 제5사단은 7월 10일에 코르피셀케(Korpiselkä)를 빠른 속도로 돌파하였으며 곧 소르타발라(Sortavala)를 탈환하고 공세를 이어가, 소련군 2개 사단을 라도가 호수에서 포위 섬멸하는 성과를 거뒀다.

핀란드 만과 라도가 호수 사이의 카렐리야 공세를 맡은 제2군단과 제4군단도 무섭게 진격하여 비푸리를 포위하고 1주일 만에 라도가 호수ㅁ 서쪽에 도달해 8월 15일에는 북쪽에서 진격한 우군과 연결에 성공했다. 비푸리에 포위된 소련군은 8월 30일 항복했고 핀란드군은 레닌그라드에서 불과 30㎞지점까지 접근했다. 핀란드는 이렇게 9월까지 실지를 완벽히 탈환하는 데 성공했다.

하지만 만네르하임은 이를 넘어서서 라도가 호수에서 오네가(onega) 호수를 연결하는 선(실질적으로 시베리 강)까지 점령하라는 명령을 내렸다. 이 작전 명령은 순전히 군사적 목적이었는데, 작전의 목표가 달성되면 핀란드군은 더 짧고 강력한 방어선 편성이 가능해지기 때문이었다. 그리고 이 진격은 독일과 사전에 합의한 진격한계선이기도 했다. 정확하게 말하면 독일 북방집단군이 이곳까지

---

14 Panssari: 기갑

15 엽병: Jääkäri(=Jäger): 사냥꾼

진격해 합류할 예정이었던 것이다. 어쨌든 실지 회복을 넘어선 이 공격은 '침략'이라면 '침략'이었고, 석 달 후 영국에 '선전포고'의 명분을 주게 된다.

이렇게 되자 이번 전쟁은 겨울 전쟁 때보다 전선이 넓어졌다. 그동안 라도가 호수(1만7,700㎢)일대는 전쟁터였지만 오네가 호수(9,700㎢)지역은 전장이 되지 않았다. 하지만 이제는 유럽 1,2위의 담수호인 두 호수 사이의 올로네츠 지협과 오네가 호수와 백해 사이의 마셀케(Maaselkä)지협도 전쟁터가 된다.

핀란드 제4,8사단이 가세하자 소련군은 말 그대로 올로네츠 지협에서 쓸려나갔다. 10월 1일, 오네가 호숫가에 자리 잡은 페트로자보츠크(소련 내 공화국인 핀란드-카렐리야 공화국의 수도, 쿠시넨이 공화국 서기장을 맡았다)가 함락되었다. 핀란드군은 수도는커녕 소읍에도 미치지 못하는 초라한 모습에 실망과 놀라움을 금할 수 없었다. 핀란드는 이 '도시'를 오네가 호수의 핀란드 이름인 아니넨을 지키는 요새라는 의미의 아니스린나로 바꾸었다. 라카스 전투단은 라도가 호수와 오네가 호수 사이에 흐르는 시베리 강을 따라 방어 거점을 확보할 수 있는 위치까지 도달했다. 12월 6일 독립기념일을 맞아 핀란드 정부는 겨울 전쟁에서 빼앗긴 실지를 완전히 회복했음을 선언했고 더 이상은 진격하지 않았다. 반 년 가까운 이 전역에서 만네르하임과 핀란드군이 보여준 전술은 놀라웠다. 만네르하임은 고도의 병력과 화력 집중을 보여 주었고, 핀란드군은 거의 통과가 불가능해 보이는 황무지도 신속하게 통과해 겨울 전쟁 이상의 능력을 보이며 소련군을 분단시켜 각개 격파하면서 무자비하게 섬멸했다.

독일군의 중북부 공세 실패

물론 중부와 북부에서도 소련에 대한 공세가 시작되었다. 공세 지휘관으로 임명된 에두아르트 디틀 장군은 노르웨이 침공에서 나르빅을 지켜낸 장군으로, 독일군 최고의 산악전과 오지 전투 전문가였다. 41년 4월, 히틀러는 디틀을 집무실로 불러 왼손 집게손가락을 페차모에, 오른손 집게손가락을 무르만스크에 짚으면서 두 곳과의 거리는 100㎞에 불과하다고 강조했다. 하지만 디틀은 그렇게 생각하지 않았다. "그 지역은 창세기 그대로의 모습이며, 유사 이래 한 번도 전쟁이 없었던 곳이다. 따라서 군대가 통과할 수 있는 길이 전무하다."고

직언했고 대신 그나마 상황이 나은 남쪽에서 무르만스크 철도를 차단하자는 대안을 내놓았다.

2주일 후, 히틀러와 디틀의 제안을 절충한 작전 계획안이 나왔다. 이 작전은 세 축으로 이루어졌는데 수오무살미에서 로우키까지, 겨울 전쟁에서 소련에 넘어간 살라를 회복하고 백해의 칸달락샤까지, 마지막으로 가장 북쪽 페챠모에서 무르만스크를 점령하는 공세축으로 이루어졌다. 이 중 살라와 수오무살미 공격 축선에는 핀란드군도 참여했는데, 이 지역을 맡은 제3군단의 사령관은 바로 수오무살미 전투의 영웅 실라스부오 소장이었다.

6월 29일, 공세가 시작되었지만 디틀이 겪은 고초는 자신이 예상했던 최악보다 더 나빴다. 소련 지도에 보였던 두 열의 점선이 비포장도로라고 생각했지만, 실상은 전신선과 사슴이 지나는 길이었다. 페차모 광산을 탈환하기는 했지만, 황무지를 통과해야 하는 악조건에다 소련군의 저항, 그리고 연합군의 노르웨이 상륙 징후가 있다는 잘못된 정보로 인한 병력 차출 등으로 독일군의 진격은 9월 중순, 무르만스크를 50㎞ 남겨두고 리차(Litsa) 강변에서 멈추고 말았다. 북극권의 이른 겨울이 다가오자 디틀은 진격을 포기하고 진지를 요새화하였다.

살라 지역 공격을 맡은 독일군은 비록 좋은 장비를 지녔어도 아직 미숙한 신병들이 많아 빠르게 진격하지 못했다. 그래도 우격다짐으로 밀어붙여 살라를 점령할 수는 있었지만 칸달락샤 공격은 엄두도 내지 못한 상태에서 겨울을 맞고 말았다. 실라스부오의 제3군단은 독일군보다 빠르게 진격하여 7월 18일에는 목표인 로우키 마을에서 64㎞밖에 떨어지지 않은 케스텐가 마을까지 진격해 들어갔다. 하지만 소련군의 증원부대가 도착하고 핀란드군도 지쳐 전선은 정체되었다. 핀란드의 기본적인 목표는 실지 회복과 방어선 확보인데다, 사실 핀란드 정부는 이즈음 서방 연합군의 개입을 의식해 공세를 중단하라는 비밀 명령서를 발송한 상태여서 실라스부오는 일부러 더 진격하지 않았다. 히틀러는 바르바로사 작전을 시작하는 연설에서 "북부 전선의 전우들은 핀란드 사단과 연합해 나르빅의 승리자들과 함께 북극에 집결해 있다"라고 했지만, 이 지역의 독일군은 다른 동부전선과는 달리 3년 동안 적과 대치만 하고 큰 전투를 치르지 못한다.

이 지역에 배치된 독일군은 자연환경은 혹독하지만 대신 다른 지역에 배치된 아군들보다 좋은 점을 가지고 있다는 사실, 즉 동유럽 국가나 이탈리아군과는 차원이 다른 우수한 동맹군이 존재한다는 점에 놀라게 되었다. 독일 병사들은 핀란드군을 이렇게 표현했다.

> "그들은 쉬고 있을 때나, 행군할 때나 아주 가까운 거리에 있으면서도 전혀 소리를 내지 않고, 또 어디 있는지조차도 모르게 행동한다", "핀란드인은 피해를 반으로 줄이면서 독일인보다 2배의 일을 해낸다."

어쨌든 두 나라 군대는 2차 대전 최강의 군대답게 잘 협조하면서 일을 잘 해냈다. 독일군 지휘관들은 핀란드군의 우월함을 잘 알고 있었기에 휘하에 한 명이라도 더 많은 핀란드인을 편입시키려 했을 정도였다. 독일군이 동맹국 군인들에 이런 태도를 보인 경우는 무장친위대에 입대한 북유럽인들을 제외하면 전무했다.

1941년의 결산

반년 가까이 벌어진 전투에서 핀란드군은 놀라운 성과를 거뒀다. 실지를 회복했을 뿐 아니라 동 카렐리야를 점령하여 든든한 방어선을 확보했고 더구나 이 지역 주민은 동족이었다. 독일군이 목적지 문턱에서 주저앉아 긴 전선에서 혹한에 떨고 있는 데 비하면 더욱 그러했다. 그런데 개전 초기 소련이 밀려나고 있을 때 핀란드에서도 '대(大) 핀란드'주의가 거세게 일어났다. 소련 영토를 최대한 빼앗아 북방의 대국을 이루자는 주장이었다. 그러나 만네르하임이 이끄는 군 지도부는 전쟁 목표를 실지 회복과 방어선 확보 도로 제한했기에 훗날 전세가 불리하게 돌아섰을 때도 극한적 파탄을 막을 수 있었다. 이런 점에서 핀란드는 폴란드와 아주 다른 모습을 보였던 것이다. 사실 이 진격은 '정치적 타협'인 측면도 있었다. 국내에서도 '대(大) 핀란드'주의와는 달리 실지 회복 수준에서 진격을 멈추라고 요구하는 세력들이 있었다. 더구나 1941년 10~11월 사이의 위기에 소련은 미국을 통해 핀란드가 평화를 원한다면 과거 영토를 반환하겠다는 의사를 전달했다. 결국, 핀란드는 영국에 이어 미국도 선전포고를 할 가능성이 있다는 우려에 따라 추가 공세를 자제했다. 결과론이긴 하지만 이 판단은 최악은 아니었지만 아쉬움이 남는 결정이 되었다. 즉 12월 모스크바 근교에서 독일군이 패하여 전황이 바뀌기 전에 손쉽게 전쟁을 끝낼 기회를 놓치게 된 것이다.

어쨌든 승리했기에 겨울전쟁이 끝난 뒤 핀란드 본토로 이주했던 주민은 고향으로 돌아갔고, 핀란드군은 12월 6일 진격을 중단했다. 실지 회복을 위해 핀란드가 다시 흘린 피는 26,000명에 달했다. 370만 정도의 인구를 가진 핀란드로선 막대한 손실이었다.

핀란드인들은 이 전쟁에서 독일과 협력하되 전쟁 목적은 공유하지 않는다는 사실을 분명히 했다. 독일군이 만네르하임에게 세 가지 훈장을 주며 유혹했지만 불과 몇 십 킬로미터 떨어진 레닌그라드 포위 작전에 대한 참여도 거부했다. 소련이 오래 전부터 핀란드의 독립 자체가 레닌그라드에 대한 위협이라고 주장하던 과거를 잊을 수 없었던 데다, 워낙 인구가 적어 인명 손실이 심한 시가전에 병력을 투입할 수 없었기 때문이기도 했다. 하지만 핀란드는 집요한 독일의 요구와 함께 당시 15,000톤의 식량을 수입하기 위해 독일과 협상을 진행 중인 어려운 상황이었음에도, 식량은 수입하고 레닌그라드 포위전 참가는 피하는 외교적 성과를 거뒀다.

연합국과의 관계

핀란드에 다시 한 번 얻어맞은 소련은 영국에 핀란드에 대한 선전포고를 하도록 강력하게 요구했다. 처칠은 선전포고를 하면 핀란드의 독일 의존도가 높아질 것이라는 이유로 거절했지만 핀란드에 대해서도 대소 전쟁, 특히 실지 회복을 넘어선 '침략'을 중지하라는 경고를 보냈다. 영국은 결국 캐나다와 함께 41년 12월 6일, 형식적으로나마 핀란드에 선전포고를 할 수 밖에 없었다. 하지만 핀란드군과 한 번도 전투를 한 적은 없었고, 핀란드에 주둔한 독일군 진지를 폭격한 것이 핀란드와 싸웠다면 싸운 것의 전부였다.

그나마 미국은 형식적인 선전포고조차 하지 않았다. 서구 연합국들은 핀란드의 입장을 이해하고 있었던 것이다. 그래서 테헤란 회담에서도 미국과 함께 소련을 설득, 핀란드를 추축국으로 규정하지 않게 하여 무조건 항복이라는 굴레에서 벗어나게 해 주었다. 어쨌든 핀란드는 전쟁기간 내내 소련군 외의 연합군과는 말 그대로 총 한 방 쏘지 않고 보낼 수 있었다. 하지만 연합군과 싸울 뻔한 위기는 있었다. 영국과 미국은 엄청난 물자를 소련으로 보냈는데, 가장 많이 사용된 항구가 바로 백해에 있는 무르만스크와 아르한겔스크(Archangelsk)였다. 당연히 독일은 보급을 끊기 위해 두 항구를 공동으로 공격하자고 제안했다.

계속되는 긴장

만네르하임과 리티 대통령은 독일이 지속적으로 요구한 백해 방면 공세는 포기하기로 결심했는데 이는 미국이라는 거인을 자극하지 않기 위한 조치였다. 물론 전혀 행동을 하지 않은 것은 아니었고, 시험삼아 42년 1월 중순 장거리 스키 부대가 무르만스크 철도까지 진출하여 수송을 방해하기도 했다. 그러나 4월부터는 독일군의 공격 요청을 거절하고 더 이상 무르만스크 철도 공격을 하지 않았다. 이 덕분에 무르만스크와 아르한겔스크로 영국과 미국의 전쟁 물자들이 지속적으로 보급될 수 있었다. 하지만 핀란드군의 페트로자보츠크(아니스린나) 점령은 소련으로 하여금 무르만스크 철도를 멀리 320㎞나 동쪽인 벨로모르스크로 돌게 만들어 운송 효율을 크게 떨어뜨렸다.

탈환지와 점령지에서는 42년 1월까지 잔존 소련군이 거의 소탕되었고, 방어선도 강고하게 구축되었다. 지협과 중요 거점 곳곳에 요새화된 진지와 참호 등이 건설되었으며 건설이 불가능한 북부 지역엔 스키병들이 밤낮으로 순찰을 돌며 적진을 감시했다. 한편 핀란드 정부는 이 시점에 상당한 규모로 동원 해제를 시작했는데, 전쟁이 예상 이상으로 장기화되면서 사회 곳곳에서 인적 자원의 부족이 심각해졌기 때문이었다. 그래서 5개 사단이 해체되었고 전선 유지에 필요한 인원들만이 방어선에 남게 되었다.

소련군의 반격과 실패

42년 초 모스크바 방어에 성공하는 등 어느 정도 '여유'을 되찾은 소련은 반격을 시작했다. 수 개의 사단과 해병대 병력들이 마셸케 지협의 크리프(Kriv)지역으로 침공해 들어왔지만, 핀란드 제3여단의 신속한 반격으로 큰 손실만 입은 채 후퇴하고 말았다. 또한, 1월 초엔 핀란드 만에 위치한 수우르사리(Suursaari)섬을 탈취하기도 했지만, 이 또한 빙판을 가로질러 기습을 감행한 아로 파자리트(Aaro Pajarit) 장군의 역습으로 3월에는 물러나야 했다. 이 작전에서는 핀란드 공군의 강력한 지원이 승리의 원동력이 되었다.

또 같은 시기 소련은 백해 서부에 거점을 마련키 위해 포벤차(Poventsa)와 카르후메키(Karhumäki) 점령을 목표로 한 공세를 시도했다. 2개의 보병연대와 1개의 스키 여단이 이 공세에 참가했는데, 이런 소련군을 환영해 준 건 베테랑 중의 베테랑 제1엽병여단이었다. 핀란드 제 1엽병여단은 소련군을 타포니에미(Tapponiem)로 유인해 전멸시켜 버렸는데, 이것이 바로 침략자에 대한 '핀란드식 환영인사'였다. 이 전투 후 타포니에미는 소련군의 시체와 피로 시산혈해(屍山血海)를 이루어 '도살자들의 곳'이라는 별명이 붙었다.

42년 4월, 소련군은 계속 전쟁 들어 최대 규모의 공세를 시작했다. 시베리(Syväri) 강을 따라 다수의 KV-1 중(重)전차부대를 포함한 3개 군단이 핀란드의 방어선을 향해 공세를 가하기 시작하여 돌파구를 열었다. 하지만 그것도 잠시, 독일군의 지원을 받은 4개 핀란드 사단의 역습으로 소련군의 선두는 고립되었으며 곧 섬멸되고 말았다. 이런 치열한 공방전 끝에 42년 6월 시베리 강의 방어선은 겨우 다시 안정될 수 있었다. 이 사이 북부의 케스텐가(Kestenga) 전선에서 소련군 몇 개 사단이 핀란드, 독일군에 공세를 가해 약간의 전과를 거두었지만 진격은 곧 막히고 말았다.

7월은 피비린내가 진동하는 달이었다. 이 기간 동안 지협에서 벌어진 전투들은 거의 같은 시기 벌어진 세바스토폴 전투를 어떤 면에서는 능가할 정도였다. 양측은 상호간에 막대한 피해를 입었지만, 여전히 핀란드의 방어선은 굳건하게 버티고 있었다. 이즈음 정면공격으로는 도저히 안 되겠다고 생각한 소련군이 파르티잔 부대를 핀란드군의 배후로 침투시키는 전술을 시도하였다. 하지만 이런 전술은 '번데기 앞에서 주름 잡는 격'이었다. 소련군의 족적, 움직임, 소리를 사냥개처럼 파악하는 핀란드군들이 침투한 파르티잔들을 소탕하는 데는 며칠이면 충분했고 피해도 경미했다. 이 극지의 숲 속에서 태어나고 자라난 핀란드인들을 숲에서 상대한다는 건 불가능에 가까운 일이었다.

히틀러의 핀란드 방문

42년 6월 4일, 히틀러는 만네르하임의 75회 생일을 하루 앞두고 갑작스럽게 만네르하임을 축하하기 위해 핀란드를 방문하겠다고 통보했다. 생일을 빼앗긴 만네르하임의 기분은 엉망이었겠지만 선택의 여지가 없었다. 히틀러 개인으로서는 이탈리아 방문과 페탱과 프랑코를 만나러 프랑스 남부에 간 것 외에 독일 관할권 밖으로는 첫 방문이기도 했다. 이때 핀란드 공군 버팔로 전투기 4대가 히틀러의 전용기 호위에 나섰는데, 히틀러를 호위하기 위해 미국산 전투기가 쓰였다니 정말 아이러니한 일이 아닐 수 없다.

히틀러의 목표는 물론 핀란드가 소련과의 전쟁에 보다 적극적으로 나서 주는 것이었다. 만네르하임은 히틀러의 방문으로 핀란드의 부담이 늘어나는 것을 피하기 위해 이 방문이 공식 행사가 아닌 개인적 행사가 되도록 만전의 주의를 기울였다. 그리고 히틀러와 함께 앉아서 이야기를 하던 중에 시가를 꺼내 물었다. 히틀러가 담배연기를 싫어하는 것은 잘 알려진 일이고, 그동안 누구도 그 앞에서 담배를 꺼낼 엄두를 내지 못했다. 만네르하임은 히틀러가 저자세인지 고자세인지 판단하기 위해 일부러 담배를 꺼냈다는 것이다. 히틀러는 만네르하임이 시가를 피우는 것을 못 본 척했다고 한다.

이 회담은 만네르하임의 특별열차에서 열렸는데, 참석자는 리티 대통령과 카이텔 원수였다. 히틀러는 독수리황금대십자 훈장을 만네르하임에 수여하고, 전황을 설명하였다. 이때 히틀러는 '아쉬운 처지'여서인지 평소처럼 허세를 부리지도 않고 목소리를 낮게 깔지도 않았다. 히틀러의 발언 중 11분 분량은 녹음되어 중요한 자료가 되었는데 그의 정치적 발언 중 드문 육성 기록이기도 하다. 영화 「몰락」에서 히틀러 역을 맡은 브루노 간츠는 이 테이프를 철저하게 연구하여 연기에 임했다고 한다. 회담은 구체적 성과를 내지는 못했지만 두 나라 다 그런대로 회담에 만족했다. 그 특별열차는 지금도 보존되어 있는데, 놀랍게도 정부가 아닌 민간인이 소유하여 식당으로 사용하고 있지만 다행히 모습은 당시 그대로라고 한다.

3주 후 만네르하임이 독일을 답례차 방문하자 히틀러는 캅카스 공격 작전인 '브라우(청색) 계획'을 통보했다. 물론 지리상 핀란드가 도와줄 수는 없었지만, 이 작전은 스탈린그라드의 파국으로 이어지고 핀란드가 전쟁에서 발을 빼는 계기가 된다. 다만 앞서 말했듯 비킹 사단의 핀란드 의용병들은 조상들이 지나갔을지도 모르는 길을 따라가 캅카스에서 싸웠다. 다행히 핀란드 부대는 스탈린그라드의 지옥에 휘말리지 않았지만 고생스러운 긴 후퇴를 견뎌야 했다. 이 전선에서 오로프 라카스는 하사로 승진했다.

전선의 고착화

42년 7월 이후에는 대규모의 전투는 발생하지 않고 전선은 고요하게 유지되었다. 대신 오네가 호수와 카렐리야 지협 사이에서 양측은 총 대신 삽으로 싸웠다. 삼림이 울창해 참호나 진지 건설이 불가능한 곳에선 정찰과 감시가 이를 대신했으며 소규모 교전들이 자주 벌어졌다. 정찰 작전에선 첩보를 위해 포로를 잡거나 방어거점에 대한 정탐 등이 주요 임무가 되었으며, 이 와중에 벌어진 교전들로 많은 진지와 참호들의 주인이 수시로 바뀌곤 했다. 그렇게 소소한 전투는 있었지만 같은 '동부' 전선임에도 핀란드 전선은 다른 지역과는 달리 2년 동안 아주 조용했다.

다시 시작된 하늘에서의 싸움

41년 6월 25일 07시, 소련 공군기 150대가 핀란드 남부를 선제공격하기 위해 이륙했다. 대편대가 핀란드 영공으로 접근 중이라는 경보가 발동되고 마그누손 소령의 제24비행대대의 버팔로가 즉시 이륙했다. 람피 상등병의 증언이다.

"이륙 5분 후 대편대를 만났다. 나는 우측 끝의 적기를 공격했고 그 기체는 수직으로 추락했다. 또 오른쪽 3대 편대를 차례로 공격해 연기를 내뿜게 만들었다. 마지막 3번째는 지면 부근까지 하강했지만 계속 날고 있었다. 나는 나머지 적을 추격했는데 적 폭격기는 갑자기 속도를 늦췄고 방어기총이 매우 근접거리에서 내 기체를 맞혔다. 나는 선회하여 다시 폭격기 후면으로 자리를 바꿨고 사격을 퍼부었다. 그 기체는 불타면서 바다에 추락했다."

전투는 그날 오전 내내 계속돼 버팔로들은 SB폭격기 10대를 격추했다. 제26비행대대의 G.50전투기들은 정찰을 마치고 11시 45분에 기지에 착륙하는 순간 습격을 받았다. 연료가 부족했음에도 2대가 즉시 날아올라 SB폭격기 2대를 격추했다. 니미넨 중위가 지휘하는 제3편대의 G.50 6대는 정찰 중 비행장 습격소식을 듣고 즉시 귀환, SB폭격기들을 고공에서 덮쳤다. 니미넨의 편대는 탄약이 떨어질 때까지 소련 폭격기를 추격, SB 9대를 격추했다. 이렇게 핀란드 공군의 새로운 전투기들은 첫날 전투에서 손해 없이 26대를 격추했다.

하지만 출격한 125대의 핀란드 전투기 중 적을 만난 것은 20%에 불과해 지상 경보와 전투기 통제 시스템은 별로 성공적이지 못했다는 사실이 증명되었다. 소련군은 그날 핀란드 공군기지 39개소를 습격해 130대의 핀란드기와 독일기를 파괴했다고 보고했지만 독일 측 기록에는 그런 손해는 없었고 핀란드군 기록에는 2대 파손이 전부였다. 소련군의 과장된 전과 보고는 여전했던 것이다. 7월 4일 오이바 투오미넨상사는 G.50을 몰고 1정의 12.7㎜기관총만으로 4대의 폭격기를 격추하는 놀라운 전과를 거두었다.

7월 9일 4시에 마그누손 소령이 12대의 버팔로를 이끌고 출격했다. 1시간 후 15대의 I-153 전투기 편대를 만났고 10분 만에 8대를 격추했다. 핀란드 최고의 격추왕에 오르는 일마리 유틸라이넨은 이 전투에서 3대를 격추했는데, 단 5~6발의 사격으로 적기를 떨어뜨리는 놀라운 사격술을 보여주었다.

핀란드 육군의 카렐리야 지협 탈환을 위한 공격을 엄호하기 위해 허리케인과 호크 전투기를 보유한 제32비행대대가 공격을 시작했다. 8월 12일에는 카렐리야 지협에서 6대의 버팔로와 20대의 I-153 사이에 공중전이 벌어져 9대의 I-153을 격추했다. 다음날은 G.50 8대가 사격관제기를 엄호하며 투우로스강 하구로 출격해 불과 10분 만에 I-153 9대를 격추했다. 9월 23일에는 칼후넨 대위가 8대의 버팔로를 이끌고 지상 공격 중인 I-16 3대를 격추했다. 버팔로들은 돌아가는 척하면서 귀환 무전을 주고받은 뒤 무전을 모두 끄고 인적이 없는 원시림 지대로 이동, 30분간 선회하다가 다시 그 장소에 갑자기 돌아와 핀란드 육군을 공격 중인 소련 전투기 8대를 덮쳐 모두 격추했다. 멋진 유인 작전이었다.

계속 전쟁 첫 해인 41년, 버팔로가 주력인 제24비행대대는 135대 격추에 손해 '0'이라는 뛰어난 전과를 거두었다. 이 기종의 개량형인 B-339가 태평양 전선에서 일본 전투기의 밥이 되었던 것과는 너무나 대조적이었다. 물론 41년에는 화력과 속도가 소련 전투기들보다 우세했기 때문이기도 했지만, 그 후 성능이 대등하거나 더 우월한 기종이 나왔을 때도 버팔로는 잘 싸웠으므로 핀란드 조종사들이 그만큼 용감하고 우수했다고 볼 수밖에 없다. 평범한 성능에 시대에 뒤진 개방형 전투실을 가진 G.50을 장비한 제26비행대대도 버팔로보다는 못했지만 52대 격추에 손실은 없었다. 방어에 취약했던 MS.406을 보유한 제28비행대대도 70대 격추에 손실 5대, 프랑스 공군의 가장 우수한 기종이었던 커티스 호크기를 장비한 제32비행대대는 52대 격추에 손실은 5대였다. 이 기간 중 최고의 격추기록은 투오미넨 준위(G.50), 유틸라이넨 준위(버팔로), 라우리 니시넨 상사(버팔로)가 각각 13대로 공동 1위였다.[16]

---

16 Robert L. Shaw, 「겨울 전쟁」 참조

바다에서의 싸움

핀란드의 선전포고는 6월 25일이었지만, 실제 전투는 22일에 이미 시작되었다. 바로 스웨덴에 인접한 알란드 섬 탈환작전이었다. 겨울 전쟁에서 해전은 극히 제한적이었지만, 독일이 소련을 침공한 이상 바다 위의 전쟁도 발트 해 전역으로 넓어질 수밖에 없었다. 핀란드의 주력함 베이네뫼이넨과 일마리넨은 소해정 등 소형함들을 거느리고 5천 명의 병력을 태운 수송선을 호위해 알란드 공격에 나섰다. 이 작전은 대성공을 거두어 소련군 섬 수비대는 항복했고 섬은 핀란드 손에 떨어졌다.

북유럽의 내해인 발트 해의 면적은 41만㎢로서 지중해의 6분의 1, 동해의 반

밖에 안 되는 좁은 바다이고, 평균수심도 53m에 불과하기에 발트 해는 기뢰전에 아주 유리한 바다였다. 당연히 발트 해안의 모든 국가들은 기뢰에 투자를 아끼지 않았다.

바르바로사 작전이 시작되고 독일군이 파죽지세로 진격했지만 세상일이 다 그렇듯이 빈틈은 있게 마련이다. 그 중 하나가 바로 라트비아와 에스토니아 사이에 떠 있는 이젤 섬(현재 이름은 사레마, 지금은 에스토니아 령이다)이었다. 9월 30일, 상륙부대는 독일군이었지만 라호 대령이 지휘하고 베이네뫼이넨과 일마리넨을 앞장세운 핀란드 해군도 지원에 나섰다. 그러나 함포 사격으로 해안포를 제압하고 독일군의 상륙을 확인한 핀란드 함대가 귀로에 오르는 순간 일마리넨에 갑자기 대폭발이 일어났다. 기뢰를 건드린 것이었다. 함장을 비롯한 장교 13명과 수병 258명이 전사하고 132명만이 구출되었다. 자매함을 잃은 베이네뫼이넨은 지휘부의 명령으로 그때부터 연안을 벗어나지 않아 전쟁이 끝날 때까지 살아남았지만, 47년에 전쟁 배상의 일부로서 소련에 넘겨졌다. 이렇게 두 함정은 탄생부터 죽음에 이르기까지 강대국 소련과 맞서는 소국 핀란드의 운명을 상징하는 함이 되었다. 물론 핀란드 해군도 기뢰에 당하고만 있지 는 않았다. 상선을 개조한 핀란드 기뢰부설함들이 6만 개 이상의 기뢰를 부설했고, 많은 소련의 수상함과 잠수함, 수송선이 피해를 입었다.

워낙 소규모인 핀란드 해군이어서 대규모 전투를 할 수는 없었지만 42년 후반에는 핀란드 잠수함들도 소련 잠수함 3척을 격침시키는 등 분전하는 육군과 공군에 부끄럽지 않게 잘 싸웠다.

주전장은 하늘

41년 8월부터 서방 연합국이 공동의 적 나치 독일 격파를 위해 소련을 도우려 랜드리스 무기와 물자들을 무르만스크와 아르한겔스크로 쏟아붓기 시작했다. 첫 번째로 도착한 허리케인 기들은 북극해 함대 항공대에 배속되어 무르만스크와 칸달라샤 지역에 투입되었고, 더 많은 수량이 도착하자 이 기체들은 핀란드 전선 공군 부대에 배치되기 시작했다. 12월 6일 허리케인과 첫 대결한 상대는 제28비행대대의 MS.406기들이었는데 양군은 1대씩 잃었다. 앞서 이야기했지만 허리케인은 핀란드 공군에도 도입되었다. 하지만 12대 밖에 안 되었고 두 달 만에 전투와 비전투 손실로 반을 잃어버려 일선에 배치되지 못했다. 그래서 허리케인 대 허리케인의 대결은 두 달 차이로 '아쉽게도' 이루어지지 못했다. 처음에 핀란드군은 소련군의 허리케인을 MiG-3으로 오인했다고 한다. 무르만스크 남쪽에 배치된 제14비행대대는 D.21로는 상대하기 힘든 기종이 나타났다고 보고했고 42년 1월 8일 제24비행대대가 1개 편대 이상의 버팔로를 이 지역으로 급파했다.

41년 말, 핀란드군이 진격하자 소련군은 핀란드 만에 있는 수우르사아리 섬에서 전투 없이 물러났지만 이 섬의 전략적인 중요성을 깨닫고 42년 1월 2일, 섬을 재점령했다. 핀란드군도 바다가 얼어 있는 동안 섬을 탈환하기로 하고 3월 27일 1개 연대 정도의 병력을 동원해 섬을 공격했다. 핀란드 공군은 버팔로 및 포커 D.21 16대, 호크 13대, 블렌하임 폭격기 11대에다가 노획한 SB폭격기 5대와 I-153전투기 6대까지 실로 다양한 기종으로 지상군을 엄호했다. 3월 28일 오전 공중전에서는 버팔로가 I-153 5대를 격추했고 그날 오후 핀란드군이 섬을 탈환하여 개선 행진을 벌이는 사이 호크 기가 I-153과 I-16 7대를 격추했다. 3월 29일에는 섬의 비행장에 12대의 허리케인이 습격해 왔지만 버팔로가 즉시 날아올라 6대를 격추시켰다.

소련군은 버팔로 기들이 주기하고 있는 티익사야르비를 기습해 핀란드군의 주력 기종을 제거하려는 계획을 준비하고 있었는데, 예정일인 4월 5일은 날씨가 나빴고 그 다음날 오전에는 전투기와 폭격기들이 약속된 시간에 만나지 못하여 그날 오후에야 본격적인 공격이 실시됐다. 핀란드군은 무선 감청으로 사전에 공격 사실을 알고, 이 사실을 초계 비행 중이던 제24비행대대 제2편대에 즉시 통보했다. 소련군이 비행장에 도착하기 몇 분 전 버팔로 기들이 이들을 따라잡아 25분간의 전투에서 SB 2대와 허리케인 12대를 격추했다. 니시넨 소위와 라우리 페루키 중위가 각각 허리케인 3대를 격추했는데 그들은 소련군이 수는 많지만 조종사의 기량이 따르지 못한다고 보고했다. 공격에 실패한 후 소련군은 6월까지 활동을 거의 하지 못했다.

소강 상태가 깨진 것은 6월 8일로, 6대의 버팔로가 소련 공군의 허리케인 13대와 교전해서 허리케인 5대를 격추했지만 2대를 잃었다. 다시 6월 25일에는 허리케인 4대를 격추했지만 대신 버팔로 2대를 추가로 잃었다. 6개월간 핀란드 공군이 격추한 허리케인은 45대였다. 그 이후 핀란드 전선은 다시 6개월간 소강 상태에 들어갔고, 그동안 핀란드군은 담당 지역 방어 형태로 방공망을 개편했다. 제16, 28비행대대가 오네가 호수 지역, 올로네츠는 제12, 32비행대대, 카렐리야 지협은 제24, 26, 30비행대대, 북극해는 제14비행대대, 핀란드 만은 제6비행대대가 맡고 제4비행연대의 폭격기들이 자유롭게 지원하는 방식이었다. 43년 초에 독일제 Bf109G-2를 장비한 최강의 부대, 제34비행대대도 카렐리야 지협에 배치되었다.

42년 5월 핀란드 만의 얼음이 녹자 소련군 발틱 함대는 레닌그라드 외곽에 있는 크론슈타트 기지에서 발트 해를 통과하는 핀란드와 독일 선단 공격을 위해 잠수함을 출격시켰다. 소련 공군의 잠수함 호위를 위한 작전이 증가했고 7월에 제24비행대대의 버팔로 일부가 소련 공군의 핀란드 만 서쪽 진출을 막으라는 임무를 맡고 배치됐다. 소련 공군이 대공포의 엄호를 받고 있었기 때문에 작전은 조심스러웠다. 8월 6일, 제24비행대대의 버팔로들이 I-16 2대를 격추했고 6일 후 저녁에는 제26비행대대의 G.50들이 작전구역을 벗어나 크론슈타트 상공까지 가서 I-16 4대를 잡았다. 지휘부에서는 이런 행동이 담당 지역 제공권 확보에 위협이 될 수 있다고 판단하고 제26비행대대에 담당 구역인 카렐리야 지협의 작전 구역을 벗어나지 말라고 명령했다.

핀란드군은 전방 관측초소로부터 크론슈타트와 오라니엔바움 기지의 소련기 이착륙 정보를 파악하고 있었기에 미리 대기하다가 기습할 수 있었다. 이런 방식으로 8월 14일 허리케인 9대, 8월 16일에는 I-16 11대를 격추했다. 8월 18일에는 I-16 10대가 출격했다는 정보를 받고 한스 빈트 중위가 이끄는 8대의 버팔로가 출격해 사이스카리 상공 2,000m에서 대기하고 있었는데, 실제로 나타난 소련 공군은 60대의 대편대였다. 하지만 버팔로 한 대를 잃고 Pe-2 2대, I-16 13대를 격추하는 놀라운 전과를 거두었다. 한편 올로네츠 지협의 제32비행대대는 독일군이 프랑스에서 노획해 넘겨준 미국제 커티스 호크기를 장비하고 있었는데, 소련군은 그 방면에 신예기들인 Pe-2, MiG-3, LaGG-3 등을 배치했고 모두 호크기들보다 훨씬 빠른 기종이었다. 하지만 올로네츠에서 벌어진 9개월간의 전투에서 핀란드군은 손실 없이 65대를 격추시켰다.

42년 말이 되자 교체 부품 고갈로 그나마 신형인 버팔로만이 수명이 남아 있을 뿐, G.50과 MS.406은 시속 350km밖에 낼 수 없었고 호크 기들도 비슷한 처지로서 더 이상 일선기로서의 역할은 할 수 없었다. 물론 블렌하임 등 폭격기도 마찬가지였다. 기존 보유 기종들은 전부 서유럽과 미국제였으니 형식적인 적대국이긴 했지만 부품 수입은 당연히 불가능했다. 그래서 자연스럽게 독일기들이 핀란드 공군에 배치되었다. 전투기보다 먼저 기존 폭격기를 대체할 도르니에 Do17폭격기 12대가 도입되어 무르만스크 철도 공격에 투입되기도 했다. 이 기체는 폭격만이 아니라 철도 파괴를 위한 특수부대 공수에도 투입되었다는 사실이 상당히 흥미롭다. 구형인 도르니에보다 신형인 Ju88폭격기도 공여

인물열전: 핀란드 최고의 에이스 일마리 유틸라이넨

에이노 일마리 유틸라이넨

"만약 누구든 핀란드를 침략한다면, 핀란드인들은 두려움에 떨지 않고 오히려 적에 대한 분노로 똘똘 뭉칠 것이며, 절대 항복하지 않을 것이다."

핀란드 공군에는 조국의 하늘을 날며 압도적인 수의 소련 공군과 싸워 승리한 많은 에이스들이 있었다. 더구나 그들이 탄 애기는 구형 항공기가 많았기에 핀란드 에이스들은 더욱 빛나는 존재들이었다. 하지만 그들을 모두 소개할 수는 없으니 대표격으로 2차 대전 핀란드 공군의 에이스 중의 에이스, 유틸라이넨의 이야기를 하고자 한다.

유틸라이넨은 1914년 2월 21일에 태어났다. 유틸라이넨의 아버지는 철도 공사장에서 일하다가 두 다리를 잃어 경제적으로 힘든 유년 시절을 보내야만 했다. 그러나 어린 유틸라이넨에게는 하늘에 대한 열망과 꿈이 있었다. 어릴 적 가장 즐겨 읽던 책이 바로, 독일군, 아니 1차 대전 최고의 에이스 '붉은 남작' 만프레드 폰 리히트호펜의 「붉은 전투기 조종사(The Red Fighter Pilot)」였다. 유틸라이넨은 이 책을 거의 외우다시피 했다.

32년, 18세의 유틸라이넨도 군에 입대하는데, 처음 맡은 보직은 자신이 아니라 전파를 하늘로 날려 보내는 무전병이었다. 머리가 좋은데다 기계를 다루는 솜씨가 좋았기 때문이었다. 하지만 무전병이 된 것도 결과적으로 불세출의 에이스가 되기 위한 과정 중 하나였다. 유틸라이넨의 하늘에 대한 열망은 계속되었고, 틈틈이 모은 돈을 다 털어 민간 항공 조종사 과정을 밟았다.

비행기 조종을 배운 유틸라이넨은 36년 핀란드 공군에 지원했고, 이듬해에는 정찰 비행대 조종사로 복무하게 된다. 그로부터 다시 2년 후인 39년 3월에는 제24 비행대대로 옮기면서 자신의 어릴 적 영웅, 붉은 남작이 포커 삼엽기에 탑승했던 것처럼 네덜란드제 전투기 포커 D21기(Fokker D XXI)를 직접 몰 수 있게 되었다. 더구나 어릴 때부터 사냥개와 함께 설원을 달리며 엽총 사냥을 즐겼던 유틸라이넨이기에, 뛰어난 사격술까지 금세 익히게 되었다. 유틸라이넨은 소련 공군에 대해 "공중전에서 가장 중요한 것은 사격술이다. 그러나 소련 공군은 이보다는 기동에 더 중점을 둔 듯하다. 이것이 그들의 실패 원인 중 하나이다."라고 말했다.

그러나 유틸라이넨은 사격술에만 정통한 것이 아니었고, 진정한 공중전의 핵심을 간파한 전술가이기도 했다. 유틸라이넨의 모든 공중전 이론은 어릴 때 수 없이 읽었던 붉은 남작의 책에 기초한 것이었다. 뵐케에 의해 기초가 놓이고, 뵐케의 제자 붉은 남작에 의해 완성된 공중전 전법의 모든 것… 아마 유틸라이넨은 그 책 한 줄 한 줄이 말하는 진정한 의미를 간파했던 것이 아닐까? 전후에 유틸라이넨의 인터뷰에 붉은 남작의 이야기가 많이 나오는 것만 봐도 잘 알 수 있다.

39년 드디어 소련과의 겨울 전쟁이 시작되었다. 유틸라이넨의 포커 비행대는 40년 3월 초부터 소련 지상군 공격에 나섰는데, 이동하는 소련군들을 기총소사로 무더기로 쓰러뜨리는 전과를 올리게 된다. 그러나 훗날 유틸라이넨은 지상군 공격 임무가 가장 힘든 비행 임무였다고 솔직히 이야기했다. 당시 소련 지상군들은 빙판 위를 보호색도 없는 군복 차림으로 행군하면서 추위 때문에 밀집 대형으로 이동하곤 했는데, 이런 소련군은 포커기의 기총 사격에 무방비하여 마치 도미노처럼 쓰러졌다. 적기와의 공중전에서 승리하면 적기의 추락을 지켜보는 것이 조종사들의 관례였지만, 이런 경우는 차마 보고 있을 수가 없었다. 기총소사가 쓸고 간 소련군의 밀집대형은 온통 나뒹구는 사상자들로 인해 대열이 일시에 뭉그러졌고, 이런 소련군을 재공격하기 위해 유틸라이넨은 기수를 돌렸지만, 애써 비참한 광경을 보지 않기 위해 고개를 돌렸다고 한다. 그러나 자신이 맡은 이 임무가 핀란드 지상군의 숨통을 열어준다고 스스로에게 되뇌며 11차례에 걸친 이 임무를 완수하였다. 붉은 남작의 책에 나와 있던 중세 기사들의 결투 같은 공중전은 이미 옛 이야기였고, 현실은 누가 끝까지 살아남느냐는 것이 전부였다. 한편 겨울 전쟁 기간 동안 유틸라이넨은 소련기 2대를 격추시켜 공중전에서 첫 전과를 올렸다.

겨울 전쟁은 끝났지만, 다시 한 번 소련과의 일전이 다가오고 있었다. 41년 6월, 독일에 의해 일명 바르바로사 작전이 시작되었고, 핀란드 역시 겨울 전쟁 기간 동안 빼앗긴 영토를 되찾고자 나선 것이다. 당시 유틸라이넨이 속해 있던 핀란드 제24 전투비행대의 주력기가 포커 전투기에서 미국제 브루스터 버팔로 전투기로 교체되었다. 이 기체는 포커보다는 훨씬 나았지만, 열강의 주력기에 비하면 여전히 성능이 많이 떨어졌다.

또 제24비행대대의 제3편대는 나중에 "기사 편대(Knight Flight)"라는 별명으로 알려지게 되는데, 편대원 중 두 명이 핀란드군의 최고 훈장격인 만네르하임 십자 훈장(Mannerheim Cross)을 수여받는 영광을 안게 되었기 때문이다. 한 명은 한세 빈트 였고 다른 한 명은 바로 유틸라이넨이었다. 유틸라이넨은 이 훈장을 두 번이나 받았다. 앞서 말했듯이 41년 말까지 유틸라이넨의 격추 수는 13대였고, 42년에는 다시 21대를 추가했다.

43년 3월 유틸라이넨은 제34 비행대대로 옮겼는데, 이 비행대의 주력기는 이전 기종인 버팔로와는 비교가 안 되는 훌륭한 전투기인 독일제 Bf109 G-2였다. 20㎜ 기관포를 탑재한 이 기종은 타고난 명사수 유틸라이넨에게는 최상의 선물이었다. 이 전투기를 몰게 된 유틸라이넨은 훗날 이렇게 말했다. "버팔로 전투기가 마치 신사 같은 항공기였다면, Bf109는 한마디로 살인기계였다." 사실 Bf109 G-2는 유틸라이넨과 궁합이 잘 맞았다. 비행속도가 버팔로보다 훨씬 빠른데다가 상승력도 좋았고, 강력한 20㎜기관포와 우수한 조준기는 먼 거리에서 짧은 사격으로도 적기를 격추할 수 있었다.

43년, 유틸라이넨은 '겨우' 19대의 격추를 추가하는 데 그쳤지만, 44년 들면서 겨우 반 년 동안 무려 40대 격추의 대기록을 달성했다. 잘 알려진 바대로, 이 시기 소련 공군은 41년 독일에 일방적인 도륙을 당하던 약체의 모습이 아니었다. 기체 뿐 아니라 조종사의 숙련도가 상당한 수준에 이른 시기인데도 유틸라이넨의 격추 기록이 후반부로 갈수록 가속이 붙은 것은 놀랍다. 물론 전초반 독일의 공세가 너무 날카로웠기 때문에 적과 조우할 기회가 없었던 데 반해 시간이 지나면서 상황이 역전되어 소련기들과 조우할 기회가 더 많아졌던 것도 한 이유였지만, 그만큼 Bf109가 유틸라이넨과 잘 맞았기에 가능한 일이었다.

유틸라이넨은 핀란드 전 국민의 영웅이 되었으며, 비행대 내에서도 출격 전 편대를 짤 때 신참들이 너도나도 "유틸라이넨... 저를 당신의 윙맨으로 써 주십시오."라며 그의 뒤를 따르길 원했다. 그들은 유틸라이넨의 윙맨이 되는 것이 무사 귀환의 보증 수표라는 것을 잘 알고 있었다.

44년 6월, 소련 슈투르모빅 전폭기들이 공격에 나섰는데, 당시 9대의 Yak-9가 호위 중이었다. 유틸라이넨의 윙맨으로 나선 신참 조종사 하이스카넨(Heiskanen)은 적기들에 둘러싸여 거의 '멘붕' 상태였다. 곧바로 Yak-9의 추격을 받았고, 하이스카넨은 절체절명의 위기에 빠졌다. 바로 그때 유틸라이넨은 급강하 기동으로 신참의 전투기를 쫓는 Yak-9에 일격을 가했다. 유틸라이넨은 이날도 어김없이 자신의 윙맨을 구했다. 유틸라이넨의 총 격추 대수는 94대, 특이한 부분은 유틸라이넨이 격추시킨 기종이 소련의 구식 복엽기부터 스핏파이어까지 22종에 달한다는 사실인데, 그중에는 소련이 노획했던 독일 폭격기 He111까지 있었다.

유틸라이넨은 또한 무상(無傷)의 에이스이기도 했다. 한 번도 적기에 격추당하지 않았으며, 부상도 당하지 않았다. 다만 정찰 중 적 대공포에 격추당할 뻔한 위기가 한 번 있었을 뿐이었다. 필자는 유틸라이넨이 속한 조국이 마이너리그에 있었기 때문에 덜 알려졌을 뿐 2차 대전의 에이스 중 최고의 인물이었다고 생각한다. 더구나 유틸라이넨은 Bf109를 타기 전에는 2류 내지 3류 기체만 탑승했기 때문에 더욱 높이 평가받아야 마땅하다.

전쟁이 끝난 후 유틸라이넨은 47년 공군에서 제대하고 이후 자신만의 영국제 연습기를 불하받아 핀란드 각지를 비행하며 여생을 보냈다. 유틸라이넨이 56년에 쓴 회고록은 핀란드에서 베스트셀러가 되었다. 그리고 1999년 2월 21일, 자신의 85회 생일날 조용히 눈을 감아 파란만장한 생애를 마쳤다.

유틸라이넨은 어린 시절 전설적인 1차 대전 에이스들의 열렬한 팬이었고, 2차 대전 내내 핀란드를 구해낸 최일선의 전사였다. 유틸라이넨은 항상 1차 대전 조종사들의 기사도를 가슴 한구석에 지니고 다녔고, 이렇게 말했다고 한다. "전투기 조종사에 최상의 찬사는 적 조종사가 자신의 이름을 알아 주는 것이다."

그리고 결국 그 말대로 되었다. 소련과의 휴전이 이루어진 직후, 소련 공군 편대가 헬싱키 공항에 도착했는데 한 소련 장군은 유틸라이넨을 찾아 악수를 청하며 이렇게 말했다. "누구보다 훌륭한 조종사를 만나고 싶었다." 그렇게 유틸라이넨은 적만이 아니라, 모든 항공전 팬의 가슴 속에 남았고, 항공의 역사가 계속되는 한 언제까지나 기억되는 인물이 된 것이다.

되었다. 전투기 부족이라는 어려움 역시 독일의 도움으로 해결되었다. 애타게 도입을 원했던 최신형 Bf109G-2 30대를 수입했고, 운용 부대로 새로이 제34비행대대가 편성됐다. 지휘관으로 임명된 에른루트 소령은 기존 전투기 부대에서 정예 요원을 마음대로 차출할 수 있는 권한을 부여받았지만, 어이없게도 취임 직후 비행 사고로 죽고 말았다. 뒤를 이은 루카넨 소령은 기존 부대의 엄청난 반발에도 불구하고 정예 요원을 차출하여 최신 기종으로 구성된 드림팀을 탄생시켰다. 유틸라이넨, 투오미넨, 니시넨 등 최고의 에이스들이 루카넨의 부대에 배속되었다. 요원들은 독일로 가서 신형기의 숙달 교육을 받았는데, 당초 독일 공군에서는 전 과정 교육을 생각하고 있었지만 핀란드 조종사들의 기량이 우수하다는 사실을 알고는 과정을 축소했다. 먼저 Bf109 16대가 1943년 3월부터 정식으로 배치되었는데 첫 격추는 3월 24일 유틸라이넨이 기록한 소련군 Pe-2 정찰기였다. Bf109의 도입으로 버팔로를 제외한 G.50과 호크는 정찰기나 2선급 기체로 전환되었지만 MS.406는 부활의 기회를 맞이했다. 독일이 점령한 소련의 비행기 엔진 공장에서 MS.406에 맞는 엔진을 노획해 핀란드에 보낸 것이다. 그래서 MS.406는 업그레이드되어 더 활약할 수 있게 되었다. 물론 핀란드 공군의 탁월한 정비기술이 뒷받침되었기에 가능한 일이었다.

43년 봄 발트 해로 진출하려는 소련 잠수함 차단을 위해 독일은 2중의 기뢰 방어망을 설치하고 있었다. 소련 발틱 함대 항공기의 제1목표는 이 방어선 주변의 해군 기지와 보급 시설이었다. 소련 공군은 이제 구식기를 La-5, Yak-1/7, Pe-2, IL-2 같은 우수한 장비로 대체하고, 조종사들에 대한 훈련도 충실해져 예전과는 비교할 수 없는 위험한 적이 되었다. 바다의 얼음이 녹자마자 소련군 저지 임무를 부여받은 제24비행대대와 소련기들 간의 접전이 벌어졌다. 4월 18일 오후 늦게 출격한 버팔로 7대는 58대의 소련기를 만났고 1시간 30분간 공중전 끝에 IL-2 2대와 18대의 전투기를 격추했다. 4월 21일 부대의 버팔로 전체가 출격해 35대의 소련 해군 전투기와 대결하여 1대는 대공포에 잃고 1대는 적기에 격추됐지만 19대를 격추했다고 보고했다. 전투는 5월에도 계속되어 낡은 버팔로들은 6주 동안 3대를 잃으면서 무려 81대의 전과를 기록했다. 고공에서 습격하는 전술은 효과적이었다. 8월부터는 Bf109를 보유한 제34전투비행대가 비푸리부터 오라니엔바움 사이의 지역을 맡았다. 43년 핀란드만에서의 마지막 대규모 전투는 9월 23일 벌어져 버팔로 4대와 Bf109 4대가 소련기 8대를 격추했고 한스 빈트 중위가 버팔로 7대를 이끌고 7대를 더 격추시켰다.

44년 3월 6일 소련군은 기뢰망 부근의 보급항인 하미나에 공습을 가했다. 5대의 Bf109가 40대의 대편대를 공격했고 Pe-2 폭격기 5대와 이를 호위하는 La-5 2대를 격추했다. 잠시 후에는 좀 작은 소련기 편대를 다른 Bf109 편대가 공격해 4대를 격추했다. 3월에는 신형 Bf109G-6이 공급되어 G-2는 제24비행대대로 보내고 제34비행대대는 이 신형기들을 장비했다. 5월 17일 제34비행대대는 고공에서 덮치던 패턴을 바꿔서 저공에서부터 공격해 Pe-2 8대를 격추했다. 푸하카 대위의 회고다.

"출격하자마자 폭격기 10대와 전투기 20대로 구성된 적을 만났다. 적은 우리가 출격하는 것을 보고 있었기에 유리한 위치로 상승할 시간이 없었다. 그래서 상승하면서 아래쪽에서 폭격기를 공격했고 내 전투기의 우수한 속력을 이용해서 세 대를 격추했다."

5월 19일에는 35대의 폭격기 편대가 접근 중이라는 정보를 받고 Bf109 9대가 출격했고 이들을 추격해 Pe-2 2대와 Yak-9 4대를 격추했다. 소련군의 하미나 항구 공격은 이것이 마지막이었다. 카렐리야 지협을 향한 대공세가 준비되고 있었던 것이다.

2차 대전 동안 연합국과 추축국을 막론하고 단좌식 전투기는 20만 대가 넘게 소모되었고, 엄청난 수의 조종사들이 희생되었다. 말 그대로 소모품 신세였지만 핀란드 공군만은 예외 중의 예외였다. 35대를 격추시킨 에이스인 닐스 카타야이넨은 버팔로를 몰고 싸우다 41년 9월말 대공포를 맞고 격추되었지만 본인은 물론 격추된 기체도 육군까지 동원해 회수했을 정도였다. 43년 6월 2일, 투오미넨은 Bf109G-2에 탑승하여 Pe-2를 격추시켰지만 파편에 맞아 해상에 불시착했다. 투오미넨은 헤엄쳐서 부대에 귀환했는데, 핀란드군은 바다 아래 10m에 잠긴 기체를 인양해 완벽하게 재생시켰다. 핀란드 공군 정비사들의 능력도 조종사들 못지않았던 것이다! 그 기체는 물론 제34비행대대에 복귀했다.

정치인보다 더 정치 감각이 뛰어난 노원수

스탈린그라드 전투 이후 만네르하임은 전쟁이 전환점을 지났다고 보고 대통령 선거가 한 달 남은 43년 2월, 리티 대통령을 비롯한 정부 요인들을 만나 전쟁에서 발을 빼야 한다고 제의하였다. 사실 42년~43년 겨울 추축국이 당한 비극적인 패배가 핀란드 정부와 국민에 큰 충격을 준 상황이었다. 그래서 독일은 레닌그라드를 공격하지 못했고, 오히려 소련군이 레닌그라드 포위를 뚫고 라도가 호수 이남에서 공세를 벌여 성공해 버렸다. 그리고 핀란드 국민은 잘 몰랐지만 지도자들은 잘 알고 있던 다른 일도 있었다. 바로 이때까지 노르웨이에서 발진해 연합군의 북극 수송선단을 공격하던 독일 공군기들 대부분은 이미 아프리카에 대한 연합군의 상륙을 저지하기 위해 지중해로 이동한 상태였다는 사실이었다. 바로 이 때문에 서구 연합국에서 소련으로 가는 수송선단은 싣고 간 물자 대부분을 무르만스크와 아르한겔스크에 안전하게 내려놓을 수 있었다. 핀란드 정부는 소련과의 협상을 고려해야만 했다. 1943년 말, 스웨덴에서 소련과 핀란드는 접촉을 가졌으며 소련은 1940년의 국경 회복을 다시 제안했다. 미국도 핀란드 정부에 영토를 포기하는 조건으로 강화를 제안했다. 그러나 독일에 식량과 생필품을 의존하고 있던 핀란드 정부는 독일과 절연할 용기를 낼 수 없었다. 이런 시기에 많은 이들이 만네르하임에 직접 대통령에 출마하라고 권유했지만 아직 때가 아니라는 이유로 고사하였다. 3월 5일, 칼리오의 뒤를 이었던 사회민주당의 리티가 대통령에 재선되었지만, 리티는 만네르하임의 건의를 받아들여 총리에 보수당 당수 린코미에스를 지명하였고, 친 영국파로 유명한 헨리크 람제이를 외무장관에 앉혔다. 이런 인선 자체가 전쟁에 발을 빼려는 핀란드 정부의 심정을 대변한 것이었다. 그래서 핀란드인들은 이 내각을 '평화내각'이란 '은어'로 불렀다.

여름의 기적

소련의 최후통첩

한편 쿠르스크 전투 이후 독일과의 전쟁에서 완전히 승기를 잡은 소련은 핀란드를 혼내주겠다는 생각이 들 정도의 여유를 가지게 되었다. 44년 초, 스탈린은 미국 대사 해리먼에게 "핀란드 사람은 고집쟁이라 지각이 들도록 실력 행사를 해 주어야 한다"고 말할 정도였다. 소련은 독일을 제외한 단독 강화를 위한 가혹한 조건을 들이밀었다. 소련이 제시한 조건은 다음과 같다.

- 모든 소련 포로의 송환
- 40년 3월의 국경선으로 후퇴
- 핀란드 주둔 독일군의 억류
- 페차모 지역의 양도
- 6억 달러의 배상금 지불

아무리 평화를 갈망하는 핀란드 정부라 해도 이런 조건으로 강화를 맺을 수는 없었다. 물론 가만히 있지 않고 군사력 재정비에도 나섰다. 특히 2개 기갑여단을 개편하여 핀란드군 유일의 기갑사단을 창설했는데, 소련제 노획 전차로는 역부족이어서 일부는 구입하고 일부는 독일에서 제공한 59대의 3호 돌격포로 구성한 돌격포 여단을 편성하여 펀치력을 크게 강화했다. 이 돌격포들은 핀란드 정비공의 손을 타서 핀란드 상황에 맞는 개량이 가해졌다.

만네르하임은 전쟁에서 빠져나가기 위한 첫 번째 조치를 취했는데, 바로 독일 무장친위대에 입대한 핀란드 장병의 핀란드군 복귀 명령이었다. 이들은 핀란드군의 간부가 되어 다음 해 벌어질 전투의 주역이 된다. 본국에서 귀환 명령이 내려지자 43년 4월 말 무장친위대의 핀란드 병사 112명이 핀란드군으로 복귀하면서 그동안의 노고에 대한 보상으로 1급과 2급 철십자장을 수여받고 부대를 해산했다.

43년 6월, 노르트란트 연대 소속의 장교 18명, 하사관 194명, 병사 546명은 조국에서 싸우기 위해 돌아갔다. 조국은 그들을 독일식 훈련을 받은 엘리트로서 대대적으로 환영하였다. 부상자 일부를 제외하고 거의 전원이 핀란드군에 편입되었다. 오로프와 동료 대부분은 새로 편성된 기갑사단에 배속되었는데, 사단장이 바로 오로프의 아버지 라카스 소장이었다. 라카스는 '북유럽의 롬멜'이라는 별명이 붙을 정도로 과감한 전술을 구사하는 명장이기도 했다. 이들 중 상당수가 돌격포 운용 요원으로 선발되어 독일로 돌아갔다. 오로프와 동료들은 베를린 부근에 있는 훈련소에서 포수로서 철저하게 훈련받고 44년 늦봄에 귀국했다. 2년 동안 독일군으로서 싸운 핀란드 의용병들 중 전사자는 250명이었다. 그리고 44년 여름 소련과 결전을 벌이는데, 그 이야기는 조금 뒤로 미루어야 한다. 훗날 제5친위기갑척탄병 사단의 노르트란트 연대는 확대되어 43년 봄에 제11노르트란트 사단으로 변모했다.

독일과 소련 사이에서

물론 독일도 핀란드의 태도 변화를 모를 리 없었다. 43년 10월 14일, 총참모부 작전부장인 요들 대장이 핀란드를 방문해서 만네르하임을 만나 독일의 입장을 전달했다. 얼마 전인 7월, 동맹국 이탈리아가 무솔리니를 축출하고 연합국과 단독 강화를 추진하다가 국토가 독일에 점령된 사실을 상기시키며 은근한 협박을 하는 동시에 소련과 단독 강화를 한다면 발트3국 같은 신세가 될 수 있다는 경고도 했다. 물론 독일군 북방집단군이 레닌그라드 전선을 불퇴전의 각오로 사수하여 핀란드의 측면을 지켜주겠다는 감언도 빼놓지 않았다.

핀란드의 처지는 그야말로 진퇴양난이었다. 서구와 단절된 핀란드는 거의 모든 분야에서 독일에 의존할 수밖에 없었다. 당장 핀란드인들이 소비하는 식량의 대부분이 독일에서 들어왔고, 독일에서 오는 배가 늦어지면 거리에 생활필수품의 그림자도 보이지 않았을 정도였다. 반대로 당연한 일이지만 서방 연합국 쪽에서 가해 오는 압력도 대단했다. 헬싱키 주재 미국 대사는 핀란드와 소련의 교전 상태가 오래 지속될수록 소련의 요구조건은 더욱 가혹해질 것이라는 경고를 보냈다.

11월 18일, 만네르하임은 전쟁에서 발을 뺄 준비를 하는 한편, 소련군이 카렐리야 방면에서 대공세로 나올 확률이 대단히 높다고 판단하고 비푸리에서 쿠파르사리, 타이팔레로 이어지는 VKT 방어선의 건설을 명령하였다.

해가 넘어가자 전황은 독일군에 더 불리해졌다. 44년 1월 14일, 소련군은 레닌그라드 해방작전인 '네바2호'를 발동했고, 독일 북방집단군은 소련군의 맹공 앞에 바람 앞의 등불 같은 신세가 되고 말았다. 27일, 모스크바 방송은 전 세계에 레닌그라드의 해방을 선언했다.

2월 6일, 만네르하임은 리티 대통령에게 핀란드군은 소련과의 휴전을 열망하고 있다는 사실을 전했다. 바로 그날 밤 7시 20분, 250대가 넘는 소련군의 폭격기가 2,500여 발의 폭탄을 헬싱키에 떨어뜨려 103명의 시민이 죽고 약 300명이 부상을 입었다. 물론 핀란드의 대공포 부대도 반격해서 최소 5대의 폭격기를 격추시켰다.

이 폭격은 독일과 일본이 당한 규모에 비하면 아무 것도 아니었지만 소국 핀란드로서는 큰 타격이었다. 그런데 이 폭격으로 피해를 입은 건물 중 하나가 옛 소련 대사관이어서 핀란드 사람들에게 폭격의 충격 속에서도 작은 웃음거리를 주었지만, 전후 이 건물의 수리비는 핀란드인들의 몫으로 돌아갔다. 핀란드의 대공포 부대 역시 다른 병과와 마찬가지로 독일, 스위스, 덴마크, 스웨덴, 영국, 이탈리아 등 여러 나라의 장비로 무장했는데 그 중에는 독일의 88㎜대공포 90문도 있었다. 이 포는 독일이 사용할 때는 대전차포로 더 유명했지만 지형 탓인지 핀란드군은 대공포로만 사용했고 놀랍게도 2000년대 초 까지 현역에 남아 있었다고 한다. 44년 4월 13일, 핀란드의 '변절'을 알아챈 독일은 식료품 수출을 금지했고, 일주일 후에는 모든 무기와 탄약의 공급까지 중단했다.

유혈의 여름: 소련의 카렐리야 공세

거의 2년 동안 전투다운 전투를 치르지 않은 핀란드군은 많이 무뎌져 있었고, 더구나 이번에는 날씨의 도움도 받을 수 없는 여름이었다. 하지만 이렇게 된 이상 겨울 전쟁에서 보여준 핀란드군의 능력에 다시 한 번 기대를 걸어 보는 수밖에 없었다. 소련의 양보를 얻어내기 위해서라도 소련군에 최대한의 출혈을 강요해야 했던 것이다.

소련군의 공격 계획은 계절만 다를 뿐 겨울 전쟁 때와 대동소이했지만 병력의 질이 높아졌고 화력은 훨씬 강화되었다. 44년 6월 9일 오전 5시 55분, 소련군은 45만의 병력과 항공기 1,547대, 전차 800여 대, 76㎜가 넘는 대구경포 5,500여 문과 800여 문의 카츄샤 로켓포 등을 동원하여 카렐리야 지협과 오로네츠 지협, 마세르카 지협을 공격하기 시작했다. 특히 한 번에 1만 7천 발의 포탄을 쏟아붓는 가공할 포격은 핀란드군에게는 처음 겪어 보는 것이었다. 사실 이 전투는 소련군 입장에서는 중간 규모의 전투에 불과했지만 전 인구가 소련군 전체보다도 적은 핀란드로서는 엄청난 규모의 전투였다. 소련군 사령관은 그동안 명예 회복에 성공해 원수로 승진한 겨울 전쟁 때의 패장 메레츠코프로, 개인적으로는 복수전이기도 했다. 당시 소련군의 포격 소리가 얼마나 컸는지 270㎞나 떨어진 헬싱키에서도 들릴 정도였다. 발틱 함대의 대구경 함포 역시 지원에 나섰다. 물론 공군도 빠질 리 없어 소련 제13공군은 1㎢당 거의 80발에서 100발의 폭탄을 떨어뜨렸다. 소련의 주공은 카렐리야 지협이었고 26만 명의 병력과 630대의 전차가 투입되었는데, 1㎞당 120문, 그 중에서도 주공격선 정면은 1㎞당 170문에서 200문이 집중되었다. 여기에 카츄샤 로켓포들을 더해야 한다. 이에 맞서는 카렐리야의 핀란드군은 타베티 라티카이넨 중장의 제4군단과 실라스부오 중장의 제3군단이었는데 실제 병력은 4개 사단에도 미치지 못했고 후방에 2개 사단과 1개 여단, 그리고 비푸리에 기갑사단을 보유하고 있었다. 오히려 올로네츠 지협 쪽에 9개 사단과 6개 여단이 있어 병력이 더 많았다.

하루만인 6월 10일 핀란드군의 1차 방어선인 발케사리가 무너졌다. 발케사리란 핀란드어로 '하얗게 빛나는 섬'이란 뜻이다. 이곳의 핀란드군은 1개 연대였지만, 소련군은 거의 2만 명의 병력에 각종 전차와 돌격포 100대, 추가로 800문 이상의 야포까지 투입하여 압도해 버린 것이다. 12일에는 양군 기갑부대가 충돌했고 핀란드군은 29대의 전차를 잡았다. 하지만 역부족이었던 핀란드군은 6월 14일, 2차 방어선인 바멜스-타메팔리 선(VT라인)으로 밀려났는데, 소련군은 이 방어선마저 사하킬라와 쿠테르셀카를 점령하면서 돌파했다. 핀란드군은 기갑사단을 동원해 쿠테르셀카를 수복하려 했지만 실패했다. 결국, 핀란드군은 기존의 VT라인을 포기하고 비푸리-쿠파르사리-타이팔레로 이어지는 3차 방위선(VKT라인)으로 물러났다.

상황은 갈수록 심각해졌다. VT라인을 포기한지 불과 1주일도 지나지 않은 6월 20일, 소련군은 핀란드군의 저항에도 불구하고 하루만에 비푸리를 함락시켰다. 겨울 전쟁 때는 3개월이 걸렸는데 이번에는 불과 열흘 만에 함락되었으니, 소련군의 역량이 엄청나게 진보했다는 것을 보여주는 증거였다. 이제 VKT라인마저 포기해야 될 상황에 몰린 것이다. 핀란드는 다시 후퇴해서 방어선을 재구성하든지, 아니면 VKT라인 사수 중 하나를 선택해야 했다. 하지만 지금까지 핀란드군은 후퇴하기는 했지만 무너지지는 않았다. 소련군의 포로가 된 핀란드 병사가 얼마 되지 않았다는 사실이 좋은 증거였다.

핀란드군은 3차 방어선인 'VKT라인'에서 '배수의 진'을 쳤다. 만네르하임 총사령관은 "VKT라인에서 더 이상 후퇴는 없다"며 결사항전을 당부했다. 핀란드는 최악의 상황에 놓여 있었다. 핀란드는 어떻게든 소련과 평화 협상을 맺고 싶었지만 모스크바의 반응은 냉담했다. 소련과의 협상은 결렬되었고, 다음 날인 6월 22일 독일의 리벤트로프 외무장관이 핀란드 대통령 리스토 리티를 방문했다. 리벤트로프가 전한 히틀러의 메시지는 간단했다. "만약 핀란드가 군사적 지원을 계속 받고 싶다면 소련과 계속 싸우시오."

리티 대통령은 핀란드가 계속 독일과 함께 싸울 것이라고 '개인적으로' 약속했다. 최근 두 나라 사이는 좋지 않았고 독일도 대단히 어려운 상황이었지만, 핀란드를 자기 진영에 붙잡아 놓기 위해 나름대로 최선을 다했다. 이미 봄부터 빠른 속도를 자랑하는 어뢰정들이 일회용 대전차 로켓인 판저파우스트 9천 정을 실어왔고, 수송기로는 독일판 바주카포인 강력한 판저슈렉 수백 정을 공수했다. 부족한 병력을 쪼개 제303돌격포 여단(실제로는 대대 규모)과 역전의 제122보병사단, 그리고 공군 부대가 파견되었다.

핀란드 병사들은 이전에도 판저파우스트와 판저슈렉을 얼마간 공급받았기에 사용법을 재빨리 익혔다. 이 두 무기는 삼림이 울창한 핀란드 지형에 아주 걸맞은 무기였고, 실제로 엄청난 수의 소련군 전차를 해치우게 된다. 히틀러는 평소 "용기와 판저파우스트만 있으면 적 전차는 무서운 것이 아니다"라고 말했는데, 이 말을 누구보다도 잘 실행한 이들이 바로 핀란드군이었다. 하지만 그 대가로 핀란드는 자국에 호의적이었던 미국으로부터 단교 당했다.

유혈의 여름: 소련의 올로네츠와 마셀케 지협 공세

올로네츠 방면의 소련군은 12개 사단과 4개 해병여단, 마셀케 방면에는 3개 사단이 공격에 참여했는데 공격은 6월 중순에 시작되었다. 핀란드군은 이미 카렐리야가 위험해진 상황이었으므로 이곳에서까지 결전을 벌일 여유가 없어서 이미 3개 사단과 1개 여단이 카렐리야로 떠났지만 남은 부대들이 지연 전술을 펴서 완강하게 싸우며 7월 7일까지 라도가 호수 북쪽의 톨바야르비 일대에 구축된 U라인이라 부른 방위선까지 철수했다. 소련군은 6월 29일에 이 전역에서 가장 중요한 목표인 페트로자보츠크를 탈환하는 데 성공했지만, U라인 돌파에는 실패했다.

유혈의 여름: 탈리-이한탈라 전투

비푸리를 함락시킨 소련군은 고삐를 늦추지 않았다. 그들은 비푸리 동쪽으로 우회하여 핀란드군의 후방을 노렸다. 이 작전이 성공한다면 핀란드 본토와 아직 많은 병력이 남아 있는 올로네츠가 분리되고 핀란드 전군의 붕괴도 노려볼 만했다. 그렇다면 수도 헬싱키의 정복도 꿈은 아니었다. 소련군 제97, 109군단과 제152전차여단 등 15만 대군이 탈리 마을로 진격해왔다. 방어하고 있던 핀란드군은 제18사단과 제3여단, 제13연대 등으로 5만에도 미치지 못했다. 포병전력에서는 핀란드가 268문의 야포를 보유한 데 비해 소련은 그 20배가 넘는 화력을 자랑했다. 게다가 소련군에는 폭격기 400여대와 전투기 600여대라는 압도적인 항공전력까지 있었다. 이런 상황이다 보니 소련군은 지금까지와 마찬가지로 순식간에 방어선이 붕괴될 것이라고 확신했고 탈리의 함락도 시간문제로 보였다.

제13연대의 스웨덴 지원병들도 방어에 나섰지만 막기 어려운 상황이었다.

판저파우스트를 보유한 탈리-이한탈라 전선의 핀란드군

하지만 핀란드군은 모든 전투에서 지형을 충분히 이용해 이번에는 압도적인 소련군의 파상 공격을 물리쳤다. 지형을 이용하여 소련군을 분쇄시켰던 핀란 드군의 모티 전술은 이전만큼은 아니었지만 여전히 유효했던 것이다. 결국, 소련군의 첫 번째 탈리 공격은 실패로 돌아갔다.

이 전투에서 전략 예비대로서 후방에 대기하고 있던 기갑사단이 소방수로 투입되었다. 이때 오로프 라카스 상사가 포수로 탑승한 돌격포 부대가 선봉에 서서 소련군 전차 4대를 멋지게 해치웠다. 핀란드군 돌격포 부대의 별명인 '기 사단장의 철권'에 걸맞은 전과였다. 그 뿐만 아니라 핀란드 돌격포 부대는 불과 8대를 잃고 적 전차 87대를 격파하는 큰 전공을 세우며 맹활약했다. 오로프 라카스 상사는 이 전투에서 부상을 입기는 했지만 전후에도 살아남아 은행가로 서 성공했다고 한다. 핀란드군은 전쟁 기간 동안 소련군의 T-34/76 7대를 노획해서 사용했는데, 그 중 3대는 독일군이 노획품을 핀란드군에 지원한 것이었다. 그런데 재미있는 사실은 독일에서 보내준 이 전차가 소련군이 사용한 같은 전차보다 훨씬 성능이 우수했다는 점인데, 독일인들이 이 전차에 자신들의 광학장비, 즉 우수한 조준기를 달았기 때문이다. 당시 핀란드군이 얼마나 알뜰하게 노획 전차를 사용했는지, 7대 중 1대는 전후에도 멀쩡히 남아 지금도 박물관에 전시 중일 정도다. 핀란드 기갑사단은 이 T-34/76과 독일에서 온 3호 돌격포에 힘입어 빈약한 T-26 위주의 모습에서 어느 정도 벗어날 수 있었다.

제3여단 소속 그레고리우스 에콜름 중위는 이틀 동안 판저슈렉으로 무려 8대의 소련군 전차를 격파해 최고훈장인 만네르하임 십자장을 받았고, 쿠르트 엔크만트 중사는 판저슈렉으로 전차 4대를 격파하여 '탈리의 공포'라는 별명까지 얻었다. 하지만 어느 핀란드 병사는 사용방법을 잘 몰라 후폭풍이 강한 판저파우스트를 가슴에 대고 발사하는 바람에 자신이 잡은 전차처럼 자기 가슴에 구멍이 뚫리며 뒤로 날아가 버리는 안타까운 일도 생겼다. 이 사건은 핀란드 영화「탈리-이한탈라 전투」에서 재현되기도 했다.

6월 25일 오전 6시30분. 탈리 쪽으로 수천여 문의 소련군 야포들이 불을 뿜었다. 1시간 뒤인 7시30분, 소련군은 다시 본격적인 공세에 나섰다. 소련군은 6월 28일까지 탈리 마을 후방으로의 돌파를 목표로 하고 있었다. 이번 공세에는 제30근위군단이 새로 합류했다. 소련군은 레이티모야비 호수의 양쪽 끝을 돌파할 계획이었다. 그 중 소련군 제27전차연대는 방어선을 돌파해 포르틴호이카 교차로까지 진출하는 데 성공했지만 함께 공격을 시도한 제178사단은 자르엘라 지협 공격 과정에서 핀란드군의 완강한 저항과 지형적 불리함으로 후퇴해야 했다. 그 사이 소련 제97군단도 핀란드군 제3여단 방어지역을 향해 공격해 들어갔지만 얼마 진격하지는 못했다.

이쯤에서 잠깐 돌아보면 핀란드군이 화력과 병력의 열세에도 불구하고 잘 버티고 있는 것처럼 보이겠지만, 사실 소련군은 천천히 그리고 확실하게 핀란드군의 진영을 분단시키고 각 부대들을 고립시키고 있었다. 이대로 가다간 조각나 각개격파당할 것이 분명했다. 만네르하임으로서는 가장 두려운 일이었고, 드미트리 N. 구세프 장군으로선 바라던 바였다. 만네르하임은 예비 전력인 제18사단의 예비대와 제4, 제17사단의 일부를 급히 투입했다. 오후가 지나자 기갑사단을 추가로 증원해 소련군을 물리치는 데 성공했다. 거기에다 독일군 제303돌격포 여단이 도착했다. 독일과 핀란드 기갑부대의 잘 협조된 공격으로 그동안 가장 멀리 진출했던 소련군 제27전차연대마저 전차 38대를 잃고 전멸했고, 6대의 전차가 노획되어 바로 핀란드군에 편입되었다. 이렇게 소련군의 두 번째 공격도 실패했다.

새로 증파된 핀란드군은 구멍난 전선에 골고루 뿌려졌지만, 전장 자체가 그리 넓지 않았기에 병력의 집중도는 유지할 수 있었다. 핀란드군이 버틸 수 있었던 이유 중에는 이런 지형적 이점도 큰 몫을 차지했다. 소련군 역시 제30근위군단에 이어 제108군단이 증원되었다.

이번에는 핀란드군이 먼저 레이모야비 호수 동쪽에 진출해 있는 소련군을 향해 공격에 나섰다. 핀란드군은 소련군을 세 방향에서 공격을 가해 겨울 전쟁 때처럼 모티를 만들어 궤멸시킬 생각이었다. 그러나 소련군은 겨울 전쟁 당시의 덩치만 크고 미숙한 군대가 아니었고, 주력부대는 독일군과의 싸움으로 단련된 역전의 정예 근위사단들이었다. 제46, 63, 64근위사단과 제268사단, 제30근위기갑사단 등이 전선에 나서면서 그야말로 혈투가 벌어졌다. 판저파우스트는 여전히 수많은 소련 전차들을 해치웠고, 핀란드군 수색 전차의 전차장은 포탄과 연료가 바닥나자 수오미 기관단총을 쏘면서 탄두가 4개인 독일군의 '집속 수류탄'을 던지기도 했지만 소련군의 압도적인 화력과 강력한 방어 때문에 목적을 달성하지는 못했다. 그래도 이 공격이 벌어 준 72시간 동안 핀란드군 제6사단과 제11사단이 새로 전장에 배치될 수 있었다.

6월 28일, 탈리 방어전의 책임자였던 핀란드군의 칼 레난트 오에쉬 중장은 중요한 결단을 내린다. "제군들, 지금까지 잘 싸워 주었다. 그러나 더 이상 이곳에서 소련군을 막는 것은 무리다. 탈리를 포기한다."

핀란드군은 탈리를 사수하면서 군을 재정비할 시간을 벌 수 있었다. 그러나 언제까지 탈리에서 소련군을 막아낼 수는 없었다. 6월 29일 소련군은 다시 공세에 나섰고, 퇴각 준비를 하던 핀란드군은 탈리를 사수했다. 특히 제2국경경비대대는 판저파우스트로 소련군 제61자주포연대의 SU152자주포 8대를 격파하기도 했다. 하지만 이 시기는 핀란드군 사상 최악이었다. 가장 치열한 전투를 치른 제3여단은 전투 전에는 1,500여 명이었지만, 나흘 만에 전사 144명, 행방불명 205명, 부상자 856명이 발생해, 전투가 가능한 자는 280여 명에 불과했다. 440명의 경보병이 보강되기는 했지만 이를 합쳐도 전투 전 전력의 절반에도 미치지 못했다. 라카스 장군의 기갑사단도 무려 1,506명의 사상자를 냈다.

6월 30일 핀란드군은 마침내 탈리에서 후퇴했다. 그들이 후퇴하는 와중에도 소련군의 공격은 계속되었고, 7월1일과 2일 이틀 동안 핀란드군은 또다시 엄청난 희생자를 냈다. 그러나 핀란드군은 포기하지 않고 이한탈라에서 다시 방어전을 준비했다. 20일 동안 카렐리야 지구에서만 핀란드군의 전사자는 3,631명, 행방불명자 4,963명, 부상자 16,311명에 달했다. 부상자 중 2,499명이 치료 도중 세상을 떠났다.

7월 2일, 핀란드군의 한 부사관이 소련군의 실수로 흘러나온 통신문을 감청했다. 다음 날 오전 4시에 소련군 제63사단과 제30기갑여단이 이한탈라 공격에 나설 것이라는 내용이었다. 이런 결정적인 정보가 유출된 덕분에 핀란드군은 공세에 대비할 수 있었다. 다음날 오전 3시 58분. 소련군의 공세 예정 시각 불과 2분 전에 40대의 핀란드와 독일 폭격기들이 공세를 준비하고 있던 소련군을 덮쳤다. 이어서 포병총감 네노넨 장군의 지휘 아래 250여 문의 야포들이 4,000여 발의 포탄을 소련군에 퍼부었다. 당시 핀란드 포병 장비의 60% 이상이 그동안 노획한 소련제였다. 갑작스런 핀란드군의 역공에 당황했지만 소련군이 이대로 물러설리 없었다. 오전 6시, 소련군 폭격기 200여 대가 공습에 나섰고, 육군의 공격도 이어졌다. 그러나 이한탈라에서 방어전이 재개되었을 때, 핀란드군은 탈리에서 시간을 끌었던 덕분에 꽤 유리한 상황에서 전투를 진행할 수 있었다. 핀란드군은 보유하고 있는 야포의 절반을 이 지역에 투입했고, 독일 제303돌격포 여단도 전투에 나섰으며, 판저파우스트의 위력도 여전했다. 결국 오후 7시, 핀란드군은 이한탈라 전역의 방어선을 완전히 회복했다. 7월 4일, 소련군은 보기 드문 상륙작전까지 실시했지만 전과는 제한적이었다.

7월 6일, 핀란드군의 격렬한 저항에도 불구하고 소련군은 몇 km를 진격했다. 그러나 다음날 핀란드군은 소련군을 퇴각시켰고, 소련군은 오후 1시와 7시에 다시 공격을 시도했지만 성공하지 못했다.

이렇게 핀란드군은 이한탈라 방어전에서 끝내 승리를 거뒀다. 이 전투에서 핀란드군의 피해는 8,561명이었지만 소련군의 손실은 3배에 가까운 22,000명에 이르는 것으로 집계됐다. 핀란드군은 이한탈라에 이어 비푸리 전투, 니에챠르비 전투와 아이라파-뷔살미 전투에서 잇따라 소련군을 물리쳤다. 특히 7월 4일에서 11일까지 벌어진 아이라파-뷔살미 전투에서는 소련 제23군을 격파하여 1만 5천 명이 넘는 사상자를 안겨주었다, 하지만 핀란드군도 6,500명이 넘는 사상자를 내는 큰 대가를 치러야 했다. 어쨌든 연속적인 공세의 실패는 모스크바를 실망시키기 충분하여, 7월 7일 총사령부는 제30근위군단을 에스토니아로 이동시키라고 명령했다. 독일 진격 작전에 투입할 병력을 핀란드에서 낭비하고 싶지 않다는 의미였다. 공격부대는 차례로 바그라티온 작전에 전용되었다. 이미 6월에 서방 연합군이 노르망디 상륙작전에 성공했기 때문에 소련으로서는 핀란드보다 베를린을 향한 진격이 더 급해졌기 때문이다. 결국 7월 13일, 소련 최고사령부는 작전 종료를 명했다.[17]

핀란드가 소련군의 공세를 성공적으로 저지한 것은 핀란드군의 능력이 뛰어난 것도 있지만, 연전연승하던 소련군이 자만한 탓도 있었다. 또한, 이 지역에서 공세를 맡은 소련군이 전쟁기간 내내 레닌그라드 포위전에서 방어만을 맡았던 부대들이다 보니 새로운 공세적 기동전에 서투른 탓도 있었다. 하지만 공세 경험이 없더라도 이 부대들의 장비는 독일군을 쳐부순 그 소련군의 장비 그대로였기에 결코 만만한 상대가 아니었다. 전쟁 동안 소련군의 공세를 완전히 막아냈던 군대는 독일과 핀란드군뿐이며 특히 가장 강력했던 시점의 소련군을 저지한 군대는 오직 핀란드군뿐이었고, 그것도 자신들이 가장 강한 능력을 발휘하는 겨울이 아니라 여름에 싸워 막아낸 것이다! 이 때, 탈벨라 장군은 독일에 가 있었는데, SS의 수장 힘러에게 친독일 정권을 세우면 그 수장으로 만들어주겠다는 유혹을 받았지만 단호히 거절했다고 한다.

---

17 2017년 개봉한 핀란드 영화 〈언노운 솔저〉는 1941년 부터 1944년까지 계속 전쟁의 경과를 따라간다.

피 흘리는 하늘

지상전이 이렇게 치열했으니 하늘이라고 조용할 리는 없었다. 44년 5월 말부터 정찰기들이 상부에 소련군의 집결을 보고했지만 핀란드 고위 지휘관들은 심각히 받아들이지 않았다. 소련 제13공군은 1,500대의 항공기로 지상군을 지원할 계획이었다. 이에 비해 카렐리야 지협 상공의 핀란드군 전투기 세력은 제34비행대대의 Bf109G-6 16대, 제24비행대대의 Bf109G-2 14대, 제26비행대대의 버팔로 16대가 전부였다.

소련 공군은 6월 9일 첫 날 1,150회 출격, 다음날은 800회를 출격했고 핀란드 공군도 필사적으로 저항하며 소련기 수십 대를 격추시켰다. 6월 19일에는 Bf109G-6 구스타프가 추가 지원돼 제24와 34비행대대에 정수에 가깝게 보충

되었는데, 지원받은 기체의 독일군 도색을 고칠 틈도 없이 전투에 투입되었을 정도였다. 구스타프 기들은 비푸리 주변에서 치열한 공중전을 벌여 손실 없이 Pe-2 6대, P-39 3대, IL-4 2대, La-5 2대를 격추했다. 6월 20일 비푸리 외곽에서 치열한 지상전이 벌어지는 동안 상공에서도 대규모 충돌이 있었다. 오전에만 35대를 격추했고 오후에도 다섯 번의 공중전으로 16대를 격추했다. 치열한 공중전이 계속됐고 6월 30일 유틸라이넨은 핀란드 공군 사상 두 번째로 한 전투에서 5대를 격추하는 위업을 달성한다.

> "나는 8대 편대로 정찰비행에 나서 에어라코브라를 발견, 동체 후부를 명중시켰고 그 기체는 꼬리가 떨어져 나가며 추락했다. 잠시 후 다른 에어라코브라를 후방 하면에서 공격해 격추했다. 다시 50대 이상의 소련군 편대가 나타났다. 우리는 편대를 짜고 고공에서 공격했고 Yak-9 2대를 격추했다. 이어서 독일 슈투카 폭격기 호위 중 다른 소련기들을 만났고 IL-2를 격추했다. 도중 나는 우세한 적에 포위됐는데 5분간 기동으로 La-5 1대를 더 격추했고 마침내 탄약이 떨어져 전선을 이탈했다. 연료도 떨어지기 직전이었다."

7월에는 라펜란타와 타이팔사리에 있는 제24와 34비행대대 기지가 소련군의 습격을 받았다. 무선 감청으로 이를 알아차린 제24비행대대는 연료와 탄약을 꽉 채운 구스타프 11대를 상공에 대기시키고 있었다. 하지만 미처 움직이지 못한 금쪽같은 구스타프 6대가 지상에서 파손됐고, 노획한 Pe-2 정찰기 둘도 불덩이가 돼 버렸다. 대기하던 구스타프들은 소련기 16대를 격추했다. 같은 시간에 임몰라에 있는 독일 제54전투비행단 기지도 맹공격을 받았지만 큰 손해는 없었다. 그 후 며칠간 구스타프 기들은 폭격기 호위 임무를 수행하며 손해 없이 수십 대를 더 격추시켰다. 38일간의 소련군 공세 기간 중 핀란드의 Bf109 기들은 2,168회 출격에서 425대를 격추했고 18대를 잃었다. 한편 Fw190을 장비한 독일 제54전투비행단 제2대대는 984회 출격에서 126대를 격추했다. 이 부대의 지휘관은 통산 222대를 격추시킨 에리히 루도퍼 대위였다. 7월 13일이 되자 소련 제13공군 보유기 수가 800대로 격감했을 정도였다.

핀란드 전투기 부대는 전쟁기간 동안 연 350대에 불과했지만 2천 대가 넘는 소련 전투기를 상대해야 했다. 전투기 조종사 수는 155명이었는데, 그 중에 5대 이상을 격추시킨 에이스가 무려 87명이었다! 만네르하임 원수는 이렇게 말했다. "조국은 육지와 바다만이 아니다. 그 위에 있는 하늘도 조국이다."

전체적으로 핀란드 공군은 전쟁 동안 1,807대를 격추했고 572대(전투손실은 257대)를 잃었다. 소련군의 기록으로도 1,855대를 잃은 것이 확인되었으므로 신빙성 높은 기록이다. 일마리 유틸라이넨 준위가 94대로 선두이며, 한세 빈트 대위가 75대로 그 다음이다. 이들은 전쟁 초반에는 버팔로, 후반에는 Bf109에 탑승했다. 전투 기종별 배치 대수와 격추 기록은 포커 D.21(97/61), G.50(35/88), MS.406(87/121), 버팔로(44/478), 커티스 호크(44/190), Bf109(162/663)이다.

만네르하임 대통령

7월 중순, 핀란드 정부의 한 각료가 독일과의 신의를 저버리지 않으면서도 전쟁에서 발을 뺄 수 있는 묘책을 내놓았다. 독일 외무장관에게 제출한 약속 서한은 리티 대통령 개인의 서명이므로 후임자에게 구속력이 없다는 것이었다. 리티는 퇴진에 동의했고 만네르하임이 후임자로 추천되었는데, 노원수는 이미 보여준 바대로 정치인 이상으로 정치에 뛰어난 '정치군인'이었다. 만네르하임이라는 지도자의 존재는 확실히 폴란드와 이탈리아에 비해 핀란드의 행운이었다. 핀란드 국회는 77세의 만네르하임이 선거 없이 대통령에 취임할 수 있게 하는 특별법을 통과시켰다. 리티의 사임과 만네르하임의 취임은 독일을 당황시키기에 충분했다. 만네르하임의 취임사를 소개하고자 한다.

"존경하는 의원 여러분, 국가의 운명이 어려움에 빠져 있는 이 시점에서 다시 국가원수직을 맡으면서 저는 깊은 책임감을 느낍니다. 우리의 장래를 지켜나가기 위해 우리는 거대한 난관을 극복하지 않으면 안 됩니다. 이 순간 내 마음에 가장 크게 자리 잡고 있는 것은 5년째 전투에 임하고 있는 우리 군인들입니다. 전능하신 하느님에 대한 믿음 위에, 국민의 단합된 지지를 받는 의회와 정부의 노력으로 우리나라의 독립과 존재를 지킬 수 있기를 저는 희망하고, 또한 믿습니다."

하인리히스 장군이 만네르하임의 군 최고사령관 직을 승계했고, 이어진 소련군의 올로네츠 지협에 대한 소규모 공격도 저지되었다. 8월 5일, 핀란드군은 마치 만네르하임의 대통령 취임을 축하라도 하듯 큰 승리를 거두었다. 소련군 제176, 289사단을 모티 전술로 각개격파하여 3천여 명의 사상자를 안기고 각종 화포 94문, 박격포 84문, 차량 66대, 군마 200두를 노획했다. 다시 한 번 핀란드군이 황무지에서 얼마나 강한지 증명해 보인 것이다. 8월 12일에는 독일 공군이 소련군에 대한 마지막 공격을 하고는 이틀 후 에스토니아로 철수했다.

8월 17일 참모총장 빌헬름 카이텔 원수가 그 전 훈장보다 한 단계 높은 백엽기사십자훈장을 들고 핀란드를 방문했다. 카이텔은 만네르하임을 설득하려 했지만 정작 노 대통령은 리티의 사임으로 단독 강화에 대한 제한 조건이 무효가 되었음을 알려주었다. 어쨌든 리티 대통령은 개인적으로나마 독일에 대한 의리를 다한 셈인데, 이로 인해 리티는 핀란드인으로는 유일하게 전범재판에 회부되어 10년 형을 받았다. 이후 병으로 49년에 풀려났고 56년에 67세의 나이로 세상을 떠났다. 결국, 핀란드에는 독일과의 '동맹'이 '혈맹'이니 뭐니 하는 추상적인 개념이 아닌 자신의 이익에 바탕을 둔 계약과 같은 것이었다. 어차피 계약이란 주변 조건과 상황이 변하면 변경되거나 취소되기도 하는 것이다.

일주일 후, 만네르하임은 스톡홀름 주재 소련 대사 알렉산드라 콜론타이 여사에게 평화협상을 재개하도록 주선을 요청했다. 핀란드군의 저력이 여전하다는 것을 확인한 소련도 핀란드 정복을 포기하고 협상 테이블에 앉았다. 9월 7일 핀란드의 수상, 외상, 국방상 등으로 구성된 대표단이 모스크바에 도착했다. 지루한 협상이 이어졌고 타협안의 내용은 아래와 같다.

- 40년 3월 당시의 국경으로 후퇴
- 전쟁 배상금을 3억 달러로 감액
- 75일 내에 전시체제를 해제하고 핀란드군을 41,500명으로 제한
- 핀란드의 '전체주의자 단체(민간방위대, 여군부대, 재향군인회 등)' 해체
- 연합국의 요청에 응해 전범의 처벌 실행

사실 배상금 감액 외에는 봄의 강화 조건과 별 차이가 없었지만 핀란드로서는 소련군의 점령 가능성을 막았다는 것 자체가 가장 중요했고, 이를 이뤘기에 9월 19일 양국은 모스크바에서 정전 협정을 맺었다. 두 달간의 전투로 핀란드는 6만 명에 가까운 사상자를 냈으며, 전차와 돌격포 35대, 전투기 30대, 폭격기 20대를 잃었다. 이에 비해 소련은 공식 자료만으로도 2만 6,698명의 전사자와 8만 4,462명의 부상자, 전차와 돌격포 294대, 야포 489문, 항공기 311대를 잃었다고 기록했지만 실제로는 20만에 가까운 인명 손실을 입고 거의 700대에 달하는 전차와 자주포를 잃었다고 한다.

핀란드는 독일과 이미 9월 2일 단교했으며 4일 전투 행위가 중단되었다. 22일, 핀란드 정부는 일본과도 단교했다. 그러나 이 단교는 형식적인 것이었다. 사실 그동안 핀란드 정부는 소련과의 강화에만 모든 것을 걸지는 않았다. 소련이 조약을 무시하고 핀란드를 점령할 가능성은 얼마든지 있었기에 북극성 작전이라는 비밀 계획을 세웠던 것이다. 이 계획은 그동안 축적한 암호 체계와 비밀 문서를 스웨덴으로 옮기는 것이었고, 실제로 소련과의 강화조약 체결 직전에 4척의 배에 정보요원과 그들의 가족 600여 명, 정보부대의 모든 장비와 자료를 실어 스웨덴에 보냈다. 강화가 이루어지자 그 정보는 스웨덴의 일본 대사관으로 넘어갔고, 장비는 스웨덴군이 매입했다. 스웨덴 대사관의 일본 무관 고노 소령은 정보 자료가 너무 많아 금고가 부족할 지경이었다고 회상했다. 물론 정보의 일부는 독일 측에도 제공되었다.

핀란드 정부는 북극성 작전과 더불어 소련군이 진주할 경우 신속하게 군을 다시 동원하고 은닉한 무기를 꺼내 핀란드의 삼림과 호수를 이용하여 최후까지 게릴라 전술로 항전한다는 계획을 수립했다.

독일군의 철수

소련과의 강화는 간신히 이뤘지만, 독일군을 물러나게 하는 것은 간단한 문제가 아니었다. 그나마 다행인 것은 핀란드가 소련과 단독 강화를 맺기 전부터 독일군은 이미 핀란드를 떠나 노르웨이로 이동할 계획을 짰고 조금씩 실행하기 시작했다는 사실이다. 당시 독일군 사령관 디틀 대장이 비행기 사고로 세상을 떠났고, 오스트리아 출신 로타르 렌둘릭 대장이 제20산악군 사령관으로 부임해 철수 작전을 지휘하고 있었다. 렌둘릭은 유능했지만 유머감각이 없는 헌신적인 나치 당원이었다. 3년간 이곳에 주둔한 독일군이 보유한 물자는 18만 톤에 달했고, 필수 물자만도 2만 6천 톤이나 되었다. 더구나 워낙 오지라 도로 상황이 열악했고 보유한 차량의 소모도 심각해서 최선의 조건이라도 보름 내에 철수를 완료한다는 것은 불가능했다.

로바니에미에 사령부를 둔 렌둘릭은 '자작나무' 작전을 시작했다. 그의 임무는 아주 어려웠다. 서쪽의 소련군은 렌둘릭의 군대보다 2배나 많았고, 핀란드군이 언제 '배신'하여 총부리를 자기 쪽으로 돌릴지도 알 수 없었다. 더구나 우호적 중립을 유지하던 스웨덴이 점차 반독일적 태도를 노골적으로 보이기 시작해 만약 국경을 침범한다면 스웨덴군까지 적으로 돌려야 할 상황이었다.

처음에는 독일과 핀란드 양 군은 3년간의 전우애 때문에라도 정중하고 협조적인 태도를 보였다. 양 군은 송별 파티를 열기도 했고, 한 독일 장교는 그 지방의 핀란드 전쟁미망인에게 군마를 나누어 주기까지 했을 정도였다. 하지만 9월 15일이 되도록 독일군은 핀란드에 남아 있었고, 철수 속도도 결코 빠르다고 할 수는 없었다. 당연히 소련이 가만 있을 리 없어서 수오무살미 부근에서 국경을 넘으려고 하는 등 무력시위에 나섰다. 상황이 이렇게 되자 만네르하임은 참모를 독일군에 보내 협상을 시도했다. 양쪽은 소련을 속이는 방안에 합의했다. 독일군은 예정된 계획대로 철수하고, 핀란드군은 추격은 하되 실제 전투는 피하여 핀란드군이 독일군과 소련군 사이에서 완충 역할을 한다는 것이었다. 겨울전쟁의 영웅 실라스부오 장군이 지휘하는 3개 사단이 이 연극의 주연이 되었다. 실라스부오는 3년간 독일군과 함께 합동 작전을 해 왔기에 누구보다도 적임자였다. 실라스부오는 독일군 소총 사정거리 바깥까지만 접근하게 했고, 독일군은 이동 계획을 사전에 알려주었다. 심지어 핀란드군은 독일군이 폭파시킨 다리를 재건하긴 했지만 재건된 다리는 가장 가벼운 전차도 통과하지 못할 정도로 약하게 만들었다. 핀란드 공군 조종사들 역시 폭격에 나서면서 명령과는 달리 대부분의 폭탄을 숲이나 호수에 떨어뜨려 버렸다.

라플란드 전쟁

이런 '짜고 치는 고스톱'은 처음에는 잘 굴러갔지만 언제까지나 계속될 수는 없었다. 마침내 소련군이 이 연극을 눈치채고 거센 압력을 가하기 시작했고 두 나라 군대는 충돌을 피할 수 없었다. 히틀러는 후퇴하는 독일군에 '배신자' 핀란드에 대한 보복을 지시하여 독일군은 손에 닿는 모든 것을 파괴하는 초토화 작전을 시작하기에 이르렀다. 결국, 큰 규모는 아니지만 두 나라간의 전쟁이 벌어졌다. 얼마 전까지만 해도 전우였던 양 군이 이제 총부리를 서로에 들이대게 된 것이다.

이때 독일군의 분풀이 대상 중 하나가 라플란드에 사는 유대인들이었고, 22명이 학살당했다. 이 사건은 핀란드에서 일어난 유일한 유대인 학살 사건이기도 했다. 어쨌든 독일과 핀란드 모두 전혀 원하지 않았던 '라플란드 전쟁'이라고 불린 이 마지막 전쟁은 45년 1월까지 계속되어 핀란드는 774명의 전사자와 262명의 행방불명자, 2,904명의 부상자라는 대가를 더 치르고 말았고, 덤으로 독일군이 남긴 수많은 지뢰와 불발탄을 처리해야 했다. 전후 3년 동안 그로 인한 사상자가 200명이 넘었다. 이렇게 라플란드는 초토화되었지만 앞서 당한 폴란드나 다음 편의 이탈리아에 비하면 대가는 그래도 싼 편이라 하겠다. 이로써 핀란드의 '공식적 전쟁'은 끝났지만 아직 사적인 전쟁은 끝나지 않았다. 독일과 전쟁을 치르긴 했지만 독일의 동맹국(이탈리아, 루마니아, 헝가리, 불가리아, 크로아티아, 핀란드)들은 핀란드와 헝가리를 제외하고는 모두 연합국으로 돌아서서 독일에 총부리를 돌렸다. 이때도 핀란드는 독일을 몰아내기 위해 다른 나라 군대를 끌어들이지 않았다. 이런 면모가 전후에 소련의 세력권에서 벗어나게 한 것이다.

마지막 진혼곡

앞서 이야기했지만, 무장친위대의 핀란드인 부대는 해산되고 대부분 귀국하지만, 정확한 숫자는 알려지지 않은 일부가 소련에 대한 원한이 골수에 사무쳐 끝까지 싸우기 위해 친위대에 남는다. 일본의 유명한 전쟁만화가 고바야시 모토후미의 작품 《게르만의 기사》중 쿨랜드 편을 보면 무장친위대에 입대한 바프리라는 핀란드 병사가 등장한다. 그는 계약 해지 후에도 무장친위대에 남고, 조국이 소련과 강화를 맺었음에도 불구하고 부대 잔류를 선택한다(물론 이 작품에는 상당한 픽션이 섞여 있다). 핀란드 의용병 대대장이기도 했던 한스 코라니는 제23기갑척탄병사단의 제49기갑척탄병연대장까지 맡았지만 44년 7월 29일 동부전선에서 포탄을 맞아 전사했는데, 20일 후 기사십자장이 추서되었다.

'바푸리'의 부대인 SS 제11기갑척탄병사단 노르트란트는 엘리트 사단의 하나로, 핀란드인을 포함한 스칸디나비아 의용병은 최후의 한 명까지 히틀러를 위해 베를린에서 전투를 벌였다. 특히 국회의사당 전투가 유명한데, 제3제국의 상징을 최후까지 지켰던 병사들 대부분이 독일인이 아니라 외국인이었다는 사실은 참으로 아이러니하다. 어쨌든 이런 이유로 노르트란트 사단을 SS 최강의 사단으로 부른 전사연구가도 있을 정도다. 이 전투에 참가했던 숫자 미상의 핀란드 병사들은 2차 대전에서 마지막까지 싸운 핀란드인들이 되었다.

그 후의 이야기

이 정도로 엄청난 전쟁이 끝났으니 '뒤끝'이 없을 리 없다. 47년, 1만 명이 넘는 핀란드인들이 소련과 싸우기 위해 무기를 은닉한 사실이 발각되어 6천 명이 넘는 사람이 조사를 받고 2,122명이 재판에 회부되었다. 그들이 은닉했다가 발각된 무기는 다음과 같다.

중기관총 135정, 경기관총 511정, 소총 2만 634정, 기관단총 2,905정, 경박격포 11문, 판저파우스트 474정, 판저슈렉 39정, 박격포탄 9,156발, 수류탄 1만 6,571발, 지뢰 6,640개, 폭약 23톤, 야전전화 773세트, 각종 탄약 950만 발, 휘발류 13만 리터, 경유 2만 리터……

만약 소련이 핀란드 전국을 지배하려 했다면 핀란드인들이 얼마나 철저하게 항전했을까? 라는 상상이 절로 나오는 수치가 아닐 수 없다. 핀란드인들은 전쟁 내내 최고의 장비를 손에 쥐어 본 적이 없었다. Bf109 전투기조차도 당시에는 평균적인 전투기였을 뿐이었다. 하지만 유틸라이넨을 비롯해 비율로는 가장 많은 에이스를 배출했고, 시모 하이하 같은 저격수나 훌륭한 돌격포 포수, 적의 전차도 겁내지 않고 때려 부순 보병 등 수많은 용사들을 배출했다. 핀란드인들이 육체적으로 뛰어나다는 이야기는 이미 했지만, 그들은 기계 조작에도 상당히 능했다. 키미 라이쾨넨, 미카 하이넨 등 유명한 카레이서들이 이 작은 나라에서 계속 배출되었다는 사실은 이를 증명하고도 남는다. 이들이 만약 70년 전에 태어났다면 공군에 입대하여 틀림없이 에이스가 되었을 것이다.

핀란드는 연합군 통치위원회의 관할 하에 있으면서 주권을 제약받았지만, 1947년에는 회복할 수 있었다. 또한 53년까지 배급제를 실시할 정도로 경제가 어려웠지만, 소련에 주어야 하는 엄청난 전쟁 배상금을 기일보다 앞당겨 지불했다. 상당 부분은 현금이 아닌 전선 같은 경공업제품으로 지불되었는데, 이는 전후 복구작업이 한창이던 소련의 요구에 의해 이루어진 일이었다. 그럼에도 핀란드 인들은 1940년에 하지 못한 올림픽을 1952년에 성공적으로 개최하는 놀라운 힘을 보여주었다. 그 이후 핀란드 경제는 소련과 서방의 중개무역에 상당 부분 의존하여 소련 붕괴 후 핀란드 경제도 많이 어려워졌다고 한다. 이때 전선을 만들어 수출하던 회사 중 하나가 훗날 세계적으로 유명한 기업인 노키아가 된다. 현재 핀란드의 노년층은 추위와 허기를 이겨가며 일을 해 배상금을 갚았는데, 집단 영양실조로 다리나 허리가 휜 것을 훈장처럼 생각한다고 한다. 이들은 소련에서 요구하는 다량, 다종의 물품을 만들어 내는 과정에서 단순 기술 뿐 아니라 디자인 기술을 연마하였고 효율적인 생산관리 노하우도 얻었다. 디자인 강국 핀란드는 이렇게 탄생했던 것이다.

전쟁이 끝나고 3년 후, 핀란드를 가장 증오했던, 그리고 핀란드가 가장 증오했던 남자 스탈린은 이 고집 센 이웃에 이런 찬사를 남겼다.

"형편없는 군대를 가진 나라는 언제나 푸대접을 당하지만, 훌륭한 군대를 보유한 국가는 영원한 존경을 받는다. 지금 나는 용감하고 우수한 핀란드 병사들에게 무한한 찬사를 보내려고 한다."

독립을 지킨 대가

6년간의 전쟁 동안 핀란드군의 인적피해는 전사자와 행방불명자만 8만 5,555명에 달했는데 그중에는 여군 288명이 포함되어 있다. 민간인 피해는 남성 1,083명과 여성 918명이었다. 민간인 피해가 적은 이유는 오로지 핀란드 병사들이 죽을 힘을 다해 싸워 주었기 때문이다. 어쨌든 이 수치는 5년 동안의 핀란드 인구 자연 증가분에 해당될 정도였다. 사망자 외에도 5만 명이 영구적인 장애를 입었다.

그리고 리티 전 대통령은 핀란드인으로서는 유일하게 전범재판에 회부되어 10년 형을 받고 복역해야 했다. 다행히 병으로 인해 49년에 나오기는 했지만 스탈린의 '뒤끝'은 이렇게 무서웠다…. 하지만 리티는 적어도 핀란드인들로부터는 자신을 희생하여 나라를 구한 영웅으로 대접받았다.

독일은 8천만 인구에서 400만 이상을 잃었으니 인구 비율로 보면 핀란드의 손실이 적어 보인다. 하지만 독일은 만 6년 이상 계속 격전을 치른 데 반해 핀란드가 실제 싸운 기간은 1년 남짓 정도였다. 그러니 겨울 전쟁과 유혈의 여름 동안 치른 희생은 정말 엄청났던 것이다.

그러면 핀란드의 독립은 이 정도의 피를 흘리고 지킬 값어치가 있는 것일까? 결론부터 말하면 그렇다. 저항하지 못하고 소련에 병합된 바다 건너 발트 3국이 좋은 예이다. 대전 기간 이 세 나라에서 수십만 명이 처형되고, 시베리아나 강제수용소로 끌려갔다. 독일이 소련을 공격하자 독일에 협력한 발트3국인들은 소련의 무자비한 보복을 감수해야 했다. 40년에서 45년까지 이 작은 세 나라에서 사망, 유형, 망명한 인구는 200만 명에 가깝고, 60년 가까이 지난 지금도 세 나라의 인구를 합쳐 8백만 명에 불과하다. 핀란드는 세 나라처럼 소련에 편입되지도 않았고, 동유럽 국가들처럼 위성국이 되는 운명 역시 피할 수 있었다. 그렇기에 지금의 핀란드가 존재할 수 있었던 것이다.

세계사는 강국들의 무대라는 사실을 부인할 수는 없다. 하지만 호랑이굴에 물려가도 정신만 차리면 산다는 말이 있듯이 아무리 약소국이라고 해도 위대한 지도자가 있고 국민들이 똘똘 뭉친다면 살아날 길이 있는 법이다. 현대사에서 핀란드와 베트남이 동서양의 대표선수로서 이 사실을 피로서 증명하였다.

핀란드 연표

- 1917. 12. 6.   핀란드 독립
- 1939. 11. 14.   소련 공군 헬싱키 폭격
- 1939. 11. 30.   소련군 침공. 겨울 전쟁 시작
- 1939. 12. 8.   톨바야르비 전투
- 1940. 3. 12.   소련과 강화조약
- 1941. 6. 25.   핀란드 소련에 선전포고
- 1941. 8. 30.   비푸리 탈환
- 1941. 10. 1.   페트로자보츠크 탈환
- 1941. 9. 30.   해방함 일마리넨 침몰
- 1941. 12. 6.   영국과 캐나다 핀란드에 선전포고
- 1942. 4월   소련의 반격 실패
- 1942. 6. 4.   히틀러 핀란드 방문
- 1942. 6. 24.   만네르하임 독일 답방
- 1943. 10. 14.   요들 장군 핀란드 방문
- 1944. 6. 9.   소련군의 공세 시작
- 1944. 6. 20.   비푸리 함락
- 1944. 8월   만네르하임 대통령 취임
- 1944. 9. 2.   독일과 단교
- 1944. 9. 19.   소련과 강화조약
- 1945. 1월   라플란드 전쟁 종료
- 1951. 1. 28.   만네르하임 사망

핀란드편 참고서적

- 2차 대전의 에이스들 / 김진영 저 / 가람기획
- 게르만의 기사 / 고바야시 모토후미 글과 그림 / 초록배 매직스
- 도로 위의 괴물 / 고바야시 모토후미 글과 그림 / 이미지프레임
- 스칸디나비아 전쟁 / 타임 라이프
- 알기쉬운 세계 제2차 대전사 1 / 이대영 저 / 호비스트
- 제2차 세계대전 / 폴 콜리어 외 저 / 강민수 역 / 플래닛 미디어
- 히든 제너럴 / 남도현 저 / 플래닛 미디어
- 눈 속의 奇蹟 / 梅本弘 저 / 大日本繪畫
- 무장SS전사 / 學研
- 바르바로사 작전 / 學研
- 핀란드군 입문 / 齊木伸生 저 / 이카로스 출판
- 히틀러 2. 몰락 / 이언 커쇼 저 / 이희재 역 / 교양인
- 歐洲海戰記 / 木俣滋郎 저 / 光人社NF文庫
- 冬戰爭 / 齊木伸生 저 / 이카로스 출판
- 北歐空戰史 / 中山雅洋 저 / 아사히 소노라마 문고
- 流血의 여름 / 梅本弘 저 / 大日本繪畫
- GERMANY'S EASTERN FRONT ALLIES 1941-45 / OSPREY MILITARY
- World at Arms / Gerhard L Weinberg
- 핀란드 전차박물관 www.passarimuseo.fi/kehys-e.html
- 핀란드 항공박물관 www.k-silmailumuseo.fi/

이탈리아

Regno d'Italia

WW2 이전 이탈리아의 영광

두 유 노우…

두 유 노우 로마제국?
콜로세움? 피렌체?
베네치아? 밀라노?
르네상스? 오페라?
미켈란젤로? 다빈치?
갈릴레이? 단테?
구찌? 프라다?페라리?
람보르기니? 파바로티?
김치를 피자에 싸서
드셔 보세요.

크아악! 유럽의 경제 구멍!
개그 군대로 큰 웃음 주는 이탈리아가
잘난 척을 하고 있다니!

경제 구멍이래도
너님네보단
잘 살거든?

조상님들 앞에서
부끄러워하시죠!

오 신이시여!
저 개그 군대 이탈리아가
정녕 로마제국의
후손이란 말이오니까?

킁

뿌직

후, 로마제국 천년간 그리도 빡세게
전쟁질을 했으니, 그 후로는
좀 널널하게 살아도 되지 않겠는가?

흠, 그도 그렇군요.
그래, 로마제국 망하고는
어떻게 지내셨죠?

뭐, 엉망이었지. 고트족들이 로마를 멸망시키고
이탈리아를 차지하니까 비잔틴 제국이
쳐들어와서 반도 전체가
전쟁으로 쑥대밭이 되고…

제국 부흥!

결국 북부는 프랑크 세력, 중부는 교황령, 남부는 비잔틴과 이슬람이 각축을 벌이다가 노르만이 먹어 버렸지.

너 어디서 왔냐?!

너 어디서 왔냐?!

뭐, 그런 큰 줄기 아래로는 지방 호족들, 도시들이 제각각 세력을 이뤘지만

독립적인 북부와 중부 도시들은 점차 상공업을 토대로 발전을 이루게 되고

시오노 여사가 빨아주는 베네치아가 甲이시다!

피렌체가 킹왕짱이지!

밀라노!

제노바!

드디어 이들 도시들이 르네상스의 꽃을 피워낸 것이다!

알프스 이북의 독일, 프랑스 야만인들이 무슨 제국, 왕국 놀음을 하건 우리는 이탈리아에서 선진 문화를 꽃피우겠어요!

교황령도 파이팅!

그러거나 말거나 남부는 계속 시칠리아 왕국

응? 뭐라고?

그러나 이 도시국가 소꿉놀이에 프랑스, 신성로마제국 등의 강대국이 개입

꺄악!!

외교로 장난치지 마라~

WW2 이전 이탈리아의 영광

1527년, 신성 로마 제국군에 의한
로마 대 약탈!
(Sacco di Roma)

신성 '**로마**' 제국이라며!
더러운 독일놈들!!
알라릭에 이어
두 번째 게르만 러쉬구나!

417년 후에
한 번 더 남았어요.

결국 근대까지 이탈리아는 분열된
채 합스부르크 오스트리아의 영향
아래 놓이게 된다.

나폴레옹 전쟁 때 잠시
이탈리아 왕국이란 이름으로
프랑스의 괴뢰국이
세워지기도 했음.

호오,
이탈리아 왕국?
어감 좋은데?

나폴레옹이 물러간 뒤, 오스트리아가 본격적으로
이탈리아 지배를 굳히려 하자-

이탈리아인들이
이리 당하고만
살 수는 없지!

우리 사르데냐의
사보이 왕가가
이탈리아 통일을
이루겠습니다!

사보이 왕가가
이탈리아 핏줄이긴 한가?

북쪽에서 샤르데냐 왕국이 오스트리아를 몰아내고,
남쪽에서는 의리의 사나이 가우리발디가 이끄는 붉은 셔츠단이 호응해
드디어 1866년, 이탈리아는 통일을 이루게 된다!

오~! 필승
이태리~!

오~! 필승
이태리~!

으리!!

으리!!

통일 이태으리!

츠ㅋㅋ

사보이,
니스

하지만 빈약한 자원, 낙후된 산업 위에서
남북갈등까지 겪는 이탈리아의 앞길은
험난하기 짝이 없는 것이었으니

통일은
대박이다!

북쪽
부자들한테만!

식민지나
뜯어볼까?

식민지를 얻기 위해 에티오피아를 침공했지만
오히려 대패를 당한 건 뼈아팠다.

꺼져라!

으이그~
유럽 망신!

에티오피아를
뒤에서 지원

1차 세계대전 때는 삼국동맹에 속해 있다가
배신을 때리고 연합군 편에 붙었는데-

난 옛날부터
오스트리아가
미웠어!

가서
트롤짓해라.

그리고 오스트리아를
도우러 온 독일군에
떡실신당한다.

Hallo!

그래도 어찌 어찌 1차 세계대전
승전국이 되었지만; 보상이 형편없어서

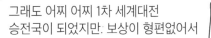

뭐 한 게 있다고
파이를 달래?

양심리스네.

경제 파탄과 정정 불안,
국민의 분노 속에서
이탈리아의 운명에
눈물을 흘리는
한 청년이 있었으니

이탈리아가
분노의 불길로
전 세계를 집어삼킬
또다른 전쟁의 암시인가!

아니;
그건 아니고;;

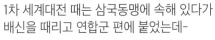

무솔리니의 이탈리아

이 거대한 전쟁을 영화로 비유한다면, 독일·소련·미국·영국·일본이 강력한 카리스마를 가졌던 주연들이고, 이탈리아가 맡은 역할은 감초 연기를 하는 코믹 캐릭터였다고 할 수도 있겠다. 한 때 인터넷 상에서도 이탈리아군의 추태를 묘사한 글들이 유행하기도 했다. 물론 상당 부분 과장되었긴 하지만, 이탈리아군이 2차 대전 주요 참전국 군대 중 최약체라는 의견에 대해 이의를 제기하는 이는 거의 없다. 하지만 전쟁이 시작될 때만 해도 이탈리아가 이렇게까지 약하리라고 생각한 이는 많지 않았다. 그러면 당시 이탈리아는 어떤 나라이며, 독재자 베니토 무솔리니는 어떻게 그 나라를 다스렸을까?

이탈리아는 1860년 후반에서 70년대 초반에 걸쳐 독일과 거의 비슷한 시기에 통일을 이루었지만 국력은 그야말로 하늘과 땅 차이였다. 이탈리아 독립의 영웅 가리발디가 최고 전성기에 이끈 붉은 셔츠단의 숫자도 3만에 비치지 못했다. 하지만 1870년 보불전쟁 당시 프로이센과 그 동맹국들이 동원한 군대는 거의 백만 대군이었다. 근대전의 모습을 보인 보불전쟁에 비하면 이탈리아 통일전쟁은 병정놀이 수준이었다고 해도 과언이 아니었다. 1차 대전 동안 이탈리아는 60만이 넘는 전사자와 25만의 평생 불구자를 포함한 95만의 부상자라는 엄청난 인명 피해 외에도 천문학적 전비를 소모했다. 1914년 25억 리라였던 국비 지출은 1918년에는 무려 3조 8,570억 리라가 되었고, 재정 적자와 통화량은 100배 이상으로 늘었다. 미국과 영국이 이탈리아에 더 이상의 차관을 중단했을 정도였다. 이런 엄청난 희생을 치렀지만 별다른 전과를 올리지 못했고, 영국과 프랑스에 무시당해 해체된 오스트리아 제국 영토에서 얼마 안 되는 땅만 얻는 신세가 되고 말았다. 국민은 정부에 크게 실망하였고, 러시아 혁명의 성공으로 좌파 세력이 커지면서 나라 전체가 좌우파의 대립으로 엉망이 되고 말았다. 이런 상황은 동서고금을 막론하고 독재자가 태어날 최고의 환경이라는 것은 역사가 증명해주고 있다.

열렬한 사회주의자인 아버지를 둔 무솔리니는 뛰어난 웅변 능력을 토대로 특유의 정열적인 연설을 했고, 군중들에게 대단한 설득력이 있었다. 그 능력이 무솔리니를 사회당 안에서 주목받는 존재로 만들었다. 1912년의 사회당 대회에서 당 집행위원으로 선출되었고 29세라는 젊은 나이에 이례적으로 당 기관지의 편집장으로 발탁되었으며, 레닌이 주목할 정도로 잘 나가는 사회주의자가 되었다. 그런 무솔리니는 1차 대전 참전 후 제대한 뒤 전쟁이 끝나자 갑자기 사회주의가 실패한 이론이라고 단정지었다. 무솔리니는 급속히 우경화되었지만, 기존의 의회주의자들과 자유주의자들 또한 경멸했다. 이런 무솔리니에게 사회적 혼란을 두려워하는 세력, 베르사유 협정에 대한 국가주의적 분노를 분출하려는 세력, 강력한 정치적 요구에 나선 노동계급을 두려워하는 중산층의 기대가 모아졌다. 무솔리니는 순식간에 이탈리아 정계의 혜성으로 떠올랐다. 1919년 3월 23일 무솔리니는 밀라노에서 예비역 군인 등 200여 명으로 구성된 최초의 파시스트 단체인 파시 이탈리아니 디 콤바티멘토(이탈리아어: Il Fasci Italiani di Combattimento, 파쇼 이탈리아 전투 부대)를 창립하였다.

파시즘은 태동 당시부터 모든 사회 계급의 구분과 계급투쟁을 부정하였다. 국가의 강력한 통합과 계급 갈등에 대한 혐오, 그리고 무엇보다 과거의 찬란한 로마 제국의 부흥을 염원하던 이탈리아의 국가주의자들이 파시즘을 지지하였다. 파시즘은 여러 이념을 끌어들여 자신들의 것으로 재조합하였다. 프리드리히 니체의 초인 사상, 조르주 소렐의 반민주주의·반의회주의 사상과 함께 사회학자이자 경제학자였던 빌프레도 파레토의 이론이 인용되었다. 무솔리니의 파시즘은 겉으로 보기에 급진적 이념과 전통적 보수주의의 모습을 동시에 지니고 있었고, 당시에는 파시즘과 비슷한 정치 이념이 없었기 때문에 파시즘은 종종 '제3의 길'이라 불렸다. 하지만 무솔리니가 스스로 "파시즘은 불변고정의 신념에 기반을 둔 하나의 체계가 아니라, 권력을 장악하기 위한 하나의 방법이다"라고 고백했듯이 철학이 없었고 기회주의적 속성이 강했다.

무솔리니의 측근이었던 디노 그란디(Dino Grandi)는 참전 예비역 병사들을 중심으로 추종자들을 모아 검은 셔츠단을 만들었다. 검은 셔츠단은 파시스트가 이탈리아의 권력을 획득하기 위해 거리에서 행동에 나서는 준군사조직이었다. 그들은 거리를 행진하며 공산주의자, 사회주의자, 아나키스트와 같은 정치적 반대파뿐 아니라 자신들을 방해하면 누구에게나 테러를 가하였다. 공산주의 혁명을 두려워하던 정부는 검은 셔츠단의 이러한 폭력을 수수방관하였다. 파시즘은 급격히 세를 늘려갔으며, 21년에는 로마에서 정식으로 국가 파시스트 당(이탈리아어: Partito Nazionale Fascista)이 창당되었다. 같은 해 무솔리니는 국회의원에 선출되었다.

22년 10월 27일에서부터 29일까지 무솔리니와 국가 파시스트당은 자칭 '30만'을 동원했다고 하며 로마 진군을 감행했다. 하지만 무솔리니는 '기회주의자' 답게 여기에 앞장서지 않고 멀리 밀라노에 있었다. 실패하면 가까운 스위스로 도주할 생각이었던 것이다!! 실상은 3만 명의 실업자 군단을 조직한 '뻥카'였던 '로마 진군'은 정부의 무력함으로 인해 대성공을 거두었고, 이 '쿠데타'로 인해 루이기 파크타 수상은 실각하였다. 10월 28일 국왕 비토리오 에마누엘레 3세는 무솔리니의 집권을 인정하였다. 무솔리니는 군부, 자본가, 그리고 우익의 지지를 등에 업고 수상이 되었다. 이는 히틀러보다 11년이나 빠른 집권이었고, 집권할 때 무솔리니의 나이는 불과 39세였다. 히틀러는 무솔리니를 선배 겸 모델로 삼았는데, 검은 셔츠단을 모방하여 갈색 셔츠를 입은 돌격대를 만들었고, 로마 군단의 경례를 카피한 파시스트 경례를 그대로 도입했다. 지금 유럽에서 이런 경례를 하면 경을 친다. 어쨌든 로마식 경례가 눈가에 대는 거수경례보다 '폼'이 더 난다는 것은 부인하기 어렵지 않을까?

집권 첫 해 무솔리니는 극좌 세력을 제외한 우익 중심의 '거국 내각'을 구성했다. 이 '거국 내각'에는 이탈리아 보수 세력이 망라되어 있었는데 파시스트, 국가주의자, 우익 자유주의자뿐만 아니라 가톨릭 신자이자 이탈리아 인민당 소속이었던 두 명의 장관도 포함되어 있었고, 파시스트당은 소수에 불과했다. 무솔리니의 정치적 목적은 이탈리아의 두체(총통)가 되는 것과 실지 회복의 실현이었다. 일 년 뒤 무솔리니는 마침내 독재자의 지위에 합법적으로 오를 수 있었다.

23년 6월, 이탈리아 판 유신헌법인 아체르보 법이 통과되었다. 이 법안은 이탈리아 전역을 단일 선거구로 하고 의회 의석의 3분의 2를 총선에서 25% 이상의 지지를 획득한 제1정당이 독식한다는 말도 안 되는 내용을 골자로 한 것이었다. 24년 4월 6일 이 '법'에 의한 첫 총선이 열렸다. 파시스트당을 중심으로 한 '국가 동맹'은 64%의 지지를 얻었지만, 이는 선거 기간 중 파시스트의 폭력과 협박이 난무한 가운데 이루어진 결과였다. 파시스트의 폭력은 특히 남부 지방에서 극심하였다. 이렇게 국회를 장악한 무솔리니는 24년 1월에는 아드리아 연안의 피우메(Fiume)를 유고슬라비아로부터 빼앗았다. 무솔리니의 첫 번째 영토 확장이었다.

검은 셔츠단은 집회를 갖고 무솔리니에게 모든 반대자의 붕괴를 보고하였고, 무솔리니는 자신의 무력을 과시하며 모든 민주주의의 덫을 치워버렸다고 선언하였다. 25년 1월 3일, 그는 의사당 앞에서 검은 셔츠단의 모든 폭력은 자신이 책임질 것이며 반대파는 붕괴될 것이라는 잔인한 연설을 하며 독재를 선언했다. 이러한 과정을 거치면서 파시즘은 모든 계급이 일치단결하는 협동주의와 실지 회복, 민족주의, 반공주의, 반자본주의, 반자유주의, 국가주의 이념을 혼합한 이른바 '제3의 길'을 표방하였다. 중앙집권적 권력과 공업화를 앞세운 이탈리아 파시즘은 로마 제국의 영광 재현과 유토피아를 약속하였다. 그때부터 무솔리니는 공식 석상에 군복이나 제복 차림으로 등장하기 시작했다. 10년 후 히틀러는 이를 모방하여 '수권법'을 통해 독재권을 손에 넣는다. 한편 독재자가 된 무솔리니는 국유지 불하, 임대법의 완화, 노동조합 해산 등의 법안을 통과시켜 부유한 상공업자와 지주 계급의 이익을 보장해 주었다.

무솔리니는 권력을 독점했다. 건축, 외교, 식민지, 기업, 국방 등 많은 부서의 장관을 겸직하여 많을 때에는 7개 부서의 장관을 겸직할 정도였다. 또한 반파쇼 분자를 제압하기 위해 비밀경찰까지 창설하였다. 무솔리니는 이러한 철권 통치로 자신의 반대 세력을 철저히 탄압하며 권력을 유지하였다. 25년부터 27년 사이 무솔리니는 독재에 방해가 되는 모든 헌법 조항들을 폐기하고 이탈리아를 경찰국가로 만들었다. 25년 크리스마스 이브에 통과된 법에 따라 무솔리니는 공식적인 '행정 수반'이자 '국가 원수'가 되었다. 이 법에 따라 지방자치제는 폐지되었으며 이탈리아 상원 역시 해산되었다.

28년에는 파시스트당을 제외한 모든 정당 활동이 금지되었다. 같은 해 이탈리아 의회가 해산되고 파시즘 대의회가 그 자리를 대신하였다. 파시즘 대의회는 이미 5년 전 조직되어 있었으나, 이제부터는 헌법 기구로 격상되어 국가 주권을 대표하게 되었다. 법률상으로 파시즘 대의회는 무솔리니의 업무를 정지시킬 권리가 있었고 이론적으로는 탄핵도 가능하였으나 실제로는 무솔리니만이 파시즘 대의회를 소집하고 안건을 제출할 수 있었다. 물론 훗날 자신이 이 기구로 인해 실각하리라고는 상상도 못했을 것이다. 한편 무솔리니는 시칠리아 등 남부 지역의 통치를 위해 체사레 모리를 팔레르모의 지사로 임명하였으며 어떠한 대가를 치르더라도 마피아를 뿌리 뽑으라고 명령하였다. 이로 인해 큰 타격을 입은 마피아는 상당수가 미국으로 기반을 옮겼고 알 카포네 같은 거물들이 미국 암흑가를 휩쓸게 된다.

무솔리니는 대규모 공공 토목 사업을 통한 현대화를 시도하여 수력발전과 철도 체계를 개선했고, 전기와 화학, 섬유, 자동차, 항공 산업 등에서 인상적인 발전을 이루었다. 국가 주도 공업화를 통해 완전고용 수준으로 실업률을 낮추는 성과를 거두었다. 또한 녹색혁명에 해당되는 이른바 '곡물 전투'를 독려하여 5천여 개소의 농장을 건립하고 많은 '새마을'을 지었다. 사르데냐 아르보레아에 지어진 새마을은 옛 지명을 버리고 무솔리니아란 이름이 붙었다. 이 마을을 시작으로 무솔리니는 이탈리아 전역에 새로운 농촌 마을을 만들어 갔다. 하지만 이 계획으로 다른 경제 작물의 재배량은 줄고 농업이 곡물에 집중되었으며, 비효율적인 교통망 확충과 농업 보조금의 과다 지급으로 국가부채가 증가하는 부작용이 발생했다.

무솔리니는 28년 '토지 전투'를 선언하고 광범위한 간척 사업을 전개하였다. 로마 시대부터 숙원이었던 로마 남쪽 폰티네 습지의 개간과 간척 사업은 농업 정책의 가장 중요한 성과 가운데 하나였고, 실업률의 개선과 함께 파시즘의 성과로서 선전되었다. 그러나 이를 위해 최소 1만 명 이상의 농민이 이주해야 했다. 40년에 이르러 결국 '곡물 전투'와 '토지 전투' 정책은 폐기되었고, 폰티네 습지는 제2차 세계대전 중 상당 부분이 다시 늪이 되었다.

29년 2월, 무솔리니는 바티칸과 '라테란 협정'을 맺었다. 이 협정에 따라 이탈리아 정부는 바티칸 내에서의 교황 주권을 인정하고, 교황은 이탈리아 왕국을 승인했다. 이로서 1870년 이탈리아 왕국이 로마를 병합한 이래 국가와 교회의 대립으로 생긴 '로마 문제'가 해결되었다. 또한 가톨릭 교회가 교권을 자유롭게 행사할 수 있도록 규정하여 교육, 결혼, 과세, 주교 임명 등 여러 문제에서 특권이 인정되었지만, 나중에 교회와 파시스트는 학교와 청년 조직 문제로 대립하기도 했다. 어쨌든 이 조약으로 무솔리니의 정치적 평판은 높아졌고, 독재권은 더 탄탄해졌다.

35년 무솔리니는 기업 국유화를 추진하여 같은 해 모든 은행을 포함한 이탈리아 국내 기업의 4분의 3을 국유화하였다. 또한 개인은 자신이 보유한 외국 기업의 주식을 국가에 헌납해야 했다. 38년부터는 정부가 가격 통제를 실시하기에 이르렀다. 무솔리니는 라디오와 신문 같은 대중매체를 최대한 활용하여 이탈리아인들의 복종을 얻었다. 그의 통치 기간 전반에 걸쳐 이탈리아인들은 집안이든 거리 어디에서든 무솔리니의 '교시'를 접해야 했다. 정교하게 제작된 영화와 잘 통제되는 언론, 파시즘을 주입하는 교육 등은 "파시즘이야말로 자유주의와 민주주의를 대신하는 20세기의 '절대 이념'이다"라고 한 목소리를 냈다.

대전 전의 이탈리아

이탈리아의 국제관계

사실 1920년대와 30년대 전반까지만 해도 이탈리아와 독일의 사이는 그리 좋지 않았다. 독일은 오스트리아를 합병해서 발칸 반도 진출을 노리고 있었는데 이탈리아 역시 발칸 반도 진출을 원하고 있었다. 이탈리아의 입장에서는 오스트리아가 완충국으로 남아주기를 원했기에 두 나라간의 긴장 관계는 계속되고 있었다. 무솔리니는 200만 오스트리아 실링을 들여 오스트리아 신문에 반독일 광고와 기사를 싣도록 할 정도였다. 34년 6월, 베네치아에서 무솔리니는 히틀러와 처음 만났다. 히틀러로서는 1차 대전 때 '참전 차' 프랑스에 간 것을 제외하고는 독일과 오스트리아를 처음 벗어난 외국 여행이었다. 하지만 둘의 만남은 냉랭했다. 전하는 바에 의하면 무솔리니는 히틀러에게 "어서 오시오, 모방자 양반"이라고 중얼거렸다고 한다. 물론 무솔리니는 이 만남이 종속관계가 시작되는 계기가 되었음을 상상하지도 못했다. 34년 7월, 빈에서 정부를 전복시키고 독일 제국에의 합병을 선포하기 위해 시도했던 오스트리아 나치당의 무장 폭동이 실패로 끝나자, 무솔리니는 브렌네르 고개에 2개 사단을 보내 독일을 압박하며 오스트리아의 독립을 지켜 주겠다고 약속했다. 결국, 아직 힘이 약한 히틀러는 오스트리아의 나치들을 버릴 수밖에 없었다.

35년 4월 14일, 이탈리아의 마지오레 호수 기슭에 있는 마을인 스트레자에서 무솔리니는 프랑스 외무장관 피에르 라발, 영국 총리 램지 맥도널드와 만나 협정을 체결했다. 내용은 로카르노 조약의 재확인 및 오스트리아의 독립이 3국 공통의 정책으로 유지될 것임을 선언하는 것이었다. 3국은 또한 이후에 독일이 베르사유 조약을 수정하려고 시도할 경우, 이에 맞서기로 합의했다. 이 협정은 무솔리니가 경험 많은 정치인이며, 평화의 보증자라는 것을 선전할 수 있는 기회가 되었다.

　사실 스트레자 회담은 나치 독일의 히틀러가 35년 3월에 독일 공군을 창설하고, 독일 육군을 36개 사단, 75만 명으로 증강할 것이라 선언한 일에 대한 외교적 대응이었다. 히틀러의 독일 재군비 결정은 베르사유 조약에 대한 정면 도전이었기 때문이었다. 베르사유 조약은 독일 육군을 10만 명 수준으로 유지하라고 규정하고 있었다. 하지만 스트레자 협정은 모호한 조항과 목표의 불명확성 때문에 실패했다. 협정은 독일에 대한 구체적 조치를 명시하지 않았는데, 이는 주요 당사국인 영국이 히틀러를 자극하고 싶지 않다는 이중적 정책을 채택했기 때문이었다. 지금으로는 믿기 힘들지만, 당시 무솔리니는 독일에 대한 강경대응을 주장한 반면 영국은 독일과의 협상의 여지를 남겨두는 유연한 대응을 택했다. 협정의 모호함 때문에 히틀러는 영국의 의도를 추측할 수 있었다.

　협정 실패의 또 다른 이유는 영국, 프랑스, 이탈리아 모두 독일에 대한 공격이라는 '악역'을 원하지 않았기 때문이었다. 현실적으로 독일의 재군비를 막을 수 있는 유일한 수단은 세 나라가 연합해 독일에 대한 전면 공격을 시행하는 것뿐이었다. 하지만, 국민의 강력한 반전 여론 때문에 영국 정부는 이 방법을 택하기를 꺼렸다. 두 달 후, 영국은 오히려 독일과 해군 협정을 체결했다. 이를 통해 독일은 영국 해군의 33% 수준에 달하는 해군력 증강, 그리고 잠수함 건조에 대한 영국의 동의를 얻어냈다. 영독 해군 협정 체결 과정에서 영국은 프랑스, 이탈리아와 사전 협의를 하지 않았기에 스트레자 협정은 심각한 타격을 받았다. 이는 협정에 참가한 세 나라들이 동상이몽 상태였음을 증명하는 것이었다. 협정은 이어지는 이탈리아의 아비시니아 침공으로 완전히 붕괴되었다.

　무솔리니는 내심 스트레자 협정으로 영국과 프랑스가 34년 12월 5일 왈-왈(Ual-Ual) 오아시스에서 발생한 사소한 충돌이 발전한 아비시니아(현재의 에티오피아) 위기에 개입하지 않을 것이라 기대했다. 사실 무솔리니는 오래전부터 아비시니아에 대한 야심을 가졌고 그동안 많은 준비를 해왔다. 하지만 무솔리니는 영국이 자신과 사전 논의 없이 영독 해군 협정을 체결하자 분노했다. 영국이 자신을 배신했기에 아비시니아 침공을 결심하고 독일과의 관계개선을 시도했다. 36년 1월 6일, 무솔리니는 로마 주재 독일 대사 울리히 폰 하셀(Ulrich von Hassell)에게 오스트리아의 독립 유지를 전제로 독일이 오스트리아를 위성 국가로 만드는 것에 반대하지 않는다고 약속하기에 이르렀다.

아비시니아 침공

35년 10월 3일, 아비시니아의 우기가 끝나자 오래 전부터 준비되어 온 침공이 시작되었다. 이날 이탈리아의 주요 도시 광장에는 2,000만 국민이 모여 무솔리니의 선전포고를 들었다. 30만의 이탈리아군이 에리트리아와 소말리아에서 아비시니아로 진격했다. 침공군은 21개 사단 50만으로 늘어났고, 300대의 전차와 500대의 항공기가 동원되었다. 하지만 이탈리아군은 오래 전부터 침공준비를 하고 있었으면서도 제대로 된 지도조차 준비하지 않았다. 이 때문에 길잡이에 의존해야 했고 때로는 길잡이들에게 속아 함정에 빠지는 일도 적지 않았다. 하지만 전쟁이란 어디까지나 상대적이다. 이탈리아군에 맞서는 아비시니아군은 문서상으로는 45만이었지만 화력은 230정의 구식 기관총과 50문의 야포가 전부였다. 그나마 3만 5천명의 친위대를 제외한 나머지 병사들은 대부분 화살과 칼, 창으로 '무장'하고 있었다. 그마나 지형에 익숙하다는 점과 전투의지가 높다는 점이 장점이었지만, 왕족들 및 부족들 간의 갈등으로 부족한 전력조차 제대로 집중할 수 없었다.

아비시니아 침공은 외교적으로는 프랑스와 영국의 반발에 부딪쳤고, 국내에서도 이탈리아의 많은 보수파가 국제적 고립을 우려하여 내심으로는 반대했다. 그래도 워낙 물리적으로 우세했기에 이탈리아군은 아비시니아의 저항을 격파할 수 있었다. 무솔리니의 아들 비토리오와 브루노도 조종사로 참전했는데, 브루노의 별명은 포르코 네로(검은 돼지)였다!! 이탈리아군은 독가스 사용이나 민간인에 대한 무차별 폭격까지 서슴지 않았다. 전략이 결여되어 있었고, 전술적으로도 많은 문제점을 보여주기는 했으나 적어도 1년 이상 소요될 것이라는 국제사회의 예상보다는 훨씬 빠른 36년 5월 6일에 이탈리아군은 수도인 아디스아바바에 입성했고, 하일레 셀라시에 1세는 지부티를 통해 영국으로 망명하였다. 도중에 예루살렘을 순례했는데 그 덕이라도 봤는지 5년 후 나라를 되찾게 된다. 이렇게 무솔리니는 제국의 건설을 선포하고, 비토리오 에마누엘레 3세가 아비시니아 황제를 겸임하게 되었다. 이탈리아 국민은 이 소식에 그야말로 열광했는데, 단순한 영토 확장 때문만은 아니었다. 사실 1896년, 에리트리아와 소말리아를 차지한 이탈리아는 아비시니아를 노렸지만 아도와에서 참패를 당했던 적이 있었다. 그래서 이탈리아군은 아프리카 군대에 패한 유일한 유럽 군대라는 수치스러운 기록을 남겼고, 이 사실이 국민들의 가슴 속에 응어리로 남아 있었기 때문에 이번 전쟁에서 아도와는 가장 잔인한 폭격을 받은 지역이 되었다. 역사가들은 이 순간이 무솔리니와 파시즘의 절정이었다는 데 의견을 같이 하고 있다.

침공의 대가

하지만 대가는 컸다. 공식적인 전사자는 5천여 명에 불과하고, 그나마 70%가 소말리아와 에리트리아인이라고 했지만 실제로는 훨씬 많은 인명손실을 입었다. 무엇보다 거의 1년치 국가 예산에 해당되는 10억 달러의 전비를 소모했다는 것은 치명적이었다. 이로써 이탈리아는 외화가 거의 바닥이 나서 군수 산업에 필요한 독일제 기계와 비축해야 할 전략물자를 거의 살 수 없게 되었다. 그런데 놀랍게도 무솔리니는 사상자가 너무 적다고 불평했다. 더 많은 피를 흘려야 이 태평한 남방민족이 '전투민족'으로 '진화'할 수 있다고 확신했기 때문이었다. 무솔리니는 히틀러와는 달리 파시스트당에 유대인을 받아들일 정도로 인종주의와는 거리가 있었지만 이 '생각'만은 예외였다.

침공이 시작되자 국제 연맹에서는 영국 측의 발의로 이탈리아에 경제적 제재를 가했으나 미국과 독일, 러시아가 산업의 원료와 공산품들을 계속해서 보내 주었기 때문에 이탈리아는 경제 제재로 전쟁 수행에 별로 어려움을 겪지 않았다. 지도를 보면 알 수 있지만 영국이 수에즈 운하만 봉쇄하고 석유 수출만 중지해도 아비시니아 침공은 불가능했다. 하지만 영국은 그런 조치까지 내리는 것은 꺼려했고, 몇 가지 효과 없는 어설픈 조치만 취했을 뿐이었다. 이런 행동은 서방 민주주의 국가와 국제연맹에 남아있는 체면조차 망가뜨리고 무법자들의 버릇만 나빠지게 만든 결과를 낳았다. 프랑스의 우파 지도자 샤를 모라는 공공연하게 "아비시니아 황제 폐하를 위해 죽을 거냐?"라고 떠들었다. 물론 머지않아 이 질문은 체코슬로바키아와 폴란드에도 적용될 것이었다. 체코슬로바키아의 에드바르트 베네시 총리는 이탈리아에 대한 강력한 경제 제재를 주장했지만 자국의 이탈리아 수출은 예외로 여겼다. 2년 후 이 나라의 운명이 어떻게 되었는지는 앞서 폴란드 편에서 이미 다루었다.

그뿐만 아니라 이 어설픈 제재가 파시스트 정부의 정치 활동에는 도리어 도움을 주었는데, 이는 국민들에게 파시스트 정부가 국제적 음모의 희생물로 보이게 만든 것이다. 따라서 대부분의 이탈리아인들은 정부를 더욱 친밀하게 느끼게 되었고, 무솔리니를 반대해 망명한 이들까지 귀국했을 정도였다. 정부는 승리자가 되어 파시즘의 인기는 절정에 달했다. 전비 조달을 위한 국민 모금 운동에서 100만 쌍이 넘는 부부가 '조국을 위해 국가의 제단에서 올리는 신뢰의 의식'을 통해 금반지를 헌납했을 정도였다. 라테란 조약으로 인해 교회의 지위가 회복되었기에 가톨릭 교회에서도 많은 금을 헌납했다. 반지를 헌납한 신혼부부들은 정부가 공인한 쇠반지를 대신 받았다. 이렇게 무솔리니는 국내 정치에서의 목적 달성과 전비 보충에 모두 성공했다. 흔히들 반도국가에다 다혈질이라는 이유로 한국인과 이탈리아인들의 기질이 비슷하다는 말을 많이 하는데, '금모으기'도 이유는 다르지만 같이 했던 것이다. 그런데 이때 모은 금반지들이 45년 4월에 무더기로 발견되는데 그 이야기는 마지막에 나온다.

하지만 외교는 그렇게 잘 풀리지 않았다. 특히 아비시니아 전쟁의 결과 영국과 프랑스가 파시스트의 팽창주의에 대해 적대적 입장을 취하여 이탈리아는 국제 사회에서 고립되었고, 따라서 무솔리니는 과거에 대립했던 나치 독일 쪽으로 더욱 접근하게 된 것이다. 독일은 석탄 공급으로 화답했다. 하지만 영국과 프랑스의 태도는 폴란드 편에서 이야기했듯이 확고하지 못했다. 아비시니아가 승리한다면 아프리카에서 엄청난 식민지를 보유하고 있는 자신들의 기반이 약화될까 두려워했기 때문이었다. 실제로 영국과 프랑스는 이탈리아에 아비시니아의 영토를 대거 할양하는 중재안을 내는 이중성을 보여주기도 했다. 영국은 37년 1월에 이탈리아와 지중해에서 양국 선박의 자유로운 이동을 인정하는 '신사협정'을 체결하기까지 했다. 이 협정은 다음 해 3월 재확인 되었고, 지중해에서 양국 군대의 전력과 배치를 크게 변경하거나 변경 계획을 입안할 경우 정보를 교환한다는 내용까지 포함되었다.

스페인 내전 참전

36년 11월 28일, 무솔리니는 스페인 공화정부에 반대해 일어난 프랑코 (Franco) 장군과 협정을 맺고 군사원조를 시작했다. 구체적으로 보면 민간인 옷을 입은 조종사를 비롯한 '비자발적' 의용군을 파견하고 2만 정의 소총과 200정의 기관총을 비롯한 군수품과 150만 페소의 현금을 지원하면서 스페인 내전에 개입했다. 물론 히틀러도 뒤따랐다. 무솔리니와 히틀러 두 독재자 입장에서는 프랑코가 좌파 공화정부에 패한다면 이탈리아와 독일의 억눌려 있는 좌파 세력이 부활할까 걱정했기 때문이었다. 아비시니아 정복을 끝낸 부대 중 일부는 귀국하기 위해 탄 수송선째 스페인으로 직행하기도 했다. 그들은 아비시니아에서 싸웠기에 여름옷을 입고 있었지만, 도착한 곳은 겨울의 스페인이었다. 어쨌든 총 병력은 3만 7천 명에 달했고, 무솔리니의 차남 브루노도 다시 스페인 상공에서 조종간을 잡았다.

37년 3월, 무솔리니는 독일의 지원을 받는 프랑코군이 마드리드 주위에서 더 이상 진격하지 못하자 스페인의 수도를 자신들이 함락시키겠다고 선언했다. 3만의 이탈리아군이 진격했지만 과달라하라 전투와 브리웨가 전투에서 크게 패해 전사자 1,400여 명, 부상자 4,600명을 내고 많은 장비까지 잃는 참패를 당했다. 적지 않은 병사들은 파시즘을 비난하며 항복하기도 했다. 실망스러운 이탈리아군의 전투력은 곧 이어질 파국을 예고하고 있었다. 더구나 이 전투에서 이탈리아군을 무찌른 국제여단 중에는 망명한 이탈리아인으로 구성된 부대도 있었다. 국제여단의 이탈리아인들은 "마드리드에서 로마로 가자"고 외쳤다고 한다. 이 전쟁은 43년에 벌어질 내전의 전조이기도 했다. 국제여단이 노획한 이탈리아군의 문건을 보면 이탈리아군은 붕대 외에는 약품을 지급받지 못했다고 한다. 이 전투는 공화국군과 국제여단의 최대 승리이기도 했다.

프랑코군마저 이탈리아군의 전투력에 실망하여 '검은 얼굴'이라는 노래의 가사를 바꿔 불러 그들을 비웃었다고 한다. "과달라하라는 아비시니아가 아니라네. 여기서는 빨갱이들이 폭탄을 던지고 있네. 후퇴는 참으로 볼만했다네. 한 이탈리아 병사는 포르투갈 국경까지 도망갔다네." 프랑코군의 독일인 고문도 "유대인과 공산주의자로 구성된 국제여단이지만, 독일인처럼 싸워 이탈리아인

정도는 무찌를 힘이 있다"고 빈정거렸다. 마드리드 공방전에서 빠진 이탈리아 군은 북부 전선에 재배치되었다. 그래도 이탈리아 잠수함은 영국과 소련의 수송선을 격침시키고, 공군은 바르셀로나를 폭격하는 전과를 올리기는 했다.

이런 망신과 더불어 이 전쟁은 안 그래도 많이 부족한 이탈리아의 군비를 크게 소모시켰다. 전사자 6천여 명과 부상자 1만 1천여 명이라는 인명피해 외에도 스페인에 제공한 군수물자도 많았는데, 항공기만 거의 1천 대에 가까웠고 이를 제외하고도 1,400억 리라의 전비가 들었다. 하지만 승리한 프랑코로부터 얻어낸 것은 거의 없었다. 더 큰 문제는 여기서 얻은 교훈을 전혀 반영하지 않았을 정도로 게을렀다는 사실이다. 결국, 이 태만은 값비싼 청구서로 돌아오게 된다. 다만 전우로서 같이 싸운 독일과의 협력 관계는 더욱 강화되었다.

무솔리니는 이탈리아군의 추태에는 분노했지만 어쨌든 전쟁에는 이겼기에 군에 별다른 조치를 하지 않고 넘어갔다. 사실 무솔리니는 전쟁을 향해 가는 독일의 행보를 경외와 우려가 섞인 시선으로 바라보고 있었다. 이제 무솔리니는 독일과 협력하면 자신이 원하는 지중해와 아프리카 제국, 즉 새로운 로마제국을 만들 수 있을 것이라고 여기기 시작했다. 국제사회에서 이탈리아의 입지를 높이고자 했던 무솔리니는 그동안 자신의 앞길을 가로막아 온 영국과 프랑스에 가차 없이 도전하는 독일의 모습에서 신선한 감동을 느꼈다. 37년 9월, 무솔리니는 알프스를 넘어 뮌헨에 가서 히틀러와 정상회담을 가졌고, 히틀러는 영접을 준비하는 관리에게 추호의 부족함도 없도록 지시했다. 심지어 남유럽에서 온 이 독재자의 마음에 드는 과일이 없을까봐 큼지막한 배를 공수해 오기도 했다. 역에서 내린 무솔리니는 히틀러와 함께 로마 황제들의 흉상이 양쪽 옆으로 줄지어 놓인 길을 따라 걸어 내려갔다. 히틀러는 무솔리니에게 독일 최고 훈장과 자신만이 갖고 있던 순금제 나치당 상징물을 수여하였다. 광장에는 무솔리니를 상징하는 M자가 커다랗게 새겨진 원주가 하늘을 찌를 듯 세워져 있었다. 다음 일정은 수도 베를린이었다. 두 독재자는 뮌헨에서 헤어졌는데, 무솔리니가 탄 특별 열차가 베를린 경계에 이르자 옆 선로에 놀랍게도 히틀러의 특별 열차가 나타났다. 무솔리니가 내리자 히틀러는 약속장소에 기다리고 있다가 무솔리니를 맞이했다. 브란덴부르크 문과 베스트엔드 사이 1㎞거리에 여러 가지 파시스트의 상징들이 화려하게 장식되어 있었고, 운터 덴 린덴 거리에는 이탈리아 국기의 삼색 즉 녹색, 백색, 적색 조명이 무솔리니를 맞이했다. 이어진 독일군의 퍼레이드와 헤센의 크루프 공장에서 생산되는 거대한 무기에 무솔리니는 완전히 매료되었다. 결국 11월 6일, 이탈리아는 독일과 일본의 반 코민테른 협정(Patto Anticomintern)에 가입했다.

뮌헨 협정과 알바니아 합병

이탈리아는 독일의 전례를 따라 국제 연맹을 탈퇴했다. 무솔리니는 이탈리아 측이 오스트리아의 독립에 더는 관심을 두지 않고 있으며, 오스트리아가 독일에 합병된다 해도 그에 대해 어떠한 이의가 없음을 독일 정부에 통보했다. 결국 오스트리아는 다음 해 3월 합병되었는데, 이때 히틀러는 이렇게 말했다고 한다. "무솔리니에게 내가 정말로 감사한다고 전해 주시오. 나는 이 일을 절대로, 절대로 잊지 않을 거라고 말입니다. 이 일을 절대로 잊지 않을 겁니다." 이 약속은 히틀러가 한 약속 중 지켜진 몇 안 되는 예가 되었다.

히틀러의 다음 목표는 체코슬로바키아의 해체였고, 우선 독일인이 다수인 주데텐란트의 할양을 요구했다. 이 문제를 해결하기 위해 38년 9월, 뮌헨 회담이 열렸고, 무솔리니도 참석하였다. 폴란드 편에서 이야기했지만 체코슬로바키아는 강대국의 '평화'를 위해 희생되었다. 사실 이 회담에서 무솔리니가 맡은 역할은 보잘 것 없었지만, 이 기회를 이용하여 자신이 위대한 정치인인 양 행세했고 '평화의 구세주'가 되어 로마로 돌아왔다. 이탈리아인들은 무솔리니에게 최고의 환호와 찬사를 보냈다. 하지만 국민들이 전쟁보다는 평화를 원하고 있다는 사실에 무솔리니의 속마음은 편하지 않았다. 당시 무솔리니의 사위이자 외무장관인 갈레아초 치아노는 자신의 일기에 영국인들의 비겁함에 대해 거의 조롱조의 기록을 남겼고, 처칠도 전후 치아노의 일기를 보고 얼굴이 붉어졌다고 고백했다. 폴란드 편에서도 언급했지만 이 시기 유럽 강대국들의 근시안적 이기주의는 극에 달해 있었다. 국익을 추구하는 것은 당연하지만 장기적 시각이 없는 이기주의의 말로가 어떻다는 것을 역사, 정확히 말하면 2차 대전은 잘 보여주고 있다.

39년 3월, 독일이 체코슬로바키아를 완전히 집어삼키자, 무솔리니도 지지 않겠다는 듯이 다음 달 1만 2천명을 동원하여 기습적으로 알바니아를 침공했다. '독일이 이탈리아의 몫을 하나도 남겨두지 않고 모조리 뺏어가 버리면 어떡하지?'라는 걱정 때문이었다. 알바니아를 점령한 이탈리아의 '따라하기'는 나중에도 반복된다. 조그 국왕은 폐위되고, 비토리오 에마누엘레 3세가 알바니아 왕까지 겸임하게 되었다. 하지만 외부에 잘 알려지지는 않았지만 이탈리아군은 다시 한 번 조잡한 작전수행으로 무솔리니를 아주 실망시켰다. 이미 빈털터리였던 이탈리아는 전쟁으로 남의 것을 빼앗는 길밖에 없었는데 오스트리아, 체코슬로바키아 등 털어먹을 게 있었던 나라를 침공한 히틀러와 달리 무솔리니는 털어도 먼지도 안 나오는 나라들만 골라서 전쟁을 했던 셈이다.

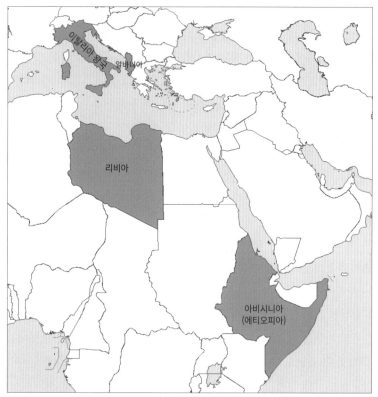

2차 대전 참전 직전 이탈리아 '제국'의 판도

강철조약의 허구성

뮌헨 회담 이후 히틀러는 이탈리아에 동맹을 제의했고, 5월 초 이탈리아를 방문했다. 독일 방문 때의 '감동'을 기억하고 있던 무솔리니는 그때 독일의 환대에 지지 않으려고 로마를 파시즘의 상징인 권표와 갈고리 십자로 장식했고, 철도변의 가옥들을 새로 칠했다. 나폴리의 함대 퍼레이드에서는 100척의 잠수함들이 동시에 잠수했다가 몇 분 뒤 동시에 부상하는 장관까지 히틀러를 위해 보여주었다. 결국, 히틀러의 이탈리아 방문은 5월 21일, 두 나라 사이의 강철조약(Patto d'Acciaio)으로 결실을 맺었다. 이탈리아와 독일은 양국 중 하나가 전쟁 상황에 처하게 될 경우 군사적으로 지원할 의무를 가지게 되었다. 이 조약으로 이탈리아는 독일과 훨씬 더 '밀접한' 관계를 맺게 되었지만, 동등한 입장에서가 아니라 상당 부분 종속적인 처지로 전락하고 말았다.

강철조약은 단순한 군사동맹이 아니었다. 일반적인 군사동맹은 당사국 중 하나가 침공을 당하는 경우 다른 나라가 지원하는 것이었지만, 강철조약에서는 쌍방 중 한 나라가 '어떤 형태의 전쟁'이 일어나든지 자동적으로 개입하도록 되어 있었다. 즉 침략전쟁이라도 개입해야 하는 '공개된 공격동맹'이었던 것이다. 치아노는 독일에서 내민 조약 초안을 보고 이렇게 말했다. "나는 지금까지 이와 비슷한 조약 문안을 본 적이 없다. 이 조약은 정말 폭탄 같다." 하지만 이런 겉모습과 실제는 엄청난 차이가 있었다. 이탈리아는 독일의 힘으로 영국과 프랑스에 맞서려 한 것뿐이었다. 실제로도 전쟁 준비를 할 수 있는 3년간의 시간을 독일에 요구했고, 독일은 이를 받아들였다. 하지만 독일 역시 전혀 다른 생각을 갖고 있었고, 3년은커녕 100일 만에 폴란드전을 일으키고 말았다. 물론 히틀러의 입장에서는 서방과의 전쟁을 원한 것이 아니라 폴란드와의 국지전만 원했다고 변명했겠지만 말이다.

히틀러가 이 조약을 맺은 의도는 폴란드 문제에 영국과 프랑스가 손을 떼라는 경고였지 이탈리아와 진정한 동맹을 원해서가 아니었다. 체결 후 두 나라의 움직임을 보면 이 조약이 얼마나 허구적인지 잘 알 수 있다. 두 나라 군대는 동맹군 구성을 위한 어떤 기구도 만들지 않았고 이렇다 할 인적 교류조차 없었다는 것이 좋은 증거이다. 전쟁 발발 후에도 두 나라는 정부는 물론 군대 간에도 어떤 협력기구조차 만들어지지 않았다.

운명의 1939년 9월이 가까와 오자, 무솔리니는 자신의 호언장담과는 달리 이탈리아군이 전면전쟁을 치를 능력이 없다는 사실은 스스로가 잘 알고 있었기 때문에 혹시나 하며 뮌헨에서의 기적을 다시 기대하고 영국과 프랑스, 폴란드와 독일 사이를 필사적으로 왕복하면서 외교적 해결을 위해 노력했다. 그리고 결국 전쟁이 불가피해지자 무솔리니는 '잔꾀'를 부렸다. 독일에 참전을 위한 대규모 물자를 요구하고 이를 들어주지 않으면 참전하지 않는다는 '묘안'이 었는데, 요구하는 물자는 휘발유와 석탄, 목재 수백만 톤과 150문의 대공포였다. 치아노 외무장관은 유쾌한 어조로 이렇게 말했다. "겨우 황소 한 마리 죽일 양에 불과하다." 8월 26일, 이 리스트를 받아든 독일 외무장관 리벤트로프가 베를린 주재 이탈리아 대사에 이 물자가 언제 필요하냐고 묻자, "바로 지금, 전투 개시 직전까지"란 대답이 돌아왔다. 독일은 요구한 물자의 절반도 준비할 수 없었으며, 더구나 이를 나르기 위해서는 1만 7천량의 열차가 필요했다.

결국, 이탈리아는 참전을 피하는 데는 성공했지만 20년간 가까이 전쟁을 찬미해온 무솔리니였기에 중립이라는 단어를 사용하기 껄끄러워 '비교전국'이라는 그럴듯한 용어를 사용했다. 이탈리아는 참전 대신 언론을 통한 독일 지지, 노동자의 독일 파견, 허장성세로나마 영국과 프랑스를 견제하는 정도로 지원하기로 했다. 히틀러는 불쾌했지만 받아들일 수밖에 없었고, 두 독재자는 겉으로는 체면을 상하지 않았지만 이렇게 강철조약은 거창한 이름과는 달리 사실상 휴지가 되어 버린 것이다. 두 독재자가 각자 침략을 시작하면서 서로 사전 통보조차 해주지 않았다는 사실은 더욱 놀랍다. 어쨌든 9월 1일, 두 번째 세계대전은 시작되었다.

이탈리아의 취약성과 무솔리니의 허세

2차 대전에서 이탈리아의 실패의 책임은 일반 병사들 탓이 아니었다. 무엇보다도 독재자 무솔리니에게 가장 큰 책임이 있었다. 무솔리니는 독재자이긴 했지만 겉보기와는 달리 히틀러처럼 자신의 계획을 지닌 일사불란한 전권적 지도자와는 거리가 멀었다. 국왕 비토리오 에마누엘레 3세는 자신의 특권 유지에 적극적이었고, 교황청의 힘도 여전히 막강했다. 기업이나 농민도 정부에 대해 열정이 없었고 지방의 호족들도 다루기 힘든 존재였다. 하지만 《강대국의 흥망》의 저자 폴 케네디의 표현대로 무솔리니의 지배가 설령 절대적이었다고 해도 무솔리니의 자기기만, 호언장담과 협박, 선천적인 거짓말, 맺고 끊는 데가 없는 행동과 사고, 정부의 고질적인 무능 때문에 이탈리아의 지위는 나아질 수가 없었다.

이탈리아의 가장 큰 약점은 석유는 물론 석탄과 철, 고무, 구리 같은 전략 물자를 거의 수입에 의존해야 했다는 점이었다. 그래도 동맹국인 독일은 석유는 없어도 석탄만큼은 풍부했지만 이탈리아에는 석탄 매장량도 극히 적었고 철광석은 로마 시대부터 채굴하여 거의 바닥을 드러내고 있었다. 유일하게 자급 가능한 광물은 알루미늄뿐이었다. 그나마 수입 항로도 80%가 영국이 통제하는 지브롤터 해협이나 수에즈 운하를 통과해야만 했다. 더 한심한 사실은 수입이 중단되는 돌발 사태에 대비한 계획조차 없었던 데다, 전략물자의 비축량조차 극히 적었다는 것이다. 그나마 독소 불가침 조약으로 소련과 루마니아에서 석유를 수입할 수 있었지만, 이것도 독소 전쟁 이후에는 불가능해졌다.

재미있는 사실은 현재 OPEC 회원국인 리비아가 이탈리아 식민지였다는 사실이다. 사실 이탈리아도 30년대 중반부터 리비아에서 유정 탐사 사업을 하고 있었으며, 실제로 리비아에 석유가 매장된 것을 파악하고 40년부터 석유 시추 시설을 제작할 계획을 세우고 있었다. 그러나 제대로 석유를 뽑아내기도 전에 전쟁이 터져 버렸고, 결국 이탈리아는 리비아에서 석유를 뽑지 못한 상태에서 전쟁에 뛰어들게 되었다. 아마 전쟁 전 석유가 나왔다면 히틀러가 북아프리카전선에 대한 생각이 어떻게 바뀌었을까? 라는 상상도 가능한데, 이렇게 보면 안 되는 나라는 뭘 해도 안 되는 모양이다.

허약체질 이탈리아 육군

외관상 이탈리아는 36년에는 아비시니아, 39년에는 알바니아를 차지하고, 적극 개입한 스페인 내전에서 승리해 승승장구하는 듯 보였다. 30년대 후반에 양적으로 크게 팽창한 이탈리아 육군은 40년 6월에는 총 163만 명에 달했다.

총 73개 사단으로, 43개 보병사단, 5개 산악사단, 3개 기갑사단, 3개 쾌속사단, 12개 반 기계화사단, 2개 기계화사단, 2개 리비아 사단, 3개 검은 셔츠 사단, 2개 동아프리카 사단으로 구성되어 있었다. 연대 단위로는 106개 보병연대, 12개 베르살리에리(주로 자전거와 오토바이에 탑승하는 저격병) 경보병연대, 10개 산악연대, 12개 기병연대, 5개 전차연대, 32개 포병연C대와 19개 공병연대, 여기에 더해 2대 대대 규모의 공수부대가 있었다.

여기에 육군과는 별개로 MVSN이라는 준군사조직이 있었다. 이것은 독일의 SS(친위대)와 비슷한데, 정식 명칭은 '국가 보안 자원민병대'였다. 1930년대 초반부터 17세부터 50세까지의 파시스트 당원들에 의해 구성된 이 부대는 이른바 '검은 셔츠단(Camicie Nere)'으로 유명했다. 1개 단은 2개 대대(1개 대대 당 670명)로 구성되었다. 무솔리니에 대한 맹목적 충성심이 있기는 했지만, SS(친위대)와는 달리 실질적인 전투력은 별로 기대할 것이 없었다.

40년 6월의 참전 시점에서 이탈리아 육군은 양적으로 소련, 프랑스, 독일에 이어 세계 4위로, 무솔리니가 '800만 대군'이라 주장하면서 전 세계에 큰 소리칠 정도였다. 장비도 이 책에 등장하는 폴란드나 핀란드와는 달리 거의 자국산이었다. 외면상 이탈리아는 통일 이래 가장 강력하고 거대한 군사력을 보유한 당당한 열강이자 유럽 정치의 주도국으로 행세할 수 있었다.

그러나 그 실상은 절대다수가 순수 보병이며, 현대적 장비가 매우 빈약한 약골에 불과했다. 심지어 '800만 대군'의 기본 화기인 소총조차 160만 정에 불과했는데 그나마 상당수가 20세기 초에 제작된 것들이었다. 특히 M30경기관총의 성능은 최악이었고, 수류탄은 거의 절반이 불발탄이었을 정도였다. 무솔리니 자신이 1차 대전에서 수류탄 폭발로 부상당해 퇴역했으면서도 여전히 이 모양이었다. 그나마 M38A 기관단총, M1934 권총, 20㎜ 기관포, 90㎜ 대공포, 75㎜ 37형 경야포, AS42/42 지프, AB41 장갑차 등의 성능은 독일군이 인정할 정도로 좋았지만, 다른 무기들과 마찬가지로 생산량이 너무 적었다.

이탈리아는 1912년 오스만 제국과의 리비아 전쟁에서 최초로 실전에 장갑차량을 쓴 나라였고, 전차는 서류상으로는 무려 2천여 대에 달했다. 하지만 대부분 20년대 후반~30년대 초반에 만들어진 '콩알전차'인 '탱켓'이었다. 탱켓은 정식 명칭이 아니라 애칭으로 원래 영국제 카덴로이드 MK.Ⅵ 였다.

CV33 탱켓

이탈리아군은 이 '콩알전차'를 약간 개량해 CV33이라는 이름으로 정식 채용했다. CV33은 2인승 '소형 전차'였는데 조종수와 차장 겸 기관총수가 승무원의 전부였다. 이탈리아는 '폼나는' 기갑부대를 가지고 싶었지만, 정작 예산이 없어 머리수라도 채우기 위해 이 '전차' 아닌 '전차'를 여러 가지 파생형까지 만들어 모두 2,000대가 넘게 보유하고 있었다. 하지만 훅 불면 날아갈 것 같은 이 '전차'는 아비시니아군의 육탄공격에조차 취약성을 드러냈고, 대전에서는 거의 제 역할을 하지 못했다. 어린이한테 어른 역할을 시킨 셈이니 이런 결과가 나오는 것은 너무나 당연한 일이었다.

이탈리아 육군은 1937년에야 12톤 규모의 중형 전차 개발을 결정하고 개발을 피아트사에 의뢰하였다. 신형 전차는 탱켓과 달리 본격적으로 공격의 선봉에 서서 적의 참호를 돌파한다는 목적이었다. 완성품은 M11/39 중(中)전차였다. 영국제 비커스 6t 경전차를 베이스로 37㎜ 포를 차체에 탑재했고, 회전포탑에 8 mm Breda M38 중기관총 2정을 탑재했다. 중량은 11t에 전면장갑 30㎜, 105마력 Fiat SPA 8T V-8 디젤엔진을 탑재하여 최대 속도는 30km/h 정도였다. 그러나 본격적인 대전차전을 상정한 것은 아니었고, 그렇다고 보병에 화력 지원을 하기에는 주포가 너무 작았다. 다른 나라들은 이미 75㎜ 포를 달고 있었다. 등장은 10년 늦게 했으면서 57㎜ 단포신보병포를 단 일본의 악명 높은 '달리는 관' 89식 중(中)전차만도 못한 물건이었다. 설상가상으로 주포는 차체에 고정되어 있었기에 사격에 제약도 컸다. 주포를 차체에 고정시킨다는 발상은 미국의 M3 Lee 전차와 프랑스의 샤르 B1 중전차도 있지만 그래도 두 전차는 75㎜포였고, 회전포탑에 37㎜ 전차포가 달려 있었으니 비교할 수 없는 존재였다. 무능하기 짝이 없는 이탈리아 수뇌부조차도 이 초라하기 짝이 없는 물건에 실망하지 않을 수 없었고, 당초 주력전차로 양산하겠다는 계획을 포기하고 달랑 100대만 주문하고 말았다. 결국 피아트사는 부랴부랴 신형 전차 개발에 나서 그리고 1년 뒤 야심차게 나온 물건이 바로 M13/40 전차였다.

포병은 총 7,970문의 잡다한 화포를 보유했지만, 30년대 이후에 생산된 신형은 겨우 246문에 불과했다. 그나마 쓸만한 포의 대부분은 1차 대전 당시 오스트리아-헝가리 제국군으로부터 노획한 것들이라는 사실이 이탈리아 육군의 현실을 잘 보여 주었다. 사실 이것들은 1차 대전 기준으로도 평범한 수준이었는데, 이런 물건들을 2차 대전 때까지 계속 쓰고 있었던 것이다.

이렇게 장비가 부실해진 이유 중 하나는 프랑스의 마지노선을 모방하여 1931년부터 1940년까지 국경을 따라 콘크리트 보루로 이어지는 방어선 건설이었다. 이 방어선은 프랑스 국경, 스위스와 오스트리아, 유고슬라비아까지 연결되었고 서류상으로는 1,851㎞에 달했다. 여기에 배치된 국경 수비대 (Guardia alla Frontiera)는 약 2만 명 정도였고 200문의 대포와 640여 정의 기관총이 배치되어 있었는데, 대부분 1차 대전 때 사용한 구형 야포와 기관총이었다. 또한 화학전에도 대비하여 독가스탄도 배치했다고 한다. 이 사업은 가뜩이나 어려운 이탈리아 경제에 큰 부담만 되었을 뿐 마지노선과 마찬가지로 단 한 번도 제 역할을 하지 못한 채 항복 후 독일군에게 접수되었다.

더 큰 문제점은 상비 사단의 편제가 소위 '바이너리 사단'으로 2개 보병연대로 구성되어 있었다는 현실이었다. 30년대 말에 무솔리니가 사단 수를 늘린다고 한 짓인데, 당시 다른 열강은 한 개 사단에 3개~4개 보병연대 편제가 표준이었으니 이탈리아 사단은 약할 수밖에 없었다. 여기에 사단 포병연대도 100㎜ 이하의 경량급 포만 보유하고 있었다. 아리에테 같은 기갑사단은 아예 보병연대가 하나였다. 말만 기갑사단이지 실질적 전투력은 여단급에 불과했다.

따라서 각 사단 정원은 1만 5천~2만 사이인 미국, 영국, 독일 등에 비해 상당히 적었는데, 더 큰 문제는 이조차 제대로 정원을 채우고 있지 못했다는 것이었다. 73개 사단 중 완전 정수를 갖춘 부대는 19개 사단에 불과했고, 34개 사단은 75%, 20개 사단은 60%밖에 정원을 채우지 못했다.

이탈리아 육군 사단급 편제

1. 보병사단
- 인원: 총 12,000명 ~ 14,000명
- 편제: 2개 보병연대(연대는 3개 대대로 구성), 1개 포병연대, 1개 공병대대, 1개 오토바이대대
- 장비: 경기관총 270정, 중기관총 80정, 박격포 45㎜ 126문, 81㎜ 30문, 대공포 20㎜ 8문, 대전차포 47㎜ 24문, 야포 65㎜ 8문, 75㎜ 24문, 100㎜ 12문, 탱켓 45대, 차량 86대, 오토바이 71대, 자전거 153대

2. 산악사단
- 인원: 13,000명
- 편제: 2개 보병연대, 1개 포병연대, 1개 공병대대, 대전차소대
- 장비: 군마 5,400필, 경기관총 162정, 중기관총 66정, 박격포 45㎜ 54문, 81㎜ 24문, 곡사포 75㎜ 24문, 차량 50대, 오토바이 22대, 자전거 53대

3. 쾌속사단(기병사단에 전차대대와 기계화연대를 더한 혼성 부대)
- 인원: 7,750명
- 편제: 2개 기병연대, 1개 베르살리에리연대, 1개 포병연대, 경전차대대, 기타 중대, 소대 등등
- 장비: 군마 2,012필, 경기관총 165정, 중기관총 78정, 대공포 20㎜ 8문, 대전차포 47㎜ 8문, 야포 24문, 탱켓 61대, 차량 641대, 오토바이 431대, 자전거 2,565대

훈련도 일부 정예부대를 제외하고는 형편없었으며, 문맹자들이 많아 기본적인 제식훈련에만 훈련 시간의 반 이상을 써야 했다. 심지어 자신들의 주전장인 북아프리카에서도 사막전 준비가 전혀 되어 있지 않았을 정도였다. 하기야 몇

년 전부터 준비하고 있던 아비시니아 전쟁에서도 제대로 된 지도조차 준비하지 않았던 이탈리아 육군이었다.

덩치값을 못한 이탈리아 해군

1866년, 신생국 이탈리아는 아직도 오스트리아 제국이 지배하고 있는 베네치아 일대를 회복하지 못하고 있었다. 리사 해전의 참패에도 불구하고 오스트리아 제국이 프로이센에 지는 바람에 베네치아를 회복했지만, 여전히 남 티롤 등 '수복'해야 할 지역은 많았다. 삼면이 바다로 싸여 지중해로 진출해야 할 '해양국가'였지만, 이런 모호한 전략적·정치적 위치에다 자원도 부족해서 육군도 해군도 제대로 육성하지 못했다. 기본적으로 대륙국인 프랑스의 지중해 함대와 대등한 정도의 전력 정도만 확보했던 것이다.

그럼에도 30년대의 이탈리아는 영국, 미국, 일본, 프랑스와 함께 워싱턴 해군 군축 조약에 참여했을 정도로 당당한 세계 5위의 해군국이었다. 40년 6월 개전 당시 보유 함정은 전함 4척, 순양함 22척, 구축함 59척, 잠수함 117척에 달했고, 병력은 10만 명, 산 마르코 연대라는 해병대도 있었다. 게다가 3만 5천 톤급의 최신형 리토리오급 전함 2척이 취역 직전이었다. 전함 4척은 1차 대전 때 건조되었지만 현대화 개장을 마친 콩테 디 카보우르급 전함 2척과 안드레아 도리아급 2척이었고, 함대의 대부분은 타란토와 나폴리 항에 있었다. 육해공 삼군 중 누가 봐도 외관상 독일군보다 강해 보이는 유일한 군대였다. 무솔리니가 지중해를 '무솔리니 제국의 바다'로 만들겠다는 웅대한 포부로 막대한 비용을 들여 건함 경쟁을 한 덕분이었다.

이탈리아의 군함 설계 기술은 영국에 필적했고, 리토리오급은 영국 최강의 전함 킹 조지 5세급이나 미국의 노스캐롤라이나급과 대등했다. 특히 어뢰는 매우 강력해서 독일이 면허 생산할 정도였다. 지금도 세계 최고의 스포츠카를 만드는 스피드광 이탈리아인들답게 군함의 속도도 대단해서 경순양함이나 구축함 대부분은 38노트가 넘는 속도를 자랑했다. 실제 이 속도가 나왔는지에 대해 의문을 표하기도 하지만, 이탈리아 군함들의 무대가 좁은 지중해였으므로 항속력보다는 속도에 치중해 설계된 것은 사실이다.

이탈리아 최신 전함 리토리오 급

　전체적인 해군력이 유럽 No.1, 2인 영국, 프랑스에 비할 수 없긴 해도 영국은 경제난으로 대부분의 함정이 노후화한데다 제국을 지키기 위해 전 세계에 함대를 분산해야 했고, 프랑스 해군은 상대적으로 현대적이었지만 대서양과 지중해로 양분해야 할 수밖에 없는 약점이 있는 반면, 이탈리아는 영토가 지중해 한복판에 있어 전력을 집중할 수 있었고 보급로가 상대적으로 짧아 운용이 유리하다는 이점이 있었다. 물론 두 나라 함대를 합하면 이탈리아 해군을 압도했지만, 프랑스의 빠른 항복으로 프랑스 해군이 일찌감치 퇴장해버렸다. 홀로 남은 영국 지중해 함대는 구식함 위주여서 상당한 규모였던 이탈리아 해군을 상대하기에 버겁다고 생각되었다. 그러나 막상 전쟁이 시작되자 모두의 예상을 깨고 이탈리아 해군이 일방적으로 격파당하고 말지만, 그 사태엔 어쩔 수 없는 이유도 있었다.

　이탈리아 해군의 가장 큰 문제는 군함 자체는 현대적이었으나 전자통신기술의 낙후로 레이더가 없었다는 점이다. 레이더는 42년이 되어서야 도입할 수 있었지만 성능이 떨어져 야간전에서는 아주 불리했다. 실제로 41년 3월의 마타판 해전에서 이탈리아는 전함 비토리오 베네토를 비롯하여 영국 해군과 맞먹는 함대를 출전시켰고 주간 포격전에서는 대등했지만 야간전에서 일방적으로 당하고 말았다.

　두 번째는 현대 해전에서는 항공기의 엄호가 절대적이었지만, 무솔리니는 이탈리아의 지형상 육상 기지에 있는 공군의 지원이면 충분하다고 보아 워싱턴 조약에서 총 6만 톤 이내로 항공모함 건조를 인정받았음에도 건조하지 않았다. 28년, 해군항공대는 공군이 새로 만들어지자 거기에 흡수되었고, 해군과 공군의 협조는 거의 이루어지지 않았다. 유일한 예외는 해상정찰기에 해군 요원의 탑승을 인정하는 것이었지만, 이조차도 제대로 이루어지지 못했다. 이렇게 공군과의 협조 체계가 없어 공중 엄호를 제대로 받지 못한 결과, 작전 반경이 매우 제한되었다. 독일군도 괴링의 고집으로 공군과 해군의 협조가 잘 이루어지지 않았고, 일본 육군과 해군의 라이벌 의식으로 인한 불협화음도 유명했다. 이처럼 추축국은 동맹 차원은커녕 자국 내부에서도 잘 협조가 되지 않아 안 그래도 부족한 자원을 낭비하고 말았다.

세 번째 약점은 연료 문제였다. 개전 당시 해군의 비축 연료는 겨우 9개월분 180만 톤에 불과했는데, 이것도 무솔리니가 3개월 내에 전쟁이 끝난다며 30만 톤을 민수용과 공군용으로 돌려버리는 '패기'까지 부려 더 악화되었다. 해군 총사령관 카바니니 원수는 참전을 반대했지만, 독재자 무솔리니를 이길 수는 없었다. 이탈리아 해군은 연료를 나름대로 아껴 썼지만, 개전 8개월 만에 100만 톤을 소모하고 말았다. 41년 6월 이후, 연료 부족은 이탈리아 해군의 발을 거의 묶어 놓았다. 동맹국 독일조차 자기들이 쓸 연료가 부족해 석탄에서 합성연료를 뽑고 있던 처지였으니 이탈리아에 보내줄 연료는 더더욱 없었다.

또한 순양함이나 구축함들의 속도는 대단했지만 내구성이 떨어졌고, 특히 악천후에는 항해가 어려웠다. 나폴리에서 초대형 쇼를 보여주었던 잠수함대는 겉보기에는 소련 다음의 규모였지만 폭뢰 공격을 받아 배관이 파열되기라도 하면 유독가스를 뿜어내는 등 성능이 신통치 않았다. 뒤에 언급하겠지만 그나마 잠수함대는 '막내'들을 실어나르는 역할이라도 해냈고 일부는 인도양까지 진출해 큰 전과를 거두기도 했다.

어쨌든 이렇게 준비가 턱없이 부족한 상황에서 전쟁에 말려든 이탈리아 해군은 나름대로 열심히 싸웠지만, 결과는 뻔한 것이었다.

외화내빈 이탈리아 공군

개전 당시 이탈리아 공군은 본토와 리비아, 알바니아, 동아프리카에 분산 배치되어 있었고, 서류상으로는 총 3,296대의 항공기를 보유하고 있었다. 하지만 동아프리카를 제외하면 총 1,796대(폭격기 783대, 전투기 594대, 정찰기 268대, 수상정찰기 151대)만이 가동 가능했고, 전체의 1/3이 정비 불량으로 사실상 폐기 상태였다. 총병력은 8만 4천명, 조종사는 6,000명이었다.

이탈리아 공군은 대부분의 유럽 열강처럼 1차 대전 후 그대로 육군 소속이었다가 28년에 해군항공대를 흡수하여 공식적으로 '레지아 아에로노티카(Regia Aeronautica; 왕립공군)'라는 이름으로 독립했다. 이탈리아는 장갑차량을 처음으로 전쟁에 투입했듯, 1912년 리비아 전쟁 당시 최초로 항공기를 전쟁에 사용한 나라이기도 했다. 신생 이탈리아 공군은 1700여 대의 항공기를 보유하고 출범했다. 당시 이탈리아 항공 기술은 세계 정상급이었다. 1차 대전 후 유럽에는 전쟁의 참상에 질려 반전 사상이 널리 퍼져 있었기 때문에 20년대부터 30년대 초, 각국의 공군기는 전투가 아니라 비행 신기록 수립을 위해 대결했다. 어느 나라 비행기가 가장 빠르다더라, 제일 높이 난다더라는 기록이 새로 수립될 때마다 신문 일면을 장식하던 시대였다. 그 중에서도 각국이 자존심을 건 분야는 바로 속도였다. 로마 시대부터 전차경주에 미쳤던 스피드광 이탈리아인들이 여기에 뒤질 리 없었다. 당시 인기였던 슈나이더 컵에 고속 수상기 마키 M.C.72를 내보냈고, 결국 엔진 트러블로 우승하지는 못했지만 이후 세계 신기록을 냈는데, 이 기체 개발에는 무솔리니의 허영심을 반영하듯 많은 국가예산이 들어갔다. 공군 장관으로 대중들에게도 인기가 있었던 이탈로 발보(Italo Balbo)는 1930년 12월 17일부터 1931년 1월 15일에 걸쳐 12대의 S-55X 비행정대를 거느리고 이탈리아에서 브라질의 리우데자네이루까지 무려 12,000㎞를 비행하는 데 성공했다. 발보는 다시 1933년 7월 1일부터 8월 12일까지 24대의 S-55X 비행정대를 지휘하여 로마에서 미국의 시카고까지 19,000㎞를 비행한 끝에 미시간 호수면 위로 착수하는 데 성공함으로써 국제적인 인기를 얻었다. 놀랍게도 이 여정에서 한 대도 낙오하지 않았다. 이로서 이탈리아 공군의 위상은 크게 올라갔다.

어쨌든 이 무렵, 이탈리아 항공사들이 정열적으로 디자인하고 생산한 독특한 전투기, 수송기, 폭격기, 수상기들은 좋은 평가를 받았으며 거의 매달 새 기체가 등장했다. 조종사는 '하늘의 귀족'이라고 불릴 정도로 인기가 높아 청년들은 공군 입대를 위해 줄을 섰다. 이 열풍에는 앞서 말했듯이 무솔리니의 아들

비토리오와 브루노도 동참하여 조종사가 되었고, 무솔리니도 37살인 1920년부터 조종술을 직접 배웠을 정도였다.

주력기인 복엽전투기 CR.32는 훌륭한 기동성으로 조종사들이 시도하는 거친 공중기동을 무리 없이 해냈다. 특히 세계 최초의 곡예비행 팀은 각국을 돌며 묘기를 펼쳐 최고의 평가를 받았으며 실전에서도 아비시니아와 스페인에서 연승하며 전성기를 누렸다. 아예 적기가 없어 일방적 폭격이 전부인 아비시니아전은 물론 스페인에서도 외관상 이탈리아 공군의 활약은 대단했다. 대부분의 이탈리아 조종사들은 복엽기 CR.32로도 소련제 단엽기 I-16과 대등한 전투를 할 수 있다고 주장했고 실제로도 스페인에서 3:1의 높은 격추율을 보여 15명의 에이스가 나왔다. 하지만 이 모든 성과는 결국 독이 되었다. 이 성과에 감명받은 공군 수뇌부는 미래의 주역, 단엽기를 무시하고 공중전에서는 기동성이 최고라는 결론을 내 버렸다. 독일 공군이 스페인에서의 경험을 통해 기존의 복엽전투기 He 29를 빠르게 은퇴시키고 차기 단엽전투기 Bf109의 생산에 박차를 가한 것과는 정반대였다.

물론 여전히 기술력은 높았지만, 수공업 전통 탓인지 대량생산 능력은 영국, 프랑스, 독일에 비해 크게 떨어졌다. 40년 1월에서 43년 4월까지 이탈리아가 생산한 기체는 모든 기종을 합쳐도 10,500대에 불과했다. 반면 그 시기에 독일은 적어도 매년 2만 대 이상을 생산했다. 그나마 개전 당시에는 그동안 생산한 항공기들 덕분에 충분해 보이던 숫자마저 그 이면은 구식기들이 태반에, 대량으로 손실되면 보충할 능력조차 없었다.

더구나 경제가 어려워지면서 예산이 대폭 감축되어 30년대 말에는 생산량 자체가 영국이나 독일의 1/10에 불과할 정도로 떨어졌다. 설상가상으로 스페인 내전에서 많은 기체들이 전투나 비전투 손실로 소모된 상황에서 예산까지 줄어 이탈리아 공군은 점점 어려워졌다. 그래도 1936년에 R계획이란 이름으로 공군의 미래를 결정할 차기 전투기 개발 계획이 수립되었다. 하지만 피아트는 CR.32의 성공에 도취되어 시대착오적 복엽기 CR.42를 개발했고 공군도 이 전투기를 도입해 버리는 큰 실수를 저지르고 말았다. 이 전투기는 마지막 복엽전투기로 역사에 남았고 복엽기로는 훌륭한 성능을 지녔지만, 한계는 명확했다. 더 한심한 짓은 우유부단함과 정경유착으로 마끼의 MC.200을 주력기로 선정하고도 핀란드군이 사용하여 활약한 피아트 G.50과 레지아네 Re.2000 또한 탈락시키지 않고 일정량을 도입하기로 한 조치였다. 결국, 경쟁을 통한 우수한 전투기를 선정한다는 본래의 취지는 무의미해져 그나마 우수한 마끼 MC.200의 생산에 집중할 수 없게 되었다.

40년 초, 이탈리아 공군에는 구식 CR.32가 177대였고 CR.42도 143대, 탈락했어야 할 G.50도 118대나 있었지만, 정작 경쟁에서 이긴 MC.200은 144대에 불과했다. 모두 합쳐도 600대가 안 되는데 가장 최신기인 MC.200이 겨우 1/4밖에 안되니 얼마나 총체적 난국이었는지를 잘 보여주고 있다. 상황은 더 나빠져 전쟁이 시작된 6월에는 CR.42가 300대까지 늘었지만, MC.200은 겨우 156대였다. 더구나 여러 기종을 동시 운용한 탓에 부품이나 정비 등 운영에도 당연히 불리했다. 성능에서도 '차기 전투기' MC.200과 G.50조차 독일, 영국의 신예기에 비하면 상당히 뒤져 있었던 데다, 설치된 무전기는 무선전신의 발명가 마르코니의 모국답지 않게 낙후했다. 차기 전투기 역시 무전기 대신 매우 불량한 수신기가 전부여서 조종사들 사이의 소통은 사실상 불가능했고, 1차 대전 때처럼 1:1 공중전에 의존해야 했다. 사실 마르코니라면 분명 창피해 했겠지만 당시 이탈리아의 라디오 보급률도 매우 낮았다. 비슷한 인구인 영국은 300만 대를 가지고 있었지만 이탈리아에는 10만 대를 조금 넘었다. 적의 수준이 낮았던 스페인에서는 그런대로 통했지만 본격적인 전쟁에서 살아남을 수는 없었다. 독일 공군이 스페인 내전을 통해 표준 편대 전술로 확립한 로테(rotte)나 슈밤(schwarm)조차 이탈리아 조종사들은 꿈도 꿀 수 없었다. 특히 야간전투기는 결국 개발하지도 못했다.

폭격기 애호가 무솔리니의 투자 덕에 이탈리아 공군의 폭격기 항공단은 24개로, 8개 항공단뿐이던 전투기 부대의 3배에 달했다. 하지만 규모에 걸맞게 아비시니아와 스페인에서 이름을 날렸던 폭격기 부대도 실상은 외화내빈에 불과했다. 수뇌부는 고속 폭격기는 적기를 따돌릴 수 있어 전투기 호위가 불필요하다고 판단해서 사보이 S.79, S.84나 깐트 Z.506, Z.1007, 피아트 BR.20등 고속 폭격기들이 생산되었다. 특히 S.79는 스페인 내전에서 한 대도 적기에 격추당하지 않아 '복엽기 우월론' 처럼 '고속 폭격기 우월론'을 정당화시켜 주었다. 하지만 이 고속 폭격기들은 모두 장갑판이 없고 방어용 무장은 빈약한데다 항속

거리도 짧았다. 장거리 폭격에 필수적인 항법사는 아예 없었고, 음성 통신이 불가능한 모르스 방식의 송신기만 있었다. 이런 '고속' 폭격기의 속도는 겨우 400km대로 최신 전투기의 속도가 이미 550-600km대에 이른 40년대에는 날아다니는 표적에 불과했다. 게다가 주력 폭격기 BR.20은 폭장량이 겨우 800kg에 불과했다. 폭장량이 10t에 달하는 영국의 랭카스터 같은 대형 폭격기는 한 대도 없었다. 더구나 이탈리아 폭격기 부대는 정밀수평폭격에만 집중하고 있어 군함이나 항만 포격에는 적합하지 않다는 약점까지 지니고 있었다. 독일 공군도 대형 폭격기는 없었지만 그래도 전술용 급강하 폭격기는 잘 갖추고 있었는데 말이다. 그나마 훗날 주력전투기가 된 MC.202나 폭격기 겸 뇌격기인 SM.79는 나름대로 활약했다. 신뢰성이 좋은 SM.79는 강력한 어뢰를 장착해 지중해에서 영국 해군과 선단을 상대로 많은 전과를 거두었다.

SM.79 폭격기 겸 뇌격기

분명 이탈리아 공군은 20~30년대 전성기에는 성과를 과시할 만했지만, 여기에 안주해 버렸다. 더구나 아비시니아와 스페인에 참전했던 약 42개월 동안 주어진 기회는 많았다. 만약 그때마다 냉철한 분석과 판단, 그에 따른 개선이 있었다면 더 강해질 수 있었지만, 이탈리아는 허송세월을 보냈다. 결국, 스페인 내전을 통해 최강으로 도약한 독일 공군에 비해 이탈리아 공군은 많은 자원을 소모하면서도 아무것도 건지지 못하고 자만심만 키웠으며, '연습경기'에 힘을 낭비해 버린 바보가 되고 만 것이다.

이탈리아군의 진짜 약점

이렇게 육해공군 어디를 살펴보아도 이탈리아군은 너무나 허술했다. 그들의 약점은 이제까지 설명했듯이 하드웨어의 부실이었다. 이탈리아군의 낙후성을 잘 보여주는 증거 중 하나가 바로 육해공군을 통틀어 로켓병기가 하나도 없었다는 사실이다. V2 같은 초현대 병기의 부재는 그렇다 치더라도 카츄사나 네벨베르퍼 같은 로켓포는 물론 항공기 탑재 로켓탄, 바주카포 같은 개인 로켓 병기조차 하나도 없었고 전쟁이 끝날 때까지 결국 하나도 개발하지 못했다.

하지만 소프트웨어 쪽의 취약성은 더 치명적이었다. 장군들과 장교들의 수준은 너무 낮았고 훈련된 하사관은 거의 없었다. 사단의 증설은 상황을 더욱 악화시켰는데, 그러지 않아도 무능한 장성들의 숫자만 늘려주는 최악의 결과를 낳고 말았다. 더구나 최고 지도부의 리더십은 없는 것보다 못했다. 더구나 암호는 거의 영국군에 해독되고 있었다. 결국, 이탈리아군은 일부를 제외하면 1차 대전 때보다 약간 진보한 수준에 머물러 있었다고 보는 것이 정확하다. 이탈리아인들은 자신들이 그토록 닮고자 했던 조상 로마인들이 말했던 "힘이 없는 자는 공손하게 말하고 행동하는 것이 가장 좋다"는 격언을 실천하기는커녕 정확히 그 반대의 길을 가고 말았다. 진지하게 전쟁을 준비하지 않고 시끄러운 연설과 미쳐 날뛰는 언론이 입으로만 전쟁 준비를 하고 있었다. 이제 3년간, 혹은 5년간 거대한 연합군을 상대로 싸웠던 이탈리아군의 이야기가 본격적으로 시작된다. 이런 상황에서도 병사들은 꽤 용감하게 싸웠고, 우수한 부대들도 있었으며, 멋진 무용담도 꽤 남겼다. 하지만 그들에게 주어진 힘은 너무나 부족했다.

전쟁 첫해: 1940년의 '평행전쟁'

영국과 프랑스에 선전포고

40년 3월 18일, 무솔리니는 두 나라의 접경인 브렌네르 고개에서 히틀러와 만났다. 회담 장소는 무솔리니의 특별열차 안이었다. 2시간 반 동안 이어진 회담에서 주도권은 완전히 히틀러가 잡았다. 폴란드 정복을 자랑하고 곧 이어질 서방에서의 승리를 호언장담하던 히틀러는 본론에 들어갔다. 물론 이탈리아도 참전해 달라는 요청이었다. 이때 히틀러는 정곡을 찔렀다. "이탈리아가 지중해에서만 큰소리치는 골목대장에 만족하겠다면 할 말은 없다. 하지만 일류 강대국이 되고자 한다면 강력한 파트너가 필요하다. 바로 독일이 그 파트너이며 소련과의 불가침 조약은 그저 보험에 불과하다"는 내용이었다. 넋 놓고 듣기만 하던 무솔리니는 마지막 몇 분을 남겨놓고 참전 의지를 비쳤다. 다만 넉 달의 준비기간이 필요하다는 단서를 달았다. 하지만 무솔리니는 히틀러가 이탈리아의 참전 전에는 대규모 지상전을 감행할 준비도 의지도 없다는 엉뚱한 결론을 내고는 아무 준비도 하지 않고 금쪽같은 넉 달을 그냥 낭비해 버리고 말았다. 대전 중 무솔리니의 전략적 과오는 수없이 반복되었지만, 이것이 시작이었다.

반년이 넘는 침묵을 깨고 40년 5월, 독일군의 전격전이 시작되었다. 히틀러는 공격 개시일을 무솔리니에게 알려주지 않았고, 프랑스는 모두의 예상과는 달리 한 달만에 완전히 무너져 버리고 말았다. 히틀러의 눈부신 성공을 선망과 질투의 시선으로 바라보고 있던 무솔리니는 도저히 참지 못하고 참전을 결심했다.

"상대방은 역사를 만들고 있는데 우리가 그대로 서 있기만 해서야 말이 되는가! 한 민족을 위대하게 만들기 위해서는 전쟁을 해야 한다. 때에 따라서는 엉덩이를 걷어차서라도 말이다. 나는 그렇게 할 것이다!"

사실 지난 9월에 전쟁이 시작된 뒤로 이탈리아는 독일이 독점하다시피하고 있던 발칸국가들과의 무역을 상당부분 빼앗아 적지 않은 경제적 이득을 얻고 있었는데, 무솔리니는 이런 경제적 실익보다 군사적 영광과 영토 확장에 마음을 빼앗겼던 것이다. 당시 이탈리아 군부는 영국과 프랑스와의 전쟁을 가상하고 모든 전선에서 이탈리아군이 어떻게 해야 하는가를 계획했는데, 결과는 이러했다.

- 프랑스 국경에서는 수비
- 유고슬라비아 국경에서는 경계 태세
- 알바니아에서 그리스와 유고슬라비아 방면에 대한 수비
- 리비아와 에게해에서 수비
- 에리트리아에서는 수비를 하고, 수단과 지부티 방면으로는 공세
- 케냐 쪽으로는 수비

즉 군부는 무모한 공세는 무리라는 현실을 잘 파악하고 있었던 것이다. 더 큰 문제는 국민이 전쟁에 끼어들어 어느 정도 전리품을 얻고 싶어 하기는 했지만 국민 정서 자체가 연합군에 대해 전혀 '적개심'을 가지고 있지 않았다는 점이었다. 물론 이탈리아인들은 제1차 세계대전이 끝났을 때, 이탈리아에 대한 연합국의 처우에 앙금이 남아 있었다. 그리고 영국이 이탈리아의 지중해 진출을 막는 것처럼 보이자 그 앙금은 더 커졌다. 그러나 이러한 불만을 곧 전쟁에 대한 의지로 해석하는 것은 큰 오류였다. 물론, 프랑스에 대한 감정은 좋지 않았지만, 영국은 전통적 우호국이었고 1년 반 뒤 싸우게 되는 미국은 엄청난 수의 이탈리아 이민자들이 살고 있는 나라였다. 이탈리아 사람 중 미국에 친척이 없는 이는 별로 없었을 정도였다. 반면 독일은 20년 전 총칼을 맞대고 싸웠던 적국이었던 것이다!!

어쨌든 프랑스가 무너진 상황에서 무솔리니에게 전략물자의 비축분이 얼마 되지 않는다는 것은 중요한 문제가 아니었다. 당시 이탈리아군의 탄약 재고는 달랑 한달치가 전부였고, 강철은 반 달치, 니켈은 20일 분에 불과했다. 그나마 철광석은 반 년치가 비축되어 있어 조금 상황이 나았다. 국왕도 반대했고 군 수

뇌였던 피에트로 바돌리오 원수(Pietro Badoglio)는 무솔리니의 명령을 듣자, "이탈리아군은 셔츠조차 충분하지 않다"라는 말까지 꺼내면서 반대했다. 그러자 무솔리니는 진심을 이렇게 내보였다. "모든 일은 9월까지 끝날 거요. 그리고 내가 강화 테이블에 앉기 위해서는 몇 천 명의 전사자가 필요하단 말이오."

이렇게 무솔리니의 참전은 기회주의 그 자체에 불과했지만, 더 큰 문제는 어떠한 전략도 일관성도 없었다는 점이다. 많은 이들이 지적했듯이 전쟁 기간 내내 무솔리니는 일관성 없게 행동했는데, 이것이야말로 무솔리니가 보여준 유일한 '일관성'이었다. 하기야 파시즘조차 권력을 장악하기 위한 방편이라고 여긴 인물이었으니 더 할 말이 필요하랴! 결국, 무솔리니는 6월 10일 로마의 베네치아 궁전 앞에 모인 군중들에게 특유의 연극조인 연설을 통해 영국과 프랑스에 선전포고를 했다. 사실 무솔리니의 군대는 공격 위치 전환에만 최소한 20일이 필요한 상황이었다. 그나마 상태가 나은 소부대가 6월 14일, 몇몇 장소를 점령하기는 했지만 말이다. 그런데 엉뚱하게도 이탈리아 상선단은 전혀 준비가 안 된 무솔리니의 개전 선언으로 인해 싸우기도 전에 큰 피해를 입었다. 며칠만 개전을 늦추었어도 본국으로 돌아올 수 있었던 상선들이 연합국과 중립국 항구에서 나포되고 만 것이다. 이 숫자가 전체 이탈리아 상선의 30%에 달했다!

무솔리니의 100시간 전쟁: 프랑스와의 전쟁

어쨌든 선전포고가 있은 지 열흘이나 지난 40년 6월 21일 즉 프랑스 항복 날, 허겁지겁 모은 이탈리아군 27개 사단이 프랑스 국경 전역에서 진격했다. 이는 73개 사단으로 구성된 이탈리아 전 육군의 1/3에 달하는 병력이었다. 특히 지중해 해안을 맡은 부대의 1차 목표는 니스, 최종목표는 마르세유였을 정도로 야심찬 계획이었다. 평소 같으면 말도 안 되는 목표였겠지만, 워낙 프랑스가 손쉽게 무너지는 상황이라 충분히 가능해 보였다.

그러나 이탈리아군은 9개 사단에 불과한 프랑스군, 그것도 2선급 부대의 수비에 막혀 제일 많이 진격한 부대도 겨우 8km밖에 나아가지 못했다. 심지어 장갑을 갖춘 150mm포탑 8개를 보유한 산악요새가 프랑스군의 280mm 곡사포에 얻어맞아 무력화되는 일까지 있었다. 야심차게 전투에 동원된 '탱켓' 200여 대는 알프스의 험준한 산악지대를 올라가다 전부 퍼져 버렸고 차량들 역시 마찬가지였다. 어쨌든 이틀간의 전투로 무솔리니가 필요로 한 최소한의 전사자 631명과 부상자 2,361명이 나왔다. 부상자의 절반 이상은 놀랍게도 동상자였다. 때는 6월임에도 하필이면 당시 알프스의 날씨가 최악이었단 것이다. 이탈리아군은 무기만 부실한 게 아니라 산악장비마저 부실했기에 이런 결과가 나왔다. 어쨌든 적어도 프랑스군은 이탈리아군을 상대로는 승리를 거둔 셈이었는데, 프랑스의 전사자는 79명에 불과했다. 이탈리아군은 어떤 도시도 점령하지 못했고, 지중해 연안의 소읍 멘톤(Menton) 등 13개의 시골 마을이 이탈리아군이 '정복'한 땅의 전부였다. 더욱 놀라운 것은 이 전과조차도 패배주의에 사로잡힌 프랑스 최고사령부가 이탈리아에 대한 공격을 중지한 가운데 이루어진 결과라는 사실이다! 6월 14일, 프랑스 함대는 제노바 주변 유류 저장고와 정유소에 포격을 가하려 했지만, 해군 사령관 장 프랑수아 다를랑 제독이 중지시켰다. 영국 공군이 밀라노와 토리노를 공격하기 위해 마르세유의 비행장에서 폭격기를 출격시키려 하자 프랑스군은 활주로를 트럭으로 막아 이륙을 저지하기도 했다. 알프스의 험난함과 악천후 탓도 컸지만 말 그대로 졸전이었다. 하지만 이런 추태는 시작, 그것도 작은 시작에 불과했다. 분노한 무솔리니는 이렇게 한탄했다.

> "물자가 너무 부족해. 미켈란젤로도 조각을 하기 위해서는 대리석이 필요했어. 점토밖에 없었다면 미켈란젤로는 토기장이에 불과했을 거야."

물론 무솔리니의 말이 틀리다고는 할 수 없지만 이런 물자 부족에 가장 큰 책임을 져야 할 당사자로서 그런 말을 할 자격은 없었다. 무솔리니의 어법은 요즘 말하는 '유체이탈 화법'인 셈이었다. 이미 아비시니아와 스페인에서 가뜩이나 부족한 자원을 낭비한 무솔리니가 앞으로 얼마나 더 자원을 낭비하는지 독자들은 잘 보게 될 것인데, 무솔리니는 '미켈란젤로'나 '대리석'을 운운할 자격이 없는 인물이었다. 이탈리아의 프랑스 침공은 소련의 39년 폴란드 침공, 45년 만주 침공과 더불어 다 죽어가는 상대의 등을 찌르는 비열한 공격이었다. 하지만 소련의 경우 39년은 그렇다 치더라도 만주 침공은 연합국의 요청이라는 명분이 있었고, 작전도 성공적으로 이루어져 일본 관동군을 박살내 버렸지만, 이탈리아군은 그조차도 해내지 못했으니 그야말로 '안습'이었다. 히틀러조차 이탈리아의 비열함에 불쾌함을 표했을 정도여서, 6월 18일 뮌헨까지 날아온 무솔리니를 시큰둥하게 대했다. 미국의 루스벨트 대통령은 공식 연설에서 무솔리니의 비열한 뒤통수치기를 비난했다. 프랑스 정부는 6월 21일, 콩피뉴 숲에서 독일과의 강화조약(사실상 항복)에 사인했지만, 사흘 후 로마로 가서 자신들이 전투에서는 이긴 이탈리아에 항복하는 더 큰 굴욕을 맛보아야 했다. 이렇게 무솔리니의 '100시간 전쟁'은 막을 내렸다. 아무리 전리품에 탐이 나 별생각 없이 전쟁에 뛰어들었다고 해도 자신의 '전략'에 이름은 붙여야 했기에 '평행전쟁'이라는 신조어를 만들어 냈다. 핵심은 독일과 한편이 되어 싸우기는 하지만 독일의 주 전선에는 참여하지 않고 떡고물을 챙기면서 지중해와 아프리카에서 영토를 넓힌다는 것이었다. 그 후 반년 이상 두 나라는 전혀 다른 전선에서 전투를 진행했다.

어쨌든 이탈리아는 스타일은 좀 구겼지만, 무솔리니의 말처럼 사상자 수천 명을 낸 대가로 니스와 사보이, 그 후에는 코르시카를 차지할 수 있었다. 사실 니스와 사보이는 1860년 이탈리아 왕국의 전신인 사르데냐 왕국이 오스트리아로부터 롬바르디아를 얻을 때 프랑스의 도움을 받은 대가로 프랑스에 넘겨준 땅이어서 연고가 있었다. 더구나 왕가의 이름이 '사보이아'였고 통일의 영웅 가리발디의 고향이 니스였다. 코르시카 역시 그보다 약 100년 전인 1768년, 제노바 공화국이 프랑스에 팔아먹은 땅이었다. 묘하게도 프랑스에 팔린 다음 해에 나폴레옹이 이 코르시카 섬에서 태어나 '프랑스 인'이 되고 말았다. 어쨌든 두 국가적 영웅의 고향이 뭔가 '애매'하다는 사실은 놀라운 일이 아닐 수 없다. 사실 무솔리니로서는 알제리, 튀니지, 지부티도 차지하고 싶은 영토였고, 프랑스 해군 함정도 일부나마 가지고 싶어 했지만, 이탈리아의 발언권은 너무 약했다. 프랑스의 해외 식민지는 대부분 페탱이 이끄는 비시 정부가 통제하게 되었다.

첫 해전: 푼타스틸로의 전초전

로마처럼 지중해의 패권을 장악하고자 했던 이탈리아였지만, 현실은 늘 영국과 프랑스에 눌려 있어야 했다. 무솔리니는 이탈리아 전체를 '지중해에 돌출

된 섬'이라고 불렀고 파시스트 대평의회는 아예 이탈리아는 감금된 섬이고 코르시카, 튀니지, 몰타, 키프로스 섬이 감옥의 빗장이며 지브롤터와 수에즈라는 간수가 이 감옥을 지키고 있다고 불렀을 정도였다. 이렇게 지중해는 이탈리아 입장에서는 자신들의 '호수'로 만들어야 하는 바다였고, 영국 입장에서는 유럽과 아시아를 연결하는 수에즈 운하만이 아니라 중동의 유전과 최대 식민지인 인도를 유지하기 위해 반드시 지켜야 하는 전략 기반이었다. 이탈리아의 참전 당시 연합군의 지중해 패권을 유지해 주던 프랑스가 나가떨어졌으므로 영국은 혼자 이탈리아를 맡아 싸워야 했다. 하지만 대륙에서 축출된 영국의 입장에서는 언젠가 대륙으로의 반격을 시도할 때 기반이 될 수도 있는 곳이 바로 지중해 지역이었다. 이탈리아 해군과 영국 해군의 첫 충돌은 40년 6월 12일에 토브룩 해안을 초계하던 이탈리아 포함이 영국 지중해 함대의 공격을 받고 격침되면서 시작되었다. 하지만 몇 시간 후, 이탈리아 해군 잠수함 바뇨리니가 크레타 섬 남쪽 해역에서 영국 경순양함 칼립소를 격침시키면서 빚을 갚아 주었다. 여담이지만 칼립소는 「오디세이아」에서 오디세우스를 사랑해 7년 동안 오기기아 섬에 '가둔' 여신의 이름이다. 칼립소 함은 바로 그 바다에서 최후를 맞이한 것이다! 이렇게 앞으로 3년간 지속되는 이탈리아 해군과 영국 지중해 함대 간 싸움의 막이 올랐다.

40년 7월 9일, 이탈리아 앞바다에서 각자 자국의 호송선단을 호위하던 양 측의 함대 간에 우발적인 포격전이 벌어졌는데, 이 소규모 해전이 양측 해군 사이에 벌어진 공식적인 첫 교전이었으며 이탈리아 측에서는 '푼타스틸로 해전'으로, 영국 측은 '칼바리아 조우전'이라고 부르게 된다. 영국 해군은 몰타행 호송선단을 호위하기 위해서 항모 1척과 전함 3척, 순양함 5척 및 16척의 구축함으로 이루어진 함대가 따라붙은 상태였으며, 전함 2척과 중순양함 6척, 경순양함 8척 그리고 24척의 구축함으로 구성된 이탈리아 대함대는 본토에서 리비아까지 호송선단을 호위하는 임무를 마친 후 돌아가고 있었다.

두 함대가 우연히 접근하게 되면서 외곽에 배치된 전함과 순양함간의 포격전이 벌어졌으나, 서로 상대방에 대한 정보가 전혀 없이 갑자기 발생한 전투였기에 양측 모두 대규모 접전을 피하고 20㎞가 넘는 원거리에서 포격만 주고받았다. 얼마간의 포격전 후 항공모함 이글에서 함재기들이 날아오르자 이탈리아 함대는 타란토 쪽으로 방향을 돌려 도주했다. 준비가 없었던 영국 해군 역시 이탈리아 공군기들의 출현을 우려해 더 이상의 교전을 중단하고 거의 동시에 방향을 돌려 알렉산드리아로 돌아갔다.

이 해전 후 양국은 서로 상대방에 큰 피해를 주었다고 주장했다. 하지만 실제 기록을 보면 영국 지중해 함대는 피해를 거의 입지 않은 데 반해 이탈리아는 전함 1척과 순양함 1척이 포탄에 맞아 몇 달간 수리가 필요한 상황이었으므로 굳이 우열을 가리자면 영국의 판정승이었다. 열흘 후 크레타 섬의 스파다 곶에서 재차 벌어진 해전에서 이탈리아 해군이 영국 지중해 함대에게 패해 경순양함 바르톨로메오 콜레오니가 격침되었다. 두 번의 해전 이후 이탈리아 해군은 심리적 충격을 받아 영국 해군에 대한 열등감에 사로잡혔다.

하늘에서의 싸움: 프랑스와 영국 전투

이탈리아 공군의 첫 전투는 육군과 마찬가지로 프랑스 남부였다. 14일 동안 폭격기는 716회 출격해서 216톤의 폭탄을 투하했고, 전투기는 1,337회나 출격해 활발하게 움직였다. 눈에 띄는 전과는 영국 순양함 글로스터를 중파시킨 것과 프랑스 항공기 10대 격추였다. 그리고 잘 알려지지는 않았지만, 이탈리아 공군도 프랑스 전투 이후에 시작된 영국 항공전에 참가했다. 이 '참전' 역시 공군이 반대했음에도 무솔리니의 독단 아래 이루어졌는데, 원래는 지상군도 영국 본토 상륙작전에 참가시키려 했지만 이탈리아군이 프랑스에서 보여준 추태에 실망한 히틀러는 이 제안을 거절했다. 물론 본토 상륙작전은 이루어지지도 않았지만 말이다. 어쨌든 공군은 폭격기를 중심으로 200여 대를 벨기에에 파견하였지만, 한물 간 이탈리아 기체로는 역부족이었고 기후도 운영에 불리했다. 결국, 36대라는 손실에 비해 성과는 폭탄 25톤을 투하하고 몇 대의 적기를 격추한 것이 전부였다. 프랑스 공격은 그렇다 치더라도 오지랖 넓은 무솔리니가 영국까지 공군을 파견한 짓은 너무 무모했다. 사실 이탈리아군이 부족한 전력을 집중해야 할 곳은 북아프리카와 몰타였다.

몰타 공방전: 몰타의 땅은 영국, 그러나 하늘은 이탈리아

지중해의 중앙에 장화 모양의 이탈리아 반도가 있고, 이 장화굽에 맞는 돌처럼 떠 있는 시칠리아에서 떨어져 나간 조그만 조각 같은 섬이 몰타다. 28만의 주민이 사는 이 섬은 전략의 문외한이 보아도 중요한 위치를 차지하고 있으며, 앞서 말했듯이 '탈옥'을 노리는 이탈리아를 감시하는 간수 역할을 하고 있었다. 1800년 넬슨 제독이 점령한 이후 영국이 몰타를 한 세기 반 가까이 지배했다. 이 섬에는 지중해 전체에서도 손꼽히는 좋은 항구인 몰타의 수도 발레타가 있었고, 전투기 운영이 가능한 비행장이 세 군데나 있었다. 영국은 이탈리아와 적대 관계가 되자 지중해 함대의 근거지인 이 섬이 시칠리아의 이탈리아 공군기지와 너무 가까워 쉬운 공격 목표가 될 수 있다고 보고 주 기지를 알렉산드리아로 옮겼다.

1차 대전에 이기기는 했지만 너무 많은 인명과 재산 피해를 입었던 영국은 국민의 여론에 따라 군비를 최소화했고, 지중해 방면도 예외가 아니어서 몰타는 거의 무방비 상태였다. 전쟁이 시작되자 영국은 몰타에 4개 전투비행대와 170문의 대공포를 배치하여 이탈리아를 압박할 계획이었으나, 40년 초에 전황이 악화되고 본토 방위를 위한 전투기의 수요가 급해지면서 계획은 취소되었다. 영국 본토가 풍전등화였던 40년 6월, 무솔리니가 선전포고했을 때, 몰타에는 고작 42문의 대공포와 1대의 레이더가 보유한 방공 장비의 전부였고 경비대 수준의 육군과 몇 척의 잠수함이 고작이었다.

그나마 다행인 점은 영국 정부가 몰타 주민을 후하게 대접하고 있었기 때문에 대부분의 주민은 자신을 대영제국의 일원으로 생각하고 있었으며, 섬을 사수하겠다고 결심했다는 사실이었다. 이제 몰타는 구호기사단이 지배하던 시절인 1565년 오스만 제국의 침공을 저지한 후 거의 400년 만에 존망의 위기에 몰렸다. 그때와 다른 점은 적이 이교도가 아니라 같은 가톨릭을 믿는 이탈리아인이고, 주전장이 하늘이라는 점이었다.

무솔리니는 공군에 몰타를 박살내라고 명령했다. 사실 전력이 바닥인 몰타를 상대하기 위해서는 육군이 상륙하거나 공수부대를 투입해 점령하는 것이 최선이었고 이탈리아군도 4만 명을 동원해 섬을 점령하는 내용의 계획을 세웠다. 문제는 이탈리아에 상륙정이 없고 전문 상륙부대도 산 마르코 해병연대 하나라는 사실이었지만 당시 몰타의 방어력을 생각하면 이탈리아 해군이 총력을 기울인다면 불가능한 일도 아니었다. 더구나 당시의 영국은 본토 방어에 모든 신경을 집중하고 있었기에 몰타의 가치가 아무리 크다 해도 사활을 걸고 방어하기는 어려운 실정이었다. 몰타 상륙에 성공했다면 영국은 지중해에서 전략적으로 크게 위축되었을 것이고, 타란토 기습이나 마타판 해전 등 이후 전쟁의 전개도 많이 달라졌을 것이다. 하지만 당시 영국 해군은 바다의 여왕이었고, 이탈리아가 이런 영국 해군을 상대로 상륙작전을 실행하겠다는 것은 너무 위험해 보이는 모험이었다. 공수부대가 있기는 했지만 이탈리아군 수준에서 공수작전처럼 고난이도의 전술은 꿈도 꿀 수 없었다.

무솔리니는 섬에 상륙하는 대신 자랑하는 공군을 투입해 몰타를 폭격해서 모든 것을 파괴하고 해상을 봉쇄하면 견디지 못하고 항복할 것이라고 보았다. 몰타의 방공전력은 전무하기에 저항을 받지 않고 폭격이 가능하다고 본 이탈리아 공군도 자신이 있었다. 자신만만한 이탈리아 조종사들은 "몰타의 땅은 영국이 차지했을지 몰라도 하늘은 이제 우리 것이다. 우리가 폭탄을 퍼부으면 영국 놈들은 곧 두 손 들고 항복할 것이다"라는 농담을 하며 출격했다.

명령이 떨어지자 시칠리아 주둔 이탈리아 공군은 선전포고 다음날인 6월 11일부터 공습을 시작했고, SM.79 편대가 가장 먼저 출격했다. 놀랍게도 40년 4월까지 몰타에는 전투기가 한 대도 없었다. 다행히 몰타에 잠시 정박하고 이집트로 떠난 항모 글로리어스의 씨 글래디에이터(Sea Gladiator) 4대가 행정 착오로 부둣가에 컨테이너 포장된 상태로 남아 있었고, 이 사실을 알게 된 몰타의 영국 공군 사령관 메이너드 준장은 즉시 이 4대를 몰타 방공에 사용할 수 있게 해달라고 요청했다. 당시 글로리어스는 노르웨이 전투에 참가할 예정이어서 이 기체를 항모 이글로 이동시킬 예정이었지만, 몰타의 상황이 급박해지자 계획을 변경하여 몰타 방공부대에 넘겨주었다. 이로써 몰타는 비록 복엽기이기는 하지만 전투기를 보유하게 되었다. 하지만 이탈리아 공군의 폭격이 시작된 첫날에 한 대가 폭탄에 맞아 크게 파손되자, 이 기체는 해체되어 부품용으로 돌려졌다. 그러나 이날부터 용감한 조종사들이 남은 3대를 몰아 이탈리아 폭격기를 요격하며 폭격을 방해했다. 몰타의 방공 능력을 얕보았던 이탈리아 폭격기대는 호위 전투기도 없이 비행하곤 했는데, 몰타 요격기의 방해로 대형이 흐트러지기 일쑤여서 주요 목표인 발레타 항과 3군데의 비행장에 정밀폭격을 하기는 어려웠지만 워낙 수적으로 차이가 났으므로 몰타 전체에 대한 폭탄 세례를 면할 수는 없었다.

공습이 매일 계속되자 몰타 사령부는 영국 본토에 허리케인 전투기 지원을 요청했지만, 본국 공군은 본토 방공에 사용할 전투기도 부족하기에 즉각적 지원은 곤란하다고 답변했다. 고난의 몰타에서 조종사들은 주민의 영웅이 되었으며 그들의 사진은 크게 인쇄되어 거리에 나붙었다. 그리고 3대의 씨 글래디에이터에는 가톨릭의 3대 덕목을 따서 각각 '믿음(Faith)', '소망(Hope)', '사랑(Charity)'이라는 애칭이 붙었다. 이 요격기와 조종사들의 어깨에 몰타의 운명이 걸려 있었다고 해도 과언이 아니었다.

개전 첫 주간, 계속된 공습에도 치명타를 주지 못했다는 사실을 알게 된 무솔리니는 격분하여 공습 강화를 지시했다. 만약 이때 이탈리아 공군이 전력을 시칠리아에 집결시켜 대대적 공습에 나섰다면 큰 위기를 맞이했겠지만, 이는 실현되지 않았다. 일부는 남 프랑스와 코르시카에 파견되었으며 일부는 영국 항공전 참가를 위해 벨기에에 있었다. 게다가 상당수가 이집트 침공을 위해 리비아로 이동했다. 이러니 정작 몰타에 투입할 수 있는 전력은 제한적일 수밖에 없었다.

첫 주 작전에서 이탈리아 폭격기 조종사들은 요격하러 나온 몰타의 씨 글래디에이터들을 아군 전투기들이 제대로 막지 못해 농락당했다며 불평했다. 이 무렵 시칠리아에 신예기 MC.200이 도착하면서 CR.42와 함께 폭격기 호위를 위해 출격했다. 그러나 씨 글래디에이터는 이탈리아 폭격기들을 계속 괴롭혔고, 6월 22일에는 버지 대위가 첫 번째 격추를 기록했다. 타란토 기습 때의 소드피쉬도 그렇고 글래디에이터도 그렇고 같은 복엽기를 쓰더라도 이탈리아와 달리 영국은 잘만 써먹었으니 이탈리아 공군의 무능력함은 단순히 하드웨어 탓만은 아니라는 결론이 나올 수밖에 없다. 몰타 사령관은 요격기 삼총사의 맹활약을 본국에 보고하면서도 몰타 함락은 시간문제라는 현실을 보고하며 허리케인을 요구했다. 결국 영국 본토에서 보낸 허리케인 4대가 6월 28일에 몰타에 도착했다. 이후 몰타의 전투기 7대는 하루도 빼놓지 않고 공습하는 이탈리아 공군에 맞서 쉬지 않고 날아 분전했다. 그럼에도 연일 떨어지는 폭탄에 도심은 폐허로 변했고 해상이 봉쇄되어 방어군과 시민 모두 식량 부족에 시달려야 했다. 어찌 보면 몰타와 같은 운명인 북아프리카에서는 양군 모두 전장에 민간인이 거의 없었기에 마음 놓고 전술을 펼 수 있었지만, 몰타는 유럽에서도 가장 인구밀도가 높은 곳이었으니 예외 중의 예외였다. 결국 7월 28일, 삼총사 중 '사랑'호가 공중전에서 패해 추락하였다.

8월이 되자 영국은 독일 공군이 한 달 이상 본격적인 본토 공습에 나서지 않은 사이에 항공기 증산에 나서 본토 방위용 전투기가 6월의 2배 이상인 650여 대로 늘어나자 몰타에 12대의 허리케인을 보낼 여유가 생겼다. 이탈리아가 리비아에 대군을 파견하면서 북아프리카의 상황이 긴박해지자 몰타를 반드시 사수해야 한다고 판단했던 것이다. 40년 8월 2일 항공모함 아거스가 날려 보낸 12대의 허리케인이 도착하여 몰타의 방공 능력은 비약적으로 향상되었다. 이탈리아 전투기들 중 MC.200만이 허리케인과 그나마 대등하고 CR.42는 허리케인에 완전히 압도당하면서 폭격대가 제대로 목표에 도달하지 못하고 많은 희생을 당했다.

6월 11일부터 시작된 몰타 공습은 반 년 가까이 계속되었지만 몰타의 심장부인 발레타 항은 여전히 제 기능을 했고, 이탈리아 해군의 해상 봉쇄도 불완전했기에 보급도 어느 정도는 이루어졌다. 가장 중요한 목표인 세 비행장도 공습이 끝나면 즉시 복구하여 대부분의 항공기들은 다음날 다시 날아오를 수 있었다. 더구나 9월부터 이집트 침공이 본격적으로 시작되자 몰타 항공전은 양쪽 모두에게 별 관심을 받지 못한 채 연일 그들만의 전쟁을 치르고 있었다.

그러나 전체적 상황은 점점 영국에 유리하게 돌아갔다. 11월에 이집트의 영국군이 대대적인 반격에 나서면서 전세가 영국 쪽으로 기울었다. 몰타에 20대의 웰링턴 폭격기와 12대의 소드피쉬 뇌격기, 8대의 비행정이 도착하여 이탈리아군의 해상 보급 차단에 본격적으로 나섰다. 이들의 활약으로 보급선단이 여러 번 큰 타격을 받으면서 리비아 보급선도 위협을 받았다. 이탈리아군은 반년간의 공격으로도 몰타를 점령하지 못한 대가를 톡톡히 치르게 된 것이다. 40년 후반의 몰타 항공전은 영국 항공전과 겹쳐 큰 관심을 끌지 못했지만 영국 본토 못지않은 시련을 이겨내 끝까지 섬을 지켰다. 이 기간 동안 이탈리아 공군은 공식적으로 23대의 폭격기와 12대의 전투기를 잃었지만, 영국은 약 20여대의 각종 항공기를 잃었고 이 중 전투기는 4대에 불과했다.[18]

18 「불타는 하늘(airwarfare.cafe24.com)」 유럽 전선 참조

동아프리카 전역: 수단과 케냐 공격

무솔리니의 야망은 지중해를 로마 제국 시절처럼 자신들의 호수로 만드는 것이었지만 이에 못지않게 아프리카에 제국을 세우는 것도 무솔리니의 바람이었다. 프랑스가 독일에 정복되고 영국이 본토조차 위태로운 상황에서 그들의 식민지를 차지하는 것은 손쉬운 일처럼 보였다. 일차 목표는 수단과 케냐, 영국령 소말리아였다. 이 땅을 차지한다면 기존의 리비아와 소말리아, 아비시니아, 에리트리아가 연결되면서 거대한 아프리카 제국을 만들 수 있었기 때문이었다.

하지만 본토의 군대가 그렇게 부실했는데 식민지 주둔군이 나을 리는 없었다. 이곳의 이탈리아군은 30만 대군이라지만 본국 출신 이탈리아군은 9만 남짓이었고, 나머지는 믿을 수 없는 현지인들로 구성되어 있었다. 당연히 근대적 장비는 거의 없었다. 총독 겸 사령관이자 국왕의 사촌 동생인 아오스타 대공은 본토보다 6배나 넓은 땅에 대공포는 6문뿐이라고 한탄하기까지 했다. 그나마 4문은 1차 대전 때 쓰던 고물이었다. 동아프리카 주둔군은 전투를 망설였지만 무솔리니는 계속 재촉해댔다.

결국, 보병과 기병, 전차와 장갑차 24대로 구성된 6,500명의 아비시니아 주둔 이탈리아군이 40년 7월 4일, 국경을 넘어 수단의 카사라와 카라바트를 점령했다. 7월 15일에는 케냐 쪽으로도 남진해서 국경도시 모알레를 점령했다. 하지만 이탈리아군의 진격은 거기서 끝이었다. 이탈리아 장군들은 그저 무솔리니의 명령을 지키는 척만 했던 것이다.

동아프리카 전역: 영국령 소말릴랜드 점령

40년 8월 4일, 이탈리아군 3만 5천명은 기갑부대와 포병대의 엄호를 받으며

아비시니아와 에리트리아에서 세 방향으로 영국령 소말리아(이후 이탈리아령과 구별하기 위해 소말릴랜드로 호칭)로 진격해 들어갔다. 당시 소말릴랜드에 주둔하고 있던 영국군은 낙타 부대를 비롯한 인도군과 북로디지아군 등 1만 3천명이어서 양적으로 이탈리아군의 상대가 될 수 없었다. 더구나 이집트 방어에 집중해야 했기에 영국 중동방면 총사령관 아치볼드 웨이벌 장군은 소말릴랜드 주둔 영국군에 어느 정도 저항을 한 다음 베르베라 항과 제일라 항을 통해 홍해 건너편 아덴으로 성공적으로 철수하도록 지시했고, 그 지시는 성공적으로 수행되었다. 그래도 6일간 전투가 벌어졌고, 이탈리아군은 2천 명 이상의 전사자가 나왔지만 영국군의 전사자는 250명에도 미치지 못했다. 어쨌든 8월 20일까지 이탈리아군은 소말릴랜드를 완전히 장악했다. 이 시시한 '정복'이 2차 대전 동안 이탈리아가 단독으로 전략적 목표를 달성한 유일한 예가 되었다. 하지만 당시 이 '정복'에 고무된 무솔리니는 영국을 얕보고 이집트 정복에 나섰는데, 기고만장해 있던 그때는 이 시시한 '정복'조차 1년도 유지할 수 없으리라고는 상상도 하지 못했을 것이다.

북아프리카 전역: 이집트 공격과 참패

북아프리카 전투 하면 누구나 사막의 여우 롬멜과 아프리카 군단을 연상하고, 그들이 주역을 맡았던 것도 사실이지만 유럽의 전쟁을 이곳까지 확대한 장본인은 무솔리니였다. 프랑스가 항복하자 이탈리아령 리비아는 서쪽의 위협이 없어졌다. 더구나 무솔리니는 새 로마제국을 만들기 위해 이집트와 수에즈 운하가 반드시 필요했기에 히틀러에게 이집트를 공격하겠다는 내용의 편지를 보냈다. 히틀러 역시 영국의 숨통을 끊기 위해 수에즈 운하에 대한 이탈리아의 공격을 원하고 있었고 독일 기갑사단 한두 개를 보내주겠다는 제의까지 했지만 무솔리니는 거절했다. 무솔리니는 리비아 봉기 진압과 아비시니아 정복 당시 맹활약한 58세의 '맹장' 로돌포 그라치아니(Rodolfo Graziani) 원수를 북아프리카 전역 사령관으로 임명했다. 그래도 그라치아니는 야전에서 뼈가 굵은 장군이었기에 이탈리아군의 처참한 현실을 알고 있었고, 즉시 무솔리니에게 달려가 이 원정은 무리라는 사실을 고백했다. 하지만 무솔리니는 강경했고, 자신이 25만 병력과 '최신 전차' 1,000대를 줄 테니 영국군 3만 명쯤은 문제없다고 으박질렀다. 그라치아니 장군은 북아프리카로 날아갔지만 무솔리니가 약속한 1,000대의 전차는 올 기미가 없었다. 그라치아니는 전차의 미도착과 혹서를 핑계로 작전을 차일피일 미뤘고, 무솔리니는 전차 대신 작전 명령서만 보낼 뿐이었다. 그래도 그라치아니가 지휘하는 병력은 2개 리비아 사단을 포함하여 2개 군, 23만 6천명, 야포 1,800문, 전차 340대에 달했다.

이렇게 어영부영 두 달이 지나 8월이 되자 독일 공군의 계속된 공습으로 영국은 항복 직전처럼 보였다. 더 이상 방관하면 독일에 영국 땅을 전부 빼앗길 것 같았던 무솔리니는 그라치아니 장군을 독촉했고, 장군은 결국 9월 13일에 작전을 시작하기로 결정했다. 한편 이에 맞설 이집트 주둔 영국군은 비록 소수였지만 최정예 병력이었다. 잘 알려져 있지는 않지만 영국군은 무솔리니가 선전포고하자 바로 전차와 장갑차로 무장한 소규모 부대를 리비아로 보내 이탈리아군 진지를 여러 번 습격하여 장성 한 명을 포함한 220명의 포로를 잡고 12대의 전차를 파괴하는 짭짤한 전과를 거둔 바 있었다.

9월 13일, 5개 사단으로 구성된 이탈리아군의 선봉은 위풍당당하게 국경을 넘었다. 미리 정보를 입수한 영국군은 정찰기에서 이탈리아군의 진격을 보고는 실소했다. 자칭 로마 군단의 후예라는 이탈리아군은 퍼레이드 하듯 대낮에 너무나 당당하게 행군하고 있었기 때문이다. 차량이 부족한 이탈리아군은 걸어서 사막을 걷고 있었고, 안 그래도 부족한 트럭에는 엉뚱하게 대리석이 잔뜩 실려 있었다. 훗날 무솔리니의 '승전 기념비'가 될 물건이었다.

본격적인 진격이 시작되자 더 많은 문제들이 발생했다. 그나마 많지 않았던 트럭들은 엔진 과열로 고장이 잦았으며 그때마다 병사들은 내려서 무거운 장비를 들고 행군해야 했다. 자랑하던 공수부대는 낙하산으로 적 후방에 투입된 것이 아니라 일반 보병들과 같이 걸어서 행군해야 했다. 더구나 이들은 영국군의 지뢰밭에 들어가 오도 가도 못하게 되어 결국 창공의 용사들이 땅에 바짝 붙어 기어 다니며 지뢰를 파내야 하는 꼴불견을 보였던 것이다.

침공 보고를 받은 카이로의 영국군 사령부에서는 웨이벌 장군이 작전을 구상하고 있었다. 웨이벌은 일단 병력의 열세를 인정하고 이탈리아군을 이집트 영내로 최대한 끌어들이기로 결심했다. 웨이벌은 전선의 영국군에 전면전은 피하고 최대한 피해를 입힌 다음 신속하게 철수하여 병력을 보존하라는 명령을 내렸다. 영국 공군도 교전을 최대한 피하면서 적군의 전력과 동향을 살피는 데 주력하고 있었다. 영국 육군은 이탈리아군이 시야에 나타나면 원거리에서 포격을 퍼부은 다음 차량이나 오토바이를 타고 신속하게 철수하는 '치고 빠지기'작전을 구사했다. 이렇게 이탈리아군은 많은 사상자를 냈고 본격적으로 반격하려 하면 영국군의 기동력이 훨씬 좋아서 추격할 수 없었다. 그래도 본격적인 전투는 없었기에 이탈리아군은 터벅터벅 걸어 이집트 국경에서 100㎞ 안쪽에 있는 초라한 시골 마을 시디 바라니를 점령했다.

사실 영국군은 시디 바라니에서 130㎞ 떨어져 있던 메르 사마틀에 전력을 집결시킨 후 굳건한 방어를 한다는 계획이었다. 만일 이탈리아군이 거기까지 진격한다면 아무리 전투력이 형편없었다 해도 병력의 차이가 워낙 컸기에 방어를 장담할 수 없었다. 그러나 예상과 달리 이탈리아군은 더이상 진격하지 않았다. 그라치아니는 영국군의 계속적인 후퇴를 심상치 않게 여겼고, 보급을 받을 수 있는 유일한 해안도로가 영국 해군의 함포사격에 노출되어 있어 불안을 느꼈던 것이다. 그라치아니는 진격을 멈추고 시디 바라니에 방어진을 구축하기로 했다. 이탈리아군은 시디 바라니를 중심으로 26㎞간격으로 7개소의 방어진을 구축했다. 병사들은 긴장을 풀고 승전 무드 속에 샴페인을 마시고 양고기를 구워 먹으며 축제 분위기에 빠져들었다. 하지만 그나마 만든 진지도 지형상의 이유로 거리가 떨어져 있어 일치된 방어가 어려웠다.

이런 정체가 무려 3개월 가까이 계속되자 군기는 땅에 떨어졌다. 장교들의 막사에는 온갖 사치품들이 공급되었으며 고급 카페트를 깔고 잠을 잤고 뜨거운 목욕물까지 준비되어 있었다. 반면 병사들은 계속되는 형편없는 식사에 불만을 터트렸고, 비위생적인 허름한 막사에서 잠을 자야 했다. 당연히 장교들에 대한 불평과 불신이 만연할 수밖에 없었다. 병사들은 언제 그리운 고향으로 돌아갈 수 있는지 걱정하고 있었다. 심지어 이런 황량한 사막으로 자신들을 내몬 무솔리니를 대놓고 욕하는 병사들도 많았다.

사실 이탈리아의 공격이 시작된 40년 9월 13일부터 시디 바라니까지 진격했던 4일 동안에 영국에서 큰 변화가 있었다. 마침 9월 13일은 독일 공군의 영국 본토 폭격이 최절정에 달해 있는 시점으로, 수도 런던마저 무자비한 폭격에 노출되어 있었다. 물론 무솔리니는 독일 공군이 영국 공군을 완전히 격파하고 독일 육군이 영국에 상륙하여 점령해 주기를 바랐다. 그렇게 된다면 이탈리아군은 본토를 잃은 영국군을 물리치고 쉽게 이집트를 차지할 것이라고 믿었다. 그러나 전세는 무솔리니의 생각과 정반대로 흘러가고 있었다. 이탈리아군의 공세가 시작된 지 이틀 후인 9월 15일, 영국 하늘에서는 영국 본토 항공전의 전세를 결정하게 되는 최대 규모의 격전, 즉 '영국 본토 항공전의 날(Battle of Britain Day)'이 밝았다. 영국 공군은 이날 모든 전력을 총동원하여 독일 공군의 맹공에 맞섰으며 하루종일 계속된 격전 끝에 독일 공군을 패퇴시켜 개전 이후 가장 위험한 고비를 넘겼다.

결국, 히틀러는 영국 본토 침공을 사실상 포기하고, 방향을 돌려 소련 침공이라는 자신의 원대한 꿈을 구체화하는 쪽으로 마음을 돌렸다. 당연히 이날 이후 독일 공군의 영국 폭격은 강도가 약해졌다. 영국은 최악의 위기에서 벗어났고 점점 군사력을 회복할 것이며, 그렇게 되면 현재 지원이 부족해 어려움을 겪고 있는 이집트의 영국군도 시간만 지나면 반격에 필요한 자원을 확보할 것이다. 이런 시점에서 이탈리아군이 방어진지를 구축하고 틀어박히는 결정을 내려 주었으니 그야말로 천우신조였다.

그라치아니는 보급 사정을 개선하기 위해 물자 정비와 진지 구축을 명령하는 한편, 치명적인 기동력 부족을 해결하기 위해 무솔리니에게 다시 기갑부대의 파병을 요청했다. 무솔리니도 처음에는 이 요청을 진지하게 생각하고 지원을 다시 검토했다. 하지만 이 지원은 아무 계획 없이 그저 판도 확대를 위해 무솔리니가 벌인 그리스 침공 때문에 이뤄지지 못했다.

한편, 이집트 주둔 영국군은 각지에서 증원군을 받아 병력은 6만까지 늘어났고 기갑 전력도 50대의 마틸다 보병전차를 포함한 각종 전차 275대로 증강되었다. 당시 북아프리카의 제공권은 이탈리아 공군이 가지고 있었지만 영국 공군의 증원으로 이마저도 역전되고 말았다. 이렇게 유리한 상황 속에서 영국군은 반격을 위한 컴퍼스 작전을 계획했다. 하지만 이 작전은 이탈리아군을 궤멸시키는 것이 아니라 5일 정도의 전투로 이탈리아군을 시디 바라니 서쪽 40㎞ 지점인 부크부크까지 밀어내고 포로 수천 명을 얻는 정도로 제한적인 목적을 가졌다. 즉 간단하게 말해 이탈리아군을 혼내 주자는 정도였다.

영국군은 석 달간의 준비를 끝내고 40년 12월 9일 아침, 지중해 함대의 함포 사격을 시작으로 이탈리아군 진지에 대한 공격을 개시했다. 리처드 오코너 장군의 영국군 6만 명은 기갑부대를 전방에 앞세우고 시디 바라니를 공격해 상호 연계가 되지 않은 이탈리아군 진지를 각개격파했고, 이탈리아의 빈약한 전차 아닌 전차들은 마틸다 전차에 의해 박살났다. 반복되는 이야기지만 마르코니의 모국답지 않은 해군과 공군처럼 이탈리아 전차부대도 30대 중 하나만 무전기를 가지고 있어 협동작전이 불가능했다. 시디 바라니의 수비병 대부분은 현지의 리비아인들이라 바로 항복하고 말았다. 배치되어 있던 이탈리아군은 38,000명이 포로가 되었고 남은 4만여 명은 리비아 국경까지 밀려났다. 영국군은 밀려드는 포로를 감당하기 어려울 정도였다. 물론 용감히 싸운 이탈리아군도 있었다. 피에트로 말레티 준장은 기관단총을 들고 텐트에서 나오다 심장을 관통당해 그 자리에서 쓰러졌지만 끝내 방아쇠에 건 손가락을 놓지 않았다.

이렇게 되자 원래 단기 공세를 생각했던 영국군은 여세를 몰아 예정에 없던 진군을 결정해 17일에 리비아 국경 근처의 카부초 요새를 제압했다. 이런 영국군의 진격에는 노획한 이탈리아군의 트럭과 포로가 된 이탈리아 운전병의 협조가 한몫했다고 한다. 이탈리아군은 제21, 22군단의 잔여 병력과 제23군단을 합하여 바르디아에서 방어진지를 구축했고, 영국 해군의 함포사격으로 전력이 반수 이하로 떨어졌음에도 완강하게 버텼다. 그러나 이미 제공권과 제해권이 장악된 이상 이탈리아군의 열세는 확연히 드러났다. 게다가 한 달치 분량의 물밖에 준비하지 않았기에 식수까지 부족했다. 후방에서 지휘를 하던 그라치아니 원수는 리비아의 이탈리아인들을 후방으로 피난시킨 다음 무솔리니에 퇴각을 요청했지만, 대답은 사수명령이었다. 이때 그라치아니는 독일 측에도 지원 요청을 타진했다.

영국군은 해가 바뀐 1월 2일, 총공격을 개시해 하루 종일 전함 3척과 구축함 7척을 동원해 맹포격을 가하고 공중 폭격을 퍼부어 이탈리아군의 전력을 소모시켰다. 이탈리아군도 맞섰지만 4일 바르디아는 함락되었고 4만 명이 포로가 되었는데, 공격한 영국군보다도 많은 숫자였다. 이탈리아군은 토브룩으로 퇴각하여 저항했지만 이곳도 1월 22일에 결국 함락되고 말았다. 다시 3만 명이 포로가 되고 야포 200문이 영국군의 손에 떨어졌다. 예상보다 빨리 진격한 영국군은 2월 6일에 키레나이카의 주도 벵가지를 점령하고 다시 5천 명을 포로로 잡았다. 영국군은 계속 밀어 붙여 트리폴리로 가는 베다 폼을 먼저 차지하는 데 성공하여 이탈리아 제10군을 포위했다. 이탈리아군은 돌격을 감행했지만 며칠 간의 전투 끝에 패했고 지휘관이던 베르디 장군까지 전사했으며 2만 명이 포로가 되었다. 이때 영국군은 '개활지에서 여우를 잡았다'라는 무전을 일부러 암호가 아닌 평문으로 보내 무솔리니의 부아를 돋우었다고 한다.

그라치아니 원수는 겨우 살아남은 병사들과 함께 트리폴리로 퇴각하여 총지휘관 자리에서 사임하겠다고 밝혔다. 후임으로 이탈로 가리발디 장군이 취임하였다. 이렇게 북아프리카의 이탈리아군은 23만 명의 병력 중 약 13만 명, 야포 845문과 전차 350대를 잃었으며 이집트 점령지는 물론 리비아의 절반, 즉 키레나이카까지 빼앗겨 서쪽인 트리폴리만 겨우 지키는 신세가 되고 말았다. 이 조차도 영국군 중 일부가 그리스 전선으로 파견되어 더 진격할 여력이 없었기 때문이었다. 이에 비해 영국군의 피해는 500여 명의 전사자와 1,300여 명의 부상자, 55명의 실종자에 불과했다.

북아프리카의 이탈리아 공군

이탈리아 공군의 주전장은 역시 북아프리카였다. 40년 후반, 리비아의 이탈리아 공군과 이집트의 영국 공군을 비교하면 육군처럼 '수적 우세, 질적 열세'란 결론이 나온다. 기체는 600대에 가까웠다. 폭격기는 비교적 신형인 SM.79여서 그나마 나았지만, 전투기는 CR.42나 더 구식인 CR.32가 배치되어 수적인 우세를 무색하게 만들었다. 하지만 조종사는 스페인 내전 때의 에이스들이 있어 만만치 않았고 8월 4일, 영국 항공전의 에이스도 격추시켜 기세를 올렸다. 하지만 이탈리아 공군은 보이지 않는 약점이 있었다.

주간과 야간의 엄청난 일교차와 시도 때도 없이 모래폭풍이 부는 황량한 사막에서 항공기를 운영하려면 우선적으로 유럽에 맞도록 제작된 항공기들을 사막에 적합하도록 개조하고 운용하는 능력이 중요했다. 뜨거운 태양과 건조한 공기가 연료를 기화시키는 바람에 연료 탱크는 총탄을 맞거나 작은 충격만 받아도 폭발을 일으키곤 했다. 게다가 사막의 모래먼지는 조종사의 시야를 가렸고, 준비 없이 모래먼지에 노출된 항공기들은 사막에서 30시간도 비행하지 못하고 치명적인 고장을 일으키곤 했다. 영국 공군은 사막에서 항공기를 운용해본 경험이 있어서 사막 적응을 중시하고 있었다. 낮에는 반드시 그늘에 주기시켜 연료 폭발을 방지했고, 모래먼지를 막는 방진필터를 모든 항공기들에 장착했다. 이에 비해 이탈리아 공군은 오랜 기간 리비아에 주둔했었음에도 이런 준비가 거의 되어 있지 않았다.

더구나 혹독한 사막 기후는 조종사들도 괴롭혔고 황량한 사막에 설치한 임시 천막이나 초라한 야전 캠프에서 부족한 식수와 거친 야전 식품을 먹으며 살 수밖에 없었다. 그래도 영국 조종사들은 어느 정도 적응이 되어 있었지만, 고국에서 귀족 대우를 받으며 호의호식하던 이탈리아 조종사들은 이런 열악한 환경을 상상한 적이 없었다. 더구나 격추되어 낙하산으로 탈출할 경우 사막 한가운데 떨어지는데, 근처에 우군이 없거나 조종사 구조 체계가 제대로 작동하지 않으면 거의 죽음으로 이어졌다.

하지만 40년 9월까지는 이탈리아 공군이나 영국 공군도 별다른 활동이 없었다. 북아프리카 전선의 공군은 진영을 불문하고 철저히 지상군이 움직이는 대로 움직였다는 점이 가장 큰 특징이었다. 그라치아니의 이집트 침공이 시작되고 나서야 양 공군의 활동도 활발해졌다. 이탈리아 공군은 자체 문제도 컸지만 앞서 말했듯이 워낙 육군이 죽을 쑤는 바람에 비행장 자체를 빼앗겨 잃은 기체가 많았다. 트리폴리까지 물러났을 때 남은 기체는 151대에 불과했다.

그리스 침공

한편 그라치아니가 이집트에서 허송세월을 보내고 있던 때인 10월 4일, 브렌네르 고개에서 무솔리니는 히틀러를 여섯 달만에 다시 만났다. 히틀러는 이집트 공격에 독일군 특수부대의 지원을 제안했지만, 무솔리니는 '곧 진행될' 2단계 공격에는 독일의 지원이 필요 없지만, 수에즈 운하와 나일 삼각주를 공격하는 3단계 작전에는 전차와 장갑차, 급강하 폭격기가 필요할 것이라고 답했고, 히틀러는 그때가 되면 지원을 하겠노라고 화답했다. 사실 속이 터질 지경인 무솔리니는 동석했던 치아노에게 우물쭈물하고 있는 그라치아니의 경질을 고민하고 있다고 속마음을 털어놓았다.

그러나 갑자기 10월 12일, 독일군이 무솔리니에게 사전 통보도 없이 플로이에슈티 유전의 보호와 루마니아군의 재편을 돕는다는 구실로 루마니아에 진주했다는 기사가 신문에 실렸다. 불과 8일 전에 직접 만났으면서도 이 이야기를 듣지 못한 무솔리니는 물론 많은 이탈리아인들은 분노했다. 이제 독일이 발칸반도에서 이탈리아의 이익을 고려하지 않고 행동한다고 생각하게 된 무솔리니는 어이없게도 히틀러 또한 자신처럼 사전이 아닌 사후 통보로 당황하게 만들어 본때를 보여주겠다는 '치기'로 그리스 침공을 결심했다. 물론 치기가 전부는 아니었고, 이러다가는 자신들의 '호수'인 지중해까지 독일이 차지할지 모른다는 조바심 때문이었다. 무솔리니는 육군참모총장 바돌리오 원수 등 군 지도부를 소집하여 10월 말까지 그리스 침공 준비를 하도록 명령했다. 이 자리에서 알바니아 주둔군 사령관 프라스카는 예비 전력 없이 휘하 병력 중 10만 정도만으로도 충분히 보름 안에 알바니아와 인접한 에피루스를 정복할 수 있다고 자신했다

이에 비해 바돌리오 원수는 영국의 항공력을 분산시키기 위해서라도 그라치아니의 이집트 공격과 그리스 침공은 동시에 이루어져야 한다고 주장했고, 병력규모가 최소 12개 사단은 필요하며 작전 기간도 3개월은 걸린다고 주장했다. 하지만 프라스카의 호언장담을 그대로 받아들인 무솔리니는 프라스카를 사령관으로 임명했다. 결정된 개전일인 10월 28일은 파시스트들이 로마에 입성한 날이었다. 그 날 오전 4시경 그리스 수도 아테네에서 에마누엘레 그라치 이탈리아 대사는 이오아니스 메탁사스 그리스 총리의 저택을 방문하여 무솔리니의 최후통첩을 전달했다. 내용은 다음과 같았다. '추축국 병력이 그리스 영토 내 전략 거점들을 점령할 수 있도록 하지 않으면 이탈리아와 전쟁을 해야 할 것이다.' 이런 통보는 히틀러와 스탈린이 이미 몇 번 써먹은 수법으로 이를 거절하면 선전포고하겠다는 사실상의 침공 선언이었다. 무솔리니는 '당연히' 그리스 침공을 히틀러에게 알리지 않았다. 히틀러가 반대할 것이 확실했고, 서방 침공과 루마니아 진주를 자신에 사전에 알려주지 않은 '보복'이기도 했기 때문이다. 알바니아 최대의 항구인 두라초에 갑자기 10척의 대형 화물선이 도착해 3만 톤이나 되는 각종 물자를 하역하기 시작했다. 침공은 알바니아와 그리스를 잇는

해안지대 남쪽에 집중되었는데, 북부 그리스를 동서로 가로지르는 유일한 도로를 차단하기 위한 것이었다. 그리고 국경 끝에 있는 마케도니아(Macedonia)에서는 제한적인 공격만 실시할 예정이었다. 하지만 그리스는 이미 이탈리아의 침공을 예견하고 병력을 국경으로 이동시켜 놓은 상태였다.

당시 69세였던 그리스 수상 메탁사스는 아이러니하지만 그리스의 '무솔리니'였다. 국왕은 있었지만 국왕의 위임을 받아 사실상의 독재자로 군림하고 있었고, 파시스트식 로마 경례를 도입했다. 뿐만 아니라 무솔리니의 청년 조직을 모방한 EON이라는 전국 청년 조직을 만들었고, 독일의 게슈타포와 비슷한 비밀경찰까지 창설했다. 하지만 메탁사스는 그래도 외국의 부당한 협박에는 기꺼이 싸울 각오가 되어 있는 애국자였다. 메탁사스의 대답은 "오히(Oχι)"였다. 오히는 '아니다, 안 된다'라는 뜻의 그리스 말. 한마디로 '노'라고 단호히 거부한 것이다. 사실 메탁사스는 프랑스어로 "그럼 전쟁이군(Alors, c'est la guerre)"이라고 답했다고 하는데, 그리스인들이 선전을 위해 이런 말로 바꾸었다고 한다. 어쨌든 메탁사스가 거부하자마자 알바니아 주둔 이탈리아군이 국경을 넘었고, 중립국 그리스의 제2차 세계대전 참전은 이렇게 이뤄졌다. 인접국 불가리아는 이탈리아의 참전 요구를 거절했다. 터키의 참전을 염려했기 때문이었겠지만 덕분에 그리스는 불가리아와의 접경지대인 트라키아(Thrace)의 병력을 마케도니아로 빼내 거의 전군을 이탈리아군을 막는 데 동원할 수 있었다.

메탁사스는 전 국민을 향해 "그리스인은 이제 우리 선조와 그들이 물려준 자유의 가치를 입증해야 한다. 이제 조국을 위해, 아내를 위해, 아이들을 위해, 신성한 전통을 위해 싸우자"고 호소했다. 이날 아침 그리스 국민은 거리로 뛰쳐나와 일제히 "오히"를 외치며 호응했고 수십만 명이 자원입대하러 입영 사무소로 향했다. 심지어 옥중의 공산당 지도자까지 코민테른의 지시를 무시하고 국민의 단결을 호소하는 공개서한을 발표하기까지 했다. 사실 전후의 처참한 좌우파의 내전이 증명하듯 그리스인들은 정치적으로 극심하게 분열되어 있었지만 이때만은 놀라운 단결력을 보여 주었던 것이다.

알바니아 주둔군 사령관 프라스카 장군이 대장으로 승진하면서 그리스 침공군 사령관을 맡았다. 프라스카는 《전격전》이라는 저서를 써 전격전의 전문가로 여겨졌지만 실상은 오만한 허세 덩어리였다. 프라스카는 자신이 속한 비스

콘티 가문이 중세 때부터 내려온 귀족이라는 점을 자랑하고 다녔던 인물로서 무능한 이탈리아 장군 중에서도 특히 무능한 자였다. 그런 프라스카 휘하의 알바니아 주둔 이탈리아군은 제9군과 제11군으로 편성되어 있었고, 총 16만 2천 명(10개 사단)에 달했다. 하지만 그리스 침공에 투입된 병력은 경전차 160대를 보유한 센타우로 기갑사단과 제3 율리아 산악사단, 파르마, 피에몬테, 베네치아, 페라라 보병사단 등으로 10만 명 정도에 불과해 그리스군에 비해 압도적인 병력이 아니었다. 그나마 신병들이 많았고 알바니아 현지인, 검은 셔츠 부대가 섞여 있어 숙련도도 낮았으며 군기가 해이해진 일부 병사들은 그리스 미인들에게 줄 실크 스타킹과 자신들이 '쓸' 콘돔을 챙기기까지 했다. 수송에 필요한 차량도 수요량 1,000대에 훨씬 못 미치는 100여대 가량에 불과했다.

10월 28일 새벽에 또 하나의 전쟁이 이렇게 시작되었는데, 이 소식은 바로 그날 무솔리니를 피렌체에서 만나기 위해 국경을 넘던 히틀러에게 전달되었다. 히틀러는 참모들에게 발칸 지역은 가을에 비가 많이 오고 겨울에 폭설이 쏟아지는데 무턱대고 침공하면 어쩌자는 거냐고 흥분했지만 정작 무솔리니를 만나서는 직전에 만난 프랑코와 페탱과의 회담 결과를 이야기하며 부드럽게 분위기를 끌고 나갔다. 그리스 침공, 특히 크레타 섬 점령에 필요하다면 공수사단을 보내주겠다는 약속도 했다. 회담 결과에 만족하고 승리를 확신했던 무솔리니는 정치적 효과를 위해 이탈리아 본토에 있던 60만 명의 예비 병력에 추수를 돕는다는 명분으로 3주간의 휴가를 주어 귀향시키는 '패기'까지 과시했지만 불행하게도 그리스 침공은 히틀러의 우려대로 진행되고 말았다.

초기 전투에서 이탈리아군은 압도적인 항공지원을 받으며 3개의 돌파구를 형성하는 데 성공했고 일부 부대는 30㎞까지 진격했을 정도로 순조로웠다. 하지만 이탈리아군은 곧 주민의 적극적인 지원을 받는 그리스군의 강력한 반격을 받기 시작했다. 사실 이탈리아군의 순조로운 진격은 침략자를 험준한 지형에 깊숙이 끌어들이고 곧 올 우기를 기다리겠다는 그리스군의 전략 때문에 가능한 일이었다. 알렉산더 파파고스 장군이 지휘하는 그리스군은 지형과 추운 기후를 최대한 활용했다. 또 그리스군 장교들은 병사들과 생사고락을 같이 하면서 가장 어려운 임무는 앞장서는 모범을 보여 군의 사기를 높였다.

제3 율리아 산악사단이 첫 희생자가 되었는데, 핀두스 산맥의 계곡에서 포위되어 5천 명이 넘는 엄청난 사상자를 냈다. 이 패배로 프라스카는 해임되고 후임으로 국방차관이었던 우발도 소두 장군이 부임했는데, 그도 전임자보다 나을 것이 없는 전형적인 정치군인으로서 무솔리니의 신임 하나로 고속 진급한 자였다. 소두는 사령관에 부임하자마자 방어 위주로 작전을 바꾸고는 전투보다는 취미생활, 정확하게 말하면 영화 음악 작곡에 몰두하고 있었다. 트리덴티나 산악사단을 비롯한 여러 사단이 증원되었지만 대부분 장비와 인원이 불충분한 상태였다.

영국의 군수 지원을 받은 그리스군은 11월 13일, 험준한 지형과 추운 날씨와 우기를 최대한 활용하여 배후로 이탈리아군의 보급선을 차단하는 적극적인 공세로 나섰다. 12월 초, 이탈리아군은 전선이 무너져 점령지를 내놓아야 했고 오히려 알바니아의 25%까지 빼앗기는 대망신을 당하고 말았다. 특히 그 땅에는 무솔리니의 딸인 에다의 이름을 딴 포르토 에다(에다 항)라는 항구도시도 있었다. 이 항구의 원래 이름은 사란다였는데 외무장관인 치아노 백작이 바로 에다의 남편이었고, 그런 치아노가 알바니아 총독을 지냈기에 이름이 바뀐 것이었다. 11월 28일, 무솔리니는 그리스 전선 -아니, 이제는 알바니아 전선이 되었지만- 패전의 책임을 물어 바돌리오 원수를 해임하고 우고 카발레로 장군을 후임으로 임명했다. 그러자마자 소두 장군은 무솔리니에게 '정책적 개입' 즉 사실상 휴전을 건의했다. 소두가 영화음악 작곡에 몰두하고 있다는 소식에 분노한 무솔리니는 사령관을 신임 참모총장 카발레로로 바꾸고 새해 들어 다시 공격을 명령했다. 그러나 이미 기울어진 승부의 추는 되돌아오지 않았다. 사령관을 두 번이나 경질하면서 공격을 재촉했지만 추위와 그리스군의 강력한 항전으로 실패하고 말았다. 하지만 그리스군도 자원의 한계와 추위로 더 이상의 진격은 하지 못했다.

10월 28일은 이후 그리스의 국가기념일인 '오히 데이'로 지정돼 나치 독일과 파시스트 이탈리아에 맞서 용감하게 저항한 그리스인의 자부심을 확인하는 날이 되었다. 정치적 이유 때문에 이민한 유대인과 폴란드인에 비해 그리스인들은 경제적 이유로 이민을 많이 떠났는데, 매년 이날이면 그리스 전역은 물론 전 세계의 그리스인 타운에서 각종 축제가 벌어진다. 하지만 냉정하게 이야기하면 그리스는 강자를 이긴 것은 아니었다. 정확히 말하면 약자가 다른 약자를 이긴 것에 불과했다. 이탈리아군에는 설상가상으로 40년 11월 11일, 타란토 군항이 영국 해군의 기습을 받아 이탈리아 함대가 큰 피해를 입는 참사가 벌어졌다.

타란토 기습

타란토 기습은 사상 최초로 항모 함재기만으로 이루어진 공격이었다. 거함 거포 위주의 시대에서 항공기만을 활용한 공격에 대한 개념은 무척 생소했지만, 신무기가 나오면 그것을 써먹어 보려는 선구자들이 나오기 마련이었고, 영국에서는 그런 선구자 중 하나였던 해군 함재기 부대장 리스터 대령(Captain Adrian L. Lyster)이 함재기 공격의 타당성을 연구하고 있었다. 40년 가을, 이탈리아가 그리스를 침공하려 하자 영국은 이탈리아 해군에 대해 무언가 보여 주어야 했다.

하지만 이탈리아 해군이 푼타스틸로 해전 이후 틀어박혀 있자 영국함대는 초조해졌다. 이때 승진해서 지중해 함대의 항공모함 전대를 지휘하던 리스터 소장은 참모회의에서 함재기를 사용한 타란토 공격을 함대 사령관 커닝햄 제독에 제안하였는데, 생소한 공격법이었지만 마땅한 대안이 없어 채택되었다. 항공모함 일러스트리어스(Illustrious)와 이글(Eagle)의 함재기를 이용한 타란토 공습 계획이 리스터 소장에 맡겨졌다. 타란토 항내 구조와 정박 함선의 규모에 대한 자세한 정보는 해군과 협조가 잘 되는 공군의 훌륭한 임무 수행으로 입수할 수 있었다. 물론 이탈리아 공군도 영국 해군의 움직임을 살피려 했으나 항공기 성능이 열세인데다가 레이더를 장착한 영국 해군기에 의해 자주 차단되었다. 더구나 항공 정찰에 대한 노하우도 많이 부족했다. 리스터 소장은 소드피쉬(Swordfish) 뇌격기에 공격을 맡겼다. 소드피쉬는 구식 복엽기여서 둔하지만 신뢰성이 높았다. 3인승 기체를 개조하여 2인승으로 줄이고 대신 연료를 실었다. 기습 효과와 생존성 향상을 위해 작전은 야간에 실행하기로 결정되었다.

'심판(Judgement)'이라고 명명된 타란토 공습작전은 처음에는 트라팔가 해전 기념일인 10월 21일로 예정했었으나, 참가 예정이었던 소드피쉬 몇 대에 사고가 나고 항모 이글에도 문제가 발생하여 작전은 11월 11일로 연기되었다. 이글의 소드피쉬 5대가 일러스트리어스로 옮겨서 공격편대는 총 21대가 되었다. 당시 영국 공군도 중폭격기로 타란토를 폭격하려는 계획을 가지고 있었기에 해군이 실패했을 경우 이탈리아 해군의 방어 태세가 강화될 확률이 높다고 판단하여 이 작전을 반대했다고 한다.

작전은 간단했다. 적 항구에서 먼 거리에 위치한 항공모함에서 함재기를 출격시켜 정박해 있는 적함들에 일격을 가한 뒤 항공모함으로 돌아오는 것이었다. 하지만 이 간단한 작전의 성공을 위해 기만전술, 첩보원, 위장 전파 발송, 수백 차례의 정찰 비행이 이루어졌다. 항공모함이 타란토 쪽으로 가기 전에 기만을 위한 위장 항해가 병행되었다. 이 위장 항해에는 6개의 전대와 4개의 상선대, 정확하게는 2척의 항공모함, 5척의 전함, 10척의 순양함, 30척의 구축함과 4척의 무장 어선 및 다수의 상선이 참가했을 정도였다.

타란토에 레이더는 없었지만 근처 해안에 13개의 전기 청음소가 있었으며 이들은 몇 마일 밖에서 접근하는 항공기 진입을 탐지할 수 있는 능력이 있었다. 타란토 외항과 내항의 주요 지점에는 항공기 진로를 방해하기 위해서 강철케이블에 달린 방공기구들이 떠있었으며 어뢰방어그물의 설치도 확인되었다. 하지만 90여개의 방공기구가 설치될 예정이었지만 공습 당일 오전 정찰에는 약 30개만이 확인되었으며 어뢰 그물망 설치 역시 계획보다 약 1/3에 불과했다. 하지만 대공포는 많았다. 11월 11일 타란토에 정박한 이탈리아 함대는 아래와 같았다.

외항(MAR GRANDE)에는 전함 6척, 즉 비토리오 베네토(Vittorio Veneto), 리토리오(Littorio), 카보우르(Cavour), 체자레(Giulio Cesare, 카이사르의 이탈리아 어 발음), 두일리오(Duilio, 1차 포에니 전쟁시 로마 해군의 제독), 도리아(Doria, 레판토 해전에서 신성동맹군의 제독)와 중순양함 3척, 구축함 7척이 정박해 있었고, 내항(MAR PICCOLO)에는 중순양함 4척, 경순양함 2척, 구축함 21척, 잠수함 16척, 기타 소형 함정이 많이 정박해 있었다.

11월 11일 밤 8시 40분, 타란토에서 275㎞ 떨어진 그리스의 케팔로니아 섬 근해에서 소드피쉬가 이륙했다. 공격 편대는 한 시간 간격을 두고 둘로 나누어서 이륙하였는데 각 공격 편대는 12대와 9대였다. 소드피쉬에는 파일럿과 항법사가 탑승했으며 어뢰 1발이나 폭탄 4~6발 정도를 탑재하고 있었다. 22시 58

분, 제1진이 타란토 상공에 도착했다. 제1진은 2대가 조명탄, 4대가 폭탄, 남은 6대는 어뢰를 장착했다. 먼저 조명탄이 투하되고 폭탄이 떨어졌으며 이어 어뢰가 투사되었다. 전함 카보우르의 좌현에 어뢰 1발, 전함 리토리오에 어뢰 2발이 명중했고, 도리아도 어뢰를 맞을 뻔 했지만 다행히 빗나갔다.

이탈리아 해군이 우왕좌왕하는 사이, 영국 함재기 공격 편대 제2진(2대 조명, 2대 폭탄, 5대 어뢰)이 한 시간 후 쇄도해, 전함 리토리오와 두일리오의 우현에 각각 어뢰 하나를 명중시켰다. 다행히 중순양함 트렌토와 구축함 리베치오가 맞은 폭탄은 모두 불발탄이었고, 비토리오 베네토에 대한 공격은 실패했다. 이탈리아군은 대공포가 아군의 배를 쏠 정도로 대혼란에 빠졌다. 어뢰를 맞은 전함 3척은 항만에 좌초되어 리토리오는 41년 3월, 두일리오는 41년 5월까지 항해가 불가능한 상태가 되었고, 카보우르는 이탈리아 항복 전까지 수리를 끝내지 못했다. 함선 외에도 항만시설도 피해를 입었다.

공격대는 2대만 잃었는데, 한 대는 1진에서 카보우르에 어뢰 공격을 성공시킨 기체로 구축함 플루미네가 격추했고, 한 대는 2진 소속으로 중순양함 골리치아가 격추했다. 인명 피해는 전사 2명, 포로 2명이 전부로, 나머지 19대는 오전 2시 50분에 일러스트리어스로 귀환했다. 그야말로 영국 해군의 압승이었다. 원래 영국 해군은 다음 날 밤에도 다시 공격하려 했지만 악천후로 인해 취소했다. 이탈리아 해군에는 불행 중 다행이었지만 이것만으로도 함대의 절반을 잃고 영국 해군에 열세로 몰렸다.

이탈리아 해군은 전부터 적극적이지 않았지만 이 참사를 당한 후 더 소극적이 되어 주력을 모두 나폴리로 이동시켰다. 때문에 이탈리아 함대가 영국 선단을 공격하기 위해서는 메시나 해역을 통과해야 했다. 이 해역은 몰타에서 뜬 정찰기의 초계범위 내에 있어 영국군은 이탈리아 함대가 이오니아 해로 나가기 전 탐지할 수 있게 되어 동향 파악이 훨씬 쉬워졌다. 이탈리아 전함 3척 파괴로 영국 해군은 전함을 빼내 북해에서 독일 해군을 상대할 수 있었고, 반년 후의 비스마르크 추격전에 많은 전력을 투입할 수 있게 되었다. 해군의 발이 묶이자 이탈리아는 알바니아와 리비아에서 더욱 어려운 상황에 빠졌다. 여담이지만 2차 포에니 전쟁 당시, 타란토는 한니발과 파비우스의 기습을 받고 카르타고와 로마에 한 번씩 함락된 적이 있었는데 2천여 년만에 또 이런 기습을 당한 것이다. 무솔리니는 피해 상황을 비밀에 부쳤고, 이탈리아 신문에는 이렇게 실렸다.

적기의 대공습! 타란토 수라장이 되다

12일 새벽, 적기가 타란토 해군기지를 공습했다. 이에 대해 항만을 경비하는 대공포와 정박 중인 군함에서 맹렬하게 응전했다. 전함 1척이 큰 피해를 입었지만 희생자는 없었다. 적기 6대가 격추되었고 승무원 몇 명이 포로가 되었다. 그 외 적기 3대가 격파되었다.

이 기습은 항공중심주의를 불러일으킨 대사건이 되었으며, 진주만 기습의 롤모델이 되었다. 일본 해군은 진주만 기습에 앞서 타란토 기습을 연구했다. 타란토도 수심이 약 12m 정도로 진주만처럼 수심이 얕은 만이었기 때문에 항공기술부가 어뢰 명중률을 높이기 위해 자이로 기법으로 공중자세를 안정시키고 심도를 대폭 줄인 초심도 어뢰의 개발에 성공했으며 강도 높은 훈련으로 수심 10m 이하에서도 어뢰 공격을 가능하게 했다. 이처럼 타란토 기습은 한국에는 생소하지만 세계 해군사에 큰 영향을 미친 사건이었다.

참패가 거듭되자 무솔리니는 별 수 없이 추수를 위해 고향에 보낸 병사들을 재소집했다. 재소집 및 그리스와 북아프리카의 참패와 타란토의 참사, 12월 식량 배급의 급격한 감소는 국민의 사기를 크게 떨어뜨렸고, 무솔리니에 대한 지지 역시 급격하게 낮아졌다.

전쟁 둘째 해: 1941년. 독일에 의지하는 이탈리아

무솔리니의 계속되는 '삽질'

그리스는 우리나라처럼 삼면이 바다로 둘러싸여 있고, 지중해성 기후여서 겨울에 많은 비나 눈이 내리고 강풍이 분다. 겨울에도 평균 온도가 영상이긴 하지만 높은 습기와 바람으로 체감온도는 무척 낮다. 그런데 무솔리니가 봄이나 여름이 아닌 겨울로 들어서는 시점에서, 그것도 바다가 아닌 육지를 통해 그리스를 침공한 이유는 강력한 공군력이 없었기 때문이었다. 즉, 제공권과 제해권을 영국이 장악하고 있었기에 흐린 날이 많은 겨울이라야 영국 공군의 공격을 덜 받고 공격할 수 있었기 때문이다. 하지만 이탈리아군은 동계 장비를 거의 갖추지 않아 병사들은 한파에 시달렸고 엄청난 동상자를 내고 말았다.

쾌적한 로마의 베네치아 궁전에서 지내고 있던 무솔리니는 그리스군의 반격으로 전선이 붕괴되었다는 보고에 큰 충격을 받았다. 이집트에서 실패한 상태에서 그리스마저 실패한 것은 그 전쟁을 직접 주도했던 무솔리니에게는 정치적으로 큰 타격이었으며 체면과 권위의 문제이기도 했다. 하지만 무솔리니의 발언은 예상 밖이었다. "사실 즐거운 눈과 추위이기도 하다. 이것으로 우리 쓸모없는 병사들도, 이 열등민족도 두들겨 고쳐질 것이다."

이탈리아인들이 '전투민족'으로 진화하기를 바라고 있던 무솔리니였지만 이 발언은 대수롭지 않다는 식의 표현이 아니라 자조적인 표현에 가까웠다. 무솔리니는 그리스 침공이 실패로 돌아가고 국민의 원성이 높아지자 참모총장 바돌리오 원수를 해임했다. 한 술 더 떠서 41년 1월에 45세 미만의 모든 의원들을 알바니아 전선에 파병했으나, 이 멍청한 행동은 후방의 국민을 안심시키기보다는 그저 실소만 자아내게 할 뿐이었다. 로마의 안락한 자기 집을 놔두고 알바니아 고지의 차가운 텐트 속으로 들어간 이들 의원들 역시 무솔리니를 멀리하게 되었다. 결국, 무솔리니는 3월 초에 직접 비행기를 몰고 알바니아로 떠났다. 허세와 거드름은 여전했지만 그래도 지도자의 독전 속에 3월 9일, 증원되어 28개 사단에 달한 이탈리아군은 10만 발의 포탄을 퍼붓고 대공세에 나섰다. 바리 사단이 몬테 스테로 전투에서 무훈을 세우기도 했지만 정작 중요한 공세는 실패했고, 그리스 본토는커녕 빼앗긴 알바니아 영토도 되찾지 못했다. 무솔리니가 이탈리아 군부에 패전의 원인을 추궁하자, 군에서는 엉뚱하게도 '많은 핀란드 병사들이 그리스를 위해 싸우고 있기 때문이다.'라고 보고했다. 이미 앞에서 다룬데로, 겨울전쟁에서 용명을 떨친 핀란드군은 전 유럽에서 최고의 전사로 인정받고 있던 시기였다. 무솔리니는 핀란드 정부에 '철군'을 요구했고, 핀란드 정부는 이 문제를 확인하기 위해 '진상조사'에 나섰다. 핀란드 정부의 조사 결과, '무려' 장교 3명과 병사 3명이 그리스 군에 자원했다는 사실이 드러났다. 무솔리니의 분노는 더 커질 수밖에 없었다. 그런데 이때 무솔리니의 딸이자 치아노 외무장관의 부인인 에다가 몰래 적십자 간호사로 등록해 이 전선에서 종군했다. 그녀는 12시간 이상 열심히 일했으며 담배, 비누, 옷가지 등을 부상병들에 나눠주었다.

영국의 그리스 개입

그리스는 방어에 성공했음은 물론 반격에도 성공하여 알바니아 남부를 점령하기까지 했다. 처칠은 "앞으로 우리는 '그리스인들은 영웅처럼 싸운다'가 아니라 '영웅들은 그리스인처럼 싸운다'고 얘기해야 할 것"이라고 그리스인의 저항정신을 칭송하기도 했다. 물론 입으로만 그리스를 지원한 것은 아니었고 앞서 말했듯이 군사원조도 해 주었고 공군도 보내 주었다. 유럽 대륙에 동맹국이 하나도 없는 영국은 여기에 그치지 않고 그리스에 추파를 던졌다. 그리스의 의사와 상관없이 독일은 그리스를 침공할 것이고, 원한다면 공군과 해군은 물론 지상군까지 파병하여 지원해 주겠다는 내용이었다. 영국은 나폴레옹 시절, 프랑스가 전 유럽을 지배하고 있었지만 포르투갈과 스페인에서 나폴레옹을 몰아내기 위한 반란이 시작되었고, 영국군이 두 나라에 상륙하면서 결국 무적의 나폴레옹을 무찌른 역사적 경험이 있었다. 이런 '달콤한 경험'을 상기하면서 그리스가 그런 역할을 해주지 않을까 라는 기대를 품고 있었다.

더구나 그리스는 영국의 지원으로 오스만 제국에서 독립했고 영국 최고의 시인 바이런이 그리스에 의용병으로 참가했다가 병으로 그리스 땅에서 죽었을 정도로 영국과는 전통적인 우호관계를 지닌 나라였다. 하지만 메탁사스는 독일의 전면적인 개입을 부를 영국의 지원을 원하지 않았다. 그러나 메탁사스는 41년 1월 29일에 갑자기 세상을 떠났고, 후계자 파파고스 대장은 전임자만한 정치적 능력이 없었기에 영국의 지원을 받아들이기로 결정했다. 결과론에 불과하지만 메탁사스가 좀 더 살아 주었다면 독일과 영국, 그리스 세 나라에 모두 이익이었을 것이다.

한편, 체면이 말이 아니게 된 이탈리아는 독일의 개입을 요청했다. 사실 이미 독일은 수송기를 보내 알바니아로 병력과 물자를 나르는 이탈리아 공군을 돕고 있었다. 하지만 독일은 공군뿐 아니라 지상병력 파견 가능성도 심각하게 고려했다. 알바니아에 2개 산악사단을 보낸다는 계획은 두 가지 이유로 기각되었는데, 이탈리아군이 그리스군에 의해 완전히 바다로 휩쓸려갈 만큼 현재 상황이 위험하지는 않으며, 또한 알바니아의 보급 사정이 2개 사단을 먹여 살릴 수 없었기 때문이었다. 다가오는 소련 침공에 모든 힘을 쓰고 있던 히틀러는 사전 통보 없는 침공에 화가 나 있었고, 그리스뿐이라면 이탈리아가 죽을 쑤던 말던 관심이 없었다.

하지만 이제 영국이 개입했으니 문제가 달라졌다. 특히 지금까지 독일에 원유 공급을 해주던 소련을 적으로 만든 이상 최대 원유 공급지는 루마니아였다. 그리스에 주둔할 영국 공군이 독일군에 연료를 공급하는 루마니아의 플로이에슈티 유전을 공습할 경우 심각한 문제가 생길 수 있다고 판단했다. 당시 영독 양국은 유전이 소규모의 폭격으로도 엄청난 화재와 파괴가 일어날 것으로 착각하고 있었지만, 그리스에서 발진한 항공기들이 멀리 떨어진 루마니아를 효과적으로 폭격하기란 현실적으로 매우 어려운 일임은 모르고 있었다. 그런데 이때 갑자기 돌발사태가 벌어졌다.

독일의 발칸 반도 침공

프랑스와 노르웨이 전역의 승리 후 독일군이 한창 승승장구하던 41년, 발칸 반도 서부의 유고슬라비아는 독일의 위협적인 기세를 불안스럽게 보고 있었다. 당시 유고슬라비아는 34년 국왕 알렉산다르 1세가 프랑스에서 암살당한 후, 어린 왕 페타르 2세의 삼촌뻘 되는 파블레 왕자가 국왕 대리로 섭정하고 있었다. 섭정은 막강한 독일의 군사력에 기가 죽어 있었고, 유고슬라비아는 이웃 나라들인 헝가리, 루마니아, 불가리아의 연이은 추축 동맹 가입으로 완전히 포위된 상황이었다. 파블레 섭정은 유고슬라비아의 안전은 추축국과의 제휴에서만 나올 수 있다고 판단하여, 41년 3월 25일 빈에서 독일의 군사동맹에 가입한다는 문서에 서명하였다. 사실 파블레는 옥스퍼드 대학에서 유학했던 친영파였지만 현실을 직시했던 것이다. 물론 에게해의 통로인 테살로니카를 내주겠다는 독일의 사탕발림도 어느 정도 작용했다.

하지만 문제는 국내에서 터졌다. 역사적으로 독일을 증오하던 세르비아인들은 수도 베오그라드에서 격렬한 시위를 벌였고, 동맹 가입 후 사흘도 지나지 않은 3월 27일, 페타르 2세는 연합군의 지원을 받은 장교단을 등에 업고 친위 쿠데타를 일으켜 권력을 장악한 다음 독일과의 동맹을 파기했다. 이렇게 보면 페타르 2세가 용기 있는 인물로 보일지도 모르지만, 사실 무능하고 무책임하기 짝이 없는 인물이었다. 히틀러는 동맹 파기에 분노하여 바로 유고슬라비아 공격 계획을 세우도록 명령했다. 작전명도 아주 노골적으로 '징벌'로 지었을 정도였다. 하지만 영국은 병력을 파견할 여력이 전혀 없었고, 자력으로는 포위된 상태에서 승리할 수 없다는 정부 인사들의 조언에 따라, 페타르 2세는 해외에 망명정부를 세우고 연합국에 지원을 요청한다는 한심한 결정을 내리고 이집트로 도주하고 말았다.

유고슬라비아는 북쪽으로 오스트리아와 헝가리와 접하고, 동쪽으로는 루마니아와 불가리아와 국경선을 맞대고 있다. 서쪽으로는 아드리아 해를 사이로 이탈리아와 마주보고 있고 육지로도 국경선이 있었다. 남서쪽에는 알바니아가 있고 남쪽 일부만 그리스와 국경선을 마주하고 있다. 문제는 그리스 말고는 다 추축국이거나 추축국의 점령지라는 현실과 그리스와 영국도 제 코가 석 자라서 도울 수 없다는 사실이었다. 거기에다 유고슬라비아의 경제는 수출과 수입 양쪽 모두 독일에 심각하게 의존하고 있었다.

설상가상으로 루마니아와 불가리아에는 얼마 후 시작될 예정인 바르바로사 작전을 위해 독일 제12군이 배치되어 있었고, 유고슬라비아의 수도인 베오그라드는 오스트리아에서 발진한 독일군 항공기가 한 시간이면 올 정도로 가까웠다. 41년 4월 6일, 독일은 유고슬라비아를 침공했다. 먼저 독일 공군이 베오그라드를 기습적으로 폭격해서 잿더미로 만들고, 4,000명 이상의 시민이 사망했다. 이와 동시에 독일 제12군은 유고슬라비아 동부와 그리스 북부로 침공을 개시했고, 이탈리아군, 헝가리군과 불가리아군도 그 뒤를 따랐다. 폴란드 침공 때 소련과 슬로바키아, 리투아니아를 참가시킨 것과 같은 수법이었다.

이에 비해 유고슬라비아의 전략과 전술은 사실상 없었으며 국가방위계획 자체가 현실성이 거의 없는 탁상공론에 불과했다. 그렇다고 군대가 강해서 어느 정도나마 대응이 가능한 수준도 아니었다. 머리수로는 거의 70만이라지만, 이 중 40만은 방금 징집되어서 기본훈련도 못 마쳤으며, 현대적 중장비는 거의 없었다. 더구나 유고슬라비아는 나라 이름 자체가 '남슬라브족의 나라'란 뜻일 정도로 여러 민족이 혼합되고 반독립국이 다수 존재하는 연합국가였다. 게다가 최대 민족이자 왕실을 가진 세르비아가 자기 민족출신만 우선시하는 경우가 많아 한 사단만 제외하고 육군의 사단장을 독점할 정도였다. 이러니 종교와 민족이 다른 크로아티아인 등이 크게 반발하는 것은 당연한 일이었다. 이들은 유고슬라비아 국가 체제가 흔들리기만 하면 분리독립할 생각이었으므로 다민족으로 구성된 유고슬라비아군이 통일적으로 운용된다는 것은 불가능했다. 1주일도 되기 전에 자그레브가 함락되자 크로아티아는 독립을 선언하고 독일에 가담하였다. 유고슬라비아군은 완전히 붕괴했고, 독일군은 하루에 150㎞ 이상의 맹진격을 거듭했다.

독일군의 공격과 함께 이탈리아도 양쪽에서 유고슬라비아 공격에 나섰다. 이탈리아 본토에서 8개 보병사단과 5개 기갑과 기계화사단 그리고 약간의 산악부대로 구성된 제2군이 슬로베니아를 공격하여 수도 류블랴나를 함락시켰다. 알바니아 쪽에서는 제9군이 아드리아 해안을 따라 북진하였다. 두 군이 달마티아 해변에서 합류하자 작전은 끝났다. 이탈리아군은 유고슬라비아 해군의 구축함 2척을 나포하여 자신의 해군에 편입하는 보너스도 얻었다. 그동안 추태만 보인 이탈리아군도 이번에는 아주 순조롭게 진격했으니 당시 유고슬라비아가 얼마나 무방비 상태에 가까웠는지를 잘 보여주고 있다.

유고슬라비아는 개전 11일 만인 4월 17일 항복한다. 페타르 왕은 그리스를 통해 이집트로 도망갔고, 항복을 거부한 유고슬라비아군은 험준한 산악지대로 들어가서 파르티잔이 된다. 이 파르티잔들은 훗날 독일에 매우 피곤한 존재가 되지만, 적어도 바르바로사 작전이 시작될 때까지 유고슬라비아는 조용했다. 유고슬라비아 항복까지 독일군이 입은 피해는 전사자가 고작 151명이었을 정도로 거의 무혈입성에 가까워서 히틀러가 "그것 봐. 주먹을 쳐들기만 하면 단한 방에 끝난단 말이야"라고 말할 정도로 아주 성공적인 침공이었다.

이때 유고슬라비아를 칭찬해 줄 것은 단 하나. 독일에 맞서서 싸울 용기를 보였다는 점 뿐이었다. 그 외에는 전쟁이라고 볼 수 없을 정도였다. 물론 독일에 대항해서 싸우겠다는 용기는 좋았지만, 싸울 준비도 안 하고 내부도 조율하지 않고 사방에 적이 둘러싸인 가운데 저지른 무모한 행동은 용서받기 어려운 만용이었다. 게다가 비슷한 여건의 폴란드군처럼 한 번이라도 용감하게 싸워보지도 못하고 사실상 전투를 포기하여 그냥 무너진 것은 불리한 조건을 감안해도 너무 심한 추태였다. 만일 티토의 치열한 게릴라전이 없었다면 이 나라에 대한 평가가 어떠했을지 아찔할 정도다.

유고슬라비아의 빠른 붕괴는 그리스의 방어에도 악영향을 미쳤다. 그리스는 유고슬라비아가 어느 정도 버틸 것이라는 희망으로 알바니아 전선, 불가리아 국경선, 유고슬라비아 국경선이라는 3개의 방어선을 만드는 큰 실수를 했다. 유고슬라비아가 너무 빨리 붕괴되지만 않았으면 실수를 고칠 시간을 얻을 수 있었을 것이다. 그리스에 상륙한 영국군은 북아프리카에서 이탈리아군을 박살낸 호주, 뉴질랜드의 정예부대였지만 겨우 2개 사단 반 정도의 규모여서, 도저히 대규모의 독일군에 맞서 싸울 수 없었다.

유고슬라비아를 쓸어버린 독일군은 바로 그리스 공격에 나섰고, 국경방어선은 물론 영화 「300」의 무대로 유명한 테르모필레 협곡까지 순식간에 제압당했을 정도로 가공할 공격력을 보여 주었다. 영국군은 제대로 싸워보지도 못하고 그리스군과 함께 패주를 거듭했다. 영국의 ANZAC군(호주와 뉴질랜드군)은 25년 전 그리스 바로 옆에 있는 갈리폴리에서 엄청난 손실을 보았는데, 이번에도 같은 꼴을 겪은 걸 생각해보면 호주 및 뉴질랜드인과 그리스 땅은 아무래도 궁합이 맞지 않는 모양이다.

영국의 그리스 참패를 보면 영국, 아니 처칠의 집요한 유럽 '외곽 때리기' 시도에 질려 버릴 정도다. 1차 대전 때 갈리폴리에서 엄청난 실패를 해서 정치생명이 끝날 뻔 했고, 노르웨이에서도 실패했으면서 또다시 소규모 병력으로 무모한 시도를 한 것은 만용이 아닐 수 없다. 더구나 북아프리카에서 이 병력을 빼내는 바람에 롬멜이 마음껏 '설칠' 수 있는 기회까지 주어 2년 가까이 사막에서 고전을 강요당하게 되는 결과까지 초래한 것이다. 다행히 미국과 소련 덕에 최후의 승자가 되어 그리스 파병을 '동맹국에 대해 최선을 다한 영국의 모범'으로 미화할 수 있기는 했지만 말이다.

이탈리아의 유고슬라비아와 그리스 점령

어쨌든 독일의 힘으로 그리스군이 붕괴되자 이탈리아군도 순조롭게 진격하여 에피루스와 마케도니아, 이오니아 해의 섬들을 점령하고 독일군과 함께 아테네에 입성했다. 특이하게도 케팔로니아(Cefalonia) 섬 점령 때 공수부대가 투입되어 점령에 성공했는데, 이탈리아가 실시한 몇 안 되는 공수작전 중의 하나였다. 하지만 이 성공이 2년 후 이 섬에서 일어날 비극의 단초가 된다. 어쨌든 이렇게 그리스 정복은 이루어졌다. 원래 그리스군은 이탈리아군에는 항복하지 않겠다는 입장이었지만 이탈리아의 체면을 생각한 독일의 강압으로 이탈리아에도 항복하게 된 것이다. 케팔로니아 섬을 배경으로 한 영화 「코넬리의 만돌린」에서도 섬의 원로들은 진주한 이탈리아군에 "알바니아 전투에서 열세였던 그리스 군에 패한 이탈리아군에는 권한을 이양할 수 없으니 독일군을 불러오라"고 당당하게 요구하는 장면이 나온다. 실제로 당시 이탈리아군의 전투력을 우습게 여긴 독일군도 "이탈리아가 우리의 적이었다면, 알프스에 2개 사단만 방어하도록 배치하면 그만인데, 괜히 우리 편이 되면서 독일군 20개 사단 이상이 이탈리아군을 돕는 처지가 됐다"고 빈정거렸다. 어쨌든 이탈리아는 반 년 동안 연인원 28개 사단 53만 명을 투입해서 전사자 1만 5천 명, 부상자 6만 2천

명이라는 막대한 대가를 치르고 나서 에피루스의 일부와 코르푸 섬, 케팔로니아 섬 등 그리스 영토를 차지할 수 있었다.

사실 히틀러는 유고슬라비아와는 달리 그리스에 손댈 생각은 없었고 그저 플로이에슈티 유전을 보호하기 위한 결정이었을 뿐이었다. 베오그라드와는 달리 아테네는 폭격당하지도 않았고, 불가리아에 떼어 준 영토와 자신들이 직접 통제한 아테네나 피레우스 같은 몇몇 항구를 뺀 나머지 그리스 전역을 이탈리아군에 맡겼다는 것이 좋은 증거이다. 하지만 독일은 그리스의 쓸만한 자원들은 모두 빼앗았고, 이탈리아는 굶주리는 그리스인들을 맡아야 했다. 어쨌든 이 '승리'로 인해 이탈리아인들은 한동안은 조용해졌다. 그리스는 이후 3년 이상 추축국에 점령당했다. 하지만 점령기간 중에도 그리스인은 끝까지 저항을 멈추지 않았다. 산악지대의 빨치산 부대는 독일군과 이탈리아군의 발목을 잡았고, 런던 망명정부 산하의 군대와 군함도 영국군과 함께 북아프리카에서 전투를 계속했다.

하지만 독일의 그리스 침공은 공짜가 아니었다. 무솔리니가 주장했던 소위 '평행전쟁'은 완전히 무의미해졌고, 이탈리아는 군대 대신 수십만의 노동자를 독일 군수공장에 보냈으며 이들은 독일 군수산업에 큰 보탬이 되었다. 하지만 동맹국임에도 이 파견노동자들이 받는 대우는 독일 피점령국에서 끌려온 노동자들에 비해 별로 나을 것이 없었다. 이런 소식은 당연히 본국에 전해져, 독일에 대한 이탈리아인들의 반감을 키울 뿐이었다. 대표적인 인물이 바로 무솔리니의 딸 에다였다. 남편과는 달리 친독일적이었던 에다는 42년에 독일을 방문했는데, 동포들이 학대당하는 모습을 보고 큰 충격을 받았다. 사실 그녀는 아버지가 가장 사랑하는 자식이었고 남편 치아노는 유력한 후계자 후보이기도 했지만 이때부터 아버지와 어긋나기 시작했다.

유고슬라비아 분할

프랑스에서처럼 유고슬라비아에서도 이탈리아가 한 것은 거의 없었지만 슬로베니아 일부와 달마티아와 해안의 섬들, 몬테네그로와 코소보 일대를 차지할 수 있었다. 이곳 역시 150년 전에는 대부분 베네치아 공화국의 영토 또는 동맹국의 영토였으니 연고는 있었다. 이렇게 이탈리아는 1차 대전 때 이루지 못한 꿈을 상당 부분 이루게 되었다. 독일은 크로아티아에 관한 대부분의 권한을 무솔리니에 일임했고, 크로아티아는 왕국으로 독립하게 되었다.

41년 5월 18일, 이탈리아 왕가의 스폴레토 공작이 크로아티아 왕위에 올랐다. 하지만 스폴레토의 즉위식은 로마에서 열렸고, 스폴레토는 한 번도 자신의 '왕국'에 발을 들여놓지 못한다. 물론 이탈리아의 영토 확장도, 크로아티아 왕국도 몇 년 못갔지만 말이다. 독일 덕에 유고슬라비아에서의 이탈리아군 작전은 성공적으로 마쳤지만, 진짜 '전쟁'은 그 후에 시작되었다. 바로 파르티잔을 상대로 한 게릴라전이었다. 유고슬라비아 파르티잔의 양대 산맥은 티토가 이끄는 공산주의자들과 구 유고슬라비아군 출신으로 구성된 체트닉이었다.

동아프리카 제국 상실

동아프리카의 이탈리아군은 소말릴랜드를 '정복'하고 수단과 케냐 일부를 차지하며 기세를 올렸지만 북아프리카의 참패 소식에 위축되고 말았다. 어차피 이탈리아가 수에즈 운하를 차지하지 못한다면 고립될 수밖에 없는 위치긴 했지만 이로서 이탈리아령 동아프리카의 고립은 점점 심각해졌다. 게다가 이탈리아 항공 수송력이 알바니아의 이탈리아군 보급에 집중되자 고립 상황은 극에 달해 동아프리카의 이탈리아군과 본국을 연결하는 실낱같은 보급선도 끊어지고 말았다. 설상가상으로 영국 정보부는 이탈리아군의 암호체계를 해독하는 데 성공하여 모든 움직임을 완전히 파악하고 있었다.

41년 1월 19일, 수단 주둔 제4, 제5인도사단은 에리트리아로 진격하였고, 곧이어 2월에는 케냐에서도 남아프리카와 동아프리카 사단이 아비시니아 남부와 소말리아로 북진했다. 아오스타 공작은 인도군이 진격하는 길목인 케렌으로 주력을 집중하는 현명한 판단을 내렸지만 군대가 뜻대로 움직여 주지 않았다. 몇 주간의 격전을 치른 후 3월 27일에는 케렌, 4월 8일에는 홍해의 요충이자 군항인 에리트리아의 마사와가 점령되었다. 또한 케냐에서 북진하는 영국군에 2주만에 수도 모가디슈를 내주고 말았다. 이때 현지인 부대는 이탈리아인 장교를 버리고 탈영해서 도적들에 합류하거나 비싼 물건인 소총과 탄약을 팔아먹었다. 당시에는 '해적'은 없었지만 대신 도적떼들이 많았던 것이다.

아덴의 영국군도 바다를 건너 소말릴랜드로 상륙해 순식간에 그 땅을 되찾았다. 영국군은 파죽지세로 아비시니아로 몰려들었고 이탈리아군은 연전연패를 거듭했다. 이때 훗날 버마에서 용명을 떨치는 오드 윈게이트가 1,600명의 게릴라부대를 능수능란하게 지휘하여 이탈리아군을 박살냈다. 5월 5일에는 런던에 망명 중이던 하일레 셀라시에 황제가 아디스아바바로 돌아왔다. 일부 부대는 아비시니아 북서부와 남서부에서 강력하게 저항했지만 11월 말에 6만 4천 명이 항복하면서 큰 전투는 끝났다. 그럼에도 항복을 거부한 소수는 산악지대에 숨어서 게릴라전으로 43년 말까지 영국군을 괴롭혔다. 불운한 아오스타 공작은 산악 요새로 퇴각했다가 항복했다. 공작은 케냐에서 포로로 지내다가 다음 해 3월, 결핵과 말라리아에 걸려 세상을 떠나고 말았다.

아비시니아의 광복과 이탈리아의 동아프리카 퇴출은 변방에서의 군사적 승리에 불과할지도 모르지만 연합국에는 추축국에 빼앗긴 나라를 첫 번째로 회복했다는 점에서 정치적 의의가 컸다. 더구나 동아프리카에 묶여 있던 부대를 북아프리카에 투입할 수 있게 되었을 뿐 아니라 동아프리카 연안의 안전이 확보되어 미국 선박들이 수에즈 운하로 물자를 나를 수 있게 됨으로서 영국 수송선단의 부담은 크게 줄어들었다. 이렇게 이탈리아는 30만 대군과 함께 1년 전에 차지한 소말릴랜드는 물론이고 5년 전 정복한 아비시니아, 그 전부터 지배하고 있던 소말리아와 에리트리아까지 모두 잃었다. 무솔리니가 꿈꾸었던 동아프리카 제국은 너무나 허무하게 무너져 버린 것이다.

이 전역은 19세기식의 마지막 식민지 전쟁이기도 했다. 또한 남아프리카, 케냐, 나이지리아, 가나, 수단, 인도 등 영국 식민지 군대는 물론 카메룬, 차드, 콩고, 세네갈 등 프랑스 식민지 출신의 병사들이 자유 프랑스군으로서 참가하여 2차 대전이 시작된 이후 가장 다채로운 군대가 참가한 전역이기도 했다.

알바니아와 동아프리카의 이탈리아 해군

40년 10월, 알바니아의 이탈리아군이 그리스 침공을 시작하자 당연히 이탈리아 해군은 아드리아 해를 건너야 하는 육군을 지원해야 했다. 해군이 알바니아로 나른 인원은 52만 명, 물자는 51만 톤에 달했다. 이탈리아의 그리스 침공은 졸렬하게 끝났지만, 수송 함대가 없었다면 그 정도도 할 수 없었을 것이다. 타란토 기습 직후, 영국 해군 순양함 3척과 구축함 2척이 이탈리아 해군의 앞마당인 아드리아 해로 침입하여 알바니아로 가는 수송선 1만 7천 톤을 격침시켰다.

타란토 기습에 이은 이 '참사'는 이탈리아 해군을 더욱 위축시켰다. 영국의 공세로 이탈리아의 동아프리카 제국은 붕괴되었는데, 해군 역시 예외가 아니었다. 41년 4월 1일, 영국 해군의 마사와 공격으로 이탈리아 해군 구축함 5척이 격침당했거나 자침했고, 일주일 후 마사와의 해군부대는 항복했다. 그래도 잠수함 4척과 일부 수상함은 탈출에 성공했고, 잠수함들은 희망봉을 돌아 귀국에 성공했다. 탈출한 수송선 카리테아는 일본으로 갔다가 징발되어 남방수송작전에 투입되었다.

동아프리카의 하늘에서

동아프리카에 배치된 이탈리아 공군기는 323대에 달했지만, 81대가 이미 작동 불능 상태였고, 부전장이라는 특성상 대부분 구식 내지 2선급 기체였다. 영국은 370대를 이 전장에 배치했지만 역시 절대다수는 2선급 기체였다. 하지만 허리케인 전투기와 블렌하임 폭격기 20~30대가 배치되었다는 점에서 전반적인 전투력은 상당히 우위에 있었다.

그럼에도 이탈리아 공군은 소말릴랜드 공격 때 제공권을 장악했고, 홍해의 영국 수송선단을 공격하기도 했다. 특히 스페인 내전에 참전해 한 대를 격추시켰던 마리오 비신티(Mario Visinti) 대위는 16대를 격추시키며 맹활약했지만 많은 에이스들이 그러하듯 41년 2월 11일, 사고로 세상을 떠나고 만다. 마리오는 본국에서 유명한 영웅이었으며, 전기가 출판될 정도였다. 우연의 일치인지 마리오가 죽은 날, 영국의 대공세가 시작되었다. 신형기가 보강된 영국군에 비해 동아프리카의 이탈리아 공군은 양적 및 질적 열세는 물론 고립된 전장이기에 후방 지원도 거의 받지 못해 소모되다가 산발적인 저항마저 41년 10월에 끝나면서 사라졌다.

더욱 불타는 몰타의 하늘

40년 하반기 내내 폭격에 시달린 몰타는 해가 넘어가자 더 큰 시련을 맞이했다. 이탈리아 공군과는 격이 다른 독일 공군의 1급 공격 목표가 되었기 때문이었다. 첫 폭격은 아프리카 군단이 도착하기도 전인 1월 16일에 시작되었다. 이렇게 이탈리아 공군은 조연으로 밀려나지만, 폭격에서는 여전히 중요한 역할을 맡아 한때는 400대가 넘는 폭격기를 투입했고, 41년 3월 8일에는 70톤이 넘는 폭탄을 투하하기도 했다. 42년 1월 14일에는 최대 하루 14회, 월간 262회의 공습을 실시했고, 2월에는 236회, 4월에는 283회의 공습을 감행했다. 이로써 몰타는 거의 무력화되어 북아프리카 보급이 원활해졌다.

그러자 영국은 스핏파이어 15대를 보냈는데, 몰타는 본토 이외에 스핏파이어가 배치된 첫 지역이 되었다. 계속해서 전투기와 폭격기가 배치되었고, 고성능의 40㎜대공포도 배치되었다. 과거의 몰타는 영국 지중해 제국의 중간 기착지였지만 이제는 최전방의 전쟁터가 되었다. 물론 몰타 공방전은 단순한 몰타 폭격이 전부가 아니었다. 추축국의 북아프리카 주둔군에 대한 보급을 가장 방해하는 존재가 바로 몰타 섬과 영국 해군이었다. 양군은 상대방의 군함과 수송선을 공격했고, 이 과정에서 엄청난 함정과 선박, 물자와 귀중한 생명이 희생되었다. 영국은 400대가 넘는 항공기와 2척의 항공모함, 4척의 순양함, 19척의 구축함과 40여 척의 잠수함과 잠수정을 잃었으며 몰타의 가옥 3만 채가 크고 작은 피해를 입었고, 1,300명의 주민이 목숨을 잃었다. 독일과 이탈리아도 520대의 항공기를 잃었지만 군함의 피해는 많지 않았다. 대신 이탈리아 전체 수송선의 절반 이상과 물자 31만 5천 톤, 선원을 비롯한 1만 7천 명의 인명 피해 등 엄청난 대가를 치렀다. 이런 피해는 고스란히 북아프리카의 이탈리아군과 독일군의 전투력에 큰 영향을 미쳤다.

몰타 공방전 기간 동안 이탈리아 공군은 함선 공격에도 나섰지만 큰 성과를 거두지 못했다. 이탈리아 폭격기는 함선 공격에도 적합하지 않았기 때문이었다. 다만 SM.79 뇌격기는 예외여서 상당한 전과를 거두었고 카를로 부스칼리아 중위 같은 에이스도 배출했다. 부스칼리아는 영국 순양함 켄트와 글래스고를 대파시키고 많은 수송선과 소형 함정을 격침시키는 등 큰 전공을 세웠다.

그럼에도 이탈리아 공군의 전과는 독일 공군에 비할 바는 아니었다. 몰타 항공전을 길게 소개한 이유는 한 줌밖에 안되는 영국 공군조차 격멸하지 못한 이탈리아 공군의 무능함을 지적하기 위해서였다. 아마 이탈리아 공군이 핀란드 공군의 절반이라도 투지와 기술이 있었다면 지중해 전쟁, 아니 2차 대전 자체가 어떻게 돌아갔을지 알 수 없었을 것이다.

롬멜의 등장과 북아프리카의 이탈리아군

앞서 무솔리니는 이집트에 쳐들어갈 때 기갑사단을 지원하겠다던 독일의 제안을 거만하게 거절한 적이 있었다. 그러나 40년 12월~1941년 1월의 참패로 이집트 정복은커녕 리비아의 절반을 잃고 궁지에 몰린 무솔리니는 결국 히틀러에 원군을 요청했고, 히틀러는 이렇게 투덜거렸다.

> "이탈리아는 한편으로 도와달라고 비명을 지르는데다 자기네 대포와 장비가 얼마나 형편없는지 이루 말할 수 없을 정도이면서도, 다른 한편으로는 질투가 심하고 어린애들같아서 독일 군인들의 도움을 받는 것을 견디지 못하니 기가 막힐 노릇이지!"

투덜거리면서도 히틀러는 프랑스에서 용명을 떨친 롬멜 중장이 지휘하는 기갑사단과 경기갑사단으로 구성된 아프리카 군단을 보내주었다. 사실 히틀러는 소련 침공에 모든 신경을 쏟고 있었지만, 북아프리카에서 이탈리아가 완전히 붕괴된다면 유럽의 남쪽이 취약해지기 때문에 내키지는 않아도 소규모 병력이나마 보내 준 것이다. 다만 정치적 효과를 위해 유명한 장군을 골라 보낸 것인데, 물론 이 때문에 사막의 여우 롬멜과 아프리카 군단의 전설이 시작되리라고는 전혀 예상하지 못했다. 우습게도 무솔리니가 바랐던 이탈리아군의 모습을 롬멜과 북아프리카 군단이 보여주게 되는 것이다. 하지만 이 책의 주인공은 이탈리아군이고 롬멜에 대한 책은 이미 많으므로 롬멜과 아프리카 군단에 대한 이야기는 최소화하도록 하겠다. 하지만 그라치아니의 참패와 롬멜의 등장으로 이탈리아군은 다시는 북아프리카에서 군 단위의 단독 작전을 할 수 없게 된 부차적인 존재로 전락한 것만은 부인할 수 없는 사실이다. 롬멜은 이탈리아군의 상태를 보고 이렇게 말했다.

"무솔리니가 전쟁에 나가라며 자기 부하들에 쥐어준 장비를 보면 정말 머리털이 곤두설 수밖에 없다."

그럼에도 41년 3월, 120대의 전차와 함께 트리폴리에 도착한 롬멜은 과감한 전술로 영국군을 격파하고 엘 아이겔라와 아제다비아를 점령했다. 브레시아 사단은 해안으로 진격하여 벵가지를 지키고 있는 제9호주 사단을 공격하고 아리에테 기갑사단은 독일군과 함께 내륙으로 우회하여 벵가지를 공략했다. 4월 4일, 추축군은 벵가지를 탈환했고, 8일에는 영국 제2기갑사단을 포위 공격하는 데 성공하여 오코너 장군을 비롯한 1,200명의 포로를 잡는 대승리를 거두었다. 이렇게 추축군은 토브룩을 제외한 키레나이카를 되찾았지만 토브룩을 지키는 영연방 수비대는 완강하게 버티었다. 세 차례에 걸친 공격이 실패로 돌아갔고 더구나 트리폴리에서 시작되는 보급선은 영국군의 거의 세 배에 달하는 1,500km에 달해 보급도 어려워져 추축군은 토브룩을 포위한 채 전선은 교착되었다.

6월이 되자 영국군은 본토에서 증강을 받아 배틀엑스 작전을 시작했지만 추축군의 완강한 방어, 특히 독일군 88㎜ 대공포 부대의 덫에 걸려 많은 손실만 입고 공격은 실패로 돌아갔다. 이후 롬멜은 대장으로 승진하여 아프리카 군단과 이탈리아 제21군단을 모두 지휘할 수 있게 되었다. 한편 이탈리아군 정예부대인 아리에테 기갑사단은 그 시기에 보충을 받아 M13/40 전차 146대를 보유하게 되어 전투력이 상당히 향상되었다.

1941년의 북아프리카 이탈리아 공군

독일 공군이 북아프리카에 진출하게 되자 이탈리아 공군은 주연을 내주고 리비아 방공 등 2선으로 밀려나게 되었다. 그래도 41년 9월 3일, 스페인 내전의 에이스였던 본자노 중령이 이끄는 27대의 G.50이 6대를 잃으면서 영국 전투기 13대를 격추시킨 적도 있었고, 9월 7일에는 시디 바라니를 기습하여 비행장에서 있던 영국 공군기 21대를 격파하는 큰 전과를 거두기도 했다. 하지만 11월 에는 영국 특공대(Long Range Desert Group: 현 SAS의 전신)의 공격으로 18대의 전투기 를 잃는 참사를 당하기도 했다.

마타판 해전

41년 2월, 이탈리아와 독일 해군 수뇌부가 모여 영국의 그리스 지원을 해상 에서 저지하기로 합의했고, 영국군도 2월 25일에 이탈리아령 도데카네스 제도 의 카스텔로리조 섬 점령을 시도했으며, 3월에는 그리스 행 육군 수송을 시작 했다. 이런 영국 해군의 움직임은 이아치노 제독으로 하여금 3월 26일 주력함 대 출격을 결심하게 했다. 영국은 통신 감청과 암호해독으로 이탈리아 해군의 공격을 예측하여 그리스로 향하던 AG9선단은 되돌아갔고 3월 27일에 그리스 출발 예정이던 GA8선단은 그대로 머물렀다. 물론 이를 까맣게 모르고 있었던 이아치노 제독은 기함 비토리오 베네토와 6척의 중순양함, 2척의 경순양함, 13 척의 구축함을 이끌고 영국 GA8선단을 요격하기 위해 브린디시를 출발했다.

3월 27일 저녁, 알렉산드리아에서 커닝햄 제독이 이끄는 3척의 전함과 1척 의 항공모함을 중심으로 한 함대가 출격했다. 여기에 28일 아침, 에게해에서 활 동 중인 프리덤 윗펠 중장이 지휘하는 순양함 부대(경순양함 에이잭스, 오리언, 글로체 스터, 퍼스와 구축함 4척)가 합류했다.

8월 28일, 루이지 산소네티(Luigi Sansonetti) 중장의 중순양함 트리에스테, 트렌 토, 볼차노와 구축함 3척으로 구성된 이탈리아 함대는 영국 함대와 접촉하게 되었다. 8시 12분, 이탈리아 중순양함이 먼저 포격을 했다. 영국군이 동쪽으로 향하자 이탈리아군도 추격했지만 이를 함정이라 생각한 이아치노 제독은 8시 55분에 산소네티 중장에게 추격 중지를 명령했다. 이에 산소네티 함대는 북서 쪽으로 향해 전투는 중단되었다. 이 전초전에서 양군의 피해는 거의 없었다.

북서쪽으로 향한 산소네티 함대를 추적하던 윗펠 중장의 영국 함대는 이탈 리아 함대와 만났다. 10시 55분, 비토리오 베네토가 포격을 개시하고 산소네티 의 함대가 가세하자 영국 함대는 남쪽으로 퇴각했다. 비토리오 베네토의 명중 탄은 없는 채로 전투는 끝났다. 한편 영국 항공모함 포미더블에서 발진한 앨버코어 뇌격기 6대가 11시 27분에 이탈리아 함대에 대한 공격을 시작했다. 비토리오 베네토를 겨냥한 어뢰는 모두 빗나갔지만 항모의 존재를 알게 된 이아치노 제독은 11시 40분에 철수하기로 했다. 12시 5분, 크레타 섬 말레메에서 발진한 소드피쉬 3대가 중순양함 볼차노를 공격했지만 실패했다.

15시 20분, 포미더블에서 발진한 앨버코어 3대가 비토리오 베네토의 좌현에 어뢰 1발을 명중시켜 4번 스크류를 날려버렸다. 이 때문에 이탈리아 함대는 2시간 가량 멈춰서야 했고, 이 2시간이 치명적인 결과를 가져오게 된다. 베네토가 19노트로 움직일 수 있게 되자, 전함대가 그 속도에 맞추어 회항하기 시작했다. 그 사이에도 영국군 항공기의 공격은 계속되었고, 결국 19시 30분 경, 포미더블에서 다시 발진한 앨버코어 6대와 육지에서 출격한 소드피쉬 2대가 이탈리아 함대를 포착해 19시 58분에 중순양함 폴라의 우현에 어뢰 하나를 명중시켰다. 20시 48분, 이아치노 제독은 이 때문에 전 함대를 다시 돌릴 수는 없었기에 폴라의 자매함이기도 한 중순양함 자라, 피우메, 구축함 4척이 폴라 구원을 위해 출발했다.

20시 15분, 선행하던 영국 순양함이 레이더로 폴라를 포착했다. 22시 10분엔 전함 발리언트의 레이더에도 폴라가 포착되었는데, 구원하러 온 자라와 피우메까지 포착되고 말았다. 불운하게도 폴라는 무선통신도 불가능해서 자매함들끼리 전혀 의사소통이 되지 않았다. 22시 27분 이후 전함 워스파이트, 발리언트, 바아람이 차례로 포격을 시작했고 이탈리아 중순양함 피우메, 자라, 구축함 빅토리오 알피에리는 순식간에 대파되어 불타올랐다. 피우메는 23시경, 자라는 영국 구축함 자비스의 어뢰를 맞고 29일 2시 40분에 침몰되었다. 빅토리오 알피에리도 전날 23시 15분에 영국 구축함 스튜어트에 의해 침몰하고 말았다. 또 구축함 카르디치도 영국 구축함 하보크의 공격으로 격침되었고, 순양함 폴라도 승무원들이 항복한 후 영국 구축함의 어뢰에 맞아 4시 10분에 침몰했다. 이렇게 이탈리아 해군은 3척의 중순양함과 2척의 구축함을 잃었고 전사자는 산소네티 제독과 4명의 함장을 포함하여 2,300명이나 되었다. 격침당한 중순양함 자라, 폴라, 피우메가 모두 자매함이었다는 사실은 더 비극적이었다. 이는 2차 대전에서 유일한 기록인데. 이 해전의 패배 이후 이탈리아 해군은 더 이상 동지중해 진출을 시도조차 하지 않았다.

마타판 해전은 좁은 지중해라도 항모의 위력을 절감하게 만들었고 이탈리아 해군은 대형 여객선 로마를 개장한 항공모함 아퀼라 건조에 착수한다. 이 항모의 가장 큰 특징은 뇌격기나 폭격기를 싣지 않고 함재기 52대를 전부 전투기로 채울 계획이었다는 사실이다. 이탈리아 해군이 얼마나 함대 방공 노이로제가 걸려 있는지 잘 보여주는 증거가 아닐 수 없다. 또한 레이더가 없는 이탈리아 해군이 얼마나 불리한가와 야간 전투에서는 영국 해군의 상대가 될 수 없다는 사실을 다시 한 번 증명한 해전이기도 했다.

퇴영적 현존함대 전략

마타판 해전의 참패로 이탈리아 해군은 지중해 제해권을 완전히 잃었고, 무솔리니의 지시로 이탈리아 연안에서만 활동하였다. 역으로 영국 해군은 적어도 지중해에서는 자유로운 함대 운용이 가능해졌다. 이 해전 이후 이탈리아는 북아프리카와 발칸 반도에 대한 수송 및 작전을 펼치기 더욱 어려워져서, 북아프리카의 이탈리아군과 막 도착한 롬멜의 아프리카 군단은 충분한 보급을 받지 못해 영국군의 반격을 격퇴하고도 북아프리카 전선에서의 전체적인 상황은 여전히 열세에 놓이게 된다.

41년 후반부터 이탈리아 해군은 소위 '현존함대 전략'을 선택하는데, 이는 주력함을 항구에 박아놓고 단지 뒤에서 '어깨에 힘주는 것만으로 위협한다' 는 논리였다. 대신 전투는 구축함이나 잠수함, 어뢰정 같은 작은 배들만을 내보내 싸우는 것이었다. 연료도 없고 소모한 전차와 전투기조차 보충하기 힘든 생산력이어서 귀중한 전함을 상실하면 보충할 능력이 없는 이탈리아로서는 나름대로 현명한 전략일 수도 있었다. 실제로 영국 해군에도 신경 쓰이는 전략이긴 했지만 한계는 명확했다. 제2차 세계대전의 농담 중에 "영국 해군은 럼주에 의지하고, 미 해군은 위스키에 의지하며, 이탈리아 해군은 항구에 박혀서 나오지 않는다"라는 말이 있는데, 이는 이탈리아 해군의 수병들이 아닌, 이탈리아 제독들에게는 전쟁 초기부터 딱 들어맞는 말이었다.

사실 1차 대전 당시 독일 해군도 이 전술을 사용하여 연합군의 본토 상륙을 저지하긴 했지만 결국 패전의 한 원인을 제공하기도 했다. 그래도 독일은 대륙

국가이기에 이런 전략이 어느 정도 합리화될 수 있었지만 해양국가에 가까운 이탈리아가 어쩔 수 없었다 해도 이런 전략을 쓴 것은 사실상 자멸을 선택한 것이고 실제로도 그렇게 된다. 물론 그렇다고 전혀 활동이 없었던 것은 아니었으며 예외는 있었다. 최소한 북아프리카에서 싸우는 추축군에 대한 보급은 해야 했는데 호위 없이 수송선만 보낼 수는 없었기 때문이다. 하지만 많은 수송선단이 영국군의 공격으로 큰 희생을 치렀다. 번번이 정보가 누설되자 전쟁 내내 이탈리아 국민들은 배신자들이 있지 않을까? 라고 의심했는데, 실제로 전쟁 중 영국에 협력한 군 고관이 있다는 사실이 전후에 밝혀졌다.

유고슬라비아와 그리스에서의 이탈리아군

유고슬라비아에 진주한 이탈리아군은 24개 사단과 3개 해안 방어여단에 달했다. 제2군은 북부 달마티아의 수사크(Susak)에 사령부를 두었고, 제9군은 알바니아 수도 티라나에 사령부를 두었다. 41년 7월, 몬테네그로를 장악한 이탈리아가 괴뢰국가를 수립하려 하자, 주민들이 봉기했다. 이때부터 시작된 게릴라전은 이탈리아 항복 이후까지 계속되었다. 유고슬라비아 주둔 이탈리아군의 장비는 2선급이었지만 다른 전선과는 달리 CV33도 제법 활약할 수 있었다. 대전기간 이탈리아 육군은 최대 73개 사단이었는데 정예부대는 아니었다고 해도 그 중의 1/3정도인 24개 사단을 전략적으로 우선순위가 낮은 유고슬라비아에 전개했다는 것은 정말 어리석은 행동이었다. 물론 달마티아 지방은 1차 대전 때부터 이탈리아인들이 자기 땅이라고 여겨 정서적 교감이 있기는 했는데, 이 땅은 아마 그리스인들이 소아시아 해안지방을 바라보는 느낌, 우리나라가 만주 벌판을 바라보는 느낌과도 비슷했던 것 같다. 이에 비해 전략적으로 가장 중요한 북아프리카에 전개된 병력은 10개 사단도 되지 않았다. 북아프리카의 패배가 무솔리니 정권 붕괴에 결정적인 역할을 했다는 사실을 상기하면 무솔리니가 얼마나 전략적으로 아무 생각 없이 행동했는지 잘 증명해주고 있다. 결국, 연합군이 시칠리아에 상륙하고 본토를 위협하는데도 대부분의 병력이 국경 밖에 분산되어 있어 본토조차 지킬 능력이 없었다.

유고슬라비아 주둔 이탈리아군이 수행한 작전 중 비교적 큰 규모만 보면 41

년 9월에서 12월까지 마르케 보병사단이 동 헤르체코비나에서, 산악사단이 42년 4월, 동 보스니아에서 소탕작전을 실시했다. 비슷한 시기에 타우리넨세 사단과 브리스테리아 사단도 몬테네그로에서 거의 비슷한 작전을 펼쳤다.

43년 1월에서 3월 동안 크로아티아에서 롬바르디아 사단 등 3개 사단이 대규모 대 파르티잔 공세를 펼쳤다. 당시 알바니아 총사령관이었던 피르치오 비롤리 알레산드로 대장은 제9군 사령관으로 유고슬라비아와 그리스 침공에 참전했고, 이후 몬테네그로의 사령관과 총독을 지내면서 많은 학살을 저질렀다.

유고슬라비아에서는 43년 1월, 독일군 5개 사단과 이탈리아군 3개 사단, 체트닉과 크로아티아군이 티토의 파르티잔을 상대로 대규모 토벌전을 벌였다. 남쪽과 서쪽을 맡은 이탈리아군은 탈출하려는 파르티잔과 네레트바 강에서 큰 전투를 벌였으나 패배했고 티토군은 강을 건너 몬테네그로로 빠져나가는데 성공했다. 이 전투에서 티토군은 15대의 CV33을 노획하여 '기갑부대'를 편성하기도 했다. 이 전투는 훗날 티토의 유고슬라비아 정부가 주도하여 율 브린너와 오손 웰스, 프랑코 네로가 출연한 「네레트바 전투」란 이름으로 영화화되기도 했다. 국책 영화답게 상당한 대작영화였다.

8개 사단과 1개 여단으로 구성된 제11군은 그리스와 에게해의 섬들에 배치되었고 유고슬라비아만큼 대규모 작전을 펼치지는 않았지만 런던 망명정부의 지원을 받는 게릴라들을 상대로 긴 전투를 계속해야 했다. 결코 주 전장이 아니었던 이 두 전장에서도 이탈리아군의 손실은 적지 않았다.

러시아 파병과 승리

동아프리카의 충격이 이탈리아를 덮고 있던 41년 6월 22일, 독일은 소련 침공 작전인 '바르바로사'를 시작했다. 작전 시작 겨우 30분 전인 새벽3시, 로마 주재 독일 대사는 치아노 백작을 잠에서 깨워 히틀러의 서신을 전달했다. 치아노는 리치오네의 여름 별장에서 쉬고 있는 무솔리니에 전달했다. 사실 이런 무례는 처음이 아니었기에 무솔리니는 분개하면서 이렇게 내뱉었다. "나는 내 하인이라도 밤중에는 방해하지 않는다!" 내용은 판에 박힌 예방 공격론의 재탕에 불과했다. 그렇지만 무솔리니는 일어나자마자 소련에 대한 선전포고를 명령했다. 물론 독일의 승리를 확신했기 때문이었지만 한편으로는 독일군이 소련 땅에서 혼이 나기를 바라기도 했다. "나는 독일이 러시아 땅에서 깃털을 왕창 뜯겼으면 좋겠어!"

독일은 다른 어떤 추축동맹국보다도 이탈리아에 독일 자신들의 의도를 끝까지 오랫동안 숨겨 왔는데 이탈리아 정부에서 정보가 새어나갈 것을 염려했기 때문이었다. 히틀러는 독일군의 리비아 파병의 대가로 이탈리아군의 러시아 파병을 요구했다. 이 요구는 이탈리아군의 전력이 필요해서가 아니라 한 나라라도 더 소련전에 참가시켜 '반볼셰비즘' 십자군의 성격을 강화시키기 위함이었다. 따라서 의용병 사단 하나만을 보낸 프랑코처럼 의례적인 병력만 보내는 것도 가능했다. 하지만 무솔리니가 참모들에게 대규모 파병을 지시하자 치아노까지 나서 "어리석고 무모한 행위"라고 강력하게 반대했다. 이미 생각이 경직되었고 독일에 의지할 수밖에 없는 무솔리니는 "우리에겐 선택권이 없다"며 묵살한다. 사실 러시아 파병은 독일의 요청과 무솔리니의 체면만 걸린 문제는 아니었고, 계속해서 국내 좌익 세력을 눌러야 하는 무솔리니의 정치적 입장상 "우리는 계속 공산당과 싸우고 있다"는 것을 보여줄 필요가 있었기 때문이기도 했다. 무솔리니가 내각에 털어놓은 유일한 걱정거리는 이 부대가 제시간에 도착하지 못해 전투에 참가하지 못할지도 모른다는 것뿐이었다.

파병부대는 육군참모본부에서 선정했다. 규모는 1개 군단으로 제9 파스비오 반기계화사단, 제52 토리노 반기계화사단과 제3 아메데오 두카 드 아오스타(아오스타 공작, 아메데오 황태자) 쾌속사단이었다. 군단 직할로 제63 검은 셔츠 여단과 9개 수송대대가 배속되었다. 총병력은 약 6만 2천 명, 장비는 차량 5,500대, 말과 노새 4,600두, 야포 220문, 대전차포 94문, L3경전차 60여 대였다.

반기계화사단은 2개 보병연대와 1개 포병연대로 구성되어 있었으나 병력은 1만 명에 불과해서, 포병연대와 사단직할부대(2개 오토바이 대대, 2개 대공포대, 2개 대전차 중대)만 기계화되었고 보병연대는 걸어야 했다. 말 그대로 '반'만 기계화된 사단이었는데, 독일군은 이들을 완전히 기계화된 부대로 오해하고 과중한 기동을 요구했다고 한다.

쾌속사단은 2개 기병연대와 1개 포병연대, 1개 베르살리에리 연대, 1개 전차대대(L3경전차 보유) 등으로 구성되어 있었지만 병력은 겨우 7,750명 수준에 불과했다. 포병도 경량급 75㎜와 105㎜ 야포가 전부였고, 대공포도 소구경인 20㎜가 전부였다. 독일군 입장에서 보면 말이 사단이지 실제 전투력은 여단 급 정도였다. 그래도 이탈리아 입장에서는 최고의 정예부대였고 나중에 규모가 확대되었을 때보다 이때가 더 나았다는 평까지 독일군에게 받았다. 하지만 이 전력을 몰타나 북아프리카 전선에서 썼다면 훨씬 도움이 되지 않았을까? 라는 의문이 저절로 나올 수밖에 없다.

러시아 파병 이탈리아군은 '이탈리아 러시아 원정군단(Corpo di Spedizione Italiano in Russia)', 통칭 CSIR로 명명되었고, 사령관은 지오반니 메세(Giovanni Messe) 중장이 맡았다. 메세 중장은 훗날 원수까지 오르며, 롬멜도 인정했던 몇 안 되는 이탈리아군의 명장이었다. 군단은 7월 10일 북이탈리아 베로나에서 출발하여 8월 5일에 남 러시아에 도착했다. 처음에는 룬트슈테트의 남부집단군 산하 리터 폰 쇼베르트의 제11군에 배치되었지만 8월 14일에는 클라이스트의 제1기갑군으로 옮기게 되었다.

이탈리아군은 8월 11일부터 본격적으로 투입되어 퇴각하는 소련군을 추격하는 임무를 맡아 3,500명의 포로를 잡는 등 전과를 올리며 루마니아군과 함께 드네프르 강까지 순조롭게 진격했다. 9월, 토리노 사단과 제3쾌속 사단은 드네프르 강 교두보에서 포위섬멸전을 펼쳐 1만 3천의 포로를 잡는 대승을 거둬 클라이스트 장군의 축전을 받았다. 제3쾌속사단은 기동력을 살려 독일 산악사단과 함께 10월 20일, 스탈리노 함락에도 공헌하였다. 그러나 11월 초부터 보급의 한계와 기후 악화로 진격은 한계에 이르렀다. 그래도 프랑스와 그리스전의 교훈으로 부족하나마 월동장비를 갖춘 것이 불행 중 다행이었다.

결국, 12월 5일부터 모든 전선에서 소련군의 반격이 시작되었고, 남부전선에서도 소련군이 맹공격에 나서자 남부집단군은 미우스 강으로 후퇴해야 했다. 그러나 소련군 역시 스탈린의 조급성으로 인한 불충분한 준비와 병참 문제, 예비병력의 부족으로 공세 한계점에 이르렀고 1월 말이 되면 전선은 교착상태가 되었다. 이 과정에서 이탈리아군은 큰 타격 없이 부대를 유지한 채 전투를 잘 수행했지만 적지 않은 장비와 병력을 눈 속에 두고 와야 했다.

밀고 밀리는 북아프리카 전선

11월 18일, 영국군은 토브룩 포위를 풀기 위한 크루세이더 작전을 시작했다. 146대의 전차를 보유하고 있던 아리에테 사단은 156대의 전차를 보유한 영국군 제22전차여단과 치열한 전투를 벌였고, 영국군 전차 40여대를 격파하며 진격을 저지했다. 이 전투는 이탈리아군 최초의 본격적 전차전이기도 했다. 파비아 사단은 독일군과 함께 영국군의 토브룩 진격을 저지하기도 했다. 롬멜이 아리에테 사단과 독일 제15,21기갑사단을 보내 이집트 국경 진격을 시도하자 제8군 사령관 커닝햄 장군은 후퇴하여 부대를 재편성하였다. 이에 오킨렉 장군은 커닝햄을 경질하고 새로운 사령관으로 리치 장군을 임명했다. 보급을 받고 전력을 회복한 영국군이 다시 추축군을 밀어붙이자 전선은 혼란에 빠졌다.

그래도 독일 제15기갑사단은 시디 레자크를 탈환했고, 아리에테 사단은 제2뉴질랜드 사단을 공격하여 많은 포로를 얻기도 했다. 하지만 계속되는 전투로 연료와 탄약이 바닥을 드러냈고, 가동할 수 있는 전차의 수도 얼마 남지 않게 되자 롬멜 역시 역부족임을 느껴 포위를 풀고 가잘라로 후퇴하였다. 이때 지원병으로 구성된 파시스트 여단은 육탄 공격을 감행하여 12대의 전차를 파괴하는 전공을 세우기도 했다. 하지만 결국 추축군은 600㎞ 떨어진 엘 아이겔라까지 후퇴할 수밖에 없었지만 롬멜의 능란한 전술로 별다른 피해 없이 철수에 성공했다. 영국은 이렇게 롬멜에 대한 첫 승리를 거두었고 키레나이카를 다시 차지했다.

이탈리아 해군 특공대 이야기

여러모로 이탈리아 해군은 덩치 값을 하지 못했지만 그 대신 막내들이 체면을 살려 주었다. '막내'들이란 35년경부터 두 사람이 탑승할 수 있도록 개조한 어뢰인 SLC(Siluro a Lenta Corsa, 직역하면 천천히 순항하는 어뢰)와 돌격보트, 소형 잠수정들이었다. 이들 막내들의 활약으로 이탈리아 해군은 타는 배가 작을수록 더 용감하다는 평을 듣게 된다.

사실 우리말에는 이런 '함종'에 해당되는 적당한 용어가 없다. SLC를 '인간 어뢰'라고 번역하기도 하지만 일본의 카이텐(回天)과는 달리 자살병기가 아니므로 여기서는 '수동어뢰'라고 부르겠다. 두 번째의 '돌격보트'는 일본에서는 폭장정(爆裝艇)이라고 부르기도 한다.

이탈리아 해군은 SLC를 돼지라는 뜻의 마이알레(Maiale)라고 불렀는데, 둔중해 보이는 겉모습과 그에 걸맞게 느려터진 속도 때문에 붙은 별명이었다. 탑승자 2명은 산소통과 잠수 도구를 갖추고 선체에 올라탄 자세로 스틱을 조종, 최대 4노트로 목표에 도달하면 내려서 타고 온 200~300kg의 시한폭탄을 선체에 고정시킨 다음 작동시키고 열심히 도망가야 했다. 운전은 아주 까다로웠다. 보통 2대가 잠수함에 실려 적 항구 주변까지 이동했다가 모함에서 분리하여 적진에 침투하였다. 이 두 부대는 다른 병과와는 달리 청년들에게 인기가 높아서 훌륭한 인적 자원을 확보할 수 있었다. 이 부대의 이름은 데시마 플로틸리아 마스(Decima Flottiglia MAS)로 직역하면 '제10선박 공격 소함대'다. 이들의 모토는 '항상 대담하게 행동함을 기억하라'였다.

이 부대의 기원은 1차 대전까지 거슬러 올라간다. 18년 11월 1일, 라파에레 파올루치와 라파에레 로세티란 두 명의 대원이 별명이 '거머리'라고 불린 수동 어뢰를 타고 풀라(Pula)항으로 몰고 가 접착식 기뢰를 사용하여 오스트리아 해군의 2만 톤급 전함 빌리부스 우니타스(Virivus Unitas)를 침몰시켰다. 그러나 이 두 대원은 잠수장비가 없어서 유인어뢰를 몰고 갈 당시 머리를 수면 밖으로 내밀고 숨을 쉬면서 이동했고, 공격 성공 후 탈출하다 잡혀 포로가 되었다.

20년대, 지중해의 프랑스와 이탈리아 해안에서는 잠수장비 없이 작살로 물고기를 잡는 스포츠가 유행해서 자연히 오리발과 마스크, 스노클이 발전하게 된다. 이 스포츠는 30년대에 잠수함 탈출용 비상 산소통을 가지고 스쿠버를 통해 물고기를 잡는 레저로 발전했다. 39년, 파올로 알로이시 대위는 연구와 해군 기술자 두 명의 장비 개발을 통해서 1차 대전 당시 파올루치와 로세티 대원이 사용했던 수동어뢰를 다시 만들었다. 이들 대원들은 부착식 폭발물을 사용했고, 이탈리아 해군사관학교가 있는 리보르노 근처 잠수학교에서 학생들을 선발했다.

이탈리아인들 중에는 스피드광들이 많다고 했는데 이는 바다에서도 예외가 아니었다. 더구나 비교적 잔잔한 지중해는 고속정이 활동하기 좋은 바다였다. 그래서 그들다운 무기를 개발했는데, 바로 고속 모터보트에 폭탄을 싣고 조종사가 조종하다가 충돌 직전 미끄러져 탈출할 수 있도록 한 돌격보트였다. 자세히 말하면 목표물 90m 앞에서 조종간을 직진만 할 수 있도록 고정시키는 구조였다. 일본이 전쟁 말기 최후의 발악을 하면서 만든 물 위의 카미카제, 신요(震洋)와 비슷해 보인다. 하지만 신요는 말 그대로 자살병기이지만 후자는 탈출할 수 있다는 큰 차이가 있고, 운영에서도 신요는 해안에 기지를 두고 50척을 한 부대로 운용하는데 반해, 돌격보트는 몇 척 단위로 운용하고 모함에 실려 목표물 근처까지 갔다가 작전에 돌입하기에 운영상의 차이는 크다고 할 수 있다. 이 배는 대외적으로는 '유람용 모터보트'란 이름으로 생산되었는데, 스포츠카로 유명한 알파 로메오사의 95마력 엔진을 탑재했다.

개전 이후, MAS부대의 수동어뢰팀은 알렉산드리아에 세 차례, 지브롤터에 두 차례 공격을 시도했지만, 모두 실패했고 잠수함 이리데와 곤다르만 잃었다. 하지만 헛된 시도만은 아니었다. 노하우를 쌓았고, 전함 바아람에 30m까지 접근해서 거의 성공할 뻔했기 때문이었다. 그 사이 돌격보트 부대가 먼저 큰 전과를 올린다.

41년 3월 26일, 이탈리아 해군의 구축함 프란체스코 크리스피, 쿤티노 셀라에서 출격한 돌격보트는 크레타 섬의 수다 만에 정박하고 있는 영국 중순양함 요크(HMS York)와 노르웨이 국적의 대형 유조선, 다른 유조선 하나, 그리고 수송선을 공격했다. 두 척의 공격보트가 중순양함 요크 함체 중앙에 정확하게 충돌했고, 바로 보일러와 탄약고가 침수되었다. 노르웨이 유조선은 공격을 받아 침수되었지만 중심은 잡을 수 있었고, 다른 유조선과 수송선은 침몰했다. 다른 돌격보트들은 목표에서 빗나갔다. 그 중 하나는 해변에 가서 멈춰버렸고, 타고 있던 특공대원들은 모두 포로가 되었다. 피해를 입은 요크는 독일군이 크레타 섬을 점령하던 시점에 자침시켜 버렸고, 노르웨이 선적 유조선도 알렉산드리아로 가다가 결국 침몰하고 말았다. 전후 요크는 인양하여 고철로 해체되었다. 작은 고추에 쓴 맛을 본 영국 해군은 경계를 크게 강화했다. 다음에는 이탈리아가 당할 차례였다.

7월 26일, 두 대의 수동어뢰와 8척의 돌격보트들이 몰타 공격을 시도했지만 영국 해군의 레이더가 접근하는 돌격보트들을 간파했고, 사정거리에 들어오자 해안포가 그들을 포격했다. 15명의 특공대원이 전사했고, 18명이 포로로 잡혔다. 수동어뢰 한 대는 구축함에 발각되어 파괴되었다. 특공대원인 중위 한 명과 하사관 한 명은 수동어뢰가 유실되자 세인트 조지 만까지 3㎞를 수영해서 상륙했지만 발각되어 철저한 심문을 받았다. 몇 척의 돌격보트는 표류하다가 영국 군함에 발견되어 항구로 견인되었다. 최악의 실패였고, 특히 뼈아픈 손실은 수동어뢰의 개발자이자 부대 창설자의 하나였던 테세오 테세이(Teseo Tesei) 대위의 전사였다. 이후 부대의 지휘권을 맡은 유니오 발레리오 보르게세(Junio Valerio Borghese) 중령으로, 무려 공작 작위를 지닌 귀족이기도 했지만 그 이전에 강력한 카리스마를 가진 출중한 지휘관이었다.

9월 20일, 잠수함 스키레가 다시 세 대의 수동어뢰를 싣고 지브롤터로 출동하여 유조선과 수송선 3척, 총 21,337톤을 격침시켰다. 6명의 수동어뢰 특공대원들은 스페인 해안에 도착해 안전하게 귀국했다. 잠수함 승무원과 특공대원 모두 훈장을 받았다. 수동어뢰 부대의 첫 전과였다. 이어서 12월 12일에는 알제에 침투하여 적 수송선 4척(총 2만 1천 톤)을 격침시켰다.

1차 시르테 해전

수상전에서는 소극적인 이탈리아 해군이지만 지중해 보급전에는 참가하지 않을 수 없었고 그 과정에서 1,2차 시르테 해전이 벌어졌다. 41년 12월 17일, 리토리오를 위시한 4척의 전함, 5척의 순양함과 구축함들로 이루어진 이탈리아의 주력함대는 수송선단을 호위하다가 7척의 순양함과 16척의 구축함이 호위하는 영국 수송선단을 만났다. 화력이 열세인 영국 함대는 연막을 뿌리고 도주했고 이탈리아 함대는 손실 없이 임무를 완수했다. 하지만 몰타로 피하던 영국 함대는 이탈리아 기뢰망에 걸려들어 순양함 넵튠과 구축함 한 척이 격침되고 순양함 2척이 파손되어 전열에서 이탈했다. 하지만 영국 해군은 이런 손실 정도는 완전히 잊게 할 만한 대참사를 바로 다음 날 당한다.

알렉산드리아의 기적

11월 25일, 마타판 해전의 영웅이었던 윗펠 제독은 이탈리아 선단 공격을 위해 전함 바아람을 기함으로 하고 퀸엘리자베스와 발리언트, 구축함 9척을 거느리고 공격에 나섰는데, 독일 U-331의 어뢰3발이 기함 바아람에 명중하여 함장과 815명의 수병이 전사했다. 참사에 깜짝 놀란 두 전함은 알렉산드리아로 물러나 두문불출했다.

12월 3일, 스키레는 통상적인 순찰 업무로 위장하여 수동어뢰를 싣지 않고 라스페치아를 출항했다. 스키레는 항구 밖에서 수송선과 접선하여 수동어뢰 3대를 실었다. 특공대원들은 수동어뢰를 점검하고는 수송선에 탔다. 그들은 엿새 후 스키레와 레로스 섬에서 만날 예정이었다. 스키레는 예정대로 이탈리아 관할 하에 있는 레로스 섬에 닿았지만 영국의 첩보망을 걱정한 이탈리아 해군은 입항 이유까지 위장했다. 즉 스키레는 순찰 업무를 수행 중 공격을 받아 수리를 위해 입항했다는 것이다. 이곳에서 잠수함 수리를 위한 기술자로 위장한 특공대원들이 합류했다. 12월 14일 드디어 스키레는 레로스 섬을 떠났다.

12월 18일 저녁 9시, 스키레는 알렉산드리아 항구 끝 등대에서 2km 지점까지 접근하고 수동 어뢰를 발진시켰다. 고된 작업 끝에 백작 신분의 루이지 듀란데 라펜느 대위를 비롯한 6명의 특공대원을 태우고 출발한 3대의 수동어뢰는 부상한 채로 알렉산드리아 항 남쪽 출입구로 향했다. 출입구에 도착한 일행은 잠시 휴식을 취하면서 전투식량을 먹었는데, 이때 라펜느 대위는 준비한 작은 코냑 한 병을 대원들과 나누어 마셨다. '최후의 만찬'이라면 거창하지만 이승에서의 마지막 식사가 될 확률이 높았다.

알렉산드리아 항은 반도의 북쪽 끝에서 기다랗게 방파제가 둘러싸고 내항으로 연결되는 통로는 남쪽 끝에 있는데, 여기에는 잠수정 방지용 철망이 넓게 설치되어 있었다. 특공대원들이 자력으로 방어선을 돌파하려면 이 철망을 절단하거나 위로 통과해야 하는데 어느 경우건 감시병에 발각 될 위험이 컸다. 최선은 영국 군함이 출입하는 순간으로, 이때는 일시적으로 방어 철망이 열리기 때문이다. 특공대원들은 운이 좋았다. 영국 구축함 3척이 입항하면서 출입구가 열린 것이다. 구축함들은 혹시 잠수함이 침입할까봐 폭뢰를 떨어뜨리며 입항했다. 폭뢰는 수동어뢰에 위협이 되지는 않았지만 구축함이 일으키는 파도 때문에 수동어뢰들은 대형을 유지하기는 힘들었다.

전함 발리언트에 접근하는 데 성공한 라펜느는 에밀리오 비앙키 하사의 탈진과 수동어뢰의 고장에도 불구하고 40여 분간의 사투 끝에 폭탄 설치에 성공했다. 폭발 시간은 오전 6시 정각이었다. 어뢰 방지망에 부착된 부유물을 붙잡고 회복을 위해 쉬던 라펜느는 비앙키를 발견했지만 바로 경비병에게 체포되고 말았다. 시간은 새벽 3시 30분이었다.

한편 안토니오 마르첼리아 대위와 스파르타코 스케르카트 하사 팀의 수동어뢰는 전함 퀸엘리자베스의 배 밑까지 도달하는 데 성공했다. 그들도 6시 정각으로 폭발 시간을 맞추고 목표물에서 벗어났다. 시간은 3시 15분이었다. 세 번째 팀인 빈첸초 마르텔로타 대위와 마리오 마리노 하사 팀도 1만 6천 톤 급 노르웨이 유조선 사고나 호에 무사히 폭탄을 설치하는 데 성공했다. 그들이 빠져나온 시간은 2시 55분이었다.

우습게도 라펜느 대위와 동료는 자신들이 설치한 폭탄이 달린 배로 끌려가 쪽방에 수감되어 함장 모건 대령의 취조를 받게 되었다. 그들은 자신들이 침투대원의 전부이며, 출입구에서 장비를 잃고 홀로 헤엄쳐 들어왔다고 둘러댔지만 영국 해군은 당연히 믿지 않았다. 영국 잠수부가 투입되어 폭발물을 찾았지만 놀랍게도 발견되지 않았다. 다른 네 명은 무사히 육지에 올라왔고, 이탈리아 공작원들의 도움을 받아 프랑스 선원으로 위장해 귀국할 예정이었지만 모두

이집트 경찰의 포로가 되고 말았다.[19]

5시 45분이 되자 취조받던 라펜느는 "15분 후 이 배는 폭발한다! 죽이든가 말든가 맘대로 해!"라고 외쳤다. 이미 해체가 불가능한 시간이었으므로 전함의 승무원들은 즉시 패닉 상태에 빠져 모두 바다에 뛰어들었다. 발리언트 폭발 2~3분 후 퀸엘리자베스의 선체 중앙부에서도 폭발이 일어났다. 발리언트는 바닥이 무려 25m나 찢어졌고, 퀸엘리자베스는 보일러실 3개가 모두 대파되어 두 전함은 마스트 꼭대기 1미터만 남기고 항구 바닥에 가라앉았다. 발리언트는 반년 후, 퀸엘리자베스는 1년 반 후 복귀하긴 했지만 영국 지중해 함대는 일시적으로 한 척의 전함과 한 척의 항공모함도 없는 신세가 되었다. 며칠 전 일본이 태평양 전쟁을 일으켜 전함 프린스 오브 웨일즈와 리펄스가 격침당했는데 갑자기 지중해에서 3척의 전함을 더 잃었으니 아무리 영국 해군이라지만 '멘붕'이 일어날 만했다.

이로서 이탈리아 해군은 타란토에서 진 빚을 일부나마 갚게 되었다. 두 전함과 함께 유조선 사고나 호도 완전히 격침되었고 후폭풍으로 인해 구축함 저비스까지 대파되었다. 이탈리아 해군이 지불한 대가는 포로 6명에 불과했다. 훗날 라펜느 백작은 이탈리아 항복 후 포로수용소에서 석방되었고, 연합국 측에 가세한 남왕국군에 복귀하였다. 그리고 45년 3월, 발리언트 호를 침몰시킨 공적으로 황금훈장을 받았는데, 이때 소장으로 승진한 영국 해군의 모건 함장도 참석하여 자신의 소중한 배를 침몰시켰지만 부하들을 살린 라펜느를 위해 박수까지 쳐 주었다고 한다.

이렇게 알렉산드리아 기습은 MAS부대, 아니 2차 대전 전 기간 동안 이탈리아 해군이 거둔 가장 찬란한 전공이었다.

19　양욱,《세계의 특수작전》참조

케셀링의 등장

41년 11월, 알베르트 케셀링 공군 원수가 지중해 지역 독일군을 총괄하게 되었다. 늘 웃는 얼굴이어서 '스마일 알베르트'란 별명이 붙을 정도로 밝은 성격이었다. 성격에 어울리게 외교 능력도 뛰어나 껄끄러운 이탈리아 장군들의 협조를 잘 얻어내 42년의 승리에 큰 공헌을 했다. 케셀링은 롬멜의 과도한 진격을 말리느라 진땀을 뺐고 덕분에《롬멜전사록》에서는 많은 비난을 받았지만 실제로는 아주 유능한 장군이었다. 이탈리아 항복 후에는 본의 아니게 이탈리아의 실질적인 지배자 역할까지 떠맡아야 했다.

대미 선전포고

12월 8일, 일본의 진주만을 기습이후, 일본은 독일과 이탈리아에 힘을 합쳐 미국과 전쟁을 해 달라고 요청했고 두 나라는 이 요청을 '기꺼이' 승낙했다. 무솔리니는 이미 12월 3일, 향후 미국에 선전포고할 것을 약속했고, 이탈리아군이 계속 패전만을 반복하는 어려운 상황에서도 그 '약속'을 지켰다. 놀랍게도 무솔리니는 예전부터 미국의 군사력이 별 볼 일 없다고 여기고 있었다.

독일과 이탈리아는 단독강화에 절대 응하지 않겠다는 일본과의 조약 내용을 지키기 위해 먼저 미국에 선전포고를 했고 루스벨트 대통령도 의회에 독일과 이탈리아에 대한 선전포고를 요청해 의회의 승낙을 받았다. 그 뒤를 이어 루마니아, 헝가리, 불가리아도 미국에 선전포고를 하자 루스벨트 대통령은 세 나라에는 철회를 권했다. 이 세 나라의 국민은 아마도 미국과 전쟁을 벌이지 않아도 된다는 생각에 기뻤을지도 모른다. 그러나 루스벨트가 호의를 보여줬음에도 이들 삼국이 철회하지 않자, 42년 6월 미 의회는 이들 세 나라에도 선전포고를 했다. 앞서 말했듯이 핀란드는 예외였고, 사실 이 세 나라와 미국은 아예 싸울 일이 없었다.

전쟁 세 번째 해: 용두사미의 해 1942년

환상의 몰타 상륙작전

지중해 보급전이 점점 치열해지자 추축군은 42년 1월 중순, 바이에른에서 모여 아예 지상군을 동원해 몰타를 장악할 계획을 세웠다. 케셀링 원수가 책임자가 되었고, 이탈리아군도 카바레로 참모총장 직속 위원회를 만들어 상륙작전 계획을 짰다. 양국 공수부대 2만 9천명이 먼저 교두보를 확보하고 돌격포와 경전차를 포함한 해병대와 특수부대, 일반 보병 등 지상군 3만 명이 상륙하여 섬 전체를 장악한다는 계획으로 작전명은 '헤라클레스'였다. 물론 이탈리아 주력함대가 출동하고 14척의 잠수함도 동원할 예정이었다. 작전을 위해 상륙정 50척이 건조되었다. 제공권 장악을 위해 이탈리아 공군은 840대를, 독일 공군은 660대를 동원할 계획이었다. 상륙부대는 맹훈련에 들어갔고 5월 15일, 30일, 6월 15일 중 하루를 작전일로 잡았다. 당연히 폭격은 더욱 강화되어 떨어진 폭탄이 1월에는 590톤, 2월에는 600톤, 3월에는 700톤이었지만 4월에는 무려 5,400톤이 넘었다. 하지만 이런저런 이유로 작전이 계속 연기되었고 토브룩의 함락으로 보급항 문제도 어느 정도 해결되면서 작전에 대한 회의적 의견이 늘어났다. 더구나 당시 몰타 수비대는 3만이 넘는데다 요새화된 지역도 많았다. 결정적으로 섬을 점령한다고 해도 이후 제공권은 그렇다 쳐도 계속적인 제해권 확보가 의문시되어 계획은 폐기되고 공수부대는 일반 보병으로 북아프리카에 증원군으로 보내졌다.

물론 영국도 가만히 있지는 않았다. 42년 4월, 영국 국왕 조지 6세가 2년간의 폭격을 견디고 있는 몰타 주민 모두에게 성 조지 십자훈장을 수여하였다. 전례 없는 이 조치는 주민의 사기를 높이는 데 큰 도움을 주었다. 5월 초에는 64대의 전투기와 많은 군수물자가 몰타에 도착했다.

러시아 원정군의 승리

42년 1월 말 페트로브카 지역에서 소련군의 반격이 시작되었고, 독일군이 주력을 맡았지만 제3쾌속사단도 창기병연대와 CV33 탱켓 부대를 투입했다. 2개월간 이어진 이 전투에서 추축군은 방어에 성공했지만 워낙 허약했던 CV33은 러시아의 설원에서 거의 소모되었다. 이어지는 노보오로르보카 전투에서도 토리노 사단은 분투하여 소련군의 공격을 막아냈다. 이 전투에서는 소련군으로부터 '하얀 악마'라는 악명을 얻게 되는 몬테 체르비노 스키대대가 처음으로 참전했다. 3월 초가 되자 소련군의 공세는 중지되었고, 그 사이 이탈리아군은 전력을 보강했다. 특히 제3쾌속사단은 2개 기병연대를 편제에서 제외하고 기계화된 제6베르살리에리 연대와 제120기계화포병연대, L6경전차 부대 등으로 보강하여 적어도 외관상 독일군에 뒤지지 않는 부대로 재편되었다.

42년 2월 초, 독일은 하계공세를 계획하고 이탈리아에 증원병을 요청했다. 무솔리니는 기존의 CSIR에 2개 군단을 추가로 파병하여 3개 군단으로 구성된 군급으로 확대하기로 결정했다. 북아프리카 전선을 지원하는 것조차도 힘든 판에 저지른 무모한 행동이었다. 이런 점에서 롬멜의 공세가 독일의 병참 부담을 늘렸다는 비판은 완전히 잘못된 것이다. 문제는 롬멜이 아니라 무솔리니와 히틀러에 있었다. 이탈리아에서 2천㎞가 넘는 우크라이나까지 보급한다는 것은 거의 불가능한 일이었고, 이 도움 안 되는 동맹군이 소련에서 설치는 것보다 안마당 리비아에 전력을 다하는 것이 독일에도 더 이익이라는 것은 누가 봐도 당연한 것인데 이런 비상식적인 일이 벌어지고 만 것이다.

어쨌든 42년 4월, 기존의 CSIR은 제35군단으로 개칭되어 제8군 산하로 들어가고 7월까지 제2군단과 산악군단이 남부 러시아로 이동했다. 산악군단을 보낸 이유는 전투가 앞으로 캅카스에서 벌어질 것이라고 예상했기 때문이었는데, 산악군단은 캅카스 문턱까지 가긴 했지만 소련군의 반격으로 바로 밀려나 활약할 기회는 없었고, 결국 보병으로 평원에서 싸우다가 소모되고 말았다. 검은 셔츠 부대도 일부 참가했다. 어쨌든 제8군은 '이탈리아 러시아 원정군(Armata Itaiana in Russia, 통칭 ARMIR)'이 되었다. 총사령관은 리비아 총사령관이었던 이탈로 가리발디 원수가 임명되었고, 대신 리비아 총사령관 자리에는 바스티코가 앉았다. 가리발디 원수는 리비아에서 '상전' 행세를 하는 롬멜 때문에 기도 못 펴다가 러시아로 왔으나 여기서는 더한 굴욕을 겪게 되어 개인적으로 독일군에 대한 불신이 매우 컸다고 한다. 그런데 이 2개 군단은 순수 보병이었다. 제2군단은 4개 보병사단, 산악군단은 3개 산악사단이었는데 기동성이 전무하고 대전차, 대공화력이 매우 취약했다. 게다가 42년 중반이 되면 이탈리아 경제가 거의 마비상태가 되고, 러시아까지 가는 것만으로도 많은 장비들이 고장났다. 더 심각한 문제는 이것들을 보충하거나 수리할 능력도 없었다는 사실이었다.

어쨌든 총 병력은 10개 사단에 1개 검은 셔츠 여단까지 포함해 229,000명에 달하게 되었다. 장비는 차량 16,700대, 말과 노새 25,000두, 오토바이 4,470대, 트랙터 1,130대, 야포 946문, 대전차포 297문, 대공포 52문, 박격포 1,297문, L6/40 경전차 31대, M40 돌격포 15대였는데, 놀랍게도 기갑장비는 전차와 돌격포를 합쳐도 46대에 불과했다. 참고로 이탈리아는 전쟁 기간 동안 사실상 3개 기갑사단이 있을 뿐이었는데, 당시 2개 사단이 북아프리카, 1개 사단이 유고슬라비아에 투입되어 있었다. 이러니 천왕성 작전 때 소련군의 막강한 기갑전력을 막을 방법은 애당초 없었다.

한동안 후방에서 파르티잔이나 상대하며 느긋하게 광활한 우크라이나를 돌아다니고 있던 이탈리아군은 42년 6월 독일군의 여름 공세가 시작되자 폰 바익스 원수의 B집단군에 배속되어 독일군을 따라 돈 강까지 순조롭게 진격했다. 독일군 일부는 캅카스 유전을 향해 거침없이 진격했고 독일 제6군은 볼가 강으로 진격했다. 6월 25일, 무솔리니는 히틀러와 함께 동부전선을 시찰하고 소련 붕괴 후 유럽의 '새로운 질서'를 세운다는 달콤한 꿈에 빠졌다. 그러나 공세가 너무 순조롭게 진행되자 히틀러는 보유한 자원은 고려하지 않고 전선을 너무 길게 만들어 버렸다.

결국 독일군은 한계에 직면, 특히 파울루스의 제6군이 스탈린그라드에서 처절한 시가전에 빠지게 되었다. 간첩 조르게를 통해 일본이 극동 침공 의향이 없음을 알게 된 스탈린은 시베리아 병력을 끌어와 방어를 보강했고, 부분적인 반격도 시작했다. 이러한 현상은 이탈리아군 담당 지역에서도 일어났다. 8월 초, 제3쾌속사단은 세라피모비치에서 T-34 전차를 앞세운 소련군 주력부대의 반격을 받았다. 5일간의 전투에서 이탈리아군은 화염병까지 동원한 과감한 육탄

공격으로 다수의 전차를 격파하고 1,600명의 포로까지 잡는 승리를 거두었다. 하지만 사단도 1,700명의 사상자를 내는 큰 손실을 입었다. ARMIR은 몇 차례의 전투를 치르고 스탈린그라드 서북쪽으로 돈 강 연안 250㎞를 맡게 되었다. 8월 20일, 소련군이 스포르체스카 사단이 맡은 지역을 공격하였고, 수일 동안 치열한 공방전이 벌어졌다. 제3쾌속사단과 몬테 체르비노 스키대대, 트리텐티노 산악사단이 캅카스 원정을 중지하고 이 전선에 투입되어 소련군의 공격을 막아내는 데 성공했다. 몬테 체르비노 스키대대는 계속되는 전투에서 용명을 떨쳐 소련군에 '하얀 악마'라는 별명을 얻게 된다.

한편, 왕가의 이름이 붙은 사보이아 기병연대의 전투도 이 시기에 벌어졌다. 부대 창설 이래, 매년 900명의 청년들이 부대에 지원하지만 불과 30%만이 합격하는 사보이아 기병연대는 이탈리아군의 정예였다. 동부전선에 배치된 사보이아 기병연대는 42년 여름에는 다른 이탈리아군과 함께 스탈린그라드에서 싸우는 독일군 측면을 방어하기 위해 스탈린그라드로부터 170㎞ 떨어진 돈 강 유역의 이스부션스키에 배치되었다. 42년 8월 24일(기록에 따라서는 23일) 저녁, 정찰을 나간 연대 소속 정찰병들은 2천 명 가량의 소련군의 접근을 발견한다. 연대장 알레산드로 베토니 백작(Count Alessandro Bettoni)은 급히 방어 태세를 갖추라고 명령했지만, 700명으로 포병과 중화기의 지원을 받는 제812시베리아 보병연대를 막기는 어려웠다. 고민하던 백작은 다음 날 아침, 부대원들에게 기마를 명령했다. 올림픽 승마 국가 대표이자 흰 장갑이 잘 어울리는 19세기형 군인인 백작은 놀랍게도 기병 돌격을 결정했다. 무모해 보이는 이런 결정을 한 이유는 잊힌 기병대의 전통을 살리고 싶었는지, 아니면 이 일대의 평지가 말에서 내려 방어하기보다 기병돌격이 더 유리하다고 판단했는지는 알 수 없다. 백작은 부대원들을 각각 4개 중대로 편성하고, 돌격을 감행할 때 기관총을 장비한 제2중대가 첫 공격을 하기에 앞서 기병도를 빼들고 외쳤다.

"검을 들어라! 돌격!"

지휘관의 호령에 병사들도 따라 기병도를 치켜들고 사보이아! 사보이아!를 연호하며 군마를 가속하며 돌진했다. 해바라기가 흐드러지게 핀 평원을 가로질러 돌진하는 기병대의 모습은 그야말로 장관이었다.

사보이아 기병연대의 돌격

시베리아 연대는 돌파되어 양분되었고 기병대는 소련군의 좌측면을 치고 들어갔다. 소련군의 전열이 무너지자 남아 있던 4중대가 말에서 내려 보병전투를 벌여 승패를 결정했으며, 후퇴하는 적들에 최후의 일격을 가했다. 메세 장군이 "장엄한 아름다움"이라고 극찬했던 이 기병 돌격의 전과는 놀라웠다. 소련군은 150명이 전사하고, 600명이 포로로 잡힌 데 비해 이탈리아군은 32명을 잃었을 뿐이었다. 야포 4문과 박격포 10문, 기관총 50정은 보너스였다.

사보이아 연대는 이 전투로 54명이 은성훈장을 받고 2명이 금성훈장을 받았다. 이 장관을 목격한 독일군 장교는 백작에게 "당신들 대단하군요. 저런 걸 어떻게 해냈는지 모르겠습니다"라고 찬사를 보냈다. 국왕도 "사보이아가 돌격했다. 사보이아가 승리했다"는 내용의 축전을 보냈다. 이 전설적인 기병대의 활약은 오래가지 못했지만 이 전투는 유럽에서 기병 돌격의 마지막 성공으로 역사에 남았다. 그해 12월, 니콜라예프카(Nikolayevka) 전투에서 엄청난 타격을 입은 연대는 독일군 전투단에 배속되어 두 달간 전투를 계속하다가 귀국한 뒤 해체되었다.[20]

---

20 이글루스 블로거 Cicero님이 올려주신 글(http://flager8.egloos.com/2767657)에서 인용하였습니다.

러시아의 하늘에서

공군도 러시아 파병에 따라가게 되었는데, 제2전투항공단(359, 362, 369, 371 중대,

MC.200 51대, CA.133 3대, SM.81 2대)와 제16정찰항공단(34, 119, 128 중대, Ca.311 32대), 수송비행단(245, 246 중대, SM.81 숫자 미상)으로 구성되었으며 'Corpo Aereo Spedizione Italiana in Russia'로 명명되었다. 41년 8월, 러시아 파견 이탈리아 공군은 8대의 소련기를 격추하면서 순조롭게 출발했다. 이탈리아군은 독일군을 따라 러시아 깊숙이 진출했지만, 날씨가 추워지면서 기체 운영이 어려워졌다. 42년 5월, 캅카스로 진격하는 독일군을 지원했지만 소련 공군의 활동이 활발해지면서 손해도 늘었다. 9월에는 신예기 마키C.202 12대가 도착했지만 악천후로 인해 제 위력을 발휘하지 못했다. 스탈린그라드 전투에도 참가했지만 질적으로 향상된 소련 공군의 반격을 받았고, 혹한으로 기체 운영이 극히 어려웠다. 결국, 43년 1월 21일을 끝으로 이탈리아 공군은 러시아 작전을 마쳤다. 그들은 6천 회 이상의 출격을 기록했으며, 공중전에서 88대를 격추하고 19대를 잃었다. 대표적 에이스는 주세페 비론 중위로 4대를 격추시켰고, 훗날 이탈리아 본토 방공전에서 B-17 폭격기 1대와 P-38전투기 3대를 더 격추시켰다. 이탈리아의 분열 후 무솔리니 쪽을 택해 전후 옷을 벗었지만 50년에 공군에 복귀했고 71년에 대령으로 퇴역, 2000년 초까지 장수했다고 한다.

북아프리카의 대승리

추축군 공군의 집중적인 몰타 폭격으로 보급이 원활해져 전력을 보강한 추축군은 42년 1월 21일, 반격에 나서 이틀 만에 아제다비아를 탈환하고 영국군 전차 340대를 격파하는 대승을 거두었다. 1월 말까지 벵가지와 키레나이카의 대부분을 되찾자 이 소식을 들은 히틀러는 기사철십자장을 이탈리아군 총참모장 카발레로 장군에 수여하였다. 이탈리아군 총사령부는 리토리오 기갑사단을 북아프리카에 보내 기갑전력을 크게 보강하였다.

하지만 영국군 역시 토브룩 방어를 위해 가잘라에 깊숙한 지뢰원과 강력한 방어진지를 만들고 강력한 장갑을 지닌 미국제 M3그랜트 전차 400대를 준비했다. 추축군은 이집트로의 진격은 물론 보급을 위해서라도 반드시 토브룩 항구가 필요했다. 5월 26일, '베네치아'로 명명된 추축군의 대공세가 시작되었다. 추축군은 영국이 준비한 지뢰밭과 방어진을 우회하여 영국군 후방으로 밀고 들어왔다. 하지만 그랜트 전차를 앞세운 영국군의 저항은 만만치 않았고 특히 비르 하케임 요새를 공격했던 아리에테 사단은 자유프랑스군 제1여단의 강력한 반격을 받고 절반이나 되는 전차를 잃었다. 또한 트리에스테 사단마저 지뢰지대에 막혀 보급로를 제대로 개척하지 못해 보급이 어려워지자 롬멜은 작전을 바꾸어 본인이 직접주력을 이끌고 '가마솥(The Cauldron)'이라 부르는 거대한 기지 안으로 들어갔다.

'가마솥' 안의 추축군은 주력 그 자체로서 독일 제15, 21기갑사단과 아리에테 사단의 대부분이었다. 포위된 부대는 보급도 제대로 받지 못한 채 롬멜과 함께 세 방향에서 공격당하고 있었다. 이 힘든 상황에서 부진하던 트리에스테 사단이 포화와 지뢰지대를 극복하고 보급품을 잔뜩 가지고 들어왔다. 롬멜은 이때 승리를 확신했다. 롬멜은 돌격하는 영국군 기갑부대를 교묘하게 차례로 포위 섬멸하여 전력을 찢어놓았고 그 사이 추축군은 지뢰지대 개척에 성공했다. 돌파한 트리에스테 사단과 독일군의 두 기갑사단은 드디어 눈엣가시 같던 비르 하케임 요새를 점령했다. 자유 프랑스군은 틈을 발견하여 후퇴에 성공했지만 부상당한 500여 명은 요새에 남겨져 포로가 되고 말았다.

13일이 되자 완전히 위기에서 벗어난 추축군은 강력한 반격에 나섰다. 아리에테와 트리에스테 두 사단은 북쪽을 제압했고 독일 제21기갑사단은 엘 아뎀에 돌입했다. 영국군은 120대가 넘는 전차를 잃고 퇴각하였고 추축군은 토브룩을 다시 포위하는 데 성공하였다. 이때 228대의 전차를 보유한 리토리오 기갑사단이 전장에 도착하였다.

영국군은 제2남아프리카 사단을 중심으로 제201근위여단 등을 보강하여 방어군을 편성하였다. 작년에 토브룩은 무려 9개월을 버텼지만, 이번엔 독일 공군의 엄청난 우세와 이탈리아 해군의 활약으로 해상보급을 받을 수 없었다. 영국군은 그래도 토브룩이 두 달은 버틸 것으로 보았다. 하지만 6월 20일, 추축군은 공중지원과 포격을 가하며 총공격을 개시했고, 그날 토브룩 방어군은 항복하고 말았다. 포위 후 7일만으로, 롬멜의 전술적인 재능이 다시 빛을 발하는 순간이었다. 여기서 무려 35,000명의 영연방군이 포로가 되었다. 추축군은 마침내 염원하던 항구와 엄청난 보급품을 손에 넣었으며, 롬멜은 원수로 승진했다.

토브룩 함락으로 리치 장군은 해임당하고 오킨렉이 직접 8군을 지휘하였다.

영국군이 약 9만의 사상자 및 포로라는 큰 피해를 입었지만 추축군 역시 피해가 심각했다. 특히 기갑부대들은 우세한 영국 기갑부대와의 격렬한 전투로 전과 확대 능력을 상실했다. 이에 비해 영국군은 미국제 기갑장비가 도착, 수적으로 우세를 차지했고 보급선은 훨씬 짧아졌다. 압도적인 승리에도 동부전선의 공세로 신형 전차 배치와 보급이 지연될 수밖에 없었던 추축군은 서서히 운명적 최후를 향해 치닫게 된다.

어쨌든 독일과 이탈리아군은 이집트 국경을 넘어 2년 전 이탈리아군이 진출했던 시디 바라니를 넘어섰다. 오킨렉은 전면전을 피하고 부대를 여러 전투단으로 쪼개 최대한 지연전을 벌였다. 그중에서 특히 메르 사마톨이 가잘라와 유사한 남고북저의 지형임을 고려하여 지연전을 펼쳤지만 결국 그 지역마저 내어주고 엘 알라메인까지 물러났다. 엘 알라메인에서 알렉산드리아는 불과 150㎞거리였고, 이제 추축군이 이집트를 쓸어버릴 듯 했다. 하지만 7월 1일, 여세를 몰아 끝장을 내려는 추축군의 공격이 실패로 돌아갔다. 특히 아리에테 사단은 숙적인 제2뉴질랜드 사단의 역습에 350명의 포로와 많은 전차와 야포, 차량을 잃었다. 오히려 10일에는 영국군의 반격이 시작되었다. 해안에 위치한 사브라타 사단은 제9 호주사단의 맹공을 받아 거의 궤멸되다시피 했지만 독일군의 지원으로 간신히 전선을 유지할 수 있었다. 14일에는 독일 기갑사단들이 공격에 나섰으나 역시 영국군의 반격으로 격퇴되었다. 하지만 무솔리니는 곧 카이로에 입성할 것이라 여기고 개선식에 탈 백마를 미리 북아프리카에 보냈다. 허세는 여전했던 것이다.

2차 시르테 해전

알렉산드리아의 쾌거로 영국 지중해 함대의 전력은 크게 약화되었다. 이로서 몇 개월 동안 추축군의 북아프리카 해상 수송은 큰 어려움 없이 진행되었다. 42년 3월 22일, 리토리오와 순양함 4척, 구축함 8척으로 구성된 이탈리아 함대가 몰타로 향하는 수송선단을 포함한 영국함대와 2차 시르테 해전을 벌였다. 지독한 악천후 속에서 벌어진 이 해전에서 상호간에 격침된 군함은 없었지만 영국 중순양함 2척과 구축함 5척이 손상을 입었다. 이탈리아 함대는 돌아갔지만 대열이 흩어진 영국 함대와 수송선단은 기뢰로 구축함 한 척을 잃었고 독일과 이탈리아 공군의 맹공을 받고 구축함 2척과 수송선 5척을 잃었다. 수송선단의 화물 중 80% 이상인 2만 5천 톤이 바다로 가라앉았다. 워낙 보급전이 치열하다 보니 1942년 이탈리아는 북아프리카 주둔군에 줄 휘발유를 병원선에 숨겨 전달하는 꼼수를 썼지만, 암호해독을 통해 이러한 책략을 알아챈 영국이 꼼수용으로 쓰이던 병원선 일부를 격침시키는 일도 벌어졌다.

MAS 부대의 계속되는 활약

보르게세 MAS부대 사령관은 미국과 전쟁이 시작되자 뉴욕 공격 계획을 세웠다. 1천 톤급인 마르코니급 잠수함에 탑재된 함포를 제거하고 그 자리에 15톤짜리 CA형 잠수정을 싣고 허드슨 강 입구까지 잠입, 특공대원들을 침투시켜 시한폭탄으로 뉴욕 항내의 선박들을 파괴한다는 대담한 작전이었지만 미국 해안의 경계가 엄중해지면서 연기를 거듭하다가 취소된다.

42년 5월 25일에는 잠수함 스키레가 다시 수동 어뢰를 싣고 기지인 라스페치아를 출발했다. 스페인 카디즈에서 8명의 특공대원을 은밀하게 탑승시켰지만 지브롤터에 도착하니 항모 아크 로열 등 영국 군함은 보이지 않았다. 영국 함대는 대서양으로 나가, 전함 비스마르크를 사냥하러 떠난 뒤였던 것이다. 게다가 수동어뢰 고장까지 겹쳐 승무원들은 스페인을 경유해 귀국한다.

이탈리아 해군은 42년 하반기에 스릴러나 모험소설의 소재가 되어도 충분할 만한 비밀작전을 시작했다. 그들은 외무성의 서류를 조작하여 이탈리아 유조선 올테라를 중립국 선박으로 위장시켜 스페인 알제시라스에 정박시킨 뒤, 배 밑을 잠수대원들의 비밀기지로 개조하여 연합군을 농락하였다. 터키 해안에서는 페라로 중위가 단신으로 잠수, 흡착식 시한폭뢰로 43년 7월과 8월에 세 척의 수송선(2만 4천 톤)을 침몰시키는 놀라운 전공을 세우기도 했다.

올테라 특공대는 43년 8월 24일, 3대의 수동어뢰를 내보내 마지막으로 지브롤터를 공격하였고, 2만 3천 톤에 달하는 유조선 3척을 격침시켜 유종의 미를 거두었다. 이탈리아 항복 후, 침투용 개조 유조선 올테라는 지브롤터로 견인되었고, 그제야 영국군은 그동안 어떤 일이 벌어졌는지를 알게 되었다. 그동안 올테라 특공대가 격침시킨 선박은 14척이었고, 배수량은 75,578톤 이었다.

올테라 특공대의 활약은 지중해에 국한되지 않았다. 제10MAS의 분견대는 42년 5월, 철도편으로 흑해로 이동했다. 돌격보트 5척과 소형 어뢰정 5척으로 구성된 분견대는 토다 소령의 지휘 아래 소련 흑해함대를 상대로 분전했다. 탄약운반선 1척과 상륙용 주정 3척을 돌격보트로 격침시켰고, 소형 어뢰정으로 소련 중순양함을 대파시켰으며 구축함과 수송선도 격침시켰다. 35톤짜리 CB형 소형 잠수정도 루마니아 콘스탄차 항을 기지로 삼아 잠수함 2척을 격침시켰다. 이탈리아 해군은 소형 어뢰정 4척을 트레일러에 달아 라 스페치아에서 인스부르크, 뮌헨, 슈테틴까지는 육로로, 슈테틴에서는 해로로 운반하여 머나먼 북방의 핀란드 만과 라도가 호수까지 보냈는데, 총거리는 3,105㎞에 달했다. 제12전대로 불린 이 부대는 주세페 비앙키니 소령의 지휘 하에 17명의 장교와 63명의 병사가 탑승해 레닌그라드 봉쇄전에 참가, 소련군의 포함 한 척과 1,300톤급 화물선 한 척을 격침시켰다. 42년 가을 들어 전황이 악화되자 이탈리아 해군은 대원들을 귀국시켰고, 사용하던 소형 어뢰정은 핀란드 해군에 매각했다. 59회의 출격에서 대원들 중 사상자는 한 명도 나오지 않았다. 그 돌격보트들은 전후 민간에 매각되어 호주에서 수상스키를 끌었다고 한다.

2차 대전 동안 MAS부대는 12회 정도의 작전을 통해서 군함 5척, 상선 20척을 침몰시켰고, 침몰시킨 배의 총 배수량은 13만 톤에 달한다. 현재도 이 잠수특공부대의 전통이 유지되어 콤수빈(COMSUBIN)이란 이름으로 유명하다. 잠수특공부대의 전과는 정말 대단한 데다, 충성심과 전투 의지도 매우 높았으며 능력도 우수했다. 대원들이 어려서부터 지중해를 접하고 매일 수영하며 물속에서 고기를 잡던 사람들이었기에 이런 놀라운 성과가 가능했을 것이다.

자신들이 상대한 적군이야말로 부대의 우수성에 대해 가장 객관적으로 평가하는 존재라는 것은 동서고금의 진리이다. 영국은 MAS부대의 장비를 카피하여 똑같은 임무를 수행하는 부대인 SBS(특수주정부대)를 창설, MAS부대의 우수성을 증명해 주었다. 영국 해군은 MAS부대로부터 전수받은 기술로 북극해 항로를 위협하던 독일 전함 티르피츠에 일격을 가하려 했다. 미국도 이탈리아 해군 특공대를 모방하여 UDT를 만들었는데, 주 임무는 조금 달라서 함정 공격보다는 상륙작전 전 암초 제거에 맹활약했다. 우리나라 등 많은 나라도 이런 부대를 가지고 있다.

이탈리아 잠수함대

MAS부대의 맹활약에 비해 이탈리아 잠수함대는 큰 활약을 하지 못했다. 개전 당시 되니츠가 이끄는 독일 잠수함대보다 2배가 될 정도로 규모는 컸지만, 성능은 열강의 잠수함보다 한 수 아래였기에 많은 피해를 보았다. 하지만 적어도 해전에서 구축함 이상을 격침시키지 못한 수상함대보다는 전과가 좋았다. 주전장인 지중해에서는 첫 전과인 경순양함 칼립소를 시작으로 맨체스터, 카이로 등 순양함과 구축함을 포함, 많은 수송선단을 격침시켰다. 하지만 지중해에 진출한 독일 U-보트 부대가 1년 동안 영국 전함 바람, 항모 이글과 아크로열을 격침시킨 것에 비하면 이탈리아 잠수함대가 순양함 이상의 적함을 한 척도 격침시키지 못한 것은 많이 아쉬운 부분이다.

대형 잠수함들은 독일의 요청으로 대서양과 인도양에서 활동하게 되었다. 파로나 제독이 지휘하는 29척의 잠수함이 프랑스 보르도에 배치되어 독일 해군과 공동작전에 나섰다. 초전에 수송선 3척(1만 8천 톤)을 격침시켰고, 런던까지 침투하여 수송선 3척을 격침시키는 전과를 거두기도 했다. 미국 참전 후에는 미국 연안과 카리브 해에서도 활동했다. 하지만 양국 해군의 시스템과 문화 차이로 협조가 잘 이루어지지 않았고 8척을 상실하는 등 손실도 늘어났다.

42년 5월부터 이탈리아 잠수함대는 작전 구역을 부수적 전장인 남대서양과 남미 해역으로 옮겼고 이 전장에서 20만 톤 이상을 격침시키는 전과를 올렸다. 이때 이탈리아아인들을 깜짝 놀라게 할 뉴스가 전해졌다. 5월 22일, 잠수함 바르바리고가 브라질 연안에서 미국의 3만 2천 톤이나 되는 메릴랜드급 전함을 격침시킨 '쾌거'였다. 이 잠수함이 다시 10월 6일, 아프리카 해안 프리타운 앞바다에서 어뢰 네 발을 발사해 미국의 3만 톤이 넘는 미시시피급 전함을 격침했다는 소식이 전해졌다. 여러 신문은 "잠수함 바르바리고의 영웅적 쾌거! 세계를 놀라게 한 이탈리아 해군의 위력"이라는 식으로 대대적으로 보도했다. 그러나 최고사령부에서는 진위 여부를 의심했는데, 결국, 전쟁이 끝나고 나서 이 두 '쾌거'는 선전을 위한 새빨간 거짓이었다는 사실이 밝혀졌다. 이 에피소드와는 별개로 점점 소나가 도입되고 장거리 해상초계기가 등장하는 등 대잠전술이 눈부시게 발전하자 구식인 이탈리아 잠수함의 입지는 점점 좁아졌고 결국, 대서양에서 퇴장하고 만다.

인도양에서 활동한 이탈리아 잠수함은 모두 5척이었고, 그 중 하나가 이탈리아 잠수함 중 최대의 전과를 올린 레오나르도 다 빈치였다. 이 잠수함의 전과는 18척 125,633톤이었는데, 그중 6척 59,631톤을 인도양에서 올렸다. 잠수함을 고안했다고 하는 다 빈치의 이름에 부끄럽지 않은 활약을 한 것이다. 그러나 이 잠수함도 43년 5월, 보르도로 귀환 중 영국 해군에 격침당하고 말았다.

개전부터 43년 9월 휴전까지 3년 3개월 동안 이탈리아가 새로 취역시킨 잠수함은 전부 41척에 불과했다. 여건이 다르기는 하지만 독일이 대전 동안 1,000척이 넘는 잠수함을 뽑아낸 것에 비하면 매우 초라한 실적이었다. 휴전까지 이탈리아 해군이 잃은 잠수함은 86척이나 되었다.

일본 비행 성공

41년 12월, 미국과의 전쟁이 시작되자 유럽에 있는 독일, 이탈리아와 아시아에 위치한 일본의 교류는 당연한 일이지만 대단히 어려워졌다. 그래도 잠수함을 통한 추축국간의 교류가 있었다는 사실은 꽤 알려진 데 반해, 하늘을 통한 교류를 아는 사람은 거의 없다. 놀랍게도 이탈리아 공군은 사보이 SM82 수송기에 장거리용 특수 엔진을 장착한 SM75/GA를 제작하여 일본까지 비행을 성공시켰다. 하기야 미국과 브라질까지 날았던 발보의 경험이 있으니 충분히 가능했을 것이다.

42년 6월 29일, 안토니오 모스카테리 중령 등 5명이 조종하는 이 비행기는 로마를 출발, 독일 점령지 오데사에 도착했고 다시 연료를 가득 채우고 일본으로 떠났다. 중간에 소련 전투기의 요격과 대공포화를 만났지만 알타이 산맥을 넘어 8,300㎞를 비행하여 다음날 내몽골의 바오터우(包頭)에 도착하는 놀라운 비행을 성공시켰다. 보스카리테 중령 일행은 다음날 동해를 횡단하여 일본에 도착했다. 하지만 소련과 계속 중립을 지키고 싶었던 일본은 이를 발표하지 않고, 도착한 이탈리아군 일행을 연금하다시피 했다. 결국, 보스카테리 중령 일행은 7월 16일 같은 길로 귀국하는 데 성공했다. 무솔리니는 일본 무관과 함께 비행장에 나와 노고를 치하했다. 하지만 전황이 악화되면서 또다시 이런 '모험'을 시도할 여유는 사라졌다.

이집트 정복의 꿈은 날아가고…

42년 8월, 처칠은 오킨렉을 해임하고 해롤드 알렉산더 대장을 중동파견군 사령관에, 버나드 로 몽고메리 중장을 제8군 사령관에 임명했다. 당시 양군의 지상전력은 거의 비슷했지만 공군은 영국군이 우세했다. 롬멜은 시간이 흐를수록 영국의 전력이 우세해지리라는 점을 잘 알고 있었기에 마지막 공세에 나섰다. 8월 31일, 알렉산드리아를 목표로 엘 알라메인 동쪽 알람 하르파 고개에서 양 군이 맞붙었다. 해안에서는 볼로냐 보병사단, 트렌토 기계화사단과 독일 제90경사단이 영국 제30군단을 공격했고, 아리에테와 리토리오 두 기갑사단과 트리에스테 기계화사단, 새로 도착한 제185폴고레(Folgore, 벼락이란 뜻) 공수사단, 독일 제15, 21기갑사단, 제90경사단이 남쪽으로 우회해 영국군을 공격했다. 폴고레 사단은 사실 몰타 공격의 선봉을 맡을 예정이었지만 몰타 상륙작전이 취소되어 북아프리카에 배치된 것이다.

하지만 영국군 3개 기갑사단이 맹렬하게 반격했고, 영국 공군의 강력한 공습으로 공격은 저지되었다. 더구나 유조선 3척까지 격침되어 연료 보급마저 어려워졌다. 결국, 9월 3일, 추축군은 격전 끝에 공격시작점으로 철수하였고, 이후 추축국에 알렉산드리아 공격 기회는 영원히 돌아오지 않았다. 롬멜은 곧 영국군의 반격이 있을 것이라고 예상하고 해안부터 60km에 이르는 지역에 50만 개의 지뢰와 폭탄, 수류탄까지 사용한 '악마의 정원'이라고 불린 거대한 지뢰원을 만들고 강력한 방어선을 구축했다. 자연적 장애물이 많지 않은 북아프리카에서는 지뢰가 방어에 큰 역할을 하였다.

러시아 원정군, 파멸의 서곡

가리발디의 ARMIR은 스탈린그라드에서 270km 떨어진 북쪽에서 루마니아 제3군의 왼쪽에 배치되어 함께 돈 강의 방어를 맡았다. ARMIR의 방어선은 돈 강을 따라 250㎞에 달했는데, 전투력이 매우 부실한데다 독일군과 마찬가지로 소련군이 반격할 가능성은 없다며 상황을 낙관하고 있었기 때문에 방어선 구축도 지지부진했다. 그렇게 스탈린그라드의 혈투를 강 건너 불구경하듯 하다가 소련이 천왕성 작전을 개시하기 직전에야 전선 상황이 심상치 않다고 판단하고 콘크리트 토치카를 건설하고 참호를 파는 등 부랴부랴 방어 준비에 나섰다. 그제야 독일군에 물자 지원을 요청했으나 독일은 대책을 마련해 주지 않았다. 더욱이 독일의 보급은 자국 부대가 우선이었고 동맹군들은 뒷전이었다. 물론 이탈리아군을 배려하는 독일군들도 없지는 않았다. 어느 참모장교는 연락장교에게 이런 조언을 들려주었다.

> 귀관들은 이탈리아 군인들을 정중하게 대해야 하며, 그들을 정치적, 심리적으로 이해하기 위해 노력해야 한다…(중략)…이탈리아의 기후와 환경은 독일과 다르며, 따라서 이탈리아 병사들은 독일군과 다르다. 이탈리아 병사들은 빨리 지치지만, 독일군보다 훨씬 정열적이기도 하다. 우리를 돕기 위해 이 험하고 낯선 환경에 뛰어든 이탈리아인들에 무작정 우리의 우월성만 내세워서는 안 된다. 무례한 호칭을 삼가고, 지나치게 예민한 반응도 보이지 말라.

하지만 이런 '배려'가 부실한 군사력에 근본적인 해결이 될 리 없었고, 11월 19일이 되자 주코프가 계획하고 바투틴과 로코솝스키가 선봉을 맡은 천왕성 작전이 시작되었다. 소련군은 총병력 114만 명에 전차 894대, 야포 13,451문, 항공기 1,115대로 이 방면의 추축군을 완전히 압도했다. 처음 직격을 받은 루마니아 제3군은 치열하게 저항했으나 기갑부대를 앞세운 소련군의 압도적인 공격 앞에 사흘만에 완전히 붕괴되었고 독일 제4기갑군 역시 양분되었으며, 남쪽의 루마니아 제4군도 궤멸되고 말았다. ARMIR은 소련군의 첫 공격은 받지 않았으나 인접해 있던 루마니아 제3군의 붕괴로 싸우기도 전에 사기가 저하되었다. 소련 7개 군은 남북에서 공격하여 제6군의 대부분, 루마니아 제3군과 제4군의 대부분, 호트의 제4기갑군의 절반 등 총 33만 명을 완전히 포위했다. 이에 대해 만슈타인이 지휘하는 돈 집단군이 반격을 개시했고 일시적인 성공을 거두었지만 보급과 예비대의 부족으로 한계에 직면하고 말았다.

12월 11일, 천왕성 작전의 전과확대를 위해 돈 강 전 전선에 걸친 소토성(小土星) 작전이 시작되었다. 소련군 제1친위군과 제5전차군이 제3라벤나 산악사단과 제5코세리아 사단을 강타했다. 두 이탈리아 사단의 대전차무기는 47㎜ 대전차포 70여 문이 전부여서 T-34 100여 대를 앞세운 15개 사단의 공격에 맞선다는 것은 그냥 죽으라는 것과 마찬가지였다. 사실 47㎜ 대전차포는 개전 당시에는 충분한 화력을 가졌고 신뢰성도 좋아 여러 나라에 수출된 명포였지만 포방패가 없어서 설사 선두 전차를 격파하는 데 성공한다 해도 반격을 받아 쉽게 격파당했다. 어쨌든 소련 전차의 중장갑에는 역부족이었고 숫자조차 크게 부족했다. 그래도 이 포는 이탈리아군들에겐 75㎜ 다용도포와 함께 대체 불가능한 단 둘뿐인 대전차 무기였다. ARMIR은 압도적인 열세에도 15일까지는 방어선을 지탱했다. 하지만 16일, 제3친위군이 750대의 T-34를 앞세우고 우회하여 쓰나미처럼 밀려들자 한 대의 전차도 없는 이탈리아군 전선은 무너져 돌파당했다. 그래도 일부 부대는 22일까지 진지를 지켰지만 역부족을 절감한 이탈리아군 사령부는 각 부대에 퇴각 명령을 내렸다. 각 부대는 부대기를 소각하고 각자 알아서 도네츠크 강까지 퇴각하였다. 하지만 돈 강 하류에 배치된 3개 산악사단은 헝가리 제2군과 함께 1월까지 방어선을 유지하며 강력하게 저항했다. 특히 그리스에서 추태를 보였던 율리아 산악사단의 용전분투는 독일군 신문에 두 번이나 실릴 정도였다.

엘 알라메인

결국, 북아프리카 전선의 추축군에도 운명의 날이 찾아왔다. 42년 10월 23일 오전 9시, 그동안 엄청나게 증강되어 23만 병력과 1,900대의 전차를 갖춘 영연방군의 '라이트 풋 (빠른 발)' 작전이 시작되었다. 2천 문 이상의 야포가 어마어마한 포격을 가하며 시작된 전투에서 압도적인 규모의 영 연방군이 롬멜이 공들여 만든 '악마의 정원'을 돌파하고 쇄도했다. 추축군은 10만여 명, 전차 수는 이탈리아 전차를 포함해도 572대에 불과했다. 보름달이 뜬 그 날 저녁, 최악의 혈전이 벌어졌다. 영 연방군의 주공은 북쪽이었으나, 남쪽도 견제를 위한 공세를 가했다. 이 전투는 널리 알려졌기에 이탈리아군의 전투에만 집중하겠다. 이 전투는 이탈리아에서 「엘 알라메인」이란 제목으로 영화화되었는데, 물도 식량도 부족했던 장병들에게 도착한 보급 트럭에는 구두약과 앞서 언급한 개선식 때탈 무솔리니의 말(백마는 아니었다)이 실려 있었다. 한 중위가 말을 죽여 고기를 먹으려 하였지만 애처로운 말의 눈빛을 보고 권총을 거두는 장면이 나온다. 사실 당시 연합군의 공격으로 추축국 보급품의 30% 이상이 수장되는 상황이었다.

이 전투에서 가장 분투한 부대는 독일군도 영국군도 아닌 제185폴고레 공수사단이었다. 2년 전에는 영국군 지뢰밭에서 헤매는 굴욕을 당했지만 이번에는 달랐다. 폴고레 사단이 맡은 곳은 남쪽 진지의 중앙부였다. 이들은 이 전투에서 이탈리아인들도 놀라운 투혼을 발휘할 수 있다는 것을 유감없이 증명하였다. 영국군은 엄청난 포격 뒤에 제7기갑사단과 제44보병사단을 투입하여 폴고레 사단의 진지를 공격하였다. 당시 폴고레 사단의 실제 규모는 5천 명 미만으로, 사단보다는 '여단'에 가까운 병력이었다. 하지만 폴고레 사단은 '사단'에 해당되는 규모의 진지를 사수해야만 했고, 해냈다.

10월 25일 오후 10시 반, 영연방군은 남쪽에서의 교착을 타개하기 위해 영국군 제44, 50사단, 제7기갑사단, 제1 자유 프랑스 여단, 그리스 망명군 여단이라는 대병력을 동원하여 폴고레 사단을 세 방향에서 공격하였다. 기갑부대를 선두로 한 연합군의 공격에 폴고레 사단은 기민하게 대처하였다. 선두의 기갑부대를 통과시키고 여러 매복지점에서 47㎜ 포와 화염병으로 전차의 약점을 공격하였다. 폴고레 사단은 놀라운 투혼을 발휘하여 최소 31대의 적 전차를 격파하였다. 영국군의 전차 손실은 수리를 위해 회수한 것까지 합치면 110대에 달했으며 사상자도 3천 명이 넘었을 정도였다. 폴고레 사단은 여러 차례 영국군에 의해 전선이 돌파되었지만, 그때마다 착검돌격까지 감행하며 막아냈다.

3일 동안 폴고레 사단에 도전했던 영국군은 더 이상 남쪽 지역에 전력을 더하지 않고, 북쪽에 주력을 집중하였다. 11월 2일, 롬멜은 전면적인 퇴각을 명령했다. 당시 전선은 북쪽의 영국군이 상당히 진격한 상태였으며, 남쪽의 추축군은 고립되어 버려진 것과 마찬가지였다. 그리하여 3일 밤낮으로 압도적인 공세를 버텨낸 폴고레 사단은 물도, 탄약도, 차량도 없이 뜨거운 사막을 걸어서 후퇴해야 했는데, 독일군이 차량으로 후퇴하는 것에 비하면 사실상 버려진 것과 마찬가지였다. 결국, 대부분의 폴고레 사단 병사들은 퇴각하다가 포로가 되는 운명을 맞게 되고, 살아서 리비아를 건너 튀니지에서 재편성할 수 있게 된 병사들은 불과 285명에 불과했다. 5천에 가까웠던 폴고레 부대의 90%가 엘 알라메인 전투와 기나긴 후퇴 중 사라져 버렸다. 폴고레 사단 부대원들은 항복할 때 백기를 들지 않았으며, 심지어 손도 들지 않았다고 전해진다.

2차 엘 알라메인 전투 상황

영국군은 이 위대했던 적군을 위한 찬사를 아끼지 않았다. 제44사단장인 허기스 장군은 폴고레 사단을 가리켜 이렇게 말했다. "나는 내 남은 생애에 두 번 다시 폴고레 사단과 같은 적을 만나지 않기를 진심으로 희망한다." 엘 알라메인 전투가 끝나고 몇 주 뒤인 12월 3일, 라디오 방송에서 처칠은 폴고레 사단의 감투정신을 이렇게 칭찬했다. "우리는 사자와 같던 폴고레 사단의 생존자들을 위하여 마땅히 경의를 표해야 할 것이다."

폴고레 사단과 함께 남부전선을 맡은 아리에테 기갑사단과 파비아 사단 역시 최선을 다해 연합군에 맞섰지만 100여대의 약한 전차가 전부인 두 사단에 질과 양에서 압도적인 영국군은 너무 버거운 상대였다. 당시 전투지휘소에 있던 롬멜은 엄청난 먼지구름을 보고 있었는데, 그 속에서 아리에테 사단은 죽어 가고 있었다. 롬멜은 아리에테 사단의 최후를 이렇게 기록했다.

"그동안 우리는 낡은 장비를 가진 아리에테 기갑사단에 무리한 요구를 수없이 해 왔다. 이제 그들이 전멸함으로써 우리는 오랜 전우를 잃었다."

북쪽 전선의 키드니 능선 전투에서도 리토리오 사단의 제554돌격포 대대는 영국군 전차 20대를 격파하는 눈부신 방어를 보여 주었다. 앞서 이탈리아군이 고정된 진지 방어전에서는 상당한 전투력을 발휘했다고 했는데 이 전투는 이 사실을 잘 증명해 주었다. 하지만 추축국에는 설상가상으로 토브룩으로 가던 유조선 2척이 격침되어 3,500톤의 연료가 수장되자 연료부족은 더 심각해졌다. 결국, 추축군은 이 전투에서 3만 2천 명의 병사들을 잃고 메르 사마톨로 철수할 수밖에 없었다.

엘 알라메인에는 이탈리아군 전사자를 기리는 육각형의 위령탑이 서 있다. 독일군과 영연방군의 위령탑도 있는데, 매년 10월, 세 위령탑 앞에서 위령제가 열리고, 3년에 한 번 세 나라 합동 위령제가 성대하게 열린다. 당시 얼마나 많은 지뢰를 매설했는지, 지금도 위령제를 마치고 현지를 답사하는 군인이나 연구를 위해 방문한 학자들이 가장 조심해야 하는 것으로 지뢰가 손꼽힌다.

1942년의 북아프리카 이탈리아 공군

42년 5월 영국군의 크루세이더 작전으로 키레나이카에서 철수하게 되자 이탈리아 공군은 당시 비행장에 남겨진 많은 기체를 잃어버렸다. 얼마 후 롬멜의 반격이 성공하여 이집트 깊숙이 진격하자 이탈리아 공군도 신이 나서 이집트로 진출했다. 운명을 가른 엘 알라메인 전투에서 430대를 동원한 이탈리아 공군은 하루만에 세 대의 적기를 격추시킨 조종사도 있었을 정도로 최선을 다해 싸웠다. 하지만 결국, 영국의 물량을 이겨내지 못하고 튀니지까지 밀려났고 많은 장비를 잃었다. 이탈리아 공군은 튀니지 전투에 새 기체를 투입하는 등 안간 힘을 썼지만 거의 6대1의 열세여서 어쩔 수 없이 패하고 말았다. 뇌격기 에이스였던 부스칼리아 소령(그 사이에 두 계급 승진)도 알제리 상공에서 스핏파이어의 공격을 받아 애기인 SM.79와 함께 추락해 동승한 통신사는 전사했다. 이탈리아 공군은 부스칼리아가 전사한 것으로 여겨 전공훈장 금장을 추서하고 부스칼리아가 지휘했던 제132뇌격기부대에 그의 이름을 붙였다. 그러나 부스칼리아는 격추 직전 탈출에 성공, 미군의 포로가 되어 미 본토 메릴랜드의 수용소에서 지내고 있었다.

리비아 상실

지오반니 메세 장군

　추축군은 메르 사마톨도 유지하기 어려웠기에 이집트 점령지를 모두 내주고 리비아로 밀려났다. 긴 후퇴전에서도 롬멜의 눈부신 지휘로 전멸은 피할 수 있었지만, 기계화되지 않은 이탈리아 보병들은 버려져 거의 대부분 영국군의 포로가 되었다. 설상가상으로 11월 8일, 미국과 영국 연합군이 모로코와 알제리에 상륙해 파죽지세로 튀니지 쪽으로 진격하고 있다는 소식이 전해졌다. 이렇게 되자 추축군은 벵가지와 키레나이카까지 잃고 엘아이게라에 방위선을 구축했으며 여기서도 이탈리아군은 분전했다. 특히 구식 전차와 대전차포를 가지고도 22대의 셔먼 전차를 격파하여 롬멜의 찬사를 받기도 했지만 대세를 뒤집을 수는 없었다. 북아프리카의 전세가 영국 쪽으로 기울자 추축군은 몰타 공격을 중지했고 결국, 40년 6월에 시작되어 42년 11월 20일까지 이어진 공방전은 영국과 몰타 주민의 승리로 마무리되었다.

　파국을 예감한 무솔리니는 12월 2일, 마지막이 될 국회 연설을 했다. 로마는 칸나이에서 패한 이후 더 위대해졌으며, 지금의 이탈리아인들이 고대 로마인들의 피를 전부 물려받은 것은 아니지만 가장 많이 물려받은 것은 확실하니 자존심을 가지고 싸워 승리하자는 내용이었다. 하지만 이 연설로 반년 후에 벌어질 파국을 막을 수는 없었다.

전쟁 네 번째 해: 1943년 상반기. 전쟁은 이탈리아로

암담한 미래

이탈리아의 43년은 암담하게 시작되었다. 이미 완전히 독일에 예속되어 버린 무솔리니 정권은 독일 측에 소련과의 전쟁을 중지하고(물론 히틀러로서는 어림도 없는 소리였다) 지중해 전구에 더 많은 독일군 전력을 배치해 달라고 간청하는 것 말고는 할 수 있는 게 없었다. 독일은 후자의 요구는 어느 정도 들어주었다. 그러나 튀니지에서 추축군이 머잖아 패배할 것이 분명해진 현재 연합군이 다음 표적으로 이탈리아 본토를 공격할 것은 명약관화했다. 이탈리아 본토 국민의 사기는 낮았고, 특히 리비아를 상실한 후 더욱 낮아졌다. 이탈리아는 40년 6월만 해도 전쟁을 하겠다는 열의가 조금이나마 있었지만, 43년에는 모두 사라졌다. 그리스, 동아프리카, 북아프리카, 소련 등 이탈리아군은 계속 패배만 거듭했다. 그러나 가까운 시일 내에 무솔리니 정권이 붕괴할 가능성은 아직 보이지 않았다.

특히 발칸 반도에서는 상황이 어떻게 되든 이탈리아에 유리하지가 않았다. 만약 발칸 반도에서 추축군이 패배하면 모든 것이 끝나는 것이고 만약 추축군이 이겨도 그 승리의 열매는 모두 독일이 가져가는 것이었다. 또한, 독일이 이탈리아에 주겠다던 공업용 석탄과 해군용 석유의 인도량이 당초 약속보다 적어지자 이 두 유럽 추축국은 끊임없이 마찰을 일으켰다. 그리고 이탈리아는 독일이 자국 군수산업의 필요로 데려간 이탈리아 노동자에 대한 처우에도 불만을 표시했다.

42년 12월, 이탈리아 왕실의 대리인들이 영국에 접촉해 처음으로 강화 의사를 타진한 것은 어찌 보면 당연했다. 그러나 왕실의 대리인들은 강화를 맺으려면 우선 무솔리니를 축출하고 독일과의 관계를 끊어야 한다는 말을 듣고 발길을 돌려야 했다. 영국은 이탈리아가 감히 그러지 못할 거라는 것을 정확히 알고 있었다. 이탈리아는 다음해 1월에도 영국과 평화 교섭을 벌였으나 기본적으로는 그전과 크게 다르지 않은 방향으로 끝났다. 처칠은 계획대로 시칠리아에 상륙하고 나면 이탈리아를 이탈시킬 수 있을지도 모른다고 생각했다.

무솔리니가 히틀러를 설득해 스탈린과 강화를 맺게 하기는 사실상 불가능했기 때문에, 무솔리니는 임박한 연합군의 이탈리아 본토 공격을 막는 데 필요한 독일의 지원을 요구할 수밖에 없었다. 동시에 그는 43년 2월, 치아노를 외무장관에서 해임하고 바티칸 주재 대사로 좌천시켰다. 무솔리니는 독일에 점령지 주민에 대해 더 유화적인 태도를 취하라고 주문했다. 독일 관료들은 반독적 태도를 취하던 치아노의 해임에는 기뻐했으나, 점령지에 대한 무자비한 착취를 그만둘 생각은 전혀 없었다.

아프리카에서 밀려나다

추축군은 계속 밀려나 1월 23일에는 리비아의 수도 트리폴리까지 함락되었다. 무솔리니는 영국 군함 4척을 격침시켰다는 허위 기사를 신문 1면에 올리도록 했지만 눈이 날카로운 이들은 하단에 실린 트리폴리 함락 기사를 놓치지 않았다. 벵가지도 아닌 트리폴리 함락은 리비아 전역을 잃었다는 의미였다. 더구나 러시아 파견군의 붕괴와 트리폴리 함락이 거의 같은 시기여서 이탈리아인들에게 큰 충격을 주었다. 이미 무솔리니의 인기는 떨어지고 있었지만 이 두 전선에서의 패배는 결정적이었다.

상륙에 성공한 연합군은 2주일 동안 튀니지까지 무려 700㎞를 진격했다. 이런 속도전을 한 이유는 북아프리카의 겨울이 우기였기 때문이었다. 이제야 심각해진 히틀러도 급히 위르겐 폰 아르님 대장을 제5기갑군 사령관으로 임명하고 11월 말까지 15만 명을 증강시켰고 최신형 티거 중(重)전차까지 투입했다. 하지만 이 증원은 기나긴 후퇴를 마치고 온 추축군에 반가움과 함께 "만약 이 정도 병력이 석 달 전에 있었다면….." 이라는 일종의 허탈함도 함께 안겨 주었다. 튀니지에 증파된 독일군과 합류한 이탈리아군도 증원군을 받아 제20, 제30

군단으로 재편되었다. 그중에는 새롭게 편성된 파시스트 청년 기갑사단도 있었다. 그러나 이 사단은 이름만 기갑사단일 뿐 전차는 몇 대 없었다. 두 군단은 제1군이 되었고, 2월 초, 러시아 전선에서 용명을 떨친 메세 장군이 사령관에 임명되었다. 서서히 포위망을 좁혀오는 연합군에 반격하기 위하여 2월 14일, 추축군은 '봄바람' 작전을 시작하였다.

카세린 고개 전투에서 독일군이 미숙한 미군을 대파했고, 이탈리아 센타우로 기갑사단도 독일군의 좌익을 든든하게 지켜 주었다. 그러나 아르님과 롬멜의 지휘권 다툼과 연합군의 압도적 물량 공세로 추축군은 점점 밀려났다. 그래도 3월 21일 가르치 산악지대에서 이탈리아군은 제4인도사단을, 25일에는 뉴질랜드 사단을 저지하여, 메세 장군이 당당히 승리를 선언했다. 하지만 압도적인 연합군의 공군과 해군 때문에 전체 보급의 1/3 밖에 도착하지 못할 정도가 되었으므로 5월에 이르러 추축군 25만 명은 항복하고 말았다. 그 포로 중에는 메세 장군도 있었는데 하필이면 무솔리니가 사기를 높이기 위해 원수 승진을 통보한 날이 항복일인 5월 13일이었다. 메세는 그래도 항복하는 대상으로 처음 전장에 발을 붙인 미군이 아닌 2년 이상 북아프리카의 숙적이었던 영국 제8군을 선택하여 마지막 자존심을 지켰다.

러시아와 북아프리카 두 전선의 파멸로 거의 50만 명의 병력과 막대한 장비 대부분을 순식간에 상실하면서 이탈리아 육군은 사실상 붕괴되었다. 두 전선에서 싸운 병력들은 그래도 가장 잘 훈련되고 풍부한 실전 경험을 가졌으며 장비도 잘 갖춘 최정예부대였기 때문이다.

이탈리아 해군의 마지막 전투

엘 알라메인 전투 이후 이탈리아 해군도 수세에 몰렸고, 결국, 튀니지 교두보를 유지하는 보급에만 전력을 쏟는 신세가 되고 말았다. 30개월간의 이탈리아 해군의 리비아 수송 작전은 19만 7천 명의 인원과 193만 톤의 화물을 수송했고 대신 342척의 수송선과 순양함 4척, 구축함 14척, 잠수함 10척, 소형함과 보조함정 47척, 그리고 11,400명의 장병을 잃었다.

미국의 참전으로 제공권과 제해권을 거의 잃은 상태에서 튀니지 주둔군에 대한 보급은 엄청난 출혈을 강요당했다. 사실 이탈리아의 중남부는 연합국 공군으로부터 맹폭격을 당하고 있었고 이탈리아의 주력함들조차 라 스페치아 등 이탈리아 북쪽으로 이동해야 했다. 튀니지 전역 6개월 동안 이탈리아 해군은 12척의 구축함을 포함해서 167척이나 되는 함선을 잃었다. 연합군이 시칠리아에 상륙하자 이탈리아 해군은 순양함대를 내보내 보았지만 압도적인 연합국 함대에 발각되어 퇴각했고 어뢰정 등 소형 함정들을 보내 싸울 수밖에 없었다. 잠수함 역시 절반 이상 소모된 상황이라 별다른 역할을 하지 못했다. 튀니지 보급전이 이탈리아 수상함대로서는 사실상 마지막 전투가 되었다.

추축 3국에 모두 소속된 잠수함 이야기

독일은 일본과의 연락 수단으로 잠수함을 활용했는데, 구형이지만 큼직한 이탈리아의 대형 잠수함에 주목했다. 그래서 9척의 이탈리아 대형 잠수함을 자신들의 U보트와 교환 배치하여 무장을 철거하고 수송용으로 개조했다. 독일은 43년 4월에서 6월까지 이 잠수함들의 수납공간에 광학기계와 기계부품, 시험 중인 병기 등 전략물자를 실어 일본으로 보냈다. 하지만 그 중 6척이 긴 항해 도중 연합군에 발각되어 격침되었고 UIT23(줄리아니), UIT24(카펠리니), UIT25(토레리) 3척만이 인도양을 횡단하여 일본군이 점령 중인 싱가포르에 8월 중순 차례로 도착했다. 이들은 생고무나 희귀 금속을 싣고 보르도로 돌아갈 예정이었지만, 9월 8일 이탈리아가 항복하자 완전히 독일 해군에 편입되었고 수십 명의 이탈리아 승무원들도 독일 해군으로 군적을 변경하여 계속 임무를 수행하기로 했다. 이들 3척은 계속 귀국을 시도했지만 44년 2월, UIT23(줄라아니)가 말라카 해협에서 영국 잠수함에 의해 격침되었고, 전황의 악화로 남은 2척의 귀국도 불가능해졌다. 결국, UIT24(카펠리니), UIT25(토레리)는 고베의 도크에서 독일의 패전을 맞고 말았다. 두 잠수함은 7월에 일본 해군으로 다시 편입되어 伊503, 504호가 되어 구레 해군 사령부에 배치되었다. 하지만 별다른 활약을 할 기회는 없었다. 결국, 이탈리아, 독일, 일본 추축 3국에 모두 배속된 기구한 운명의 두 잠수함은 일본 패전 후 미국에 의해 기이(紀伊) 반도 앞바다에 수장되고 말았다.

배드엔딩으로 끝난 무솔리니의 러시아 모험

1월 14일, 소련군이 산악사단들에 대한 대공세에 나섰다. 산악사단들은 엄청난 화력의 열세에도 불구하고 사흘간 필사적으로 저항했으나 결국 포위되었고, 일부는 영하 30도의 추위를 뚫고 탈출에 성공했다. 두 달 동안 ARMIR은 23만 명 중 1만 5천 명이 전사하고 7만 명이 포로가 되었으며 3만 명이 넘는 병사가 부상당했다. 당연히 장비도 대부분 상실했으며, 공군 역시 소수만이 탈출에 성공했다. 사실 소련에는 무솔리니의 박해를 피해 망명한 공산당 인사들이 많았다. 이들은 이탈리아 원정군에 대한 공작을 맡았고 성과도 적지 않았다. 하지만 이렇게 소련 진영으로 넘어간 병사들도 다른 병사들보다 별다른 혜택을 받지 못했다. 결국 따뜻한 남쪽 나라 출신 포로들은 가혹한 수용소 생활을 견디지 못하고 대부분 세상을 떠났고, 전후 귀국할 수 있었던 행운아는 1만 2천 명에 불과했다. 다만 이탈리아 항복 후에는 대우가 조금 나아져 날씨가 좋은 곳으로 수용소를 옮겼고 일부 병사들로 '반파시스트 해방군'을 편성하려는 시도도 했다.

이런 대참사에다 북아프리카의 패배로 본토가 위험해지자 사령부는 철수를 건의했으나 무솔리니는 거부하고 잔존 부대의 재편을 명령했다. 하지만 이후 그들은 후방에서 대 파르티잔 임무만 맡아 특별한 기록은 알려져 있지 않다. 43년 9월, 무솔리니의 실각과 이탈리아의 항복으로 독일군에 의해 무장해제되어 수용소로 끌려갔지만, 일부는 무솔리니에 대한 충성을 맹세하고 독일군에 편입되어 싸웠다. 이렇게 무솔리니의 '러시아 모험기'는 다른 지역처럼 배드엔딩으로 끝나고 말았다.

거대한 독소전쟁에서 독일과 소련에 대한 이야기는 많지만 이탈리아군을 비롯한 여러 추축군에 대해서는 거의 거론되지 않는다. 사실 이탈리아는 30년대에는 국제연맹의 상임이사국으로서 영국, 프랑스와 거의 대등한 지위를 가지고 있었지만 무솔리니의 '삽질'로 인해 독일의 '빵셔틀' 같은 신세로 전락해 버리고 말았으며 2차 대전, 특히 동부전선에서는 헝가리, 핀란드, 루마니아, 불가리아같은 나라들과 같이 묶여 취급되는 '굴욕'을 겪고 있다.

이탈리아군의 러시아 파병을 배경으로 한 「해바라기」란 영화가 있다. 2차 대전 시작 무렵, 시골처녀 지오반나(소피아 로렌)는 밀라노 남자 안토니오(마르첼로 마스트로얀니)와 사랑에 빠졌다. 입대를 피하려 둘은 결혼하고, 징집에 빠지려고 미친 척까지 했지만 모두 실패하고 러시아에 파병되었다. 추위와 굶주림으로 실신한 안토니오는 우크라이나의 시골 여인 마샤에 구출되고, 기억을 상실한 채 안토니오는 마샤와 결혼하고 딸까지 낳는다. 전후 지오반나는 안토니오를 찾아 러시아를 누빈다. 남편의 생존을 확신하고 우크라이나의 시골까지 찾아가는 해바라기같은 애정이 끝없이 펼쳐진 해바라기밭과 OST와 하나가 된 명화였다. 냉전 때여서 소련에서 촬영되었다는 이유 하나만으로 국내 상영이 몇 년간 늦어지기도 했다. 개인적으로는 우크라이나 평원에 가득한 해바라기와 마샤 역을 맡은 러시아 여배우의 미모가 대단히 인상적이었고, 이탈리아가 러시아에 파병했다는 사실을 처음으로 알게 해준 영화이기도 했다.

시칠리아 전역

시칠리아와 튀니지 사이에 있는 이탈리아령 판텔리아 섬은 1930년대에 요새화되었고 해안포대와 비행장, 항공기 80대를 넣을 수 있는 지하 격납고가 있었다. 전쟁 전에는 정치범들의 유배지로 쓰인 섬답게 해안은 절벽이었고 해류도 복잡해서 상륙전을 펼치기엔 위험했고 공수작전 또한 거의 불가능했다. 이 섬은 시칠리아 상륙 전 반드시 점령해야 했기에 연합군은 연습 삼아 어마어마한 폭격과 함포사격을 가했다. 판텔리아 섬에 2주일간 15,000톤의 폭탄과 포탄이 쏟아지자 6월 11일, 혼이 나간 1만 1천 명의 이탈리아 수비대는 항복하고 말았다. 상륙한 영국군의 유일한 부상병은 당나귀에게 물린 병사가 유일했지만, 그 병사도 생명에는 별 지장이 없었다. 판텔리아 섬에 대한 공격은 튀니지와 시칠리아 항공로의 안전을 확보하는 부차적인 효과도 있었고, 전사에서 공군력과 함포사격만으로 함락된 첫 번째 섬이 되었다. 이때, 시칠리아를 지키고 있던 추축군은 독일군 4만 명을 포함해서 총 23만 명으로 3개 보병사단과 1개 산악사단, 7개 해안방어사단과 2개 해안방어여단으로 편성되어 있었지만, 기갑부대는 거의 없었다. 이탈리아군을 지휘한 알프레도 구쪼니 장군은 유능했으나 제공권과 제해권이 없는 상황에서 할 수 있는 것은 별로 없었다. 다만 독일군 헤르만 괴링 기갑사단과 제15기갑척탄병사단이 기계화되어 있었다.

7월 10일, 글라이더 140대에 탄 연합국 공수부대 3,000명이 낙하하면서 시칠리아 침공 작전 '허스키'가 시작되었다. 몽고메리 원수가 지휘하는 영국 제8군은 전함 6척을 포함한 함대의 지원을 받으며 동남쪽 해안에 상륙한 다음 북상해 시라쿠사와 메시나를 목표로 진격했다. 조지 패튼 중장의 미국 제7군은 남서쪽 젤라에 상륙한 후 팔레르모로 북상했다. 초기에는 추축군이 연합군을 맞아 선전했다. 독일 헤르만 괴링 기갑사단은 젤라 해안에 상륙한 미군을 포위하여 수백 명을 포로로 잡았다. 또 이탈리아 리보르노 사단도 육탄공격까지 감행하며 분전했다. 하지만 연합군의 야포와 함대의 함포사격은 추축군에 막대한 피해를 입혀 리보르노 사단은 절반 이상을 잃고 말았다. 더구나 파시스트 정권의 탄압을 받았던 시칠리아 마피아는 친척들이 많이 사는 미국에 동조하여 길안내를 맡았다. 미국의 이탈리아 마피아들도 시칠리아 마피아 보스인 칼로제로 비지니(Calogero Vizzini)에게 연락을 취하여 적극적으로 도왔다. 이 대가로 거물이었던 찰스 루치아노가 1946년 가석방 되었다. 이렇게 되니 안 그래도 허약한데다 현지인 위주인 해안방어사단들은 자연스럽게 와해되었다. 그럼에도 아오스타 보병사단은 미국 제1보병사단에 맞서 일시적으로 공세를 저지하기도 했지만, 24일까지 연합군은 시칠리아 서부를 제압하고 이탈리아군 주력이 항복함으로써 대세는 결정이 났다. 거기에 패잔병들과 탈주병들이 도시와 마을로 몰려들어 약탈을 자행하자 주민들은 패닉 상태가 되었다.
　전황이 어렵게 되자 독일군을 지휘하는 한스 발렌틴 후베 상급대장은 이탈리아군 패잔병들과 함께 후퇴전을 펼쳤다. 메시나 부근에 방어진지를 구축하고 연합군의 북상을 저지했지만, 총사령관 케셀링 원수는 시칠리아 포기를 결정했다. 8월 11일, 추축군이 본토로 탈출하면서 시칠리아 전투는 끝났다. 추축군은 패배했지만 독일군은 제해권과 제공권이 없음에도 10만 이상의 병력과 1만 대 이상의 각종 차량을 성공적으로 후퇴시켜 이탈리아 본토 전투에 대비한 전력을 보존했다. 그에 반해 이탈리아군은 시칠리아에서 전사자, 부상자, 포로를 합쳐 14만 이상의 병력을 잃었다. 연합군은 시칠리아 정복에 만족하지 않고 9월 3일, 장화처럼 생긴 이탈리아 반도의 구두코 부분에 해당하는 칼라브리아에 상륙했다.
　이탈리아의 방어는 전쟁 말기 일본군의 방어태세와는 크게 대비된다. 미군은 압도적인 전력으로 섬에 고립된 일본군을 공격하였음에도 매번 고전을 면치 못했는데, 대표적인 예가 이오지마와 오키나와였다. 만약 무솔리니가 이전의 실책을 솔직하게 인정하고 롬멜의 건의를 받아들여 군대를 빨리 북아프리카에서 철수시켜 이들을 시칠리아에 배치하고 또 발칸이나 프랑스, 러시아에 있는 병력을 모두 본국으로 불러들였다면 연합군으로서도 상당히 고전을 면치 못했을 것이고, 이후 이탈리아의 운명은 달라졌거나 적어도 앞으로 벌이질 최악의 추태만큼은 막을 수 있었을지도 모른다.

시칠리아와 본토에서의 이탈리아 공군

북아프리카를 잃은 후, 영국 공군의 이탈리아 본토 야간 공습이 시작되자 이탈리아 공군은 본토와 시칠리아 방공에 전력을 다했다. 이탈리아 공군은 독일 공군처럼 야간 전투기 부대를 편성하여 방어에 나섰지만 적절한 지상관제가 없어 별다른 전과를 거두지 못했다. 하지만 이 공습은 시작에 불과했다.

43년 7월 초, 연합군의 시칠리아 공격 기간 동안 이탈리아 공군은 공중전에서 53대, 지상에서 220대를 잃는 엄청난 손실을 입었고, 특히 7월 5일, 같은 전투에서 26대(일설에는 38대 또는 22대, 합동 격추는 52대, 이탈리아 공군 제2위)를 격추시킨 최고의 에이스 프랑코 루치니(Franco Rucchini) 대위와 22대(일설에는 20대, 이탈리아 공군 제3위)를 격추시킨 레오나르도 페르치리(Reonardo Ferrulli) 소위가 한꺼번에 전사하는 참사까지 맞고 말았다. 전사한 루치니 대위는 미남으로도 유명했다고 한다. 전공훈장 금장이 두 에이스의 유족들에 전달되었다. 이어진 연합군의 본토 상륙작전에도 이탈리아 공군은 남은 자원을 쥐어짜서 최선을 다했지만 역부족이었고 비극은 이어졌다. 9월 4일 칼라브리아에서 '이탈리아의 루델'인 주세페 첸니 소령이 전사했다.

이 전투는 통일된 이탈리아 공군으로 싸운 마지막 전투이기도 했다. 그래도 이탈리아 공군은 그냥 사라지지는 않았다. 하늘에서 싸우기 어려워지자 7월 18일, 2명의 공군 특공대원이 벵가지 근교의 기지에 침투하여 20대의 B-24폭격기를 파괴하는 대성공을 거두었기 때문이다. 하지만 이 정도 성과로는 거대한 물량을 과시하는 연합군에 큰 타격을 줄 수 없었다.

인물열전: '이탈리아의 루델' 주세페 첸니(Giuseppe Cenni) 소령

주세페 첸니

주세페 첸니는 1차 대전 중인 15년 2월 27일에 라벤나 근교에서 태어났다. 과학과 기술에 재능이 있었으며, 비행기에 매료되어 19세에 글라이더 면허를 따고, 20세에 공군에 입대한다. 36년 6월 소위에 임관되고, 7월에 스페인 내전에 참가하여 CR.32를 몰고 5대를 격추시킴으로써 에이스 칭호를 받지만, 격추 기록은 더 이어지지 않는다. 첸니가 소속된 제25외국인 의용항공대가 폭격기 호위 임무를 수행하다가 저고도에서 안개 때문에 무려 6대가 충돌하는 대형 사고를 일으켰기 때문이었다. 2명은 죽고 4명은 낙하산 탈출에 성공했지만 3일간 도망치다 스페인 공화국군의 포로가 되었다.

공화국군은 프랑코군에 종군한 외국군 포로에 대해 가혹한 처사로 일관해서, 포로가 된 첸니도 큰 정신적 피해를 입었다. 하지만 적십자의 주선으로 포로 교환 대열에 끼어 간신히 귀국할 수 있었고 휴양하면서 체력과 정신력을 회복하였다. 잠시 스페인으로 복귀한 첸니는 대위로 특진하고 전공훈장 은장을 받았다. 전투기 조종사들의 교관을 맡으면서 결혼도 했다.

첸니의 운명이 바뀐 것은 바로 그 유명한 Ju87 슈투카 때문이었다. 전격전의 필수 요소였던 정밀폭격을 연구하던 이탈리아 공군은 자신들의 폭격기가 정밀폭격에 적당하지 않다는 사실을 인정하고 독일에서 2개 비행대 분의 Ju87 슈투카를 수입했는데, 첸니는 이 비행기에 푹 빠져 전투폭격기 조종사로 전향했다. 어쨌든 슈투카의 수입은 이탈리아 공군도 수평폭격에만 '올인'하지는 않았다는 증거지만, 2개 비행대로는 역부족이었다. 첸니는 특히 함선 공격의 명수로, 일반적인 급강하폭격이 아닌 '스킵 폭격'을 고안했다. 이 폭격은 연못에 돌멩이를 던져 튀기는 데 착안한 것으로 배의 측면을 강타하는 방식이었다. 그리스전에 참전한 그는 이 방법으로 여러 척의 군함과 상선을 격침했는데, 스킵 폭격을 처음 당한 그리스 해군은 어뢰 공격을 받았다고 오인했을 정도였다.

첸니와 그의 비행대는 북아프리카에서 구축함, 유조선, 포함 등 많은 함선을 격침시켜 명성을 날렸고, 몰타 공방전에도 참가했다. 그간의 전투로 18대였던 비행대의 가용 항공기가 10대로 줄자, 재편성되면서 기종도 Re.2000 전투기를 공격기로 바꾼 신형 Re.2002 '아리에테'가 배치되었다. 독일이 Fw190 전투기를 공격기로 바꾸어 투입한 것과 같은 원리였다. 새 기체를 얻은 대원의 사기가 올랐지만, 그 사이 이탈리아는 북아프리카를 잃었다. 연합군이 압도적인 제공권을 장악한 시칠리아 전투에서 첸니의 비행대는 과감하게 도전하여 8천 톤급 수송선과 모니터 함에 직격탄을 명중시키는 전과를 거두었다.

소령으로 승진한 첸니는 절망적인 상황에서도 유머를 잃지 않고 계속 출격을 감행했다. 연합군이 칼라브리아에 상륙한 다음 날인 9월 4일, 첸니가 이끄는 12대의 Re.2002는 과감히 돌진하여 350톤급 상륙정 4척을 격침하고, 많은 하프트랙을 격파했으며 기총소사로 많은 적병을 쓰러뜨렸다. 하지만 스핏파이어의 반격으로 4대가 격추되고 3대도 돌아오지 못했는데, 첸니도 기총소사로 탄약을 소진했기에 대항하지 못하고 격추되었을 것으로 추측된다. 그로부터 나흘 후 이탈리아가 항복했으니 정말 안타까운 일이 아닐 수 없다. 첸니의 시신은 파르마에 묻혔고, 전공훈장 금장이 수여되었으며 현재 이탈리아 공군 제5항공단에 첸니의 이름이 붙어 있다.

이탈리아 육군 평가

이탈리아 육군은 전쟁 동안 최대 250만 명까지 확장되었고 북아프리카, 에게 해, 발칸, 러시아, 프랑스 등 여러 곳에 분산 배치되었다. 이런 분산 배치 자체도 문제였지만 근본적인 화력 부족은 매우 심각한 문제였다. 이탈리아 사단은 105㎜ 이상의 중포가 거의 없었고, 각 사단의 전투력은 그리스군 사단과 1:1로 붙어도 나을 것이 없었을 정도였다. 특히 47㎜ 대전차포가 유일한 대전차병기일 정도로 빈약한 대전차 화력은 많은 희생을 낳았다. 지상전의 주역인 전차도 너무 빈약했다. 탱켓은 논할 가치도 없지만 이후 배치된 M13/40 중전차도 '달리는 관'이라는 오명이 붙을 정도로 열강의 주력 전차에 비하면 너무나 약했다. 사실 이 전차가 이런 오명을 쓰게 된 이유는 전차 자체가 이탈리아 산악지대에나 맞는 물건이지 사막에 맞는 물건이 아니었기 때문이다. 그런 주제에 물량마저 너무나 부족했다. 75㎜ 포를 단 P26/40전차와 M13/40 전차를 개조한 M40 돌격포 등 쓸 만한 장비도 개발했지만 역시 생산 자체가 둘 다 합쳐 5백 대도 안 되었고 등장 시기도 너무 늦었다.

이탈리아 육군은 이집트에서 영국군에 박살나, 독일의 롬멜이 증원하러 와서 자신들을 처음부터 다시 훈련시킨 뒤부터야 제대로 싸울 수 있게 되었다. 하지만 기본적으로 차량과 화력 부족으로 사단의 전투력 자체가 낮아 같은 사단이라 해도 독일이나 영국군 전투력 수준의 60%~70%정도에 불과했기에 독일군의 지원 없이는 독자적 공격에 나설 수가 없었다. 그래도 포병은 부족한 장비에도 쓸 만한 부대라는 평가를 받았고, 중세부터 축성에 능했던 전통 탓인지 요새 축성이나 고정적 진지 방어전에서는 좋은 전투력을 발휘해서 독일군이 주특기인 기동전에 전념할 수 있도록 지원할수 있었다.

이탈리아 해군 평가

이탈리아 해군은 휴전 때까지 순양함 11척, 구축함 41척, 잠수함 86척, 어뢰정 33척 등 총 393척 314,298톤을 잃었고, 휴전 이후 독일 항복 때까지 전함 2척, 순양함 4척, 잠수함 21척 등 총 314척 224,908톤을 더 잃었다. 전함 체자레호 등 일부 군함은 배상함으로 소련에 넘겨졌고, 순양함과 구축함 몇 척은 프랑스와 그리스에 넘어갔다. 2차 대전 전 기간을 통해 해군의 사상자는 28,837명이고, 침몰된 함정만 보면 탑승한 병사의 30%, 사관의 50%, 함장의 75%, 제독의 100%가 죽거나 부상당했으며, 배와 함께 운명을 같이 한 함장들도 적지 않았다. 이런 기록들은 이탈리아 해군 장병들이 결코 비겁하지 않았다는 사실을 증명해 주고 있다. 하지만 앞서 말했듯이 이탈리아 해군이 싸우는 모습은 독일 공군의 제공권 장악 시기를 제외하면 항공지원은 없다시피 했고, 레이더도 없으며 연료마저 부족했기 때문에 마치 한 눈에 눈병이 난데다 팔 하나는 다치고 다리까지 절룩거리는 미들급 복서가 헤비급 복서와 싸우는 모습과 다를 바 없었다.

이탈리아 공군 평가

　냉정하게 보면 공군은 주요 참전국 중 최약체 이탈리아군에서도 가장 형편 없는 전과를 거뒀다. 몰타에서의 졸전은 물론이고 지브롤터에 대한 공격도 몇 번 시도했지만, 전과는커녕 도중에서 사라진 기체가 태반이었을 정도다. 그럼에도 개인적인 용기를 보여준 장병 또한 적지 않았다. 5대 이상을 격추시킨 에이스는 124명이나 되었고 그 중 39명이 전사했다. 이탈리아 공군의 주적이 전투기는 물론 조종사 수준도 최고였던 영국 공군이었다는 점을 감안하면 조종사들이 얼마나 분투했는지를 잘 증명하는 수치가 아닐 수 없다. 이탈리아 공군은 지상 격파나 대공포 격추를 제외하고 순수 공중전으로 2,000대가 넘는 연합군 항공기를 격추시켰다. 이 전과에서 눈에 띄는 부분이 있다면 이탈리아 공군 에이스들 대부분이 부유한 북이탈리아 출신이라는 점이다. 확실히 항공이란 분야는 가난한 이들이 접근하기는 쉽지 않았던 걸까?

후방 사정

　전쟁 초기 독일이 승리를 거두다가 이후 이탈리아의 패배가 이어지면서 이탈리아 국민의 사기는 떨어지기 시작했다. 41년 초. 독일이 이탈리아군을 북아프리카와 알바니아의 곤경에서 구해낸 덕에 무솔리니 정권은 궁지에서 벗어났다. 하지만 독일이 나눠 준 프랑스, 유고슬라비아, 그리스 내의 이탈리아 점령지는 이탈리아에 득이 되기는커녕 오히려 문제만 될 뿐이었다. 이러한 문제는 점령지 주민보다는 독일과의 사이에서 더 크게 일어났다. 이 세 나라의 이탈리아 점령지에서는 유대인을 내놓으라는 독일과 이 요구를 거부하는 이탈리아 점령기관 사이에 끊임없는 마찰이 일어났다. 대부분의 이탈리아 관리들은 독일이 왜 유대인을 죽이려는지 이해할 수 없었고, 유대인 학살이 독일의 야만성을 나타내는 또 하나의 증거라고 여겼다. 1942년 11월, 독일이 비시 프랑스를 점령했을 때 프랑스 내 유대인들이 프랑스 내 이탈리아 점령지로 피난해 오자 양국 간의 마찰은 더욱 심해졌다. 그리스 내 이탈리아 점령지의 경우에는 극심한 인플레이션과 기아 문제의 책임 및 해결 방안을 놓고 분쟁이 일어났다. 이렇게 추축국의 승리에 '기여'한 대가로 이탈리아에 주어진 이 점령지들은 이탈리아 후방의 불만을 해소시켜 줄 명분이 되지 못했다.

이탈리아 사회는 전쟁 때문에 큰 희생과 궁핍을 강요당했으나 그것을 감수할 만한 명분을 찾지 못했다. 연합군의 공습은 처음에는 소규모였고 나중에도 독일이나 일본이 당한 것과는 비교할 수 없는 규모였지만, 이탈리아 국민의 사기에는 어마어마하게 악영향을 끼쳤다. 하지만 무솔리니는 전시로 들어선 이탈리아를 단결시켜야 할 중요한 시기에 무능한 장관과 파시스트당 당직자들을 더 무능한 인물로 교체하고, 파시스트당 내부의 인적자원조차 고갈시키는 어이없는 국정 운영을 벌이고 있었다.

무솔리니의 실각과 이탈리아 항복

20년 아성이 무너지다

연합군에 시칠리아 섬이 점령당하자 이탈리아의 국내 상황 및 여론은 더욱 악화되었고, 전쟁에 대한 비난 여론이 고조되었다. 선전포고 이후, 영국의 경제 봉쇄로 석유는 물론 비누나 식량까지 크게 부족해지자, 매년 물가가 수십%씩 올라 국민은 극심한 생활고를 겪어야 했다. 사실 당시 이탈리아 국민에게 주어진 식량 배급은 독일 치하 폴란드인들의 배급량과 별 차이가 없을 지경이었다. 심지어 하루 빵 배급이 150g에 불과한 날도 적지 않았다. 이러니 국민은 반파시즘이 아니라 기아 때문에 무솔리니에게 등을 돌리게 되었는데, 군부와 집권층에서도 무솔리니에 대한 반감이 커져 가고 있었다. 이에 앞장선 사람 중 하나가 바로 외무장관에서 밀려나 바티칸 대사가 된 무솔리니의 사위 치아노였다.

3월 초에는 산업지대인 토리노와 밀라노에서 13만 명의 노동자가 참가한 대규모 파업이 일어났고, 파업 참가자들은 연합국과의 강화와 평화를 강력하게 요구했다. 피아트 공장의 노동자들이 주동하여 파시스트 집권 20년 만에 처음으로 일어난 이 대규모 파업은 안 그래도 빈약하기 그지없는 이탈리아 군수산업에 큰 타격을 주었다. 이탈리아 군수산업은 원자재와 자본의 부족, 파시스트 정권의 무능으로 인해 독일과는 달리 연합국 공군의 폭격을 '받지 않았음에도' 군수물자 생산량이 더 떨어졌다. 43년에 생산된 이탈리아의 전차는 모두 합쳐도 동부전선에서 소모되는 전차의 하루치에 불과한 240대가 전부였고, 가장 기본적인 철강 생산량조차 38년의 232만 톤에서 42년에는 192만 톤으로 떨어진 사실이야말로 좋은 증거였다.

북아프리카와 시칠리아 상실은 치아노를 비롯한 집권층 내 반무솔리니 감정이 싹튼 세력의 마지막 의리조차 버리게 만들었다. 이탈리아인들은 패배주의에 빠졌고, 항복만이 유일한 선택이었다. 이런 파국에 대한 모든 책임은 무솔리니 혼자 져야 했고, 결국 국회의장 디노 그란디와 치아노가 중심이 되어 무솔리니의 축출을 준비했다. 그란디는 검은 셔츠단의 창설자이기도 했다.

하지만 무솔리니는 이런 상황변화를 모른 채 7월 19일, 북이탈리아의 한 별장에서 히틀러와 회담하고 있었다. 이 회담에서 두 독재자 모두 한심한 모습을 보였다. 히틀러는 두 나라 군대의 연합 지휘부 등 실속 있는 제안은 없이 그저 신무기 개발 같은 허세를 떨면서 무솔리니의 기운을 북돋아 연합국과의 단독 강화를 막으려고 할 뿐이었다. 무솔리니 역시 지칠 대로 지쳐서 히틀러의 말을 건성으로 들을 뿐이었다. 사실 전성기 때는 강건한 육체와 강한 카리스마로 이탈리아 국민, 특히 여성들의 인기를 한 몸에 모았던 무솔리니였지만 전쟁의 스트레스와 지병인 위궤양으로 몸 상태가 말이 아니었다. 42년 성탄절에는 극심한 위통으로 몸을 못 가눌 정도였다. 사실 전쟁 수행은 지도자들에게 엄청난 육체적·정신적 소모를 강요한다. 히틀러도 전쟁 말기에는 거의 폐인이 되었고, 루스벨트는 종전을 보지도 못하고 죽었다. 호주의 전시 총리 커틴 역시 일본의 항복을 보지 못하고 7월 5일에 세상을 떠났다. 무솔리니는 패전만 거듭했으니 더욱 그러했다. 물론 자업자득이긴 하지만….

연합국 중폭격기들이 비행장과 철도역, 철도 노동자 주택가 등에 네 차례에 걸쳐 대대적인 폭격을 가했다. 1400명 이상이 죽고 6천 명 이상이 부상을 당했지만, 이탈리아군의 고사포는 단 1대의 적기도 격추시키지 못했다. 그 다음 달에는 피아트가 있는 공업 도시 토리노가 대규모 폭격을 당해 천 명이 넘는 사망자가 나왔다. 가장 부유한 도시 밀라노도 폭격으로 인해 23만 명이 노숙자 신세가 되었다. 이 소식은 긴급 전보로 회담중인 무솔리니에게 전해졌다. 이 때 히틀러는 곧 런던은 신무기로 파괴될 거라고 장광설을 늘어놓고 있었다. 듣고만 있던 무솔리니는 이렇게 응수했다. "런던이 파괴될 날이 언젠지는 모른다. 하지만 로마는 지금 파괴되고 있다." 무솔리니는 비행기 편으로 로마로 돌아왔는데, 리토리오 공항마저 파괴되어 인근의 군용 비행장으로 기수를 돌려야 했다. 사태가 심각하다는 사실을 더 이상 부정할 수 없었다. 무솔리니는 대 파시스트 평의회(Grand Fascist Council)에 참석하였다. 평의회는 하원의장 그란디의 주도하에 국왕 에마누엘레 3세의 후원을 받아 19대 7로 무솔리니와 그의 내각을 실각시켰고, 7월 24일에는 무솔리니를 체포하여 연금했다. 하지만 무솔리니는 이상할 정도로 너무나 무력하게 현실을 받아들였다. 7월 25일, 국왕은 후임으로 피에트로 바돌리오 원수를 수상으로 선임했고 바돌리오는 즉시 새로운 정부를 구성했다. 21년간 이탈리아에 군림했던 독재자는 이렇게 너무나 시시할 정도로 허망하게 몰락했다. '전 독재자'는 지중해의 막달레나 섬에 연금되고 말았다. 무솔리니가 실각하는 동안 충성을 맹세한 400만 파시스트당원들 중 행동에 나선자는 없었다. 새 정부는 독일에는 전쟁을 계속한다고 했지만, 뒤로는 스페인과 포르투갈을 통해 연합국과 비밀 교섭을 하면서 항복을 준비하고 있었다. 항복 내용에는 "이탈리아가 추축국에서 이탈하는 것은 물론, 독일에 선전포고한다"는 내용도 포함되어 있었다.

고무된 연합군은 맥스웰 D. 테일러(Maxwell D. Taylor) 준장을 비밀리에 로마로 보내 교섭에 들어갔다. 독일의 분노를 사기도 싫고, 가혹한 조건으로 연합군에 항복하기도 싫었던 바돌리오와 그의 내각은 몇 주를 망설였지만 결국 연합국의 요구대로 항복할 수밖에 없었다. 9월 3일, 연합국이 시칠리아를 넘어 이탈리아 본토에 상륙한 바로 그 날, 연합군 작전 몇 시간 전 바돌리오는 항복문서에 서명했다. 하지만 9월 8일이 되어서야 바돌리오는 정식으로 휴전을 선언했다. 일단 무솔리니 축출에는 성공했지만, 이탈리아 지도부는 모두 무솔리니와 함께 했었고 이탈리아의 실패에 책임이 있던 자들이었다. 그런 그들이 연합국으로 배를 갈아탄다는 정치적 곡예를 제대로 해낼 리가 없었다. 비겁하게도 바돌리오는 휴전 발표 후, 국왕과 왕족을 50대의 차에 태우고 연합국 진영(정확히 말하면 브린디시)으로 도망쳤다. 항복 당시 국왕이든 바돌리오 수상이건 군 수뇌부건 모두 무능하기 짝이 없어 혹시라도 항복 사실이 독일에 도청되어 자신들이 독일군에 포로가 되지 않을까 걱정하여 항복 방송만 하고는 자기들만 잽싸게 남쪽으로 튀어 버린 것이다.

더구나 아직 연합군에 점령되지 않은 이탈리아 땅에 남겨진 군대가 앞으로 어떻게 해야 하고, 어떤 지휘자의 명령을 따라야 하는지에 대한 명확한 지침도 내리지 않아서, 남은 이탈리아군은 혼란에 빠져 버렸다. 대부분의 장군들과 고위 관리들조차 라디오를 듣고 항복 사실을 알았을 정도였다. 무솔리니의 참전 결정 이상으로 무책임하고 비겁하기 짝이 없는 행동이 아닐 수 없다. 나중 이야기지만 전쟁이 끝난 후 이탈리아 국민이 국민투표로 왕정을 폐지하고 국왕을 추방하게 된 이유가 바로 여기에 있었다.

독일의 이탈리아 장악

이미 무솔리니가 쫓겨나기 전부터 독일은 이탈리아가 추축국에서 이탈할 것을 예상하고 이탈리아 본토와 프랑스, 유고슬라비아, 그리스, 알바니아 등 이탈리아 점령지의 통제권을 인수할 계획을 다 짜놓고 있었다. 튀니지에서 추축군의 저항이 종식된 후, 연합군이 시칠리아에 상륙하기까지 몇 주 동안 독일은 이탈리아로 병력을 이동시키고 있었다. 그 중 대부분은 프랑스 주둔군이었다. 이탈리아 정부가 그걸 원하든 원치 않던 이탈리아의 의사는 이미 독일의 관심 밖이었다. 무솔리니는 적어도 자국 이탈리아 영토에서만큼은 형식적인 주권이나마 유지하고 싶어 했다. 그러나 무솔리니 휘하의 군사 지도자들은 이탈리아군이 북아프리카와 동부 전선에서 막대한 손실을 입고 패배한 이상, 이탈리아를 일부나마 지키기 위해서는 독일에 나라의 통제권을 넘겨주는 한이 있더라도 오직 독일군이 방어 전면에 나서 주어야만 가능하다는 사실을 너무나도 잘 알고 있었다. 이로 인해 독일은 여유 병력을 이탈리아로 쉽게 보낼 수 있었다. 그런 상황 속에서도 독일과 이탈리아는 효율적인 공조 체제가 전혀 없었다. 8월 15일, 롬멜과 독일 총사령부의 작전부장인 요들 대장이 볼로냐에서 향후 계획에 대해 의논했다. 요들이 "이탈리아 북부에 새로 도착한 독일군은 롬멜 휘하에 들어갈 것"이라고 선언하자, 이탈리아 장군들은 그 병력을 남쪽으로 보내고 북부에는 이탈리아군만 남겨줄 것을 요구했다. 그렇게 해야 독일군이 연합국의 침공을 유리한 위치에서 반격할 수 있다는 것이었다. 하지만 어림없는 이야기였다. 만약 독일군이 남부로 갔을 때 이탈리아가 배반할 경우, 독일군은 북쪽의 이탈리아군과 연합군 사이에 샌드위치 신세가 될 것이기 때문이었다.

튀니지의 추축군이 항복한 직후, 히틀러는 특별팀을 편성, 이탈리아가 전쟁을 그만두거나 연합국에 합류할 경우에 대비한 대책을 강구할 것을 지시했다. 롬멜 원수가 이 일을 맡았다. 논리적인 롬멜은 처음에는 알라릭(Alarich), 나중에는 아크세(독일어로 추축이라는 뜻)라는 암호명의 작전을 준비했다. 이 작전의 내용은 독일군이 프랑스와 발칸 반도의 이탈리아 점령지를 점령하고, 프랑스-이탈리아 국경, 독일-이탈리아 국경의 알파인 고개를 확보하며, 이탈리아 본토를 가급적 많이 확보한다는 것이었다. 이 새로운 계획에는 연합군이 이베리아 반도에 상륙할 경우 스페인과 포르투갈을 침공할 예정이었던 독일군 부대들이 투입되었다. 하지만 1943년 봄 독일의 쿠르스크 공세 연기와 연합군의 시칠리아 상륙으로 인해 독일군의 계획 세부 내용은 달라졌다. 그리고 롬멜도 7월 21일 그리스 상륙 방어를 위해 테살로니키로 잠시 옮겨갔다. 어쨌든 독일이 이탈리아가 추축국에서 탈락하는 경우를 대비한 계획을 진지하게 세우고 있었다는 사실은 분명하다.

이런 계획에 따라 알베르트 케셀링을 사령관으로 정예부대인 헤르만 괴링 기갑사단을 비롯해 8개 사단이 이탈리아 북부에 전개되었다. 따라서 히틀러는 1년 후의 핀란드나 루마니아 항복 때와는 달리 철저히 준비된 상태에서 이탈리아를 '응징'할 수 있었다. 물론 이탈리아의 자원이 연합군의 손에 들어가게 해서는 안 된다는 현실적 이유도 컸으며, 이탈리아를 종단해 오스트리아 쪽으로 침공할 가능성 역시 막아야 했다.

항복을 선언하는 방송이 나옴과 동시에 독일군은 '알라릭 작전'과 '아크세 작전'을 개시해 전격적으로 이탈리아군을 공격하여 무장해제시켰다. 이탈리아 주둔 부대는 물론 오스트리아에 있던 부대들도 투입되었다. 작전명인 알라릭은 게르만족 중 하나인 고트족 족장 이름으로 419년 로마를 약탈한 인물이다. 로마는 419년, 그리고 1527년 신성로마제국 황제 칼 5세에 이어 세 번째로 독일인들에 정복당하는 신세가 된다. 대부분의 이탈리아군은 몇 시간 만에 무력화되었다. 본토 뿐 아니라 유럽 전역에서(이탈리아 본토, 발칸, 러시아, 프랑스 등) 100만 명이 포로가 되었다. 이 과정에서 충돌이 없지는 않았다. 로마에서도 아리에테, 센타우로 기갑사단, 파비아 사단(모두 북아프리카에서 박살 난 후 재편된)등이 배치되어 있었는데 독일군은 이들 부대와 정부 부처, 국방부와 육군참모본부 등을 기습 공격했다. 전투가 벌어져 전사자 400명, 부상자 800명, 50대 이상의 장갑차량이 파괴되었다. 이탈리아군 사령부 참모들은 로마 북동쪽의 몬테로톤도로 후퇴하여 결사항전을 다짐했지만 독일 공수부대가 낙하하여 완벽하게 제압했고, 고급장교 15명과 병사 2,000명이 포로가 되었다. 코르시카와 코르푸 섬에서도 약간의 저항이 있었지만 전반적으로 독일군은 거의 손실 없이 자신들의 몇 배나 되는 이탈리아군의 무장을 해제하는데 성공했다. 심지어 4명의 독일 오토바이 병이 이탈리아군 1개 연대를 가축수송차에 태워 포로수용소로 끌고 가는데 성 공한 예도 있을 정도였다. 롬멜은 당시 북이탈리아에 있었는데 특유의 수완으 로 숫자상으로 훨씬 우세한 이탈리아 제4군, 제5군, 제8군과 향토방위부대들을 거의 완벽하게 제압했다. 이탈리아군이 풀어준 수만 명의 연합군 포로 역시 독 일군의 손에 들어왔다. 롬멜 역시 씁쓸했는지 아내에 "한 나라의 군대에 있어 서 너무나 치욕스러운 종말이구려"라는 내용의 편지를 썼을 정도였다.

독일군 최고 사령부에서 내린 지침은 이탈리아 병사를 다음과 같이 세 가지 유형으로 구별했다. 첫째, 동맹 관계를 원하고 계속 전투에 임하거나 도움을 주 려고 하는 이탈리아 병사. 둘째, 계속 전투를 거부하는 이탈리아 병사. 셋째, 저 항을 하거나 적과 제휴를 맺고 있는 이탈리아 병사. 첫 번째 경우는 눈에 띄지 않는 감시 하에 독일군에 편입시키고, 나머지들은 석방 결정이 내릴 때까지 감 금하라는 것이었다. 결국, 독일군의 손에 포로 외에도 125만 정의 소총, 1만 6 천대의 각종 차량, 4만 정의 기관총이 굴러들어왔다.

이탈리아군의 종말

당시 70개 사단에 달하던 이탈리아 육군은 유럽 전역에 골고루 퍼져 있어 정 작 본토에는 그 절반도 안 되는 병력만 있었고 그나마도 절반 이상이 북아프리 카와 시칠리아에서 박살이 나서 재편되거나 새로 편성되는 중이라 전투능력을 제대로 갖추지 못하고 있었다. 그럼에도 수적으로 열세인 독일군이 함부로 하 기에는 만만찮은 병력이었으나, 아무 지시도 못 받은 상태에서 자국 국왕에게 도 독일군에도 '기습'을 받아 "뭐야? 뭐야?" 하는 사이에 자신들보다 작은 규모 의 독일군에 포위되어 포로 신세가 되어 버린 것이다. 이는 전사에 유례가 없는 정말 한심하기 짝이 없는 일이었다. 다음 해, 이탈리아의 '말로'를 지켜본 루마 니아나 핀란드는 그 전철을 밟지 않고 전쟁에 빠져나오는 데 성공하게 되니 이 탈리아는 끝까지 남 좋은 일만 시켜 준 나라가 된 셈이다.

이탈리아 항복 후 이탈리아 점령지는 독일군이 관할하였고, 포로가 된 100

만 이탈리아 병사들 대부분은 독일의 군수공장이나 방어선 건설현장으로 끌려 갔고 일부는 독일군이나 무솔리니의 살로 공화국군에 입대해 전쟁을 계속했다. 100만 명 중 4만 5천명은 결국 고향에 돌아오지 못했다. 하지만 유고슬라비아와 그리스에서 독일군은 이탈리아가 맡았던 부담까지 져야 했다. 유고슬라비아 주둔 이탈리아군 중 상당수는 티토군에 의해 무장해제 당했고 일부는 티토군에 합류하여 이탈리아인 파르티잔 사단이 3개나 편성되었을 정도였다. 물론 해체된 이탈리아군의 장비 또한 티토군에 많은 도움이 되었다. 그리스에서는 피네롤로 사단이 독일군에게 항복을 거부하고 통째로 그리스 파르티잔인 '그리스 인민 해방군'에 가담하기도 했다.

물론 독일군 앞에서도 기개를 보여준 인물도 있었다. 살레르노의 제222연안 경비사단장 돈 페란테 곤차가 장군은 알레슬라벤 소령이 사단 본부에 쳐들어와 무장 해제를 요구하자 단호히 거부했다. 대대로 무인집안인 곤차가는 "곤차가 가문은 죽어도 무기를 놓지 않는다"라고 외치며 권총을 쏘려 했지만 그 전에 총탄 세례를 맞고 말았다. 훗날 이탈리아 정부는 곤차가에게 훈장을 추서했다.

케팔로니아 학살

이탈리아군의 항복과 관련해 가장 잘 알려진 비극은 앞서도 언급했지만 니콜라스 케이지가 주연한 영화 「코넬리의 만돌린」의 주제가 된 케팔로니아 학살이다. 이 섬에는 제33아퀴 사단이 주둔하고 있었다. 이 부대는 전쟁에 휘말리지 않으려는 '군기 빠진' 병사들로 구성된 부대였고, 이곳에 주둔한 소규모의 독일군까지 그 '물'이 들어 따뜻한 지중해의 태양 아래 주민과 어울려 빈둥거리고 있었다. 이 때까지 말이 전시였지 이곳은 별다른 전투가 없었기 때문이지만, 모국이 항복하자 상황이 완전히 달라졌다. 독일은 이탈리아군을 대체할 병력을 신속하게 파견했다. 사단장 안토니오 간딘 장군은 항복이냐 항전이냐를 놓고 고민하고 있었는데, 부하들은 연합군이 가까이 있었기에 이를 믿고 투표를 통해 독일군과 싸우기로 결정하여 사단장의 고민을 해결해 주었다. 그래서 독일 증원군을 실은 상륙정 두 척을 공격해 한 척을 침몰시키는 '전과'를 거두었다. 하지만 이는 잠자는 사자의 코털을 건드리는 결과를 낳았다. 게다가 연합군도, 브린디시에 있는 이탈리아 공군도 그들을 도와주지 않았다. 결국 아퀴 사단은 탄약이 떨어지자 백기를 들 수밖에 없었다.

9월 22일, 제1산악사단 제98산악병 연대 2대대장인 히르슈펠트는 정식 지휘 계통을 통해 내려온 히틀러의 명령에 따라 아퀴 사단의 병사들을 학살했는데 간딘 사단장이 가장 먼저 살해당했고 장교들이 뒤를 따랐다. 히틀러는 서방 연합국에 항복한 이탈리아군을 반란군 취급했고 저항하는 자는 사살해도 좋다는 명령을 내린 바 있었다. 이런 식으로 약 5,300명이 무자비하게 학살당했다. 더구나 대부분의 시신은 매장하지도 않았다. "반란을 일으킨 병사들은 매장할 가치도 없다"는 이유였는데 증거인멸을 위해 시신을 태워버리거나 거룻배에 실려 먼 바다에 버려졌다. 살아남은 포로 4천여 명은 선실에 갇힌 채 독일 본토로 수송되던 중 불분명하긴 하나 독일군의 고의적인 행위라 의심되는 기뢰 접촉으로 대부분 이오니아 해에서 익사했다. 힘겹게 배에서 빠져나온 병사들도 해변에 포진하고 있던 독일군에 의해 사살당했다. 이 사단에서 살아남은 천하의 행운아는 로무알도 포르마토 종군신부를 포함해 수십 명에 불과했다.

당시 학살극을 주도한 히르슈펠트는 1945년 바르샤바 전투에서 전사하여 대신 그의 직속상관이던 제22산악군단장 후베르트 란츠(Hubert Lanz) 산악병 대장이 뉘른베르크 재판에 관련 죄목으로 기소되어 12년 형을 받았지만 6년 후 석방되었다. 사실인지 명백하게 확인되지는 않았지만 란츠는 '포로를 잡지 말라'는 명령을 고의로 수정하여 포로를 획득하라고 명령했다고 한다. 그러나 어째서인지 상부의 '학살 명령'은 '정상적으로' 히르슈펠트에 전달되었고, 결국 참극이 벌어지게 되었다는 설이 현재 정설로 인정받고 있다. 현재 케팔로니아에서의 학살 명령은 군단장 란츠가 아닌 E집단군 사령관 알렉산더 뢰어(Alexander Löhr) 상급대장의 명령이 직접 전해진 것으로 정리되었다. 전후 유고슬라비아 파르티잔 및 민간인 학살에 대한 책임으로 유고슬라비아 정부에 신병이 인도된 뢰어는 47년 2월 16일 사형에 처해졌다. 전후에 그나마 발견된 케팔로니아 학살 피해자들의 시신들은 바리(Bari)에 위치한 이탈리아군 공동묘지에 재매장하기 위해 발굴되어 본토로 수송되었지만, 사단장 간딘 장군의 시신은 결국 발견되지 않았다. 이탈리아 군의 케팔로니아 봉기는 현재 이탈리아 최초의 항독 파르티잔으로 평가를 받고 있다.

전함 로마 격침

이탈리아군의 비극은 바다라고 예외는 아니었다. 연합군의 이탈리아 본토 상륙이 시작되었을 때, 이탈리아 해군은 전통적인 보금자리인 타란토조차 지킬 수 없었기에 주력은 북이탈리아의 라스페치아에 모여 있었다. 이탈리아 함대를 지휘하고 있었던 카를로 베르가미니 대장은 항복 며칠 전 기함 로마에 지휘관들을 모아 자신은 기함 로마를 선두로 하여 모든 함대를 몰아 살레르노에 상륙한 연합군과 일전을 겨루겠다고 공언한 바 있었다. 사실 베르가미니의 오랜 꿈은 로마를 비롯한 이탈리아의 최신 전함을 이끌고 바다의 여왕인 영국 해군과 제대로 된 해전을 해보는 것이었다. 그런데 며칠 안 되어 항복해야 했고, 이를 위해 몰타로 가라는 명령을 받게 된 것이다. 베르가미니는 자신의 귀를 의심했지만 조국의 항복은 현실이었다. 제독은 고민하던 중 어제까지 전우였던 독일군이 항구에 침입하여 수리중인 군함들을 접수하는 모습을 보자 항복이 이탈리아를 위한 최선의 길이라는 현실을 인정할 수밖에 없었다.

이때 해군장관이 베르가미니 대장에게 전 함대를 이끌고 일단 사르데냐 섬 부근에 있는 막달레나 섬으로 가라는 명령과 함께 국왕도 그 섬으로 갈지 모른다는 정보를 전해주었다. 이 전화로 베르가미니는 더욱 혼란에 빠졌지만 기함으로 지휘관들을 불러 패전 소식을 전하고, 비록 패하긴 했지만 함대는 건재하니 이탈리아 해군은 재건할 수 있다고 격려했다. 9월 9일 새벽, 전함 3척과 경순양함 4척 등, 모두 14척으로 이루어진 이탈리아 함대는 라스페치아를 떠났다. 제노바에서도 경순양함 3척이 출발했다. 타란토와 브린디시에도 군함들이 있었지만 이미 독일군의 통제를 받고 있었고, 연락도 되지 않아 통일된 행동은 불가능했다. 어쨌든 패전이 확인된 이상 병사들의 사기는 당연히 가라앉아 있었지만, 일단 안전수역으로 탈출하는 것이 급선무였다. 9일 아침, 영국 정찰기가 이탈리아 함대를 '마중' 나왔는데 당연히 대공포는 발사되지 않았다. 하지만 정찰기는 이탈리아 함대의 목적지가 막달레나 섬이라는 것을 확인하고, 그들이 '배신'하는 것이 아닌지 의심하였다. 몇 시간이 지난 후, 베르가미니 제독은 독일이 막달레나 섬을 장악해서 국왕의 해상 탈출이 불가능하여 브린디시로 피할 수밖에 없다는 연락을 받고 몰타로 항로를 변경할 수밖에 없었다. 영국 정찰기는 항로변경을 확인하고 안심했지만 이 항로 변경이 함대에는 치명적인 결과를 낳고 말았다.

독일은 마르세유 인근에 주둔한 제100폭격항공단의 Do-217폭격기 12대에 신형 유도 폭탄인 프리츠-X를 탑재시켜 출동시켰다. 이 폭탄은 자체 추진 엔진은 없었지만 비행기에서 무선조종을 할 수 있는 최초의 투하형 '대함미사일'이기도 했다. Do-217 폭격기에서 '프리츠-X'가 로마를 향해 투하되었다. 이들의 첫 번째 목표는 당연히 기함 로마였다. 하인리히 슈메츠 중위의 폭격기에서 발사한 프리츠-X가 전함 로마의 갑판을 관통, 폭발하였다. 이후 5분 뒤, 또 하나의 프리츠-X가 전방 갑판을 관통, 바로 뒤에 있던 탄약고에서 폭발하여 유폭을 일으키면서 배가 두 동강이 나고 말았다. 이름값도 못하고 최초의 '대함미사일'에 격침당한 함이라는 '역사'만 남긴 전함 로마는 40분 만에 가라앉았다. 베르가미니 제독을 비롯한 1,400명의 승무원이 전사자가 되었고, 바다로 뛰어들어 겨우 살아남은 자들은 400여 명에 불과했다. 자매함이었던 이탈리아함도 갑판 하부에 한 발을 맞아 800톤의 물을 머금어야 했을 정도였지만, 겨우 몰타까지 피신하는 데 성공했다. 만약 막달레나 섬으로 가지 않았다면 로마는 충분히 영국 전투기의 행동반경 안에 들어올 수 있었을 것이고 그런 꼴은 당하지 않았을 것이다. 아이러니하게도 로마가 침몰되던 날 이탈리아 최대 군항 타란토에 연합군이 상륙하였고 곧 함락되었다. 타란토는 이렇게 전쟁기간 내내 하늘과 바다, 육지에서 모두 무력한 모습을 보이고 말았다. 훗날 이탈리아 공화국 해군의 프리깃함에 베르가미니 제독의 이름이 붙었다.

참고로 중동전쟁, 포클랜드 전쟁, 이란-이라크 전쟁 등에서 대함 미사일이 많은 군함과 유조선을 격침시켰지만 여기서 나온 사상자 모두를 합쳐도 전함 로마에서 발생한 희생자 숫자의 절반에도 미치지 못한다. 이 참사는 베르가미니 제독의 잘못이라기보다는 상부의 판단 착오와 소통 부족으로 인한 것이었는데, 어쨌든 이탈리아 해군은 항복조차 제대로 해내지 못한 셈이 되었다. 그나마 몰타로 가서 항복하는 데 성공한 군함들은 행운이었다. 독일 쪽에 억류된 군함들은 대부분 싸워보지도 못하고 적군과 아군의 손에 파괴되는 운명을 맞았다. 결국, 현존함대 전략의 종말은 이러했던 것이다.

남부 이탈리아 전투

9월 3일, 3년 만에 레지오에 상륙하면서 영국군은 유럽 대륙으로 돌아왔다. 독일군은 지형을 이용하여 지연전을 펼쳤지만, 이탈리아군의 저항은 거의 없었다. 대신 '애국심'에 불타는 퓨마 한 마리가 동물원에서 나와 캐나다군을 공격하는 해프닝이 벌어졌을 뿐이었다. 미군은 이탈리아 항복이 발표된 후 몇 시간이 지난 1943년 9월 9일 이른 아침에 살레르노 해안에 상륙했다. 영국군은 살레르노 만 좌측에, 미군은 우측에 상륙했다. 로마에 실시하기로 했던 공수작전은 마지막 순간에 취소되었다. 독일군이 이 살레르노 지역에 연합군의 상륙이 있을 것을 예상하고, 인근의 이탈리아군을 무장 해제하고 반격에 나섰다. 근처에 있던 독일 제16기갑사단을 포함해 여러 독일군 부대가 이 반격에 합세했다. 또한, 살레르노 이남에 있던 모든 독일군 부대 역시 반격에 참가했다. 며칠간 악전고투가 벌어졌고, 독일군은 미군과 영국군을 어느 정도 밀어내기까지 했다.

그러나 독일군이 승리할 수는 없었다. 교두보를 지키기 위한 전투에서 연합군은 강력한 항공지원을 물론, 해군 함포까지 동원한 효율적인 사격지원까지 받고 있었기 때문이었다. 원래 로마에 가기로 되어 있었던 연합군 공수부대 몇개 연대까지 보충 병력으로 투입되었다. 독일군의 저항은 완강했지만, 9월 16일이 되자 살레르노를 상륙 저지점이 아니라 남쪽에서 올라오는 연합군이 중부 이탈리아에 진입하는 것을 막는 거점으로 여기게 되었다. 독일군은 미군에 밀리기 시작했으며, 영국 제8군 예하부대들이 느린 속도지만 지원을 나서자 그 속도는 더욱 빨라졌다. 10월 1일 미군은 나폴리를 점령했고, 이탈리아의 우방이었던 독일군은 후퇴하면서 나폴리 항구와 박물관을 무자비하게 파괴하고 쓸만한 자원은 모두 뜯어갔다.

무솔리니 구출

히틀러는 무솔리니의 실각 소식을 듣고 로마를 공격해서 교황과 국왕을 체포하라는 충동적인 명령을 내렸다가 측근의 만류로 명령을 철회했다. 독일의 입장에서는 무솔리니 정권이 유지되어야 남부 유럽의 완충지대를 확보해 동부 전선에 전력을 집중시킬 수 있었기 때문이다. 이미 이탈리아에 정예 제1SS 기갑사단 '아돌프 히틀러', 제26기갑사단 등 상당수의 기갑부대와 공수부대, 보병 사단들을 투입시킨 상황에서 바돌리오 정권이 연합군에 합류하면 이탈리아 주둔군의 처지는 어려워질 것이 뻔했다. 하지만 당장 무솔리니를 구출하기는 어려웠다. 친위대 장관 힘러는 자신의 부하 중 이 임무를 수행할 적임자를 찾아내었고, 히틀러는 그를 즉각 호출했다. 바로 훗날 '유럽에서 가장 위험한 사나이'라고 불리게 될 오토 스코르체니 SS 대위가 역사의 전면에 모습을 드러내는 순간이었다. 오스트리아 출신으로 탁월한 스포츠맨이자 비밀공작의 달인인 스코르체니는 당시 35세로 제국 보안본부 산하의 비밀 공작부대 창설 멤버로 활동하고 있었다. 이 부대는 공수부대, 무장친위대, 제국 보안부대 등 당시 독일의 최정예부대 중에서도 가장 우수한 인재들만 선발되어 강도 높은 훈련을 받고 있었다. 부하 50명을 포함하여 각종 특수 장비는 물론 성직자 복장, 위조 신분증까지 준비했다. 이탈리아에 도착한 스코르체니에게는 무솔리니가 연금된 장소를 찾아내는 일이 급선무였다. 스코르체니는 무솔리니의 생일선물을 전하려하니 위치를 알려 달라고 이탈리아 정부에 문의했다. 그러나 이탈리아 정부는 알아서 전해 주겠다고 위치 통보를 거부했다. 이렇게 무솔리니를 찾기 위해 한 달을 동분서주하다가 스코르체니는 단서를 잡았다. 이탈리아 경찰국에 배치한 부하로부터 긴급 보고가 올라왔는데, '경찰이 무장경찰 한 개 중대를 그랑삿소 부근에 배치시켰다'란 내용이었다.

그랑삿소는 북이탈리아 아펜니노 산맥의 고봉으로 캄포 임페라토레 호텔이 있어서 관광지로 유명했다. 이 산맥에서 사람이 사는 곳 중 가장 높은 곳이기도 했다. 호텔과 산 밑 마을까지 케이블카가 연결되어 있었고, 겨울철에는 스키장으로 쓰는 긴 비탈이 있었다. 스코르체니는 분명 무솔리니가 이곳에 감금되어 있다고 확신했다. 그렇지 않다면 이런 촌구석에 왜 중대 규모나 되는 경찰병력이 투입된단 말인가? 물론 확인할 필요는 있어서 부하 한 명을 군의관으로 위장시켜 그랑삿소를 병사들의 휴양소로 쓸 수 있는지 알아보도록 했다. 그러나 이탈리아 경찰들은 접근을 원천봉쇄했다. 이탈리아 정부는 그 사이 무솔리니를 사르데냐 섬 북쪽의 막달레나 섬에서 이곳으로 옮겨 놓았던 것이다! 스코르체니는 이렇게 말했다. "이탈리아 친구들은 너무 로맨틱하구만, 차라리 로마 한복판 호텔에 감금을 하는 것이 한 수 위의 방법인데"

스코르체니는 직접 비행기를 타고 강추위와 바람에도 불구하고 밖으로 몸을 내밀고 항공사진을 찍었다. 직접 찍은 그랑샷소 일대 사진을 보면서 침투 방법을 고민했다. 고도 때문에 육로는 시간이 너무 오래 걸리고, 그렇다고 케이블카를 타는 것은 너무 무모했다. 그렇다면 방법은 하늘에서 내려가는 수밖에 없었다. 스코르체니는 우선 낙하산 강하가 가능한지 알아보기로 했지만 쉽지 않았다. 공군 조종사들은 사진을 보자마자 산의 대기류 때문에 낙하산이 산 밑으로 빨려 들어간다면서 대신 미끄러워 위험하지만 글라이더 침투를 제안했다. 12대의 글라이더가 동원되었고 이탈리아어를 구사할 수 있는 인원을 포함 총 107명의 특공대원을 선발했는데 스코르체니의 비밀 공작부대원 26명과 선발된 공수부대원 81명으로 구성되었다. 하지만 이 정도 인원으로는 250명이 넘는 이탈리아 무장경찰을 상대하기에는 벅찼다. 이 때문에 스코르체니는 침투와 동시에 무장경찰들을 무력화시킬 인물로 이탈리아 무장경찰 총수인 페르디난도 솔레티 장군을 대동했다.

9월 12일 아침, 12대의 예인기와 매달린 글라이더, 그리고 '피젤러 슈토르히' 정찰기 한 대가 로마 근교에서 이륙했다. 슈토르히는 구출 후 무솔리니를 안전하게 탈출시킬 수 있도록 준비한 것이었다. 오후 2시, 상공에서 스코르체니와 대원들을 태운 글라이더가 투하되었다. 독일군이 들이닥치자 경찰들은 망한 나라를 위해 목숨 바칠 생각은 추호도 없었고, 상관 솔레티가 무장을 해제할 것을 명령했기에 스코르체니는 아무런 방해 없이 쉽게 산장을 장악해 무솔리니를 구출했다. 사실 당시의 무솔리니는 자살을 생각하고 있었다. 이탈리아의 항복 소식을 산장에서 들었고, 더구나 미국의 한 극장 체인이 무솔리니의 신병이 연합군에 인도되면 자신들이 무솔리니를 매디슨 스퀘어 가든의 극장에 '전시' 하고 싶다고 제의했다는 소문도 들었기 때문이었다. 계약기간은 3주, 조건은 1만 파운드를 자선사업에 기부한다는 내용이었다. 무솔리니는 새 로마제국의 주인이 되고자 했던 남자가 적국 개선식의 구경거리가 될 수는 없다고 생각하고 있었다. 극적으로 도착한 스코르체니의 구출대에게 무솔리니는 이렇게 말했다. "나의 진정한 친구 히틀러 총통이 날 잊지 않았을 것이라고 믿고 있었소.

나를 구출해준 데 대해 진심으로 감사하오." 히틀러는 이렇게 오스트리아 합병 당시 무솔리니에게 진 신세를 갚은 것이다.

하지만 마지막 난관이 남아 있었다. 슈토르히 정찰기를 타고 무솔리니를 로마로 옮길 계획이었는데 이 정찰기는 조종사까지 2명만 탑승할 수 있었던 것이다. 그럼에도 스코르체니는 만일의 사태를 대비해 자신도 동승하겠다고 고집을 피우고 조종사를 위협하기까지 하며 이륙을 종용했다. 결국, 조종사는 2명의 거물(둘 다 상당한 거구였는데, 특히 스코르체니는 키가 2m에 체중도 100kg가까이 되었다)을 태워야 했다. 활주로가 겨우 100여m에 불과해서 어떻게든 양력을 최대한 얻도록 대원들이 달려들어 있는 힘껏 동체를 붙잡고 민 덕분에 정찰기는 약 80m 지점까지 질주하고 이륙에 성공했다. 비밀리에 로마로 돌아온 무솔리니는 독일로 가 9월 15일, 히틀러와 재회했다. 이제 무솔리니는 허세가 넘치긴 했어도 의기양양했던 예전의 독재자가 아니라 반쯤 폐인이 된 무력한 노인에 불과했지만 그래도 "우리의 피로서 그 치욕스러운 순간을 (조국의 역사에서) 지워버릴 것이다" 라고 외칠 정도의 힘은 남아 있었다. 다행히 케셀링의 지략과 독일군의 용전분투로 중부와 북부 이탈리아가 남아 있었고, 산발적으로 이어지던 잔존 이탈리아군의 저항도 거의 분쇄된 상태였다.

이탈리아의 분열과 무솔리니의 죽음

살로 공화국

무솔리니는 히틀러의 '압박과 지원'을 받아 43년 9월 23일, 새 파시스트 정부를 수립했다. 무솔리니는 대중 연설을 통하여 "바돌리오 정부의 쿠데타는 실패했으며, 자신은 새로운 공화국을 만들 것이다."라고 선언하면서 '이탈리아 사회주의 공화국'을 수립하였다. 파시스트당의 명칭 역시 새로운 '공화국'에 걸맞게 공화 파시스트당으로 변경했다. 수도는 이탈리아 북부 지방의 가르다(Garda) 호수변에 있는 작은 도시 '살로'였다. 그래서 이 나라를 정식 명칭보다는 '살로 공화국'이라 부른다. 무솔리니가 임명한 주요 각료들은 다음과 같다.

- 파시스트당 총재 - 알레산드로 파볼리니(Alessadro Pavolini)
- 내무장관 - 로베르토 파리나치(Roberto Farinacci)
- 육군 사령관 - 레나토 리치(Renato Ricci)
- 베를린 주재 대사 - 필리포 안푸소(Filippo Anfuso)
- 국방장관 - 로돌포 그라치아니

이렇게 북이탈리아에 독일의 통제를 받는 새 이탈리아 정부가 탄생했다. 이 정부는 수도가 똑같이 조그만 휴양 도시였다는 점에서도 비시 프랑스의 축소판이었다. 외교적으로 이 나라를 정식으로 승인한 나라는 추축국 진영을 제외하면 친 추축국 성향의 중립국 스페인과 포르투갈 정도였고, 특히 외국 주재 외교관 중 공화국을 택한 이들은 몇 명 되지 않았다. 심지어 일본 대사관 직원들조차 대부분 억류를 택했을 정도였다. 냉정한 국제 관계를 잘 알고 있었기 때문이리라. 하지만 이 정부가 단순히 독일의 괴뢰정부였나? 라는 질문은 이탈리아 현대사에서 계속 논란이 되고 있다. 왜냐하면, 남왕국은 살로 공화국과는 달리 아예 형식적인 주권조차 없었고, 연합국의 '괴뢰'라는 부분에서 독일의 '괴뢰' 인 살로 공화국과 마찬가지였기 때문이다. 어쨌든 고관들마다 독일 고문이 한 사람씩 붙어 사사건건 간섭했으며, 반 무솔리니 세력들은 진압되거나 숙청되었다. 43년 11월 14일 '베로나 회의'에서 많은 안건들이 토의되었는데, 주요 내용은 '신생 공화국의 국정을 안정시키고 국가의 골격을 만드는 안건'과 '대 파시스트 평의회(Grand Fascist Council)에서 무솔리니 실각에 찬성표를 던진 배신자들의 처리', '북이탈리아 지역의 파르티잔 토벌 안건' 등 모두 18개였다. 이 안건들이 파시스트당 총재 알레산드로 파볼리니에 맡겨졌고, 무솔리니의 승인을 받았다.

무솔리니는 개인적으로 반대했지만, 히틀러의 강압으로 자신을 탄핵한 원로의원 6명을 비롯한 인사 17명의 처형을 결정했다. 그 중에는 사위 치아노도 있었다. 딸 에다는 아버지에게 눈물로 호소했다. "아버지는 미쳤어요. 전쟁은 이미 졌어요. 이 상황에서 제 남편을 죽인다고 무엇이 달라지겠어요? 제가 승전을, 아버지의 개선과 히틀러 총통의 승리를 얼마나 원했는지 아시잖아요? 하지만 아무 것도 이루지 못했죠. 그런데 이제 와서 패전이 제 남편 탓이라고 몰아세우시는 건가요?" 그래서인지 무솔리니는 처형일 새벽 독일 친위대장에게 전화를 해 치아노를 처형하지 않는다면 히틀러와의 신뢰가 깨질 것인가를 물었다. 대답은 단호했다. "절대로 그렇습니다." 이후 아버지와 딸은 의절했고 무솔리니는 정신적으로 큰 타격을 받았다. 무솔리니는 페라라(Ferrara)에서 사위가 처형당했다는 소식을 듣자 "나를 용서해라!"라고 울부짖었다고 한다. 처형장에서 치아노가 남긴 마지막 말은 "이탈리아 만세!"였다고 전해진다. 괴벨스의 일기가 독일의 2차 대전과 나치즘 연구의 1급 사료인 것처럼 치아노가 처형되기 직전 에다에게 전한 자신의 일기는 이탈리아의 2차 대전 참전과 파시즘 연구의 1급 사료가 되었다. 치아노는 알바니아 총독을 지내면서 잔학행위를 저지르기도 했지만 적어도 자신의 소신을 가지고 독재자인 장인과 싸웠던 용기만은 평가받을 만하다.

무솔리니는 나름대로 국가조직을 구축하고 정비하기 위한 노력을 했다. 특히 노동자 계급의 지지를 받을 수 있는 정책들을 추진했는데, 44년 2월 12일에 발표한 '노동자의 경영 참여법'이 대표적이었다. 사실 22년 전의 무솔리니는 왕정을 반대하는 철저한 공화주의자였지만 '로마 진군'으로 국왕이 권력을 주자 자신이 신봉하던 공화주의를 헌신짝처럼 버렸다. 그런데 이제 국왕이 자신을 버리자 다시 군주제를 반대하는 깃발을 든 것이다. 자신의 패전과 실각 책임을 자본가와 중산층에 전가하여 부자들을 타도하기 위한 '프롤레타리아 혁명'을 선동했다. 그래서 국명을 '사회주의 공화국'으로 하였고 다시 20여 년 전으로 돌아가 사회주의자와의 동맹을 도모하고자 했다. 하지만 20년 이상 무솔리니에게 혹독한 탄압을 받았던 사회주의자들은 누구도 무솔리니의 제의를 받아들이지 않았다. 2만 9,229명의 노동자와 사무직원이 있었던 피아트 자동차 공장에서 '공장위원회' 투표에 참여한 자는 274명에 불과했다는 것이 좋은 증거였다.

더구나 무솔리니의 '공화국'은 독일의 압력으로 트리에스테(Trieste), 이스트리아(Istria), 남 티롤(Tyrol) 지역을 양도할 수밖에 없었다. 이 땅은 1차 대전 때 오스트리아-헝가리 제국에 승리하여 얻은 땅인데, 제국의 신민이었던 히틀러에게 다시 빼앗기게 된 것이다. 무솔리니의 정부는 나치 독일의 지원과 보호가 없이는 결코 존속이 불가능했지만 이런 외양조차도 히틀러의 무솔리니에 대한 우정(정확히 말하면 공범의식에 가까웠겠지만)이 없었다면 허용되지 않았을 것이다. 그조차 없었다면 히틀러는 이탈리아를 아마 폴란드처럼 아예 독일 영토로 만들거나 총독을 두어 더욱 무자비하게 다루었을 것이 확실하다.

독일은 이탈리아에서 생산되는 트럭과 총기, 공업제품, 농산물, 비축하고 있던 10만 톤의 강철과 8톤의 귀금속, 화학약품 19만 톤을 열차로 실어가 버렸고, 인적 자원 역시 예외가 아니어서 영화관이나 극장에 모인 노동자들을 강제로 독일로 데려가 군수공장에서 강제 노동을 시켰다. 물론 이탈리아 노동자들도 독일군에 복종만 하지는 않았다. 1944년 3월 토리노의 피아트 공장에서는 기계를 독일로 실어가려는 시도에 맞서 파업을 벌이기도 했다. 이탈리아의 항복은 히틀러를 분노하게 했지만 그래도 젊은 시절 화가 지망생이었던 그에게 한 가지 개인적인 즐거움은 주었다. 바로 '이탈리아 예술품'의 약탈이었다. 나폴리부터 시작하여 44년 7월, 피렌체 함락 직전까지 독일이 '징발'한 명화와 조각상은 수천 점에 달했다. 이 '전리품'은 오스트리아 암염 광산에 보관되었는데 결국,

전후에 대부분 제자리로 돌아왔다.

대등하지는 않았지만 그래도 동맹국이었던 이탈리아는 사실상 점령국 신세가 되었고, 이런 수모를 이탈리아 국민 모두가 겪어야 했다. 어쩌면 무솔리니를 20년 동안 독재자로 군림하도록 허용하고, 별생각 없이 전쟁에 뛰어들도록 방조한 당연한 대가였다. 연료는 공급되지 않았고, 식품도 하루에 빵 100g대로 제한되기에 이르렀다. 결국, 암시장이 생겨났으며 식품은 엄청난 가격에 거래되었다. 독일군은 겉으로는 암시장을 단속했지만, 뒤로는 몰수한 물자를 암시장에 팔아 엄청난 이익을 보고 있었다. 반파시스트 세력과 왕당파, 유대인은 최우선 박해 대상이 되었고, 바티칸은 거의 봉쇄되었다.

살로 공화국군

어쨌든 남은 파시스트 중 일부 '뜻있는' 자들이 부대를 편성해 독일군과 함께 싸우겠다고 나섰다. 징집이 시작되었는데 당시 상황을 생각하면 뜻밖에도 입대하는 자들이 많았고 특히 십대 소년들의 자원입대가 많아 징집 연령을 크게 낮추어야 했을 정도였다. 아마 살로 공화국이 내세운 '이탈리아의 명예'라는 구호가 어느 정도 먹혀들어간 것 같은데, 상당 부분은 왕실과 바돌리오 정부의 추태가 반작용을 일으킨 것이리라. 이렇게 '몬테 로사' 산악사단, '리토리오' 척탄병사단, '산 마르코' 해병사단, '이탈리아' 베르살리에리 사단 등 4개 사단과 몇 개의 독립부대, 해군과 공군을 창설하였고 후방 부대도 많이 편성했다. 하지만 그전 이탈리아군의 단대호를 물려받지는 않았다. 이젠 '왕국군'이 아니라 '공화국군'이었기 때문이었다. 독일군 포로수용소에서 지원한 자들도 일부 있었는데, 추축국의 대의에 공감해서가 아니라 수용소 생활을 면하기 위해서였다. 이 지원자들은 독일 바이에른으로 넘어가 독일식 훈련을 받았다. 따라서 이들이 훈련을 마칠 때까지 살로 공화국군은 극렬 파시스트와 연합국에 대한 원한이 사무친 자들이 이끌게 되었다. 대표적인 인물이 바로 MAS 부대 사령관 보르게세였다.

보르게세는 고위 귀족이었지만 휴전을 배신으로 보고 무솔리니 쪽에 남았고 1,300여 명의 해군도 카리스마 넘치는 보르게세를 따랐다. 또한, 많은 의용병이 가세해 보르게세의 부대는 해군사단이 될 정도로 확대되었다. 독일군은 보르게세와 협상하여 자유재량권과 이탈리아 국기의 사용을 허용하였다. 부대의 모토는 '명예'였으나 곧 나치의 영향으로 변질되었고 반유대주의 경향도 띄기 시작했다. 재편된 보르게세의 부대원들은 수중 공격이 아닌 파르티잔 토벌에 투입되었고, 부대원이 살해당하면 무자비하게 보복했다. 보르게세의 부대는 안치오와 고딕 라인에서도 싸웠다. '흑태자'라는 별명이 붙은 보르게세 휘하에는 해군사단 외에도 기계화 대대, 산악폭파병 대대, 공수대대 등도 편성되었는데, 이들은 거의 보르게세의 사병처럼 행동했다. 그 외에도 검은 셔츠 부대들이 재편성되어 파르티잔과 싸웠고 전투력이 좋은 일부 부대는 연합군과의 전투에 투입되기도 했다.

공수부대는 러시아 전선에서 지프를 이용한 강행정찰 임무를 수행했고, 몬테카시노에서는 독일 공수부대와 함께 용전분투하여 철십자 훈장을 받은 자도 나왔다. 이후에도 각 지방을 옮겨다니며 계속 연합군을 상대로 싸웠지만 결국 45년 4월 아오스타 계곡에서 미군에 항복할 수밖에 없게 되었다.

살로 공화국 공군

살로 공화국은 독일군이 압수한 1,000여대의 항공기를 돌려받아 공군도 다시 편성했다. 정식명칭은 ANR(Aeronautica Nazionale Republica: 공화국 국민공군)이었다. 살아남은 베테랑 조종사들의 대부분은 전쟁 중단을 굴욕으로 생각했기에 ANR에 참가하였다. 물론 베테랑 조종사들의 고향이 대부분 살로 공화국 영토인 북부라는 이유도 작용했을 것이다. ANR 조종사들과 독일군의 관계는 양호했고, 주 임무는 이탈리아 공업지대를 연합군의 폭격으로부터 지키는 것이었다. 항공부대는 4개 항공그룹으로 재편되었으며 대공포 부대와 지상부대, 공수연대도 편성되었다. 이들은 점점 자국산보다는 독일산 전투기를 주로 사용하게 되었고, 압도적으로 우세한 연합군 공군을 상대로 분전했다. 우고 드라고 대위(11대 격추, 43년 9월 이전 6대 격추), 코리니 준위 (4대 격추, 43년 9월 이전 15대 격추) 같은 에이스도 나왔다. SM.79 뇌격기 부대는 연합국 어뢰정이나 수송선을 격침하기도 했다.

44년 8월, 이탈리아 독일군 사령부가 ANR을 독일군에 편입시키겠다고 발표하자 대부분 강력하게 반발하고 출격을 거부했다. 무솔리니도 나서 히틀러에게 항의하자 편입 조치는 취소되고 독일 공군 사령관도 교체되었다. ANR은 점차 독일제 전투기로 기종을 전환하여 계속 싸웠다. 전쟁 말기에는 ANR 조종사들의 기량을 독일에서도 인정하여 최초의 제트전투기인 Me262의 조종 훈련까지 받았지만, 실전 배치가 되기 전 전쟁이 끝나고 말았다. 만약 전쟁이 몇 달 더 계속되었다면 ANR은 최초로 Me262를 장비한 외국 공군이 되었을 것이다. 어쨌든 ANR 조종사들은 압도적 열세에도 불구하고 공중전에서 137대를 잃고 226대를 격추시키는 놀라운 전과를 올렸다. 물론 이 전과가 대세를 뒤집지는 못했지만 적어도 많은 연합군 전투기를 폭격기 호위에 붙잡아 놓는 효과는 거둘 수 있었다.

연합국과 함께 '싸운' 남왕국 정부와 군대

국왕과 함께 피신한 바돌리오는 살레르노에 정부를 세웠고 10월 13일, 독일에 선전포고를 했다. 이때 바돌리오도 총리에서 물러났는데 후임자가 바로 무솔리니가 정권을 잡기 직전 반년간 총리를 맡았던 아비노에 보노미였다. 물론 보노미가 반파시스트 활동을 한 것은 사실이지만 그의 나이는 71세였다. 나이도 나이였지만 드골이나 아데나워가 지도한 프랑스와 서독과 비교하면 전쟁 전에도 두 나라에 뒤졌던 이탈리아가 전후에도 두 나라를 따라잡지 못한 이유 중 하나가 지도자의 역량 차이였다는 것을 부인하기 어렵지 않을까? 놀라운 일은 소련에 망명했던 공산당 지도자 팔미로 톨리아티가 44년 귀국해서 연정에 참여했다는 사실이다. 톨리아티는 혁명보다 파시즘의 타도와 민주주의 회복이 더 시급하다고 여겼던 것이다. 톨리아티의 결정으로 이탈리아인들은 좌우를 넘어 반파시즘 전선에 모일 수 있게 되었고, 그 덕에 이탈리아 공산당은 서방세계 최대의 공산당으로서 거의 반세기동안 상당한 영향력을 행사할 수 있었다.

국왕과 바돌리오 장군 주변의 사람들은 신망을 잃었기에, 국왕과 지도부에는 정부에 반파시스트의 대표자들을 들여보내라는 압력을 받고 있었다. 이후 벌어진 이탈리아의 정치 투쟁에서 미국과 영국은 서로 대립되는 입장을 취했다. 처칠의 영국은 이탈리아의 새로운 정치가들이 이탈리아 군주정의 몰락을 가져올 것을 두려워했다. 한편, 미국은 이탈리아 군주정의 운명에는 별 관심이 없었으며, 이탈리아 정부가 자유주의적인 인사를 더욱 많이 영입하기를 바랐다. 하지만 정치적 입장과는 별개로 군사면에서 연합군은 나폴리를 비롯한 남이탈리아를 장악했지만 폴란드 편에서 언급했듯이 몬테카시노에서 독일군에 막혀 로마 진군은 엄두도 내지 못하고 있었다.

연합국이 된 남부 이탈리아는 보통 '남왕국'이라 불렸는데 이탈리아 남부에 주둔해 독일군의 손에서 벗어난 2개 사단을 주축으로 파비노 장군 지휘 하에 제1 기계화단을 창설, 몬테카시노 남쪽 몬테 룽고(Monte Lungo)에서 싸웠지만 훈련도 전의도 부족해서 독일군에 의해 큰 손실을 입고 말았다. 하지만 이 전투를 계기로 옛 폴고레 사단 장병들을 중심으로 한 공수부대가 창설되어 북이탈리아 산악지대 정찰 임무를 하기도 했고, 제1 기계화단과 합쳐 '자유 이탈리아 군단'으로 재편되었다. 포로수용소에서 석방된 옛 폴고레 사단 장병들도 여기에 가세했지만 몇 명은 끝까지 무솔리니에 대한 충성을 고집하여 다시 수용소로 갔다고 한다. '자유 이탈리아 군단'은 다시 몬테카시노 전투에 투입되어 적지 않은 희생을 치렀고, 고딕 라인 전투에서 이탈리아 공수부대는 미국, 영국, 프랑스 공수부대와 함께 독일군을 상대로 싸워 300여명의 희생자를 내어 남왕국이 연합국 내에서 발언권을 얻는 데 그나마 도움을 주었다.

이후 남왕국군은 확대되어 사단 규모의 5개 전투단이 되었지만, 연합군을 의식하여 사단이라는 칭호는 붙이지 않았다. 이 전투단은 전후 그대로 신생 이탈리아 공화국군의 사단으로 변신했다. 하지만 남왕국군은 살로 공화국과는 달리 징집을 하지 못했다. 이는 두 나라간의 '정통성 경쟁'에서 남왕국이 밀리는 부분이다. 더구나 시칠리아에는 독립을 요구하는 정당이 생겨났고, 시칠리아인 사이에서는 미국의 49번째 별(당시에는 알래스카와 하와이는 미국의 주가 아니었다)이 되거나 그게 안 되면 영국령이 되는 게 좋겠다는 의견이 많았을 정도였다.

또한, 대부분의 장비가 독일군 손에 들어갔고 공업지대마저 대부분 북부에 속했으므로 징집할 수 있다 하더라도 병사들의 손에 쥐어줄 무기가 없었다. 결국, 연합국의 장비를 지원받아 무장할 수밖에 없었는데, 철모조차 부족해 영국군의 것을 써야 할 정도였다. 사실 코르시카나 사르데냐, 에게해 등에 주둔하면서 독일군의 포로 신세를 면한 부대들이 많이 있었지만 이 부대들은 모두 연합군의 직접 통제 아래 들어가 주로 치안 유지와 후방 병참과 같은 영국군과 미군의 보조 역할을 맡았고 남왕국은 이 부대들에 대한 지휘권을 제대로 발휘하지 못했다.

43년 9월 23일, 남왕국 해군은 자신들에 남은 군함과 상선을 가지고 연합군과 함께 싸운다는 협정을 맺었다. 이미 9월 12일부터 소함정들은 연합군 지휘하에 작전을 시작하고 있었는데, 이로서 전함을 제외한 순양함 9척과 구축함 11척, 잠수함 37척, 어뢰정 40척 등이 연합군의 항구를 떠나 귀국을 허락받았다. 수상부대는 대서양으로 나가 수송선단의 호위를 맡기도 했다.

해군 중 가장 맹활약했던 MAS부대는 분열되었고, 남왕국 쪽에 참여한 부대는 여전히 활약했다. 다만 그들의 전과가 예전의 전우들을 대상으로 한 것이라는 것은 씁쓸한 일이다. 마리아살토(Mariassalto)라고 명명한 남왕국의 MAS부대는 타란토의 영국군 잠수부대 바로 옆에 편성되어, 잠수특공대원들의 숙련도를 인정받았다. 그리하여 잠수 공격을 연합군이 지휘하려고 했으나, 지중해 전해역이 연합군의 손에 들어와 공격 대상 자체가 거의 없는 상태였다. 44년 6월에야 기회는 왔고, 목표는 원래 이탈리아 순양함이었던 볼차노와 고르치아였다. 두 순양함은 이탈리아가 연합군에 항복하자 독일군이 탈취한 함정이었다. 독일군은 이 두 척을 만 입구에 침몰시켜 만의 장애물로 만들려는 계획을 세웠고, 정박 중인 독일군 U보트가 이 임무를 맡았다. 마리아살토 부대의 특공대원들은 이 유보트를 공격하려고 했다. 6월 2일, 이탈리아 구축함 그레칼레는 3척의 고속 모터보트를 싣고 라스페치아로 향했다. 두 명의 이탈리아 잠수대원과 두 명의 영국군 조종수가 작전대원이었다. 결국, 이들은 방어선을 돌파해 순양함 볼차노를 성공적으로 침몰시켰지만 U보트에 대한 공격은 실패했다. 모든 특공대원들은 해변으로 헤엄쳐서 빨치산과 합류했다.

45년 4월에 마지막 임무인 '토스트'작전이 시작되었다. 목표는 제노바에 정박 중인 미완성 항모 아퀼라였다. 이 작전에는 영국 요원들도 같이 참가했다. 4월 18일, 구축함 레지오나리오가 두 척의 모터보트를 싣고 제노바로 접근했다. 두 척의 모터보트로 침투했는데, 한 척은 실패했고 한 척은 침투에 성공해서 아퀼라에 폭약을 장착했다. 폭탄은 제대로 폭발했지만 아퀼라는 여전히 떠 있었다. 결국, 독일군은 배를 제노바 항구의 입구에 침몰시켜 수중 방어물로 만드는 데 성공했다. 이 작전을 지휘한 지휘관이 바로 알렉산드리아의 영웅 라펜느 백작이었다.

공군 역시 남이탈리아와 사르데냐에 남은 일부 항공대와 북쪽에서 탈출한 항공기들을 모아 6개 항공그룹으로 재편되었다. 얼마 남지 않은 기체의 운영도 어려워 MC.200과 202의 엔진을 새 엔진으로 바꾸어 MC.205라는 이름으로 썼지만, 주력 기종은 연합군으로부터 제공받은 P-39나 스핏파이어가 되었다. 연합군의 포로가 된 조종사들 중 상당수가 복귀했는데, 그 중에 뇌격기 에이스 부스칼리아도 있었다. 하지만 전황상 추축군을 상대로 뇌격기가 활동할 여지는 거의 없어 부스칼리아의 애기 SM.79는 거의 수송기로 사용되고 있었다. 그래서 부스칼리아는 영국제 볼티모어 Mk4 폭격기로 편성된 제28폭격항공단의 지휘를 맡았지만 어이없게도 훈련 중 일어난 사고로 세상을 떠나고 말았다. 현재 이탈리아 공군 제3항공단이 부스칼리아의 이름을 사용하고 있다.

남왕국 공군은 물론 연합국의 통제를 받았고 주요 임무는 이탈리아가 아닌 티토군에 대한 공중보급과 그들과 싸우는 독일군에 대한 대지공격이었다. 쓴웃음이 날 수밖에 없지만 남쪽이나 북쪽이나 공군은 무솔리니 시절보다 규모만 빼면 조직도 기체도 훨씬 좋아졌다고 한다. 어쨌든 남왕국 공군은 전후 신생 이탈리아 공화국 공군의 기초가 되었다.

부대 이름 쟁탈전

한 나라에 두 정부와 두 군대가 들어서니 서로간의 정통성 경쟁은 불가피했다. 예를 들면 살로 공화국군의 제3해병사단 이름이 '산 마르코'였고, 남왕국의 해병연대도 같은 이름이었다. '산 마르코'는 중세 최대의 해양도시국가였던 베네치아의 수호성인이다. 엘 알라메인에서 용명을 떨친 '폴고레' 사단도 연대 규모였을 뿐 둘 다 같은 이름의 부대를 가지고 있었다. 뇌격기 에이스 부스칼리아가 한 때 '전사'했다고 전해졌기에 살로 공화국 공군은 창설한 제1뇌격기 부대에 부스칼리아의 이름을 붙였다가 부스칼리아의 생존과 남왕국 공군 입대를 알고는 부대 이름을 변경하는 촌극도 벌어졌다.

연합군의 북진과 동족상잔

두 '나라' 모두 부대를 편성하긴 했지만 전쟁이 끝날 때까지 이탈리아인들은 자기 땅인 이탈리아에서 벌어진 전쟁에서 파르티잔 활동을 제외하고는 주도적인 역할을 하지 못했다. 결국, 폴란드군이 몬테카시노를 함락시키면서 연합군은 44년 6월 4일 로마에 입성했다. 이 소식을 들은 무솔리니는 사흘간 모든 오락시설의 영업을 중지시켰다. 살로 공화국군은 해안 방어에서는 상당한 역할을 했고, 안치오에서도 일부 의용군이 분전하기도 했다. 로마 철수전에서도 독일군을 잘 지원하여 호평을 받기도 했지만 역부족이어서 결국 독일군과 함께 북부를 연결하는 고딕 라인으로 밀려났다. 로마와 고딕 라인 사이에 있는 피렌체도 8월에 자연스럽게 연합군에 함락되었는데, 이때 여성들이 무장하고 연합군에 대항하여 25명이 포로가 되는 놀라운 사건이 벌어졌다. 그녀들은 '파스시트의 딸'로 찬양받았고, 살로 공화국군의 사기를 높여주었다.

이렇듯 일부 부대들의 분전이 있었지만 이탈리아 전선의 90%는 독일군과 연합군의 싸움이었다고 볼 수밖에 없다. 그나마 땅만 내주고 아무 역할을 못한 러일전쟁 때의 청나라보다는 조금 낫다고 볼 수 있을까? 큰 전과는 없었지만 양쪽 다 병력 규모는 만만치 않았다. 준군사조직까지 합쳐 북쪽은 50만, 남쪽은 35만에 달했다. 하지만 두 군대가 직접 맞붙은 전투는 거의 없었는데, 독일군과 연합군이 주인 노릇을 한 데다 서로간의 전투는 되도록 피했기 때문인 것으로 보인다.

오히려 비정규군인 파르티잔이 두 군대보다 더 활발했다. 이탈리아의 반파시스트 세력은 스페인 내전 때 부대를 보내는 등 주로 해외와 지하에서 활동했지만, 이탈리아 항복 후 초당파적 '국민해방위원회'를 결성하여 게릴라전에 나섰다. 처음에는 독일군에게서 빼앗은 무기로 무장한 농민이나 노동자들의 집단이었지만 해산된 일부 정규군이 합류하여 본격적인 군사조직이 되었다. 사회당 계열의 '마테오티 여단', 공산당 계열의 '그람시 여단'과 '가리발디 여단', 기독교민주당 계열의 '자유 독립 여단', '녹색의 불꽃 여단' 등 아주 다양했다. 특히 가리발디 여단은 포획한 전차로 편성한 기갑부대를 보유했을 정도였다. 연합군이 공수한 장비도 큰 도움이 되었다. 《신부님 우리 신부님》의 두 주인공인 돈 카밀로 신부와 공산당 출신 페포네 읍장이 같이 싸웠다는 설정은 사실에 기반한 것이다. 어쨌든 43년 후반에서 45년 5월까지는 현대 이탈리아 역사에서 가장 암울한 나날이었다.

대 파르티잔 전투는 주로 살로 공화국군이 맡았기에 동족끼리의 피비린내 나는 전투가 종전 때까지 계속되었다. 파르티잔과 살로 공화국군 모두, 올바른 생각을 가진 대다수 이탈리아인들이 외세와 결탁한 한 줌의 흉악한 테러리스트와의 싸움에 말려들었다고 주장했다. 파르티잔들은 산악 지대에 해방구이자 코뮌인 자칭 '공화국'들을 만들었고, 나폴리와 피렌체 해방에서 결정적인 역할을 하기도 했다. 44년 5월, 2만 명에 불과했던 파르티잔은 종전 시에는 575개 '여단' 20만 명으로 크게 늘어났다. 파르티잔은 독일군과 살로 공화국군 1만 6천명을 죽이고 작전에 큰 지장을 주기도 했지만, 4만 5천명이 전사하는 큰 희생을 치렀다. 이탈리아의 도시나 농촌에 가면 대부분 중심부의 광장이나 공공시설에 파르티잔 희생자들의 넋을 기리는 기념비나 탑이 세워져 있다. 45년 9월 연합군이 파르티잔에게서 회수한 무기의 양이 그들의 규모를 어느 정도 알수 있게 하는데, 소총 21만 5천 정과 기관총 1만 7천 정, 대포 217문, 장갑차 12대라는 엄청난 수량의 장비가 회수되었다. 이런 파르티잔의 희생은 무솔리니에 대한 지지 때문에 이탈리아인들을 경멸하던 연합군에게 새로운 인상을 주면서 전후 서구 사회로 복귀하는 데 큰 도움을 주었다.

살로 공화국군의 대 파르티잔 전투 중 가장 큰 승리는 44년 10월에서 11월까지 펼쳤던 토리노 서쪽의 '알바'공화국 섬멸전이었다. 이 전투에서 MAS사단을 주력으로 폴고레 공수부대, 여러 독립대대, 검은 셔츠 부대와 독일 공군 지상부대, 경찰부대가 참가하였다. '알바'공화국은 9천여 명의 전사자를 내고 8만 명이 무장해제되면서 사라졌다. 자연히 일반인들의 희생도 커서 사망자만 1만 명이 넘었다.

이런 동족상잔은 얼마 남지 않은 무솔리니의 정신적 에너지를 더욱 고갈시켰다. 종전 직전 독일군이 본토로 후퇴하자 시민의 분노는 독일군에 협조했던 동포들에게로 향했다. 종전 직전 몇 달 동안 에밀리아 로마냐와 롬바르디아 지방에서만 1만 5천 명이 죽었고, 종전 후 3년 동안 규모는 줄었지만, 보복 행위는 계속되었다. 이렇게 2년간 이탈리아는 내전 상태에 있었지만, 이탈리아인들은 편리하게도 공식적으로 인정하지 않고 손쉬운 '망각'을 택했다. 사실 파시즘은 겉보기에는 몰락했지만 마지막까지 상당한 지지 세력이 있었고, 좌익 파르티잔 세력과 비교해도 눈에 띄게 적지는 않았다.

1차 대전 때보다 훨씬 잔혹했던 2차 대전이었지만 예외도 있었는데, 바로 전장에서 독가스를 사용하지 않았다는 점이다. 하지만 양측 모두 독가스를 생산했고, 상대방이 먼저 사용하기만 하면 바로 보복할 수 있는 준비는 하고 있었다. 불행하게도 제2차 대전에서 독가스 포탄으로 인한 최악의 인명사고가 이탈리아에서 발생했다. 1943년 12월 2일, 독일 공군이 바리 항의 선박들을 공격했는데, 이때 파괴된 배에 미국이 만약의 경우 반격 수단으로 사용하기 위해 가져온 겨자가스 폭탄이 실려 있었다. 폭격을 맞은 배에서 겨자가스가 누출되었고, 연합군 병사 및 이탈리아 민간인을 합쳐 천 명 넘는 사람이 죽는 참사가 벌어지고 말았다.

히틀러와의 마지막 회담

44년 7월 중순, 무솔리니는 히틀러를 만나기 위해 독일로 떠났다. 히틀러를 만나기 전 바이에른에서 훈련 중인 살로 공화국군을 사열했는데 좋은 훈련 상태와 높은 사기에 감동을 받고 어느 정도 기운을 회복했다. 히틀러를 만나기로 한 20일, 히틀러의 총사령부가 있는 라스텐부르크로 이동했다. 운명의 장난인지 그 날 바로 영화 「작전명 발키리」로 유명한 히틀러 암살 미수 사건이 터졌다. 겨우 살아남은 히틀러는 회담을 강행하겠다고 우겼다.

회담은 2시 30분 예정이었지만 기차가 늦어져서 만남은 3시에 이뤄졌는데, 히틀러는 그을린 제복 차림으로 역에 마중을 나왔고, 오른손에 삼각건을 매서 왼손으로 악수를 해야 했다. 깜짝 놀란 무솔리니에게 자초지종을 설명하고 직접 폭발 현장을 안내했는데 "폭발로 인해 옷이 타버려 알몸이 될 뻔 했다. 다행히 숙녀들은 없었다"며 농담을 던질 정도로 태연자약했다. 히틀러는 그을린 뒷머리를 보여주면서 뒤집힌 상자 위에 앉았다. 히틀러의 부관이 용케 성한 의자를 무솔리니에 주었다. 히틀러는 "방안에 있던 사람들은 죽거나 중상을 입었지만, 자신이 이렇게 살아남은 것은 신의 섭리이고 끝내 승리할 것이다."라고 장담했다. 이어진 회담에서 무솔리니는 독일로 끌려간 이탈리아 포로들에게 자유 노동자 신분을 주고 처우를 개선해 달라고 요청했는데, 히틀러는 살아남아서 기분이 좋았는지 이 요청을 들어 주었다. 물론 히틀러는 왕당파와 좌익에 물든 병사들은 예외라는 말을 잊지 않았다. 44년 7월 20일은 히틀러 암살 미수 사건과 함께 두 독재자의 열일곱 번째이자 마지막 만남이 있던 날로 역사에 남았다.

마지막 불꽃

독일군과 살로 공화국군은 북이탈리아를 가로지르는 고딕 라인으로 밀려났고 마지막 1년을 버티게 된다. 그 1년을 무솔리니는 우울 속에서 보냈지만, 독일에서 훈련받은 부대를 사열하다가 고무되어 딱 한 번 44년 12월 16일, 밀라노의 스칼라 극장 앞에 서 있는 M13/40 전차 위에 올라 수천 명의 열렬한 숭배자들 앞에서 연설했다. 밀라노는 무솔리니가 집권 전 국회의원으로 첫 당선된 곳이어서 파시즘의 '성지'이기도 했다. 이때 연설 내용 중에는 놀랍게도 일본군에 대한 언급, 정확히 말하면 카미카제 특공대에 대한 찬사도 있었다. 이탈리아 사회주의 공화국의 대의를 알리는 모습을 보면 잠시나마 젊은 날의 모습을 되찾은 듯이 보였고 군중의 반응도 열광적이었다. 며칠 동안 밀라노는 파시즘의 광풍에 휩싸였다.

우연이겠지만 바로 그날 12월 16일 새벽에 벌지 전투로 잘 알려진 독일군 최후의 반격인 아르덴 공세가 시작되었고, 살로 공화국군도 독일군과 함께 연합군의 의표를 찌르는 '겨울태풍'이라는 반격작전에 나서 피렌체에 육박하기도 했다. 전력의 열세는 어쩔 수 없었지만 연합군 역시 이탈리아 전선이 부차적 전선임이 명확해지자 전의가 크게 떨어진 상태였기에 가능한 진격이었다. 이에 고무된 무솔리니는 히틀러에 지원 병력을 요청했지만 독일에는 더이상 주 전선도 아닌 이탈리아로 보낼 병력은 없었다. 45년 1월 말에는 눈 덮인 아펜니노 산맥의 최전선을 시찰하기도 했지만 아르덴 공세도 살로 공화국군의 반격도 실패로 돌아가고 그저 불가피한 패배를 조금 늦추는 정도, 즉 회광반조에 불과했다.

이후 무솔리니는 특유의 허장성세조차 보이지 못했다. 가르다 호반의 고급 별장에 틀어박힌 무솔리니는 독일의 죄수나 마찬가지였다. 바다를 좋아하는 무솔리니였기에 잔잔한 호수가 오히려 우울증을 악화 시켰다. 독일 경비병이 무솔리니의 일거수일투족을 감시했고, 중요한 결정에는 독일의 허가가 필요했다. 전화도 도청되었고, 무솔리니는 "마치 표범의 반점처럼 그들이 나에게 붙어 있다"고 불평했다. 무솔리니는 독일을 증오하고 그들의 파멸도 알고 있었지만 자신을 옭아매고 있던 사슬을 풀려 하지 않았다. 아니 그 사슬을 끊을 수 있는 힘도 고갈되었던 것이다. 종말을 운명적으로 받아들였고, 마지막 소망이 있다면 귀향뿐이었다. 이때 그에게 사인을 청한 숭배자에게 '패배자 무솔리니'라고 써 주었다.

무솔리니의 죽음

45년 4월 초, 북이탈리아에 있는 파르티잔들의 전면적인 공세와 연합군의 춘계 공세로 독일군과 살로 공화국군은 이탈리아 반도와 포 강 유역에서 밀려나 알프스 일대로 후퇴하였다. 파르티잔들은 독일군에 파괴당하지 않은 발전소나 공장 같은 기간 시설을 효과적으로 점령했다. 이렇게 도시들은 파르티잔이나 연합군의 손에 차례로 넘어갔다. 4월 13일, 루스벨트의 죽음이 잠시 희망을 주었지만 대세는 흔들리지 않았다. 어떤 측근은 파시스트의 아성인 밀라노를 방패로 삼아 스탈린그라드같이 항전하자는 자도 있었지만, 현실성은 전혀 없었다. 무솔리니는 그나마 현실적인 대안, 즉 알프스 산악지대로 후퇴하여 '수만 명'의 검은 셔츠 대원들과 최후의 항전을 생각하기도 했다. 하지만 현실은 냉혹했고, 참가자는 얼마 되지 않았다. 이렇게 4월 25일에 살로 공화국은 해체되었는데, 이날은 현재 이탈리아의 해방기념일이 되었다.

그 무렵, 국방장관 그라치아니가 '이탈리아의 독일군 항복이 임박했다'는 급보를 무솔리니에 전한다. 무솔리니는 즉시 라디오 방송을 통해 '독일과의 동맹을 파기한다'고 알리려 했지만, 이미 너무 늦었다. 그날 저녁, 무솔리니는 전후의 전범재판을 대비해 혐의를 부정할 서류들을 챙기고 서둘러 탈출을 시도했다. 4월 27일, 독일 하사관으로 변장한 무솔리니와 일행들은 독일군 수송부대와 함께 오스트리아로 탈출하려 했지만, 경호원 하나 없었다. 그러나 스위스 국경 코모 호숫가에서 파르티잔 대원들의 검문을 받았고, 독일군의 통과는 허용했지만 대신 독일군 틈에 이탈리아인들이 있는지 조사하기로 했다. 이렇게 이탈리아의 '내전'은 동족을 더 미워하는 지경에 이르렀던 것이다. 무솔리니는 어이없게도 신고 있던 최고급 장화 때문에 발각되었다. 파르티잔들은 무솔리니에게 총살형을 선고했고, 다음날 집행을 결정했다. 여자인 클라레타는 살려주기로 했지만, 그녀는 오히려 사랑하는 무솔리니와 함께 죽겠다고 애원했다. '페드로'라는 가명으로 불린 파르티잔 대장은 놀랍게도 백작의 작위를 가진 귀족으로 본명은 피에르 루이지 벨라니 델레 스텔레였다.

일설에 의하면 총알이 무솔리니를 향해 발사되었을 때 클라레타는 온몸을 던져 무솔리니를 감싸 안았다고 한다. 그렇게 클라레타가 죽고 나자 모든 것을 잃은 무솔리니는 상의 단추를 풀고 "내 심장을 쏴라!"고 외쳤다고 한다. 무솔리니는 9발의 총탄을 맞고 숨이 끊어졌다. 네 발은 대동맥에, 나머지는 허벅지, 쇄골, 갑상선, 오른팔, 목에 꽂혔다. 스타라체, 파볼리니 등 무솔리니의 측근들도 같은 운명을 맞았다. 갑자기 광란에 가까운 군중들의 복수심이 폭발했다. 한 여인은 죽은 두 아들의 복수라며 무솔리니의 시신에 총을 다섯 번 쏘았다. 한 남자는 독재자의 머리를 짓이기듯 밟았고, 한 무리는 시신 주변을 돌며 춤을 추었으며 몇몇 여인들은 치마로 가리고 오줌을 누기까지 했다.

파르티잔들도 보다 못해서 더 이상의 훼손이 없도록 무솔리니와 측근들의 시체를 과거 공산당원들을 공개 처형하던 바로 그 교수대가 있던 로레토 광장 옆 주유소에 거꾸로 매달았다. 밀라노는 무솔리니가 파시스트당을 창당한 곳이었으니 역사의 결과란 참 알 수 없는 것이다. 누군가(어떤 할머니라는 설이 유력하다)가 뒤집혀 올라간 클라레타의 치맛자락을 허벅지 사이에 끼워 하반신이 노출되지 않도록 해 주었다. 이 때문에 이탈리아에서는 자신의 소신을 용기 있게 실천하는 것을 '클라레타의 스커트를 고친다'라는 '관용어'로 표현하게 되었다고 한다. 점차 저주의 파도는 잦아들고 묘한 엄숙함이 감돌았다. 어쩌면 클라레타의 마지막 자존심을 지켜 준 할머니처럼 이탈리아의 위정자들에게 그만큼의 소신이 있었다면 이런 결과는 아마 없었을 것이다. 이런 사례들을 볼 때 역사의 교훈은 영웅이 아닌 대중들 속에 더 많이 존재하는 게 아닐까 싶기도 하다.

무솔리니의 최후

　어느 파르티잔 지도자가 "죽은 무솔리니를 모욕하게 놔둔 건 우리의 반파시스트 운동에 불명예가 되었다"고 탄식하자, 누가 이렇게 응수했다. "역사는 그런 방식으로 이루어지는 겁니다. 누군가는 죽어야 하고, 그것도 수치스럽게 죽어야 합니다." 결국, '타협'이 이루어졌다. 무솔리니와 측근들의 시신은 시체 안치소로 옮겨졌고 허름한 목관은 찾아온 시민이 침을 뱉을 수 있게 상반신 부분의 뚜껑을 열어 두었다.

　30일, 무솔리니의 시신은 파르티잔 대원들의 감시 하에 밀라노 대학의 유명한 교수에 의해 해부가 실시되었지만 클라레타의 시신은 손대지 않았다. 무솔리니의 비참한 최후는 스웨덴 방송을 통해 히틀러에 전해졌고, 이틀 후 히틀러로 하여금 자살을 결심하게 한 직접적 동기 중 하나가 되었다. 무솔리니와 동료들의 시신은 종전 직후 살해된 900여 명의 파시스트들과 함께 밀라노의 공동묘지에 묻혔지만 거의 매일 침을 뱉고 오줌을 누는 장소로 전락하였고, 46년 4월, 보다 못한 젊은 파시스트가 무솔리니의 시신을 발굴해 안전한 수도원에 옮겼다. 이렇게 무솔리니의 시신은 12년 동안 숨겨져 있다가 이탈리아 정부에 의해 라켈레에게 전해져 고향 가족 묘지에 안장되었다. 하지만 놀랍게도 무솔리니의 뇌 일부는 미국 정부가 보관하고 있었고, 그 '물건'은 67년이 되어서야 라켈레에게 전해졌다. 그녀는 개봉하지도 않고 그대로 무덤에 넣었다고 한다.

무솔리니의 죽음은 비참함 그 자체였지만, 적어도 사후에는 히틀러보다 훨씬 나은 대접을 받고 있다. 특히 무솔리니의 고향 프레다피오에서는 거의 신적인 존재이다. 생일인 7월 29일, 사망일인 4월 28일, 로마 진군 기념일인 10월 27~29일에는 전국에서 수만 명의 극우파들이 프레다피오로 몰려온다. 국민연합이라는 이름의 무솔리니 추종 세력은 지금도 이탈리아 정치의 당당한 한 축이며 집권 연정에 참여하기도 했다. 무솔리니의 아들인 로마노의 딸이자 소피아 로렌의 조카인 알렉산드라는 중진 의원이기도 하다. 이런 대접을 받는 이유 중 하나는 무솔리니 이후에 이렇다 할 정치인이 나오지 않은 이유가 컸다. 프랑스에선 드골과 미테랑이, 독일은 아데나워와 브란트가 있었지만, 이탈리아는 계속 회전문 내각만 양산하고 있다.

그 후의 이야기

무솔리니가 파르티잔에 체포된 바로 그날, 코모 호수로 흘러드는 메라라고 하는 조그만 하천에 보트를 띄우고 고기를 잡던 어부가 바닥에서 반짝이고 있는 금속들을 발견했다. 몇 시간이 지나자 무려 36kg이 넘는 금을 모았다. 이 금은 부부의 이름, 결혼장소, 결혼 날짜가 새겨진 수백 개나 되는 결혼반지였다. 바로 9년 전 조국의 영광을 위해 '금모으기'를 통해 모았던 그 물건들이었다. 파시스트의 지도자들이 몰래 감추어 놓았다가 궁지에 몰리자 증거인멸을 위해 이렇게 버리고 도망쳤던 것이다. 결국, 이 금은 정부의 이름으로 도둑질한 장물 바로 그 상징이었고 국가 범죄의 증거물이 되었다.

독재자의 죽음은 전후 이탈리아에 의도하지 않은 도움을 주었다. 이탈리아 정부는 연합군에 항복하면서 무솔리니에게 모든 책임을 돌려 버리고, 고위 참모들과 관료들은 면죄부를 받을 수 있었던 것이다. 물론 무솔리니의 20년 집권 기간 동안 파시즘에 오염되지 않은 지도층 인사는 거의 없었기 때문이기도 했다. 그 당시 퀴리날레 광장(현재는 이탈리아 대통령 궁이 있다)에 불구가 되거나 외모가 상해 부모조차 찾지 않는 고아들이 우글거렸는데도 누구도 책임을 지지 않았다.

하지만 에마누엘레 3세는 전후 무솔리니를 등용한 책임과 항복 후에 보인 무책임한 행동에 대한 국민의 성토를 이겨내지 못했다. 아들 움베르토 2세에게 왕위를 물려주고 이집트로 망명했다가 47년에 향년 78세의 나이로 이집트 카이로에서 객사하고 말았다. 움베르토 2세도 얼마 못 가 46년 6월의 국민투표로 왕정 폐지 및 공화국 수립이 결정되자 퇴위하고 포르투갈로 망명하여 죽을 때까지 조국 땅을 밟지 못했다. 물론 왕당파도 많았는데, 그들의 정서는 우리나라에도 잘 알려진 이탈리아 소설 「신부님 우리 신부님」에서 공산당 소속 페포네 읍장의 선생님이었던 크리스티나의 이야기에서 잘 묘사되어 있다. 그녀는 왕당파여서 자신의 무덤에 왕가의 깃발을 같이 묻어 달라고 유언했는데, 읍장은 '정치적 입장이 다른' 주민과 함께 그 유언을 들어 주었다. 왕정 폐지는 1,270만 표, 유지는 1,070만 표였다. 묘하게도 왕가는 북부 출신이었지만 남부에서는 압도적인 찬성, 북부에서는 압도적인 반대였다. '공화국'을 선택한 북부의 '자존심'을 보여준 결과였을까? 「신부님 우리 신부님」의 배경은 이탈리아 북부이니 크리스티나 선생님의 요구가 문제가 되었던 것은 당연한 일이었다. 어쨌든 이탈리아는 이렇게 왕국에서 공화국으로 체제를 바꾸고 별다른 반성과 청산 없이 NATO와 유럽공동체에 가입하는 등 서유럽에 성공적으로 복귀하는 데 성공했다. 무엇보다 이탈리아군의 무능 덕분에, 연합군은 이탈리아에 대해 별 걱정을 하지 않았고 그래서 이탈리아는 독일이나 일본에 비해 자유로울 수 있었던 것이다. 다시 말해 전쟁 내내 보여준 이탈리아군의 무능함이 그 이후에 조국을 살렸다고 볼 수도 있으니 역사의 아이러니가 아닐 수 없다.

무솔리니의 뒤를 이어 수상이 된 바돌리오는 무솔리니 감금 후 파시스트 인사들을 체포하는 숙청을 단행했다. 이후 연합군이 로마를 점령하자 수상직을 보노미에게 물려주고 고향으로 돌아갔다가 56년, 향년 85세의 나이에 세상을 떠났다. 무솔리니를 따라 파시스트 군대를 이끌었던 그라치아니 원수는 50년에 19년 형을 언도받았지만 바로 풀려났다. 그라치아니는 네오 파시스트의 지도자가 되었으나 55년, 로마에서 향년 73세의 나이로 세상을 떠난다.

MAS 부대 사령관 보르게세는 전쟁이 끝나던 주간에도 티토의 파르티잔 토벌에 열중했지만, 결국 부대 해산을 명령할 수밖에 없었다. 패전과 거의 동시에 파르티잔에 체포되었으나 미군 OSS 장교에 의해 간신히 구출되었다. 보르게세는 미군 군복을 입고 로마로 압송되어 심문을 받았다. 이후 재판에서 파르티잔 토벌에 대한 유죄를 입증하려고 했지만 12년 형만 받았고, 그나마 얼마 지나지 않아 석방되었다. 보르게세는 네오 파시스트 정당의 지도자로서 반 이탈리아 공산당 조직인 '그라티오'의 지도자로서 활발하게 활동했고 CIA와도 깊은 관계를 가졌다고 한다. 심지어 옛 공수부대원들을 동원하여 내무부 청사를 점거하는 준 쿠데타까지 계획했지만 실패하고 스페인으로 망명하여 그곳에서 죽었다. 지금도 보르게세를 추종하는 이탈리아인들이 적지 않다고 한다. 참고로 무솔리니를 구출한 스코르체니도 스페인으로 망명해 그곳에서 세상을 떠났다.

이탈리아 최고의 명장 지오반니 메세 장군은 원수로 진급하던 날에 포로가 되었고 마지막 이탈리아군 원수로 역사에 남았는데, 남왕국이 연합군의 일원이 되면서 포로에서 풀려나 참모총장에 임명되었다. 그러나 전쟁이 끝나자 퇴역했고 53년 기독교민주당 상원의원을 지낸 것을 제외하면 조용히 지내다가 68년에 로마에서 향년 85세로 세상을 떠났다.

무솔리니의 부인 라켈레는 망명에 실패하고 나폴리 만의 한 섬에 연금되었지만, 남편의 유해를 돌려받자 그의 무덤을 지키며 여생을 보냈다. 남편의 명예를 지키기 위해 몸을 아끼지 않았고, 그녀의 소박한 생활과 강인한 모습은 많은 국민의 존경과 동정을 받았다고 하며 80대 후반까지 장수했다. 여담이지만 무솔리니는 가장 행복한 남자가 아닐까? 같이 죽어 준 여인이 있고 죽은 후에도 자신을 위해 싸워 준 부인이 있었으니 말이다. 그러면 아버지로서는 어떠했을까?

에다는 남편이 죽은 뒤 리파리 섬에 연금되었다. 놀랍게도 리파리 섬에서 에다는 자신의 감시자이자 공산당 책임자였던 레오니다 본 조르노와 사랑에 빠졌지만, 결국 정치적 벽을 넘지 못해 관계는 오래 지속되지는 못했다. 최근 둘 사이에 오갔던 연서들이 공개되었다. 전후 로마에서 은둔 생활을 하던 그녀는 75년에 「나의 증언」이란 회고록을 출간하고, 89년에는 아버지와의 기억을 포함한 일련의 인터뷰를 하기도 했다. 결국, 92년 아버지의 기념 집회에 참석하면서 죽은 아버지와 화해하고, 3년 뒤 85세로 로마에서 세상을 떠나 죽은 남편 옆에 안장되었다.

이탈리아의 비극

이 책에 먼저 등장한 폴란드나 핀란드는 지도자나 국민의 의지와 상관없이 싸울 수밖에 없는 처지였다. 이에 비해 이탈리아는 중립을 지키거나 최소한 비교전 상태에서 의용병만 파견하는 정도, 즉 소위 '밀당'으로 국익을 챙기는 것도 충분히 가능했다. 그럼에도 무솔리니가 지나친 욕심을 부린 탓에 처음부터 끝까지 너무나 참담하게 진행되고 말았다. 이탈리아의 실패는 기본적으로 지나치게 방만한 병력 운영에 가장 큰 원인이 있었다. 남부 프랑스, 그리스, 유고슬라비아, 북아프리카, 동아프리카, 러시아까지 지나치게 넓은 전선은 안 그래도 부족한 이탈리아의 자원을 분산시켜 모든 곳에서 패배하는 직접적 원인이 되었다. 그중에서도 최악의 군사적 악수는 모든 전력을 북아프리카에 집중해도 이길까 말까 한 상황에서 그리스에 귀중한 기갑사단을 비롯한 약 30만 병력을 투입하고, 그것도 모자라 동시에 러시아에도 거의 30만 명을 파견한 짓이었다. 게다가 동아프리카에도 약 30만 명이 배치되어 있었고 프랑스에도 병력을 파견했다. 이런 식이니 어디에서도 이길 리 없었다. 아무리 히틀러의 요청이 있었다지만 이탈리아에는 별 이득도 없을 러시아 방면으로는 상징적인 병력만을 파견해도 될 것임에도 무솔리니는 히틀러에 대한 자신의 체면과 국내 정치적 입지만 생각해서 최정예부대들을 파견했다. 이 부대들은 그래도 장비를 상당히 잘 갖추고 있었으니 이 부대를 북아프리카에 보냈다면 전쟁의 결과가 어떻게 되었을지 모를 일이었다.

하지만 이탈리아의 비극은 이탈리아인이 원하는 것처럼 무솔리니 개인에게 모든 책임을 지울 수는 없다. 이탈리아와 같은 시기에 통일을 이룬 독일의 철혈재상 비스마르크는 "이탈리아인은 훌륭한 미각과 더할 나위 없이 부실한 이를 가지고 있다"고 말했다. 이탈리아인들은 프랑스나 영국 같은 제국을 원했지만 그들에는 '이', 즉 제국에 맞는 군사력과 경제력이 없었다. 로마제국의 후예라는 자부심으로 열등감을 감추려 했고 이런 복잡한 감정이 무솔리니와 파시즘을 선택하게 만든 것이다. 그 선택이 그래도 유럽의 강대국이라고 하던 나라의 전 국토를 외국군의 싸움터로 내주게 되는 최악의 결과로 나타났다.

같은 추축국인 독일과 일본은 말 그대로 화살이 다하고 칼이 부러질 때까지 싸우고 버텼다. 이에 비해 이탈리아의 패전은 참 '찌질'하지만 다르게 생각하면 이탈리아군까지 지독하게 싸웠다면 2차 대전은 더 참혹하지 않았을까? 라는 엉뚱한 생각도 들었다.

이런 결론과는 별개로 책을 쓰면서 이탈리아군에 대한 자료들을 찾다 보니 숨어 있는 많은 매력들을 찾을 수 있었다. 공작과 백작이 지휘했던 수중특공대 MAS, 남자들의 로망인 기병돌격을 마지막으로 성공시킨 사보이아 기병연대, 엘 알라메인 전투에서 폴고레 공수사단의 분투 등은 아주 인상적이다. 특히 몸을 아끼지 않고 싸운 귀족들의 이야기는 지도층의 군 면제 비율이 높은 우리나라의 현실과 저절로 비교하게 만들었다. 또한, 패션의 나라답게 멋진 제복들도 볼만했지만, 이 책의 주제가 아니어서 소개하지는 않았다.

이탈리아군에 대한 '전설'이 이 책을 통해 확인되는 부분도 있고 수정되는 부분도 있겠지만, 조금이라도 진실에 가까워진다면 더 바랄 것이 없을 것 같다. 무모한 지도자로 인해 전쟁터로 내몰리고, 부족한 장비와 무능한 지휘관 때문에 희생되었지만 그래도 조국을 위해 싸우다 희생된 이탈리아군 장병을 애도하며 글을 마친다.

이탈리아 연표

- 1922. 10. 27.   파시스트의 로마 진군
- 1922. 10. 30.   무솔리니 수상 취임. 파시스트 정권 장악
- 1935. 10. 3.   이디오피아 침공
- 1936. 5. 5.   아디스아바바 입성
- 1936. 11. 5.   독일, 일본과 반 코민테른 협정 체결
- 1936. 11. 28.   프랑코와 비밀 협약. 스페인 내전 본격적 개입
- 1939. 4. 7.   알바니아 침공
- 1939. 5. 22.   독일과 강철조약 체결
- 1940. 6. 10.   영국과 프랑스에 선전포고
- 1940. 6. 21.   프랑스 침공
- 1940. 6. 24.   프랑스 항복
- 1940. 7. 4.   수단 침공
- 1940. 7. 9.   푼타스틸로 해전
- 1940. 7. 15.   케냐 침공
- 1940. 8. 4.   소말릴랜드 침공
- 1940. 9. 13.   이집트 침공
- 1940. 10. 28.   그리스 침공
- 1940. 11. 11.   타란토 기습
- 1940. 11. 15.   그리스군의 반격 개시
- 1940. 12. 4.   그리스군 알바니아 진입
- 1940. 12. 9.   이집트에서 영국군 반격 개시
- 1941. 2. 12.   롬멜 트리폴리 도착
- 1941. 3. 28.   마타판 해전
- 1941. 3. 31.   롬멜의 첫 번째 공세
- 1941. 4. 6.   독일군 발칸 침공
- 1941. 4. 17.   유고슬라비아 항복

- 1941. 4. 23.   그리스 항복
- 1941. 5. 19.   동아프리카의 이탈리아군 항복
- 1941. 6. 15.   배틀액스 작전
- 1941. 11. 18.   크루세이더 작전
- 1941. 12. 18.   알렉산드리아 수중 기습
- 1942. 5. 28.   추축군 공세 시작
- 1942. 6. 20.   토브룩 탈환
- 1942. 8. 24.   이스부션스키에서 사보이아 기병연대의 돌격
- 1942. 10. 23.   엘 알라메인 전투 시작
- 1942. 12. 2.   무솔리니 국회에서 마지막 연설
- 1943. 3. 5.   노동자 대파업 시작
- 1943. 5. 13.   추축군 튀니지에서 항복
- 1943. 7. 10.   연합군 시칠리아 상륙
- 1943. 7. 25.   무솔리니 실각과 체포
- 1943. 8. 17.   메시나 함락, 시칠리아 전역 종결
- 1943. 9. 3.   연합군 이탈리아 본토 상륙
- 1943. 9. 8.   이탈리아 정부, 연합국에 공식 항복 선언
- 1943. 9. 9.   전함 로마 격침
- 1943. 9. 12.   독일 특수부대가 무솔리니 구출
- 1943. 9. 22.   케팔로니아 학살
- 1943. 9. 23.   살로공화국 출범
- 1943. 10. 13.   남왕국 대 독일 선전포고
- 1943. 11. 14.   베로나 회의
- 1944. 6. 5.   로마 함락
- 1944. 7. 20.   히틀러와 무솔리니의 마지막 회담
- 1944. 12. 16.   무솔리니 밀라노에서 마지막 대중 연설
- 1945. 4. 25.   살로 공화국 해체
- 1945. 4. 28.   무솔리니 사망
- 1957. 8. 30.   무솔리니의 해부된 뇌가 유족들에 반환

이탈리아편 참고문헌

- 2차세계대전사 / 존 키건 저 / 류한수 역 / 청어람미디어
- 2차 세계대전 회고록 / 윈스턴 처칠 저 / 구범모, 김진우, 민병산 역 / 박문사
- 강대국의 흥망 / 폴 케네디 저 / 이일수, 전남석, 황건 역 / 한국경제신문사
- 남자들에게 / 시오노 나나미 저 / 이현진 역 / 한길사
- 독재자의 자식들 / 이형석, 서영표, 강상구, 김성경, 정규식, 김재민 공저 / 북오션
- 돈 카밀로 시리즈, 신부님 우리들의 신부님 / 죠반니노 과레스끼 / 주효숙 역 / 서교출판사
- 롬멜 / 마우리체 필립 레미 저 / 박원영 역 / 생각의 나무
- 롬멜 전사록 / 에르빈 롬멜 저 / 황규만 역 / 일조각
- 무솔리니 / 래리 하트니언 저 / 김한경 역 / 대현출판사
- 세계의 특수작전 / 양욱 저 / 플래닛미디어
- 스페인 내전 / 앤터니 비버 저 / 김원중 역 / 교양인
- 여기 들어오는 자, 모든 희망을 버려라 / 안토니 비버 저 / 안종설 역 / 서해문집
- 이탈리아 전선, 사막의 혈전, 대전의 서곡, 빨치산과 게릴라 / 타임 라이프
- 이탈리아 현대사 1943~1988 / 폴 긴스버그 저 / 안준범 역 / 후마니타스
- 제2차 세계대전 / 폴 크리어 외 7인 공저 / 강민수 역 / 플래닛미디어
- 제3제국의 흥망 / 윌리엄 L. 샤이러 저 / 유승근 역 / 에디터
- 포스트 워 1권 / 토니 주트 저 / 조행복 역 / 플래닛
- 히틀러 평전 / 요하임 페스트 저 / 안인희 역 / 푸른숲
- Viva! 이탈리아군 / 吉川和篤 저 / 이카로스 출판
- 무솔리니 / 니콜라스 파렐 저 / 柴野均 역 / 白水社
- 무솔리니 (부제: 한 이탈리아인의 이야기) / 로마노 불피타 저 (일본어로 직접 저술) / 中公叢書
- 무솔리니의 시대 / 막스 갈로 저 / 木村裕主 역 / 文藝春秋
- 무솔리니의 전쟁 / 파밀로 보스게지 저 / 下村清 역 / 新評論
- 북아프리카 전선 / 學研

- 이탈리아군 입문 / 山野治夫, 吉川和篤 저 / 이카로스 출판
- 제2차대전의 이탈리아 공군 에이스 / 지오반니 마시멜로, 제오르지오 아포스톨로 공저 / 가라사와 에이이치로 역 / 大日本繪畫
- 제2차 대전의 이탈리아 군함 / 海人社
- 歐洲海戰記 / 木俁滋郎 저 / 光人社NF文庫
- 歷史群像 2005년 8월 호 / 學硏
- 歷史群像 2009년 8월 호 / 學硏
- 丸 (MARU) 2010년 8월 호 / 光人社
- 新羅馬帝國夢(신로마제국의 꿈) / 王志强 主編 / 外文出版社
- GERMANY'S EASTERN FRONT ALLIES 1941-45 / OSPREY MILITARY
- PARTISAN WARFARE 1941-1945/OSPREY MILITARY
- THE ITALIAN ARMY 1940-1945 (1),(3) / OSPREY MILITARY
- World at Arms / Gerhard L. Weinberg

마치며

첫 번째 책은 아니지만 어릴 때부터 꿈꿔 왔던 2차 대전사를 썼다는 그 자체가 기쁘기만 합니다. 또한 알려지지 않은 이야기를 주로 다뤘다는 점에서 뿌듯한 마음도 듭니다. 물론 부족한 점이 많음은 잘 알고 있으므로 독자들의 지적과 질책은 각오하고 있으니 많은 지적과 충고를 부탁드립니다.

우선 부족한 원고를 출판해주신 원종우 사장님, 원고 교정과 편집에 애써주신 박관형 편집장 님, 홍성완님께 감사드립니다. 밥 사주고 술 사주면서 원고에 대해 충고도 아끼지 않은 죽마고우인 권홍석, 역시 원고를 수정해주며 충고를 아끼지 않은 밀리터리 매니아이자 옛 회사 후배이기도 한 백익승 씨, 역시 조언을 해주시고 원고에 도움을 주신 울산의 권성욱 님, 폴란드 편에서 많은 자료를 주신 노동언 님, 핀란드 편에서 자료를 제공해 주신 mungia님 등 밀리터리군사 카페 회원 분들께도 감사드립니다.

마지막으로 이 책에서 다루지 못한 나라가 많았다는 점이 아쉬웠습니다. 전쟁 초기에는 세계 최대의 육군국이라 불렸지만 전격전의 제물이 되어 주역이 되지 못한 프랑스, 모국인 영국을 구하기 위해 참전하여 누구 못지않게 잘 싸운 호주, 뉴질랜드, 캐나다와 어찌 보면 박쥐같이 행동했지만 조국을 잘 보존한 태국, 게릴라전의 모범을 보인 유고슬라비아, 동부전선의 조연이었던 헝가리와 루마니아 등도 매력적인 주제였지만 지면 관계상 다루지 못했습니다. 만약 이 책의 반응이 좋다면 두 번째 책에서 보여드릴 것을 독자들께 약속드리겠습니다.

2015년 봄, 한종수